試験直前チェック

このチェックシートは、Oracle Certified Java Programmer、重要なポイントを抜粋して掲載してあります。受験前に、このシートを利用して自信のないところや再度確認しておきたい項目を重点的にチェックしてください。

第1章 Javaクラスの設計

- [ ] switch文の式の結果は、データ型としてbyte、char、short、int、enum、String、基本データ型のラッパークラスであるCharacter、Byte、Short、Integerのオブジェクトのいずれかである。
- [ ] switch文の式にString型を使用した場合、大文字小文字を区別する。
- [ ] 整数リテラルとして2進数を表現する場合、先頭に「0b」(ゼロ、ビー)を入れ、「0」と「1」の2つの数字を使用する。
- [ ] 整数リテラルに「_」(アンダースコア)を使用する場合のルール。
  - リテラルの先頭、末尾には使用できない
  - 浮動小数点リテラルにある小数点の前後には使用できない
  - float値を表現する「F」(もしくはf)およびlong値を表現する「L」(もしくはl)の前には使用できない
  - 16進数で使用する「0x」と2進数で使用する「0b」の途中および前後には使用できない
- [ ] protected修飾子とprivate修飾子は、クラス宣言時には使用できない。
- [ ] アクセス修飾子はメンバ変数に使用可能であるが、ローカル変数には使用できない。
- [ ] インスタンス化時に指定された値を保持し、その後、属性を変更させないイミュータブルオブジェクト(不変オブジェクト)を作成できる。クラス定義は以下とする。
  - クラスが拡張できないことを保証するためfinalクラスとする。または、getterメソッドにfinalを付与しオーバーライドさせない
  - メンバ変数はprivate、final修飾にする
  - オブジェクトの状態を変更するようなメソッドは定義しない
  - メンバ変数に参照型の変更可能なオブジェクトをもつ場合、変更されないよう配慮する
- [ ] final修飾子は、クラス、メソッド、変数(メンバ・ローカル)に適用できる。
- [ ] final指定されたメンバ変数は宣言時に初期化するか、コンストラクタやイニシャライザで初期化する。
- [ ] クラス内のメンバ間アクセスのルール。
  - クラス内で定義したインスタンスメンバは、クラス内で定義したstaticメンバに直接アクセスできる
  - クラス内で定義したstaticメンバは、クラス内で定義したインスタンスメンバに直接アクセスできない。アクセスする場合は、インスタンス化してからアクセスする

- [ ] あるクラスをもとに作られるオブジェクトは1つだけに限定する場合、シングルトンパターンを適用する。
  ```
  public class MySingleton {
    private static final MySingleton instance =
                              new MySingleton();
    private MySingleton() { }
    public static MySingleton getInstance() {
      return instance;
    }
  }
  ```
- [ ] 列挙型のポイント。
  - 列挙型の定義では、enumキーワードを使用する
  - クラスと同様に、コンストラクタ、メソッド、メンバ変数を定義できる
  - 列挙した値を参照するには「列挙型名.列挙した値」とする
  - newキーワードによるインスタンス化はできない
  - 列挙型によって作成されたクラスはfinalクラスであるため、extendsによる継承はできない
  - 抽象メソッドの利用や、インタフェースの実装は可能
  - 列挙型は、Comparableインタフェースを実装しており、各定数は列記した順番で管理される
- [ ] equals()メソッドとhashCode()メソッドのオーバーライド時のルールは、P24の表1-7を参照。
- [ ] instanceof演算子は、左辺で指定した変数が、右辺で指定した型をもっていればtrueを返す。左辺と右辺が同一の型でなくても、右辺がスーパークラスやインタフェースで、左辺がそのサブクラスや実装クラスであればtrueを返す。左辺と右辺に継承関係がまったくない場合は、コンパイルエラーとなる。
- [ ] staticインポートとは、static変数やstaticメソッドを、クラス名を指定せずに使用する機能である。
  - import static パッケージ名.クラス名.static変数名;
  - import static パッケージ名.クラス名.staticメソッド名;
  - import static パッケージ名.クラス名.*;

第2章 高度なJavaクラスの設計

- [ ] 「○○は□□の一種である」あるいは「○○は□□である」という関係を「is-a関係」と呼ぶ。
- [ ] あるオブジェクト(全体)が、他のオブジェクト(部分)をもつ関係を「has-a関係」と呼ぶ。
- [ ] staticメソッドを非staticメソッドでオーバーライドできない。その逆も同じである。
- [ ] 可変長引数のルール。

試験直前チェックシート **C1**

- データ型の後に「...」と記述する
- 可変長引数とデータ型の異なる引数を併用できる。ただし、可変長引数は最後に置く
- 可変長引数は1つしか使用できない
- 引数リストを明確に定義したメソッドと、可変長引数を使用したメソッドが定義されている場合、引数リストを明確に定義したメソッドが優先して呼び出される

☐ オーバーロードされたメソッドを呼び出す優先順位。

完全一致 ＞ 暗黙の型変換 ＞ Autoboxing ＞ 可変長引数

☐ 抽象クラスの構文と特徴。

[修飾子] abstract class クラス名 { }

- 抽象クラスはクラス宣言にabstractキーワードを指定する
- 処理内容が記述された具象メソッドと抽象メソッドを混在できる
- 抽象クラス自体はnewによるインスタンス化はできないため、利用する際は抽象クラスを継承したサブクラスを作成する
- 抽象クラスを継承したサブクラスが具象クラスの場合、もととなる抽象クラスの抽象メソッドをすべてオーバーライドしなければならない
- 抽象クラスを継承したサブクラスが抽象クラスの場合、もととなる抽象クラスの抽象メソッドのオーバーライドは任意である

☐ 抽象メソッドの構文と特徴。

- メソッド宣言でabstract修飾子を指定する
- 修飾子、戻り値、メソッド名、引数リストは、具象メソッドと同様に記述する
- 抽象メソッドは処理をもたないため、メソッド名()の後に{}を記述せず、;(セミコロン)で終わる

☐ 抽象クラスでのstaticメンバは定義可能であり、「抽象クラス名.staticメンバ」で呼び出す。

☐ インタフェースの構文と特徴。

[修飾子] interface インタフェース名 { }

SE 7、SE 8で共通の特徴

- インタフェース宣言にはinterfaceキーワードを指定する
- インスタンス化はできず、利用する場合は実装クラスを作成し、実装クラス側では抽象メソッドをオーバーライドして使用する
- 実装クラスを定義するにはimplementsキーワードを使用する
- インタフェースをもとにサブインタフェースを作成する場合はextendsキーワードを使用する
- インタフェースでは定数(public static final)を宣言できる

SE 7までの特徴

- インタフェースで宣言できるメソッドは抽象メソッドのみである

SE 8からの仕様追加

- インタフェースで宣言できるメソッドは抽象メソッドのほか、デフォルトメソッドとstaticメソッドを定義できる

☐ デフォルトメソッドの構文と特徴。

[修飾子] default 戻り値 メソッド名 (引数リスト) {// 処理 }

- インタフェースで定義された、処理を記述したメソッド(具象メソッド)である
- 1つのインタフェースに複数定義することが可能である
- java.lang.Objectクラスで提供されているequals()、hashCode()、toString()の3つは、デフォルトメソッドとして定義することはできない

☐ インタフェースの実装クラスで、オーバーライドするメソッドにはpublic修飾子を付与する。

☐ インタフェースを実装(implements)し、同時に他のクラスを継承(extends)する場合は、extendsを先に記述する。

☐ インタフェースは複数のインタフェースを継承することが可能であり、複数のインタフェースを実装することも可能である。

☐ 実装クラスでデフォルトメソッドのオーバーライドは可能である。

☐ スーパークラスで定義したstatic変数、インスタンス変数、staticメソッド、非staticメソッドをサブクラス側で再定義し、そのサブクラスをインスタンス化し、スーパークラス型の変数に代入した場合、非static(インスタンス)メソッド以外はスーパークラスのメンバが呼び出される。

☐ ネストクラスのルールは、P62の表2-1を参照。

☐ 外部クラスでネストクラスのメソッド呼び出し。

- 非staticクラスの場合

外側のクラス名.非staticクラス名 変数名 =
   new 外側クラス名().new 非staticクラス名();
変数名.メソッド名();

- staticクラスの場合

外側のクラス名.staticクラス名 変数名 =
   new 外側クラス名.staticクラス名();
変数名.メソッド名();

☐ main()メソッドから同じクラスに定義したネストクラスのメソッド呼び出し

- 非staticクラスの場合

new 外側のクラス名().new 非staticクラス名().メソッド名(); //OK
new 非staticクラス名().メソッド名(); //NG

- staticクラスの場合

new 外側のクラス名.staticクラス名().メソッド名(); //OK
外側のクラス名.staticクラス名.メソッド名(); //OK
new staticクラス名().メソッド名(); //OK
staticクラス名.メソッド名(); //OK

☐ ローカルクラスは、クラスのメソッド内にクラスを定義する。

☐ 匿名クラスは、クラス名を指定せずに、クラス定義とインスタンス化を1つの式として記述したクラスである。「newスーパークラス」または「newインタフェース」の後にオーバーライドする処理を{}(ブロック)で記述し、最後に;(セミコロン)を記述する。

- [ ] 関数型インタフェースの要件。
  - 単一の抽象メソッドをもつインタフェースとする
  - static メソッドやデフォルトメソッドは定義可能である
  - java.lang.Object クラスの public メソッドは抽象メソッドとしての宣言は可能である
  - 関数型インタフェースとして明示する場合は、@FunctionalInterface を付与する

第3章 コレクションとジェネリックス

- [ ] コレクションのルート階層に位置するのが、java.util.Collection インタフェースであり、List、Set、Queue は、そのサブインタフェースである。Map は、Collection のサブインタフェースではない。

- [ ] コレクションの各種の実装における特性。

クラス	インタフェース	項目の重複	順序づけ／ソート	同期性
ArrayList	List	可	インデックス順 ソートなし	無
LinkedList	List	可	インデックス順 ソートなし	無
Vector	List	可	インデックス順 ソートなし	有
HashSet	Set	不可	順序づけなし	無
LinkedHashSet	Set	不可	挿入順 ソートなし	無
TreeSet	Set	不可	自然順または比較ルールでのソート	無
PriorityQueue	Queue	可	自然順または比較ルールでのソート	無
HashMap	Map	不可	順序づけなし ソートなし	無
LinkedHashMap	Map	不可	挿入順・アクセス順 ソートなし	無
Hashtable	Map	不可	順序づけなし ソートなし	有
TreeMap	Map	不可	自然順または比較ルールでのソート	無

- [ ] Queue インタフェースは、FIFO 形式によるデータの追加・削除・検査を行い、Deque インタフェースは、LIFO 形式を含む両端キューを行う。

- [ ] Queue インタフェースの主なメソッド。

	メソッド名		説明
	例外のスロー	特殊な値	
挿入	boolean add(E e)	boolean offer(E e)	指定された要素を挿入する
削除	E remove()	E poll()	キューの先頭を取得および削除する
検査	E element()	E peek()	キューの先頭を取得するが削除しない

- [ ] 従来型のコレクションを使用するコードでは、型チェックが完全ではないため、コンパイル時に警告メッセージが出力されるが、コンパイル・実行ともに可能である。

- [ ] ジェネリックス対応のコレクションを使用した以下のような場合、左辺と右辺の <> 内の型は合わせる。

  ```
  ArrayList<String> list = new ArrayList<String>();  //OK
  ArrayList<Object> list2 = new ArrayList<String>(); //NG
  ArrayList<String> list3 = new ArrayList<Object>(); //NG
  ```

- [ ] ダイアモンド演算子を使用した型の省略が可能である。

  ```
  ArrayList<String> array1 = new ArrayList<>();       //OK
  ArrayList<> array2 = new ArrayList<String>();       //NG
  Map<Integer, String> map1 = new HashMap<>();        //OK
  Map<> map2 = new HashMap<Integer, String>();        //NG
  ```

- [ ] 型パラメータリストを、クラス宣言時に指定した場合。

  ```
  class クラス名 <型パラメータリスト> {}
  ```

- [ ] 型パラメータリストを、メソッド宣言時に指定した場合。

  ```
  [修飾子]<型パラメータリスト> 戻り値の型 メソッド名(データ型 引数){}
  ```

- [ ] 型パラメータで扱えるデータ型は、参照型のみである。

- [ ] 型パラメータは、フィールドの宣言、メソッドの引数や戻り値、ローカル変数宣言などで使用可能であるが、static メンバには使用できない。

- [ ] 継承を使用したジェネリックスは「<型パラメータ extends データ型>」とする。これにより、指定した型やそのサブクラス（もしくは実装クラス）を扱えるようになる。

- [ ] 型パラメータリスト内では、ワイルドカード「?」が使用可能である。

  <? extends 型パラメータ>
  型パラメータに指定したデータ型やそのサブクラス（またはそのサブインタフェース）に対応する

  <? super 型パラメータ>
  型パラメータに指定したデータ型やそのスーパークラス（またはそのスーパーインタフェース）に対応する

- [ ] java.lang.Comparable インタフェースの実装クラスは、compareTo() メソッドをオーバーライドし、オブジェクトの並び順を決定する実装を行う。

  ```
  public int compareTo(T o)
  ```

- [ ] java.util.Comparator インタフェースの実装クラスは、compare() メソッドをオーバーライドし、オブジェクトの並び順を決定する実装を行う。

  ```
  public int compare(T o1, T o2)
  ```

- [ ] オブジェクトの並び順を決めるためのオブジェクト同士の比較ルール。

操作	戻り値	説明
自オブジェクト == 比較対象オブジェクト	0	自オブジェクトが保持する値と比較対象オブジェクトの値が同じ
自オブジェクト < 比較対象オブジェクト	負の数	自オブジェクトが保持する値が、比較対象オブジェクトより小さい（ソートのとき、並び順は自オブジェクトが比較対象オブジェクトの前にくる）
自オブジェクト > 比較対象オブジェクト	正の数	自オブジェクトが保持する値が、比較対象オブジェクトより大きい（ソートのとき、並び順は自オブジェクトが比較対象オブジェクトの後ろにくる）

- [ ] Comparable および Comparator の各インタフェースを実装したクラスを SortedSet や SortedMap で管理した場合、その同値性のチェックは、compareTo() メソッ

ド、compare() メソッドで行われる。

☐ Arrays クラスの asList() メソッドは、引数で指定された配列をもとにリストを作成するが、戻り値は固定サイズのリストとなる。要素の上書きは可能であるが、要素の追加や削除はできない（実行時に UnsupportedOperationException 例外が発生する）。

☐ Collections、Arrays クラスで提供されている sort() メソッドは、引数で指定された要素をソートする。ただし、異なる型が混在したコレクションや配列を指定していると、実行時に ClassCastException 例外が発生する。

第4章 ラムダ式とメソッド参照

☐ ラムダ式の構文。

(実装するメソッドの引数) -> { 処理 };

☐ ラムダ式の左辺。
- 引数が1つの場合、データ型や () は省略可能
- 引数がない場合と、引数が複数ある場合は、() の省略ではできない
- データ型を明示している場合も、() の省略はできない

☐ ラムダ式の右辺。
- 処理が1文の場合は {} の省略が可能
- {} の省略している場合、さらに return の省略が可能

☐ 主な関数型インタフェース。

インタフェース名	抽象メソッド
Function<T,R>	R apply(T t)
BiFunction<T,U,R>	R apply(T t, U u)
Consumer<T>	void accept(T t)
BiConsumer<T,U>	void accept(T t, U u)
Predicate<T>	boolean test(T t)
BiPredicate<T,U>	boolean test(T t, U u)
Supplier<T>	T get()
UnaryOperator<T>	T apply(T t)
BinaryOperator<T>	T apply(T t1, T t2)

☐ メソッド参照は、ラムダ式内で呼び出されるメソッドが1つの場合使用可能。

☐ メソッド参照の構文。

クラス名 / インスタンス変数名 :: メソッド名
例) Function<String, Integer> f = Integer::parseInt;

☐ 引数や戻り値の型に int 型を使用する関数型インタフェース。

インタフェース名	抽象メソッド
IntFunction<R>	R apply(int value)
IntConsumer	void accept(int value)
IntPredicate	boolean test(int value)
IntSupplier	int getAsInt()
IntUnaryOperator	int applyAsInt(int operand)
IntBinaryOperator	int applyAsInt(int left, int right)

☐ double 型や long 型でも上記と同様の命名規則で関数型インタフェースが提供されている。

☐ boolean 型に特化したインタフェースは、BooleanSupplier のみである。

☐ int、double、long 固有の関数型インタフェース。

インタフェース名	抽象メソッド
ToIntFunction<T>	int applyAsInt(T value)
ToIntBiFunction<T,U>	int applyAsInt(T t, U u)
IntToDoubleFunction	double applyAsDouble(int value)
IntToLongFunction	long applyAsLong(int value)
ObjIntConsumer<T>	void accept(T t, int value)

第5章 Java ストリーム API

☐ Stream インタフェースの終端操作を提供する主なメソッド。

メソッド名	参照ページ
allMatch()、anyMatch()、noneMatch()	P168
count()、forEach()	P169
reduce()	P169、P414
toArray()	P172
findFirst()、findAny()	P176
collect()	P190、P414

- collect の構文（簡略掲載）

①collect(Collector collector)
②collect(Supplier supplier, BiConsumer accumulator, BiConsumer combiner)

①は引数で指定された Collector 操作を実行する

②第1引数は、結果を格納するオブジェクトの生成、第2引数は要素ごとに行う処理、第3引数はパラレルストリームの場合のみ適用され、途中の集約結果のマージに使用する処理を指定する

☐ Collectors クラスのメソッド。

- summingInt()、summingLong()、summingDouble() は合計値を各データ型で取得する
- averagingInt()、averagingDouble()、averagingLong() は平均値を取得するが、すべて Double 型である
- toMap メソッドの構文（簡略掲載）

①toMap(Function key,Function value)
②toMap(Function key, Function value, BinaryOperator merge)
③toMap(Function key, Function value, BinaryOperator merge, Supplier mapSupplier)

①はキーと値をもとにマップへ変換する

②はキーが重複している場合、第2引数で指定したマージ処理を適用しマップへ変換する

③は②の処理の後、第3引数で HashMap 以外のマップ型へ変換する

- groupingBy() メソッドの構文（簡略掲載）

①groupingBy(Function classifier)
②groupingBy(Function classifier, Collector downstream)
③groupingBy(Function classifier, Supplier<M> mapFactory, Collector downstream)

①は引数で指定した条件に従ってグルーピングを行う

②は①の処理の後、第2引数でグループ化したリストに対して行いたい処理を適用する

③は②の処理の後、第2引数でHashMap以外のマップ型へ変換する

- partitioningBy()メソッドの構文（簡略掲載）
  ① partitioningBy(Predicate predicate)
  ② partitioningBy(Predicate predicate,
                   Collector downstream)

①は引数で指定した条件に従ってtrue/falseのグルーピングを行う
②は①の処理の後、第2引数でグループ化したリストに対して行いたい処理を適用する

- 空のストリームにgroupingByおよびpartitioningByを実行した場合のマップの状態

```
groupingBy():{}
partitioningBy():{false=[], true=[]}
```

- maxBy()、minBy()メソッドで取得する値は、Optional型である

☐ Optionalクラスの主なメソッド。

メソッド名	参照ページ
empty()、of()	P173
get()、isPresent()	P174
orElse()、orElseGet()、orElseThrow()	P177

☐ Optionalクラスのget()メソッドは、値が存在する場合は値を返し、それ以外の場合はNoSuchElementExceptionをスローする。isPresent()メソッドは、存在する値がある場合はtrueを返し、それ以外の場合はfalseを返す。

☐ OptionalクラスのifPresent()メソッドは、値が存在する場合はその値でコンシューマを実行し、存在しない場合は何も行わない。

☐ Streamインタフェースの中間操作を提供する主なメソッド。

メソッド名	参照ページ
filter()、distinct()	P179
limit()、skip()	P180
map()	P181
flatMap()	P182
sorted()	P184
peek()	P184

☐ ストリームインタフェースの型変換を行うメソッド。

インタフェース名	Streamの生成	DoubleStreamの生成	IntStreamの生成	LongStreamの生成
Stream		map()	mapToDouble()	mapToInt()	mapToLong()
DoubleStream	mapToObj()	map()	mapToInt()	mapToLong()
IntStream	mapToObj()	mapToDouble()	map()	mapToLong()
LongStream	mapToObj()	mapToDouble()	mapToInt()	map()

注）各メソッドの引数は省略しています。

☐ 基本データ型のストリームから、Streamの各ラッパークラスの型へ変換する場合は、boxed()メソッドを使用する。

- IntStream → Stream<Integer>
- DoubleStream → Stream<Double>
- LongStream → Stream<Long>

第6章 例外処理

☐ try-catch-finallyはすべて記述する必要はなく、次の組み合わせが可能である。

- try-catch
- try-finally
- try-catch-finally
- 従来からのtryブロック定義の場合、tryのみの使用はコンパイルエラー。try-with-resourcesの時は、tryのみの使用が可能

☐ catchブロックは複数定義が可能であるが、catchブロックで指定した例外クラス間に継承関係がある場合は、サブクラス側から記述する。

☐ 複数の例外をまとめてキャッチする（マルチキャッチ）では、各例外クラスを縦棒（|）で区切り、列記する。

☐ マルチキャッチの注意点。

- 継承関係のある例外クラスは列記できない（列記した場合は、コンパイルエラー）
- キャッチした参照変数は暗黙的にfinalとなる

☐ throwsに複数の例外クラス名を指定する場合は、カンマで区切る。

☐ unchecked例外は例外処理が任意であるため、throws指定されていなくても、呼び出し元に例外が転送される。

☐ checked例外は、呼び出し元に例外を転送する場合、throwsによる明示的な指定が必要である。

☐ tryの()内に記述できるものは、java.lang.AutoCloseableもしくは、java.io.Closeableインタフェースの実装クラスである。

☐ AutoCloseable、Closeableインタフェースのメソッド。

インタフェース	メソッド名
java.lang.AutoCloseable	void close() throws Exception
java.io.Closeable	void close() throws IOException

☐ close()メソッドは、catchブロックが実行される前に呼び出される。また、リソース取得順の逆順で呼び出される。

☐ try-with-resources文で、抑制された例外を含むすべての例外を配列で受け取る場合、ThrowableクラスのgetSuppressed()メソッドを使用する。

☐ アサーションのboolean式が実行された結果、falseが返るとAssertionErrorが例外をスローする。

☐ プログラムの実行時、アサーション機能は無効となっている。有効にするには、javaコマンドの「-ea」オプションを使用する。明示的にアサーション機能を無効にするには、「-da」オプションを使用する。

第7章 日付/時刻API

☐ 日付・時刻オブジェクトの生成。

- of()メソッドの引数で、指定した値が不適切な場合（範囲外である場合）は実行時にDateTimeException例外がスロー
- parse()メソッドの引数で、指定した値が不適切な場合（無効な文字列）は実行時にDateTimeParseException例外がスロー

- [ ] LocalDate、LocalTime、LocalDateTime はタイムゾーンをもたない。タイムゾーンを含んだクラスとして ZonedDateTime、時差を含んだクラスとして OffsetDateTime が提供されている。
- [ ] ZonedDateTime では、夏時間の切り替え日時や、切り替え日時が含まれる時間の加減処理を行うと、1時間スキップもしくは戻す処理が適用される。
- [ ] java.time.Month は 12 か月を表す列挙型であり、値は JANUARY（1月）～ DECEMBER（12月）である。
- [ ] 日付 / 時刻 API の各クラスは不変オブジェクトであるため、加減算後のオブジェクトを取得したい場合は、各メソッドの戻り値を変数に代入する。
- [ ] Duration クラスを使用した以下コードは、すべて「PT1M」文字列を返す。

    Duration.of(1, ChronoUnit.MINUTES).toString();
    Duration.of(60, ChronoUnit.SECONDS).toString();
    Duration.ofMinutes(1).toString();

- [ ] Period クラスは、LocalDate、LocalDateTime クラス（ZonedDateTime も可能）での間隔処理に利用可能だが、LocalTime クラスでは使用できない。Duration クラスは、LocalTime、LocalDateTime クラス（ZonedDateTime も可能）での間隔処理に利用可能だが、LocalDate クラスでは使用できない。
- [ ] Instant クラスは UTC での 1970 年 1 月 1 日 0 時 0 分 0 秒（1970-01-01T00:00:00Z）を起点として測定されるエポック秒を保持する。
- [ ] ZonedDateTime から Instant オブジェクトを取得するには、toInstant() メソッドを使用する。
- [ ] LocalDateTime から Instant オブジェクトを取得するには、toInstant(ZoneOffset offset) メソッドを使用する。

第8章 入出力

- [ ] FileInputStream クラスの read() メソッドは、ファイルの終わりに達すると -1 を返す。
- [ ] DataInputStream クラスと DataOutputStream クラスは、他のストリームと連結して使用する。
- [ ] FileOutputStream()、FileWriter() の各コンストラクタでは、第 2 引数が true の場合、ファイルの先頭ではなく最後に書き込まれる。
- [ ] BufferedReader クラスおよび BufferedWriter クラスは、文字列をブロック単位で読み書きする。
- [ ] BufferedReader クラスの readLine() メソッドは、ファイルの終わりに達すると null を返す。
- [ ] BufferedInputStream クラスは mark 操作をサポートしているが、FileInputStream クラスはサポートしていないため、使用すると IOException 例外が発生する。
- [ ] System クラスの定数。

定数	説明
public static final InputStream in	標準入力ストリーム
public static final PrintStream out	標準出力ストリーム
public static final PrintStream err	標準エラー出力ストリーム

- [ ] シリアライズ可能なデータは、基本データ型、配列、他のオブジェクトへの参照である。static 変数、transient 修飾子を指定した変数は、シリアライズ対象外である。
- [ ] あるクラスがシリアライズ可能であれば、そのクラスをスーパークラスとするすべてのサブクラスは、たとえ明示的に Serializable インタフェースを実装していなくても、暗黙的にシリアライズ可能である。
- [ ] サブクラスが Serializable インタフェースを実装している場合、スーパークラスはデシリアライズの際にインスタンス化される。
- [ ] Console クラスのコンストラクタは private 指定されているため、new によるインスタンス化はできず、System クラスの console() メソッドを使用する。

    Console console = System.console();

- [ ] Console クラスの readline() メソッドは、String を返し、readPassword() メソッドは、char[] を返す。
- [ ] 入出力ストリームのフォーマットを行うには、Formatter、PrintWriter、String の各クラスの format() メソッドを使用する。

    例 1）format("名前：%s：年齢：%d", name, age);
    例 2）format("名前：%1$s：年齢：%2$d", name, age);

第9章 NIO.2

- [ ] Path オブジェクトの主な取得方法。
    - Path p1 = Paths.get("/tmp/foo");
    - Path p2 = FileSystems.getDefault()
                    .getPath("/tmp/foo");
- [ ] Path インタフェースの主なメソッド。
    - getName() メソッドは、ルートに一番近い要素番号を 0 とし名前を返す
    - normalize() メソッドは、パスの冗長部分を削除した Path オブジェクトを返す
    - resolve() メソッドは、引数で指定したパスを既存パスに結合する。なお、引数が絶対パスの場合は、引数のパスをそのまま返す
    - relativize() メソッドは、もととなるパスと引数で指定されたパスの相対パスを返す
- [ ] Files クラスの deleteIfExists() メソッドは、指定されたパスが物理的に存在する場合に削除する。また、削除対象がディレクトリの場合は空のときのみ削除する。もし、空でない場合は、DirectoryNotEmptyException 例外が発生する。
- [ ] Files クラスの copy() および move() メソッドの第 3 引数に、「StandardCopyOption.REPLACE_EXISTING」が指定されると、同名のファイルがあってもコピーもしくは移動される。また、同名のファイルが存在し、「StandardCopyOption.REPLACE_EXISTING」が指定されていないと、FileAlreadyExistsException 例外が発生する。
- [ ] Files クラスの getAttribute() メソッドは、ファイルのメタデータを取得する。
- [ ] Files クラスの readAttributes() メソッドは、1 回のメ

ソッド呼び出しで複数のメタデータを取得する。

☐ Files クラスの readAllLines()、lines() メソッドはともに、第 2 引数で文字コードを指定し読み込みを処理を行うことができる。

第 10 章　スレッドと並列処理

☐ 排他制御は、synchronized を使用する。
- メソッドに指定

  synchronized void add(int a) {…}

- 部分的にブロックで指定

  void add(int a) {
  　synchronized(ロック対象のオブジェクト) {…}
  }

☐ すべてのスレッドがロックの解放を同時に待ってしまい、ロックが永久に解けなくなる状況をデッドロックと呼ぶ。

☐ 複数のスレッドが進まない処理を繰り返し続ける状況をライブロックと呼ぶ。

☐ あるスレッドが共有オブジェクトにアクセスできない時間が長く続くことを、スレッドスタベーションと呼ぶ。

☐ 同期化をサポートしていないコレクションで、複数のスレッドが変更を加えると、ConcurrentModificationException 例外が発生する。

☐ 同期化をサポートしている ConcurrentMap インタフェースを実装した、ConcurrentHashMap クラスが提供されている。

☐ ArrayList クラスおよび Set インタフェースを同期化拡張した、CopyOnWriteArrayList、CopyOnWriteArraySet クラスが提供されている。

☐ ExecutorService インタフェースは、Executor インタフェースのサブインタフェースである。提供されている主なメソッドは次のとおり。
- \<T\> Future\<T\> submit(Callable \<T\> task)
- Future\<?\> submit(Runnable task)
- void execute(Runnable command)

☐ Callable インタフェースは、タスクを行うクラス。結果を返し、例外をスローが可能である。実装クラスは、call() メソッドを定義する。

  V call() throws Exception

☐ java.util.concurrent.atomic パッケージには、アトミックに操作できる値を表すクラスを提供している。

☐ AtomicInteger クラスの incrementAndGet() メソッドは、アトミックにインクリメントし、更新値を返す。getAndIncrement() メソッドは、アトミックにインクリメントし、更新前の値を返す。

☐ リストなどのコレクションをもとにパラレルストリームを取得するには、Collection インタフェースの parallelStream() メソッドを使用する。

☐ ストリームをもとにパラレルストリームを取得するには、BaseStream インタフェースの parallel() メソッドを使用する。

☐ RecursiveAction クラスの compute() メソッドは、計算処理を実装するが戻り値はない。

  protected abstract void compute()

☐ RecursiveTask クラス compute() メソッドは、計算処理を実装し、戻り値を返す。

  protected abstract V compute()

第 11 章　JDBC

☐ JDBC ドライバは、Java プログラムとデータベースを結びつけるのに必要な JDBC API の各インタフェースを実装したクラスである。したがって、Java アプリケーションから特定のデータベースにアクセスするためには、接続するデータベース製品の JDBC ドライバが必要である。

☐ 従来の JDBC では、Class.forName() メソッドによるドライバクラスのロードが必要である。

  //con 変数は Connection オブジェクト
  Class.forName("com.mysql.jdbc.Driver");
  con = DriverManager.getConnection(url,user,password);

☐ JDBC4.0 以降のドライバを使用する場合は、Class.forName() メソッドの呼び出しは不要である。

☐ Statement インタフェースを使用した SQL の実行は以下メソッドを使用する。

メソッド名	戻り値	説明
execute (String sql)	boolean	true：ResultSet オブジェクトの取得が可能 false：更新行数の取得が可能もしくは、結果がない
executeQuery (String sql)	ResultSet	結果の取得には、1 回は next() を呼ぶ。 該当レコードがない場合でも、ResultSet は null にならない
executeUpdate (String sql)	int	更新行数が返る。更新した行がなかった場合は 0 が返る

☐ ResultSet オブジェクトの行へのアクセスは、next() メソッドを使用する。必ず 1 回は next() メソッドを実行する。next() メソッドを 1 回も呼び出さずにデータの取り出しを試みると SQLException 例外が発生する。

☐ ResultSet オブジェクトの列へのアクセスは、getter メソッドで引数に列番号もしくは列名を指定する。

☐ ResultSet オブジェクトでスクロール、絶対・相対位置指定を行うには、createStatement() メソッドの第 1 引数に、TYPE_SCROLL_INSENSITIVE もしくは TYPE_SCROLL_SENSITIVE を指定する。

☐ ResultSet インタフェースの absolute() メソッドは任意の行に移動する。引数には、最初の行であれば 1、2 行目であれば 2 と指定する。absolute(-1) とすると、最終行に移動し、absolute(-2) とすると最終行の次の行に移動する。

☐ ResultSet オブジェクト上でデータの挿入・更新を行うには、createStatement() メソッドの第 2 引数に、CONCUR_UPDATABLE を指定する。

☐ ResultSet オブジェクト上で更新を行う場合は、updateXXX() メソッドで更新をした後、updateRow() メソッドで変更内容をデータベースに反映する。

- [ ] ResultSet オブジェクト上で挿入を行う場合は、moveToInsertRow() メソッドで挿入専用の行に移動し、updateXXX() メソッドでデータを設定した後、insertRow() メソッドでデータベースに反映する。

第12章 ローカライズとフォーマット

- [ ] ロケールオブジェクトの主な取得方法。
    - `Locale japan = Locale.getDefault();`
    - `Locale us = Locale.US;`
    - `Locale us = new Locale("en", "US");`
    - `Locale locale = new Locale.Builder().setLanguage("ja").setScript("Jpan").setRegion("JP").build();`

    なお、Locale クラスに、引数をもたないコンストラクタは提供されていない。

- [ ] 1つのリソースはキーと値のペアで構成される。
- [ ] ListResourceBundle クラスの定義ルール。
    - ListResourceBundle クラスを継承した public なクラスを作成する
    - getContents() メソッドをオーバーライドし、配列でリソースのリストを作成する

    `protected abstract Object[][] getContents()`
    - 各リソース（キーと値のペア）の配列を戻り値として返す

- [ ] リソースバンドルの読み込みには、ResourceBundle クラスの static メソッドである getBundle() を使用する。
- [ ] 取得したリソースバンドルオブジェクトに格納されているキーや値を取得するには ResourceBundle クラスの検索用メソッドを使用する。
    - `final Object getObject(String key)`
    - `final String getString(String key)`
    - `Set<String> keySet()`

- [ ] ResourceBundle クラスの getObject() メソッドは、引数にキーを指定し、戻り値は適切な型にキャストする。
- [ ] PropertyResourceBundle クラスによるリソースバンドルの使用では、サブクラス化はせず、プロパティファイルを作成する。プロパティファイル内に「キー = 値」の形式で列記する。
- [ ] リソースバンドルの検索の優先順位。
    1. 言語コード、国コードが一致するクラスファイル
    2. 言語コード、国コードが一致するプロパティファイル
    3. 言語コードが一致するクラスファイル
    4. 言語コードが一致するプロパティファイル
    5. デフォルトロケール用のクラスファイル
    6. デフォルトロケール用のプロパティファイル

- [ ] ロケールに対応した適切なリソースバンドルが読み込めない場合や、指定したキーが見つからない場合に、MissingResourceException 例外が発生する。
- [ ] NumberFormat クラスは、抽象クラスであるため new によるインスタンス化はできず、同クラスの static メソッドを使用してオブジェクトを取得する。

    `static final NumberFormat getInstance()`
    `static NumberFormat getInstance(Locale inLocale)`

- [ ] DateTimeFormatter クラスには、static 定数としてフォーマッタが提供されている。

DateTimeFormatter クラスの static 定数として提供

定数	例
ISO_DATE	2011-12-03 2011-12-03+01:00
ISO_TIME	10:15 10:15:30 10:15:30+01:00
ISO_DATE_TIME	2011-12-03T10:15:30 2011-12-03T10:15:30+01:00

DateTimeFormatter クラスの static メソッドとして提供

メソッド名	説明
static DateTimeFormatter ofLocalizedDate(FormatStyle dateStyle)	ロケール固有の日付フォーマットを返す
static DateTimeFormatter ofLocalizedTime(FormatStyle timeStyle)	ロケール固有の時間フォーマットを返す
static DateTimeFormatter ofLocalizedDateTime(FormatStyle dateTimeStyle)	ロケール固有の日付/時間フォーマッタを返す

- [ ] 日付／時刻フォーマッタのスタイルの列挙型として、java.time.format.FormatStyle 型が提供されている。列挙値は FULL、LONG、MEDIUM、SHORT の 4 つである。
- [ ] ロケール固有の日付フォーマットを行うには、DateTimeFormatter クラスの ofLocalizedDate()、ofLocalizedTime()、ofLocalizedDateTime() を使用する。

メソッド名	format()の引数	MEDIUM	SHORT
ofLocalizedDate	format(date)	2016/02/20	2016/02/20
	format(time)	例外	例外
	format(dateTime)	2016/02/20	2016/02/20
ofLocalizedTime	format(date)	例外	例外
	format(time)	10:30:45	10:30
	format(dateTime)	10:30:45	10:30
ofLocalizedDateTime	format(date)	例外	例外
	format(time)	例外	例外
	format(dateTime)	2016/02/20 10:30:45	16/02/20 10:30

※例外：UnsupportedTemporalTypeException 例外

- [ ] DateTimeFormatter クラスの ofPattern() メソッドは引数に任意パターン文字列を指定しフォーマッタを作成する。

    ```
    //date 変数は LocalDate、time 変数は LocalTime、
    //dateTime 変数は LocalDateTime とする
    fmt1 = DateTimeFormatter.ofPattern("hh:mm");
    fmt1.format(date); // 例外発生
    fmt1.format(time); //OK
    fmt1.format(dateTime); //OK
    ```

EXAM PRESS

オラクル認定資格試験学習書

Java プログラマ
Gold SE8

試験番号：1Z0-809

山本道子 著

本書内容に関するお問い合わせについて

このたびは翔泳社の書籍をお買い上げいただき、誠にありがとうございます。弊社では、読者の皆様からのお問い合わせに適切に対応させていただくため、以下のガイドラインへのご協力をお願い致しております。下記項目をお読みいただき、手順に従ってお問い合わせください。

●ご質問される前に

弊社 Web サイトの「正誤表」をご参照ください。これまでに判明した正誤や追加情報を掲載しています。

　　　正誤表　http://www.shoeisha.co.jp/book/errata/

●ご質問方法

弊社 Web サイトの「刊行物 Q&A」をご利用ください。

　　　刊行物 Q&A　http://www.shoeisha.co.jp/book/qa/

インターネットをご利用でない場合は、FAX または郵便にて、下記"翔泳社 愛読者サービスセンター"までお問い合わせください。
電話でのご質問は、お受けしておりません。

●回答について

回答は、ご質問いただいた手段によってご返事申し上げます。ご質問の内容によっては、回答に数日ないしはそれ以上の期間を要する場合があります。

●ご質問に際してのご注意

本書の対象を越えるもの、記述個所を特定されないもの、また読者固有の環境に起因するご質問等にはお答えできませんので、予めご了承ください。

●郵便物送付先および FAX 番号

送付先住所　〒160-0006　東京都新宿区舟町5
FAX 番号　　03-5362-3818
宛先　　　　（株）翔泳社 愛読者サービスセンター

※ 著者および出版社は、本書の使用による Oracle Certified Java Programmer, Gold SE 8 資格の合格を保証するものではありません。
※ 本書の出版にあたっては正確な記述に努めましたが、著者および出版社のいずれも、本書の内容に対してなんらかの保証をするものではなく、内容やサンプルに基づくいかなる運用結果に関してもいっさいの責任を負いません。
※ Oracle と Java は、Oracle Corporation 及びその子会社、関連会社の米国及びその他の国における登録商標です。文中の社名、商品名等は各社の商標または登録商標である場合があります。
※ 本書に記載された URL 等は予告なく変更される場合があります。
※ 本書に掲載されている画面イメージなどは、特定の設定に基づいた環境にて再現される一例です。
※ 本書に記載されている会社名、製品名はそれぞれ各社の商標および登録商標です。
※ 本書では TM、©、® は割愛させていただいております。

はじめに

　本書は、日本オラクル株式会社が実施している『Oracle Certified Java Programmer, Gold SE 8』の試験対策用書籍です。基本的には各章ごとに項目が独立していますが、関連のある項目は詳細がどこに記載されているかを明示しているので、途中で知らないことが出てきても、再度読み直すことで理解が深まると思います。

　Java SE 8 では、冗長なコードの削減、コレクションやアノテーションの改善、並列処理プログラミング・モデルの簡素化、最新のマルチコア・プロセッサの効率的な活用等を目標に掲げ、旧バージョンからの変更点は多岐にわたります。特にストリーム API とラムダ式の導入は従来のコードに大きな変化をもたらしました。私自身、Java SE 8 を検証している際、慣習的に書いていたコードが、今回の改訂でこれほどシンプルに書けるのか、と感服した場面が多くありました。
　Java 言語の細かな仕様を振り返り、改めて旧バージョンでの問題点を認識し、新しい機能が追加された背景、理由を把握する良い機会になるかと思います。

　Java 言語オラクル認定資格制度のアップデートにより、昨年から各試験の対策本を執筆してきましたが、シリーズ最後となる本書を執筆できたことを大変うれしく思っています。
　「Gold SE 8」では、Java SE 8 の新機能を扱っている内容が多いため、本書では可能な限りサンプルコードを掲載しています。動作検証によって理解を深め、多くの方が合格されることを願っております。

　最後に本書の出版にあたり、株式会社 翔泳社の編集部の皆様にこの場をお借りして御礼申し上げます。

2016 年 6 月
山本 道子

Java SE 8 認定資格の概要

　Java SE 8 認定資格は、日本オラクルが実施している Java プログラマ向けの資格です。Java によるオブジェクト指向プログラミングや、ファイル I/O などのコア API を使用した Java アプリケーション作成のスキルを証明します。

　Java SE 8 認定資格の構成は表 1 のとおりです。2012 年にスタートした Java SE 7 認定資格から Bronze、Silver、Gold の 3 レベルが設けられ、2015 年から Java SE 7 認定資格と並行する形で Java SE 8 認定資格が開始されています。

表 1：Java SE 8 認定資格の構成

Oracle Certified Java Programmer, Bronze SE 7/8	プログラミング言語をはじめて学ぶ人が理解すべき基礎知識が問われる入門資格。変数や制御文といった Java の基本文法から、オブジェクト指向プログラミングの初歩（クラス・インタフェース）までが出題される。プログラムの流れや書き方を習得する。
Oracle Certified Java Programmer, Silver SE 8	Java プログラミングの仕様を細部まで理解していることを問われる中級資格。Java 言語の基本文法から、オブジェクト指向プログラミング（クラス・インタフェース・例外処理）まで出題される。試験範囲は Bronze と多く重複するが、出題内容がずっと深い。
Oracle Certified Java Programmer, Gold SE 8	プログラミングの知識だけでなく、設計に関する知識も問われる高度試験。コレクションやファイル I/O、並行処理、JDBC などのライブラリを使用したプログラミングのほか、デザインパターンについても出題されるなど、より実践的なスキルが問われる。

　「Oracle Certified Java Programmer（以下 OCJP）, Bronze」は、SE 7、SE 8 共通の資格ですが、Silver、Gold はそれぞれの資格が用意されています（図 1）。

　なお、Bronze、Silver ともに、取得に必要となる前提資格はありませんが、Gold を取得するには Silver 資格を保持している必要があります。

Oracle Certified Java Programmer, Gold SE 7	Oracle Certified Java Programmer, Gold SE 8
Oracle Certified Java Programmer, Silver SE 7	Oracle Certified Java Programmer, Silver SE 8
Oracle Certified Java Programmer, Bronze SE 7/8	

図 1：Java SE 7 認定資格と Java SE 8 認定資格

Gold SE 8 資格試験の概要

本書が学習対象としている OCJP, Gold SE 8 資格を取得するには、「Java SE 8 Gold」試験に合格する必要があります。Java SE 8 Gold 試験の概要は次のとおりです。

表 2：Java SE 8 Gold 試験の概要

試験番号	1Z0-809
試験名称	Java SE 8. Programmer II
問題数	85 問
合格ライン	65%
試験形式	CBT（コンピュータを利用した試験）による多肢選択式
制限時間	150 分
前提資格	なし

各問題では、複数の選択肢から正解を 1 つまたは複数選択するように指示があるので、正解の番号を選択します。すぐに解答できない問題は飛ばして先に進み、後から戻って解答することもできます。

出題範囲

Java SE 8 Gold 試験のテスト内容は**表 3** のとおりです。

表 3：Java SE 8 Gold 試験のテスト内容

カテゴリ	項目
Java クラスの設計	● カプセル化を実装する ● アクセス修飾子やコンポジションを含む継承を実装する ● ポリモーフィズムを実装する ● オブジェクト・クラスの hashCode、equals および toString メソッドをオーバーライドする ● シングルトン・クラスと不変クラスを作成および使用する ● 初期化ブロック、変数、メソッドおよびクラスでキーワード static を使用する
高度な Java クラスの設計	● 抽象クラスおよびメソッドを使用するコードを作成する ● キーワード final を使用するコードを作成する ● 静的な内部クラス、ローカル・クラス、ネストしたクラス、無名内部クラスなどの内部クラスを作成する ● メソッドやコンストラクタが列挙型内にあるものを含めて、列挙型を使用する。 ● インタフェースを宣言、実装、拡張するコードを作成する。@Override 注釈を使用する ● ラムダ式を作成および使用する

カテゴリ	項目
ジェネリクスとコレクション	- ジェネリクスクラスを作成および使用する - ArrayList、TreeSet、TreeMap および ArrayDeque オブジェクトを作成および使用する - java.util.Comparator および java.lang.Comparable インタフェースを使用する
コレクション、ストリームおよびフィルタ	- コレクション、ストリームおよびフィルタ - ストリームのインタフェースとパイプラインについて説明する - ラムダ式を使用してコレクションをフィルタリングする - ストリームとともにメソッド参照を使用する
ラムダ組込み関数型インタフェース	- Predicate、Consumer、Function、Supplier など、java.util.function パッケージに含まれている組込みインタフェースを使用する - プリミティブ型を扱う関数型インタフェースを使用する - 2 つの引数を扱う関数型インタフェースを使用する - UnaryOperator インタフェースを使用するコードを作成する
Java ストリーム API	- 基本バージョンの map() メソッドを含む peek() および map() メソッドを使用してオブジェクトからデータを抽出する - findFirst、findAny、anyMatch、allMatch、noneMatch などの検索メソッドを使用してデータを検索する - Optional クラスを使用する - ストリームのデータ・メソッドと計算メソッドを使用するコードを作成する - ストリーム API を使用してコレクションをソートする - collect メソッドを使用してコレクションに結果を保存する。Collectors クラスを使用してデータをグループ化/パーティション化する - ストリーム API の merge() および flatMap() メソッドの使用
例外とアサーション	- try-catch および throw 文を使用する - catch、multi-catch および finally 句を使用する - try-with-resources 文とともに Autoclose リソースを使用する - カスタムな例外と自動クローズ可能なリソースを作成する - アサーションを使用して不変量をテストする
Java SE 8 の日付/時刻 API を使用する	- LocalDate、LocalTime、LocalDateTime、Instant、Period および Duration を使用して日付と時刻を単一オブジェクトに結合するなど、日付に基づくイベントと時刻に基づくイベントを作成および管理する - 複数のタイムゾーン間で日付と時刻を操作する。日付と時刻の値の書式設定など、夏時間による変更を管理する - Instant、Period、Duration および TemporalUnit を使用して、日付に基づくイベントと時刻に基づくイベントを定義、作成および管理する
Java の I/O の基本	- コンソールに対してデータの読取り/書込みを行う - java.iopackage の BufferedReader、BufferedWriter、File、FileReader、FileWriter、FileInputStream、FileOutputStream、ObjectOutputStream、ObjectInputStream および PrintWriter を使用する

カテゴリ	項目
Java のファイル I/O (NIO.2)	● Path インタフェースを使用してファイルおよびディレクトリ・パスを操作する ● カプセル化を実装する ● NIO.2 とともにストリーム API を使用する
Java の同時実行性	● Runnable と Callable を使用してワーカー・スレッドを作成する。ExecutorService を使用してタスクを同時に実行する ● スレッド化の潜在的な問題であるデッドロック、スタベーション、ライブロックおよび競合状態を識別する ● キーワード synchronized と java.util.concurrent.atomic パッケージを使用してスレッドの実行順序を制御する ● CyclicBarrier や CopyOnWriteArrayList など、java.util.concurrent のコレクションとクラスを使用する ● 並列 Fork/Join フレームワークを使用する ● リダクション、分解、マージ・プロセス、パイプライン、パフォーマンスなど、並列ストリームを使用する
JDBC によるデータベース・アプリケーションの作成	● Driver、Connection、Statement および ResultSet インタフェースと、プロバイダの実装に対するこれらの関係など、JDBC API の中核を構成するインタフェースについて説明する ● JDBC URL など、DriverManager クラスを使用してデータベースに接続するために必要なコンポーネントを識別する ● ステートメントの作成、結果セットの取得、結果の反復、結果セット／ステートメント／接続の適切なクローズを含め、問合せを発行しデータベースから結果を読み込む
ローカライズ	● アプリケーションをローカライズするメリットについて説明する ● Locale オブジェクトを使用してロケールを読み取り設定する ● Properties ファイルの作成と読取りを行う ● 各ロケールについてリソース・バンドルを作成し、アプリケーションでリソース・バンドルをロードする

■■ 受験の申し込みから結果の確認まで

1. 受験予約

　Java SE 8 Gold 試験は、ピアソン VUE 社が運営する全国の公認テストセンターで受験します。受験の予約は、ピアソン VUE 社の下記 Web サイトから行うことができます。

　URL http://www.pearsonvue.com/japan/IT/oracle_index.html

　手続きの詳細は、下記をご確認ください。

　URL https://www9.pearsonvue.com/japan/Tutorial/webng_schedule.html

申込をした際に届く予約確認メールに、受験日時、試験番号 / 試験名、テストセンター、受験料受領詳細、受験の注意事項などが記載されているので、よく確認しておきましょう。なお、本人確認のため身分証明書を 2 通持参する必要があります。認められている身分証明書については、ピアソン VUE 社サイトでご確認ください。

2. 試験当日

試験会場には、試験開始の 15 分前までに試験会場へ到着するようにしましょう。

試験教室への紙類、本類、鞄、コンピュータ、手帳、電卓、その他の私物は持ち込むことができません。試験中に使用するメモ用紙は会場より配布されます。

3. 試験結果

試験の合否やスコア（得点）レポートの確認は、「CertView」（オラクル認定資格情報）というシステムで行います。CertView の利用にはユーザ登録が必要です。受験前に登録をしておきましょう。CertView では保持しているオラクル認定資格の確認や、資格の認定ロゴのダウンロードなども行えます。

URL https://education.oracle.com/pls/eval-eddap-dcd/ocp_interface.ocp_candidate_login?p_include=Y&p_org_id=70&p_lang=JA

ここに記載した情報は、本書執筆時点（2016 年 6 月）のものです。オラクル認定資格に関する最新情報は、Oracle University の Web サイトをご覧いただくか、下記までお問い合わせください。

●オラクル認定資格に関するお問い合わせ
日本オラクル株式会社　Oracle University
URL：http://education.oracle.com/jp
E-mail：oraclecert_jp@oracle.com

●受験のお申し込み / お問い合わせ先
ピアソン VUE
URL：http://www.pearsonvue.com/japan
TEL：0120-355-173 または 0120-355-583

本書の使い方

本書では、Java SE 8 Gold（試験番号：1Z0-809）試験の出題範囲に定められたすべてのトピックを解説の対象としています。

本書の構成

第1章～第12章

第1章～第12章では、出題範囲に基づいて解説を行っています。各章には本文やサンプルコード、実行結果、図表のほかに以下の要素があります。

- **構文**：Java言語やコマンドの構文を説明しています。文例やコマンド例を示しているところもあります。

- **Point!**：試験で正解するために知っておきたいことがら。

- **参考**：注意事項や付加情報、参照先など。

- **URL**：Web上にある参考資料などのURL。

- 章末練習問題：その章で説明した内容に関する知識を確認するため、出題範囲に基づく試験問題および解説を収録しています。

模擬試験

実際の試験を分析し、作成した模擬試験が1回分掲載されています。問題の後には詳しい解説もありますので、受験前の総仕上げとしてご活用ください。

試験直前チェックシート

試験に関する重要なポイントを抜粋して掲載してあります。受験前に、自信のないところや再度確認しておきたい項目を重点的にチェックしましょう。なお、ミシン目がついているので切り離して持ち歩くことができます。

本書で言及するJava APIドキュメントは、下記URLから参照することができます。
http://docs.oracle.com/javase/jp/8/docs/api/

表記について

- キーワードや重要事項は**太字**で示しています。
- メソッドは基本的に「メソッド名 ( )」という形式で表します。メソッドは引数を取る場合もあれば、取らない場合もあります。
- 構文の表記における山かっこ（< >）内の語は、構成要素のユーザ指定部分を示します。プログラムやコマンド、パスなどで実際に使用したり記載したりする場合、この部分の値を適切に指定する必要があります。
- 実際のソースコードでは改行していないが、紙面の都合で折り返している箇所は「➡」で表しています。

サンプルコードのダウンロード

本書に掲載されているサンプルコードは、下記のWebサイトからダウンロードできます。ダウンロードページの指示に従って、アクセスキーを入力し、ダウンロードを行ってください。なお、ダウンロードサービスの内容については、予告なく変更される場合があります。予めご了承ください。

配布サイト：http://www.shoeisha.co.jp/book/download/9784798146829/

本書記載内容に関する制約について

本書は「Java SE 8 Gold（試験番号：1Z0-809）」に対応した学習書です。本資格試験は、日本オラクル株式会社（以下、主催者）が運営する資格制度に基づく試験であり、一般に「ベンダー資格試験」と呼ばれているものです。「ベンダー資格試験」には、下記のような特徴があります。

① 出題範囲および出題傾向は主催者によって予告なく変更される場合がある。
② 試験問題は原則、非公開である。

本書内容は、その作成に携わった著者、監修者をはじめとするすべての関係者の協力（実際の受験を通じた各種情報収集・分析等）により可能な限り実際の試験内容に即すよう努めていますが、上記①②の制約上、その内容が試験出題範囲および出題傾向を常時正確に反映していることを保証できるものではありませんので、あらかじめご了承ください。

目次

Java Gold SE 8 資格試験の概要 iv
本書の使い方 ix

第1章　Javaクラスの設計　　1

switch 文 2
拡張されたリテラル 3
アクセス修飾子とカプセル化 5
final 修飾子と static 修飾子 8
デザインパターン 12
列挙型 15
Object クラス 20
static インポート 26
練習問題 28
解答・解説 34

第2章　高度なJavaクラスの設計　　37

継承とオーバーライド 38
抽象クラス 45
インタフェース 49
型変換 58
ネストクラス 63
関数型インタフェース 72
練習問題 76
解答・解説 82

第3章　コレクションとジェネリックス　　85

コレクション 86
List、Set、Queue、Map の利用 89
従来型とジェネリックス型 105
ジェネリックスを用いた独自クラスの定義 109
オブジェクトの順序づけ 118
配列とリストのソートと検索 123
練習問題 128
解答・解説 134

第4章　ラムダ式とメソッド参照　　137

- ラムダ式 138
- メソッド参照 144
- 基本データ型を扱う関数型インタフェース 152
- 練習問題 156
- 解答・解説 159

第5章　Javaストリーム API　　161

- ストリーム API 162
- 終端操作 166
- 中間操作 178
- collect() メソッドと Collectors クラス 190
- 練習問題 203
- 解答・解説 208

第6章　例外処理　　211

- 例外と例外処理 212
- 例外クラス 212
- try-catch-finally 214
- throws と throw 220
- オーバーライド時の注意点 226
- try-with-resources 228
- アサーション 232
- 練習問題 237
- 解答・解説 243

第7章　日付 / 時刻 API　　245

- 日付 / 時刻 API 246
- 日付 / 時刻のフォーマット 253
- 日付 / 時刻の加減算 256
- 時差とタイムゾーン 259
- 日や時間の間隔 266
- 練習問題 281
- 解答・解説 286

第8章　入出力　　289

- File クラス 290
- ストリーム 294
- シリアライズ 307
- コンソール 313
- ストリームの書式化および解析 316

- 練習問題 320
- 解答・解説 325

第9章 NIO.2　327

- ファイル操作 328
- ディレクトリ操作 348
- 練習問題 354
- 解答・解説 360

第10章 スレッドと並列処理　363

- スレッド 364
- スレッドの制御 371
- 排他制御と同期制御 373
- 並列コレクション 381
- Executor フレームワーク 392
- アトミック 406
- パラレルストリーム 408
- Fork/Join フレームワーク 419
- 練習問題 426
- 解答・解説 435

第11章 JDBC　439

- JDBC を使用したデータベース接続 440
- SQL ステートメントの実行 453
- ResultSet の拡張 460
- 練習問題 469
- 解答・解説 475

第12章 ローカライズとフォーマット　477

- ロケール 478
- リソースバンドル 481
- フォーマット 492
- 練習問題 503
- 解答・解説 509

模擬試験　513

- 模擬試験 514
- 解答・解説 560

- 索引 579

第1章 Javaクラスの設計

本章で学ぶこと

本章では、Java言語の基本文法のうち、Silver SE 8では範囲外とされていたものについて、解説します。また、列挙型やすべてのクラスのスーパークラスとなるObjectクラスにあるメソッドの概要およびオーバーライドする際の注意点を確認します。

- switch文
- 拡張されたリテラル
- アクセス修飾子とカプセル化
- final修飾子とstatic修飾子
- デザインパターン
- 列挙型
- Objectクラス
- staticインポート

switch文

switch文の基本

多分岐処理を行う文として、switch文があります。switch文は、式を評価した結果とcaseで指定した定数を比較し、一致した場合にそのcase以降に記述した処理文を実行します。caseはいくつでも指定できます。比較の結果一致しない場合は、次のcaseの定数と比較します。

switch文の式の結果は、データ型としてbyte、char、short、int、enum、Stringのいずれかであるか、基本データ型のラッパークラスであるCharacter、Byte、Short、Integerのオブジェクトである必要があります。

> **参考** switch文の基本構文は、『オラクル認定資格教科書 Javaプログラマ Silver SE 8』を参照してください。

拡張されたリテラル

2進リテラル

整数リテラルとして、10進数、8進数、16進数の表現の他、Java SE 7から、2進数の表現が可能となりました。2進数では、**0と1**の2つの数字を使用して数を表現します。**先頭に0b**(ゼロ、ビー)を入れると2進数として判断されます。bは大文字、小文字どちらでもかまいません。

各進数を使用したサンプルコードを見てみましょう(Sample1_1.java)。

Sample1_1.java：各進数を使用した例

```
1.  class Sample1_1.java {
2.    public static void main(String[] args) {
3.      int val1 = 26;       //10進数
4.      int val2 = 032;      // 8進数
5.      int val3 = 0x1a;     //16進数
6.      int val4 = 0b11010;  // 2進数
7.      //int val5 = 0b12010; // コンパイルエラー
8.      System.out.println("val1 : " + val1);
9.      System.out.println("val2 : " + val2);
10.     System.out.println("val3 : " + val3);
11.     System.out.println("val4 : " + val4);
12.   }
13. }
```

【実行結果】

```
val1 : 26
val2 : 26
val3 : 26
val4 : 26
```

3〜6行目の各変数は、26という値を各進数で表現しています。3行目は10進数で、4行目は先頭に**0**を入れているため、**8進数**として扱われます。5行目は先頭に**0x**を入れているため**16進数**、6行目は先頭に**0b**を入れているため**2進数**として扱われます。

なお、7行目は、2進数で表現しようとしていますが、0、1以外である2を数字として使用しているためコンパイルエラーとなります。

_（アンダースコア）がある数値リテラル

　Java SE 7 から、数値リテラルを扱う際に数字の途中に「_」（アンダースコア）を使用できるようになりました。桁数の大きな数値リテラルの可読性を高めるもので、いわばカンマの代わりです。100,000 を「100_000」と書けます。
　_ を使用する場合は、次のルールに従う必要があります。

- リテラルの先頭、末尾には使用できない
- 浮動小数点リテラルにある小数点の前後には使用できない
- float 値を表現する F（もしくは f）および long 値を表現する L（もしくは l）の前には使用できない
- 16 進数で使用する 0x と 2 進数で使用する 0b の途中および前後には使用できない

_ を使用したサンプルコードを見てみましょう（Sample1_2.java）。

Sample1_2.java（抜粋）: _ を使用した例

```
3.      float x1 = 3_.1415F;     //①: NG（コンパイルエラー）
4.      float x2 = 3._1415F;     //②: NG（コンパイルエラー）
5.      long x3 = 999_99_9999_L; //③: NG（コンパイルエラー）
6.      int x4 = _52;            //④: NG（コンパイルエラー）
7.      int x5 = 5_2;            //⑤: OK
8.      int x6 = 52_;            //⑥: NG（コンパイルエラー）
9.      int x7 = 5_____2;      //⑦: OK
10.     int x8 = 0_x52;          //⑧: NG（コンパイルエラー）
11.     int x9 = 0x_52;          //⑨: NG（コンパイルエラー）
12.     int x10 = 0x5_2;         //⑩: OK
13.     int x11 = 0_52;          //⑪: OK
```

　3 ～ 13 行目は、次の理由で動作が可能（OK）あるいは不可能（NG）です。

① NG：小数点の前は使用できない
② NG：小数点の後は使用できない
③ NG：long 値を表すサフィックス（L もしくは l）の前には使用できない。他のサフィックスも同様
④ NG：リテラルの先頭には使用できない
⑤ OK：リテラルの途中は使用可能

⑥ NG：リテラルの末尾には使用できない
⑦ OK：_ の使用回数に制限はないため、使用可能
⑧ NG：16進数を表現する0xの途中には使用できない
⑨ NG：16進数を表現する0xの直後には使用できない
⑩ OK：リテラルの途中は使用可能
⑪ OK：8進数を表す0の直後は使用可能

> **参考**　_（アンダースコア）の適用ルールは「リテラルの先頭および末尾、記号の前後には使用できない」と覚えておきましょう。

アクセス修飾子とカプセル化

アクセス修飾子

　Java言語では、クラス、コンストラクタ、メンバ変数、メソッドに対して他のクラスからアクセスを許可させるか、させないかなどを**アクセス修飾子**を使って指定します。アクセス修飾子の種類は**表1-1**のとおりです。

表1-1：アクセス修飾子

アクセス修飾子	適用場所				説明
	クラス	コンストラクタ	メンバ変数	メソッド	
public	○	○	○	○	どのクラスからでも利用可能
protected	×	○	○	○	このクラスを継承したサブクラス、もしくは同一パッケージ内のクラスから利用可能
デフォルト（指定なし）	○	○	○	○	同一パッケージ内のクラスからのみ利用可能
private	×	○	○	○	同一クラス内からのみ利用可能

（公開範囲：広い←→狭い）

　protected修飾子とprivate修飾子は、**クラス宣言時には使用できない**ことに注意してください。また、メンバ変数に対してアクセス修飾子は使用できますが、**ローカル変数には使用できません**。

カプセル化

　オブジェクト指向言語では、属性と操作を一体化させて表現することを**カプセル化**と呼びます。Java 言語では、オブジェクトごとにもつ属性をインスタンス変数として、操作をメソッドとしてクラス内に定義することで、カプセル化を実現しています。

　カプセル化されたクラスでは、属性であるインスタンス変数が他クラスからむやみに変更されることを防ぐ（データ隠蔽をする）ために、一般的に**インスタンス変数**は **private 指定**にし、インスタンス変数を操作する**メソッド**は **public 指定**することが推奨されています。

> 1つのソースファイル（.java ファイル）に、複数のクラスを定義することは可能ですが、public 指定のクラスは、1つのソースファイルにつき 1つしか記述できません。また、public 指定のクラスを定義した場合、そのソースファイル名は public 指定にしたクラス名と同じでなくてはいけません。

JavaBeans とイミュータブルオブジェクト

　メソッドは、処理用メソッドを定義するだけでなく、変数の値を設定または取得するために定義することも多くあります。そのため、上記カプセル化で記載したメンバ変数を操作するメソッドをメンバ変数の **getter メソッド**および **setter メソッド**と呼びます。そして便宜上、これらのメソッド名の先頭に get および set をつけます。JavaBeans と呼ばれる特別な Java クラスの場合は、このメソッド命名規則が標準として適用されます。JavaBeans は、いくつかの規則によって定義される Java クラスです。この規則には、その変数とメソッドの命名規約も含まれています。具体的な内容は次のとおりです。

- メンバ変数は private とし、外部からは getter メソッドと setter メソッドを通じてのみアクセス可能とする
- getter および setter メソッドは、それぞれ get、set で始まり、メンバ変数名が続く。なお、メンバ変数名の先頭文字は大文字にする（例：getName()）。この JavaBeans を使用するすべてのクラスが呼び出せるように public とする
- getter メソッドの戻り値の型は対応するメンバ変数の型に一致し、引数はもたない
- setter メソッドの戻り値の型は void で、対応するメンバ変数の型を表す引数をもつ
- boolean 型のメンバ変数に対する getter は、getXX() の他、isXX() としてもよい

また、アクセス修飾子を活用して以下のようなクラス設計をすると、インスタンス化時に指定された値を保持し、その後、属性を変更させない**イミュータブルオブジェクト（不変オブジェクト）**を作成できます。以下のようにクラスを定義することで、インスタンス化された時から状態が変更されないことを保証します。

- クラスが拡張できないことを保証するため final クラスとする
  または、getter メソッドに final を付与しオーバーライドさせない
- メンバ変数は private、final 修飾にする
- オブジェクトの状態を変更するようなメソッドは定義しない
- メンバ変数に参照型の変更可能なオブジェクトをもつ場合、変更されないよう配慮する

　参照型のメンバ変数にもつ場合、注意が必要です。たとえば、メンバにリストをもった場合を考えてみます。setter メソッドを定義していなくても、イミュータブルオブジェクトを利用するクラスは getter メソッドでリストを取得すると参照値を得ることになります。そのため、呼び出し側からリストの要素を変更されないよう配慮する必要があります。以下は String 型の name 変数と、Fruit 型のリストをもつイミュータブルオブジェクトの定義例です（Fruit クラスは定義済とします）。

コード例 User.java（抜粋）：不変オブジェクトのクラス定義例

```java
public final class Basket {
  private final String name;
  private final List<Fruit> fruits;
  public Basket (String name, List<Fruit> fruits){
    this.name = name;
    List<Fruit> fruitsList = new ArrayList<Fruit>();
    fruitsList.addAll(fruits);
    this.fruits = fruitsList;
  }
  public String getName() {
      return this.name;
  }
  public List<Fruit> getFruits() {
    List<Fruit> fruitsList = new ArrayList<Fruit>();
    fruitsList.addAll(fruits);
    return fruitsList;
  }
}
```

final 修飾子と static 修飾子

final 修飾子

final 修飾子は、クラス、メソッド、変数に適用できます。それぞれ適用した際の振る舞いは異なります (表 1-2)。

表 1-2：final 修飾子

適用箇所	意味
クラス	final 指定されたクラスをもとに、サブクラスは作成できない
メソッド	final 指定されたメソッドを、サブクラス側でオーバーライドできない
変数	final 指定された変数は、定数となる

final 修飾子の構文は次のとおりです。

構文

・クラスに適用
[アクセス修飾子] final class クラス名{ }

・メソッドに適用
[アクセス修飾子] final 戻り値の型 メソッド名(引数リスト) { }

・変数に適用
[アクセス修飾子] final データ型 定数名 = 初期値;

まず、final 修飾子を使用したクラスとメソッドの定義を、サンプルコードで見てみましょう (Sample1_3.java)。

Sample1_3.java：final 修飾子を使用したクラスとメソッドの定義

```
1. class SuperA { }                        // スーパークラス A
2. final class SuperB { }                  // スーパークラス B
3. class SuperC { void print(){} }         // スーパークラス C
4. class SuperD { final void print(){} }   // スーパークラス D
5.
6. class SubA extends SuperA { }                   // サブクラス A // OK
```

```
7. //class SubB extends SuperB { }                       // サブクラス B // NG
8. class SubC extends SuperC { void print(){} }          // サブクラス C // OK
9. //class SubD extends SuperD { void print(){} }        // サブクラス D // NG
```

　7行目では、final修飾子をつけて定義したクラスを継承しようとしているため、コメントを外す (//を削除する) とコンパイルエラーとなります。また、9行目では、final修飾子をつけて定義したメソッドをオーバーライドしようしているため、コメントを外すとコンパイルエラーとなります。

　次に、final修飾子を使用した変数の定義を、サンプルコードで見てみましょう (Sample1_4.java)。

Sample1_4.java：final修飾子を使用した変数の定義

```
1. class Foo {
2.   final int num1 = 10;
3.   final int num2;
4.   Foo(int i) { num2 = i; }
5. }
6. class Sample1_4.java {
7.   public static void main(String[] args) {
8.     final Foo obj1 = new Foo(100);
9.     //obj1.num1 = 20;          // コンパイルエラー
10.    //obj1 = new Foo(300);     // コンパイルエラー
11.    Foo obj2 = new Foo(300);
12.    System.out.println("obj1.num1 : " + obj1.num1);
13.    System.out.println("obj2.num2 : " + obj2.num2);
14.  }
15. }
```

【実行結果】

```
obj1.num1 : 10
obj2.num2 : 300
```

　num1変数、num2変数は、finalとして宣言されているため定数となります。num2変数は宣言時に初期化されていませんが、コンストラクタの中で初期化されているため問題ありません。8行目では、Fooクラスをインスタンス化し、9行目でnum1変数に代入しようとしていますが、finalが指定されているため代入できません。また、obj1変数もfinalが指定されているため、10行目のように、インスタンス化したオブジェクトを再

代入しようとするとコンパイルエラーとなります。

このサンプルコードからわかるとおり、finalが指定されたメンバ変数は**宣言時に初期化**するか、**コンストラクタやイニシャライザ（後述）で初期化**する必要があります。また、final修飾子は**ローカル変数にも適用可能**です。

static修飾子

変数を宣言するときに、static修飾子を指定することでstatic変数として扱われます。また、メソッドも同様でstatic修飾子を指定することで、staticメソッドとして扱われます。static修飾子は、メソッド、変数に適用できます。通常のクラス宣言やコンストラクタには適用できません。

static変数は**クラス変数**、staticメソッドは**クラスメソッド**とも呼ばれており、**クラスに対して静的（static）に存在するメンバ**を意味します。インスタンスメンバは、クラス内に定義後、複数インスタンス化すると、各オブジェクトにメンバを保持しますが、staticメンバ（static変数とstaticメソッド）は各オブジェクトに保持されるのではなく、**別の箇所に1箇所にまとめられて用意**されます。

staticメンバの呼び出し

staticメンバは、複数インスタンス化しても領域としては1箇所しか用意されないため、**インスタンス化しなくても呼び出せる**ようになっています。呼び出す際には、「**クラス名.static変数名**」や「**クラス名.staticメソッド名 ()**」で呼び出します。

また、staticメンバは、クラス内に用意したインスタンスメンバと同じように、インスタンス化してから呼び出すこともできます。その場合には、**インスタンス化して**「**参照変数名.staticメンバ名**」で呼び出します。

なお、非static（インスタンス）メンバは、インスタンス化しなければ呼び出せません。したがって、「**クラス名.インスタンスメンバ名**」といった呼び出しはできません。

クラスの継承において、staticメソッドを非staticメソッドでオーバーライドすることはできません。また、その逆もできません。
オーバーライドについては、第2章で説明します。

■■ インスタンスメンバと static メンバのクラス内でのアクセス

クラス内に定義したメンバ間のアクセスには、次のルールがあります。

- クラス内で定義したインスタンスメンバは、クラス内で定義した static メンバに直接アクセスできる
- クラス内で定義した static メンバは、クラス内で定義したインスタンスメンバに直接アクセスできない。アクセスする場合は、インスタンス化してからアクセスする

サンプルコードで、このルールを確認してみましょう（Sample1_5.java）。

Sample1_5.java：static メンバのクラス内でのアクセス

```
1.  class Sample1_5 {
2.    int instanceVal;              // インスタンス変数
3.    static int staticVal;         // static 変数
4.
5.    int methodA() { return instanceVal; }        // ① OK
6.    int methodB() { return staticVal; }          // ② OK
7.    //static int methodC() { return instanceVal; } // ③ NG
8.    static int methodD() { return staticVal; }   // ④ OK
9.    static int methodE() {                       // ⑤ OK
10.     Sample1_5 obj = new Sample1_5();
11.     return obj.instanceVal;
12.   }
13. }
```

①インスタンスメソッド→インスタンス変数なので問題ない

②インスタンスメソッド→ static 変数なので問題ない

③ static メソッド→インスタンス変数なのでコメント（//）を外すとコンパイルエラーとなる

④ static メソッド→ static 変数なので問題ない

⑤ static メソッド内で自クラスをインスタンス化し、変数 obj. インスタンス変数でアクセスしているので問題ない

1 つのクラス内でインスタンスメンバと static メンバが混在している場合は、アクセス方法に注意してください（図 1-1）。

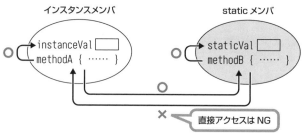

図 1-1：メンバ間のアクセス

イニシャライザブロック

　static 変数および static メソッドに加え、クラスは **static イニシャライザ**と呼ぶブロックを定義できます。static イニシャライザはクラスファイルがロードされたタイミングで 1 度だけ実行されるブロックです。クラスをインスタンス化する前や、main() メソッドを呼び出す前に実行したい処理に使用します。

　static イニシャライザの構文は次のとおりです。

構文
```
static { }
```

　また、インスタンス変数を初期化するには、多くの場合コンストラクタを用いますが、**イニシャライザ**を使用することも可能です。コンパイラは、すべてのコンストラクタにイニシャライザをコピーします。したがって、複数のコンストラクタで共有したいコードがある場合などに役立ちます。

　イニシャライザの構文は次のとおりです。

構文
```
{ }
```

デザインパターン

設計の原則

　オブジェクト指向プログラミング的に好ましいのは、適切なクラス分割をし、かつ、

各クラス間の依存度が低い設計です。適切なクラス分割を考慮するために意識すべき点が「凝集度」です。凝集度はクラスの機能と属性の関連性の強さを表します。適切なクラス分割がされていないと、互いに関連する機能（メソッド）や属性（変数）があちこちに分散し、仕様変更が生じた場合の影響範囲が広くなってしまいます。凝集度を高く保つことにより、システムの保守性、拡張性が向上します。また、オブジェクト間の依存度を示すのが「結合度」です。オブジェクト間の依存性を低くすることが、好ましい設計といえます。オブジェクト間の依存性が低いことを、疎結合といいます。疎結合であれば、あるクラスの実装を変更しても、他のクラスに影響を及ぼしません。これは、コードの拡張性と保守性を高めます。ソフトウェア品質の観点から、良い設計の定義は様々ですが、以下に4点のみ掲載します。

- 正確性：仕様を正しく満たしていること
- 統一性：設計上の個々の概念が統一されていること
- 可読性：設計の成果物が読みやすく理解しやすいこと
- 変更容易性：修正が容易であること

デザインパターンとは

パターンは「ある文脈の問題に対して、繰り返し適用可能な解決策」と定義されています。文脈とは、取り巻く環境、状況、相互に関係し合う複数の条件を指します。問題とは、調査と解決を要する何らかの事態を指します。解決策とは、ある文脈における問題を解くために役立つ答えを指します。つまり、パターンとは多くの人の経験や情報をもとに作られた、様々なケースに適用可能な解決策です。ソフトウェアの分野では、パターンを「デザインパターン」とも呼びます。デザインパターンを適用することで、すべての問題が解決するわけではありません。メリットもあればデメリットもあります。各デザインパターンの特性を理解し、状況に応じて適用するかどうかの判断が必要となります。

シングルトンパターン

本書では、多くのデザインパターンのうちシングルトンパターンを説明します。

通常クラスは、newキーワードを使用することで多くのオブジェクトを生成することができます。しかし、あるクラスをもとに作られるオブジェクトは1つだけに限定したいというケースがあります。言い換えれば、システムを稼働している際に、あるクラスのオブジェクトは1つしか存在しないことを保証したいというケースです。

その際に、**シングルトンパターン**を適用します。java.lang.Runtimeクラスなど、Java APIでもこのパターンを適用したクラスが多く存在します。シングルトンパターンを適用

したクラスとそのクラスを利用するクラスのサンプルコードを見てみましょう（MySingleton.java）。

MySingleton.java：シングルトンパターンを適用したクラス

```
1. public class MySingleton {
2.   private static final MySingleton instance = new MySingleton();
3.   private  MySingleton() { }
4.   public static MySingleton getInstance() {
5.     return instance;
6.   }
7. }
```

MySingleton.javaで定義したMySingletonクラスは、シングルトンパターンを適用したクラスです。このクラスのポイントは表1-3のとおりです。

表1-3：MySingletonクラスのポイント

instance変数	private指定され、static finalとして宣言。これにより、このクラスがロード（読み込み）された際に一度だけインスタンス化され、変数に格納される
MySingleton()コンストラクタ	private指定されているため、外部からは呼び出せない。コンストラクタを定義していないクラスは、コンパイル時にデフォルトコンストラクタが追加され、外部からインスタンス化できてしまう。それを防ぐため、privateなコンストラクタを明示的に用意する
getInstance()メソッド	public指定されたMySingletonオブジェクトを返す。このメソッドは、ロード時に初期化されたinstance変数に格納されているMySingletonオブジェクトを返す役割を担う

これにより、MySingletonクラスのオブジェクトは、常に同じオブジェクトを返すgetInstance()メソッドを経由しなければ取得できないこととなります。

なお、本書では上記のような変数名、メソッド名、クラス名としていますが、任意でかまいません。

また、シングルトンパターンを適用したクラスをマルチスレッド環境下で使用したい場合は、考慮が必要です。上記のMySingletonクラスは、特にロジックメソッドを定義していませんが、マルチスレッド環境下でMySingletonオブジェクトを使用したとします。すると、生成されるオブジェクトが1つであっても、複数のスレッドから、ロジックメソッドの呼び出しが発生することになります。したがって、排他制御が必要な場合は、ロジックメソッドにsynchronizedを付与するなど配慮してください（synchronizedの詳細については第10章を参照）。

では、MySingleton クラスを利用するクラスを見てみましょう（Sample1_6.java）。

Sample1_6.java：MySingleton クラスを利用するクラス
```
1. public class Sample1_6 {
2.   public static void main(String[] args) {
3.     MySingleton obj1 = MySingleton.getInstance();
4.     MySingleton obj2 = MySingleton.getInstance();
5.     if(obj1 == obj2) { System.out.println("obj1 == obj2");
6.     } else { System.out.println("obj1 != obj2"); }
7.   }
8. }
```

【実行結果】
```
obj1 == obj2
```

3、4 行目では、getInstance() メソッドを使用して、MySingleton オブジェクトを取得しています。5 行目では == 演算子で同じオブジェクト（参照先が同じ）かどうかを比較しています。実行結果から、同じであることがわかります。

列挙型

列挙型とは

列挙型は、特定の値のみをもつ型で、プログラマが任意に定義できます。列挙型を定義するには、enum キーワードを使用して型を宣言し、任意の値を列挙します。

構文
[修飾子] enum 列挙型名 {値1, 値2, 値3……値n }

列挙型は、**クラス定義の中**、あるいは**列挙型の定義だけを記述したソースファイル**で定義できます。ただし、メソッドの中で定義することはできません。

次の Card1.java は、トランプカードの記号を表した列挙型の定義例です。

Card1.java：列挙型の定義
```
enum Card1 { SPADES, CLUBS, DIAMONDS, HEARTS }
```

■■ Enum クラス

列挙型を定義し、コンパイルするとクラスファイルが作成されます。たとえば、先ほどの Card1.java ファイルとして保存しコンパイルすると、Card1.class ファイルが生成されます。このクラスファイルの中身をソースコードで表すと、次に示すコードイメージのようになります。列挙型は、**java.lang.Enum クラスを継承した final クラス**となり、列挙した値は、public static final 指定されたクラス変数（いわばクラス定数）の名前となります。そのため、**列挙する値の前後にダブルクォーテーションはつけません**。

Card1.class のコードイメージ

```
final class Card1 extends java.lang.Enum<Card1> {
  public static final Card1 SPADES;
  public static final Card1 CLUBS;
  public static final Card1 DIAMONDS;
  public static final Card1 HEARTS;
  public static Card1[] values(){……}
  public static Card1 valueOf(java.lang.String){……}
  static {……}
}
```

また、**values()** と **valueOf()** という static メソッドが自動的に追加されます（**表 1-4**）。

表 1-4：values() と valueOf() メソッド

メソッド名	説明
static 列挙型 [] values()	列挙した値（定数）のすべてを、配列で返す
static 列挙型 valueOf(String name)	引数で指定された名前をもつ値（定数）を返す

このように、**列挙型の実体は定数やメソッドをもつクラス**です。ただし、**明示的なインスタンス化**（new キーワードを使用してコンストラクタを呼び出すこと）**はできません**。列挙した値を名前とするクラス定数に、この列挙型をインスタンス化したオブジェクトが格納されるのみです。

Card1 クラスの場合、SPADES、CLUBS、DIAMONDS、HEARTS という public static final 変数に、それぞれ Card1 オブジェクトが代入されます。これらを利用するには「**列挙型名 . 列挙した値**」（つまり列挙型名 . クラス定数名）と記述します。また、これらの定数に対しては、Card1 クラスの values() メソッドや valueOf() メソッド、Card1 クラスのスーパークラスである java.lang.Enum クラスのメソッドを呼び出すことができます。

列挙型がもつ主なメソッドを**表 1-5** に示します。

表 1-5：列挙型の主なメソッド

メソッド名	説明
final String name()	enum 定数の名前を返す
String toString()	enum 定数の名前を返す。このメソッドは任意でオーバーライド可能であるが、name() メソッドはオーバーライドできない
final boolean equals(Object other)	指定されたオブジェクトがこの enum 定数と同じ場合は、true を返す
final int hashCode()	enum 定数のハッシュコードを返す
static <T extends Enum<T>> T valueOf (Class<T> enumType, String name)	指定された名前をもつ、指定された enum 型の enum 定数を返す
final int ordinal()	列挙宣言での位置を返す

次のサンプルコードは、Card1 列挙型を switch 文で使用している例です（**Sample1_7.java**）。

Sample1_7.java：列挙型の利用

```
1.  class Sample1_7 {
2.    public static void main(String[] args) {
3.      Card1 card = Card1.SPADES;
4.      switch(card) {
5.        case SPADES:
6.        case CLUBS:
7.          System.out.println("black");break;
8.        case DIAMONDS:
9.        case HEARTS:
10.         System.out.println("red");break;
11.     }
12.   }
13. }
```

【実行結果】

```
black
```

3行目のCard1.SPADESにより、SPADES定数がもつCard1オブジェクトを取得します。4行目のswitch文の式にCard1オブジェクトを指定していますが、5行目のcase式に一致するため、7行目のblackが出力されます。

列挙型でのコンストラクタ、変数、メソッド定義

列挙型でも、通常のクラスと同じようにコンストラクタ、変数、メソッドを定義できます（Sample1_8.java）。

Sample1_8.java：コンストラクタ、変数、メソッド定義

```
1. enum Card2 {
2.   SPADES(3), CLUBS(1), DIAMONDS(4), HEARTS(2);
3.   private int a;
4.   Card2(int a) { this.a = a; } // コンストラクタ
5.   public int getA() { return a; }
6. }
7.
8. class Sample1_8 {
9.   public static void main(String[] args) {
10.    Card2 card = Card2.SPADES;
11.    System.out.println(card);
12.    System.out.println(card.getA());
13.    System.out.println(card.ordinal());
14.    for(Card2 obj : Card2.values()) {
15.      System.out.print(obj + " ");
16.    }
17.  }
18. }
```

【実行結果】
```
SPADES
3
0
SPADES CLUBS DIAMONDS HEARTS
```

2行目のSPADES(3)など、値を列挙する際に括弧で数値を渡しています。これは、SPADESやCLUBSの値を表現したCard2オブジェクトが生成される際に、コンストラクタへ数値が渡されます。したがって、4行目のint値を引数に取るコンストラクタをコ

メントアウトするとコンパイルエラーとなります。12 行目では、Card2 で独自に定義した getA() メソッドを呼び出していますが、コンストラクタで渡した値が取得できています。また、13 行目では、ordinal() メソッドで、列挙宣言時の位置を取得しています。14 行目では、values() メソッドで列挙した値をすべて取得し、15 行目で出力しています。この際、2 行目で列記した順に、定数が表示されることを確認してください。Enum クラスは、**Comparable インタフェースを実装しており、各定数は、列記した順番で管理**されています。

> Enum クラスは、Comparable インタフェースが提供する compareTo() メソッドを、**定数が宣言された順番で管理するよう実装**されています。Comparable インタフェースの詳細は第 3 章を参照してください。

また、列挙型では、具象メソッドだけではなく抽象メソッド（abstract メソッド）を宣言し、各列挙値側でオーバーライドすることも可能です。

Sample1_9.java：抽象メソッドの利用

```
1. enum Vals {
2.   //A, B; // コンパイルエラー
3.   A{ void foo() { System.out.println("A"); } },
4.   B{ void foo() { System.out.println("B"); } };
5.   abstract void foo();
6. }
7. class Sample1_9 {
8.   public static void main(String[] args) {
9.     Vals obj = Vals.A;
10.    obj.foo();
11.  }
12. }
```

【実行結果】

```
A
```

Vals 列挙型では、抽象メソッドとして foo() メソッドを宣言しています。これにより、Vals 型のオブジェクトとなる A や B は、foo() メソッドを正しくオーバーライドする必要があります。したがって、2 行目のコードはコンパイルエラーなります。3、4 行目では

foo() メソッドをオーバーライドしているため、9、10 行目により、実行結果は A となります。

列挙型のポイントを次に示します。

- 列挙型の定義では、enum キーワードを使用する
- クラスと同様に、コンストラクタ、メソッド、メンバ変数を定義できる
- コンパイルするとクラスファイルが生成される
- 列挙した値を参照するには「列挙型名.列挙した値」とする
- new キーワードによるインスタンス化はできない
- 列挙型によって作成されたクラスは final クラスであるため、extends による継承はできない
- 抽象メソッドの利用や、インタフェースの実装は可能
- 列挙型は、Comparable インタフェースを実装しており、各定数は列記した順番で管理される

Object クラス

Object クラスとは

java.lang.Object クラスは、Java のクラス階層を構成するためのルートとなるクラスです。すべてのクラスは、Object クラスの配下に位置します。extends を使用せずに、独自に定義したクラスは、**Object クラスを継承したクラス**になります。

クラスは、すべて Object クラスのサブクラスとなるため、Object クラスで定義されているメソッドはどのクラスでも使用できます。また、配列も参照型(つまりオブジェクト)であるため、Object クラスのメソッドを使用できます。

表 1-6 に、Object クラスの主なメソッドを示します。

表 1-6：Object クラスの主なメソッド

メソッド名	説明
boolean equals(Object obj)	自オブジェクトと object を比較し、同じオブジェクトであれば true 返す
final Class<?> getClass()	このオブジェクトの実行時クラスを返す
int hashCode()	オブジェクトのハッシュコード値を返す
String toString()	オブジェクトの文字列表現を返す

メソッド名	説明
void finalize()	オブジェクトへの参照がないとガベージコレクタによって判断されたときに、ガベージコレクタによって呼び出される

Object クラスの toString() メソッド

Object クラスの toString() メソッドは、そのオブジェクトのクラス名、@（アットマーク）、およびオブジェクトのハッシュコードの符号なし 16 進数表現から構成される文字列を返します。通常、サブクラス側で各クラスに応じた文字列表現が可能になるようにオーバーライドして使用されています。

toString() メソッドの構文は次のとおりです。

構文

```
public String toString()
```

次のサンプルコードでは、int 型の配列の他、String クラス、Foo クラス、Bar クラスをインスタンス化し、その参照変数名を出力しています（**Sample1_10.java**）。

Sample1_10.java：toString() メソッドを使用した例

```
1. class Foo { }
2. class Bar {
3.   public String toString() {
4.     return "This is an object made from Bar.";
5.   }
6. }
7. class Sample1_10 {
8.   public static void main(String[] args) {
9.     int[] ary = {1, 2};
10.    String obj1 = "tanaka";
11.    Foo obj2 = new Foo();
12.    Bar obj3 = new Bar();
13.    System.out.println(ary);
14.    System.out.println(obj1);
15.    System.out.println(obj2);
16.    System.out.println(obj3);
17.  }
18. }
```

【実行結果】

```
[I@2a139a55
tanaka
Foo@15db9742
This is an object made from Bar.
```

println() メソッドに参照変数名を指定すると、内部では**そのオブジェクトの toString() メソッドが呼び出されます**。String クラスでは、toString() メソッドをオーバーライドし、オブジェクトが保持する文字列を返す実装になっているため、14 行目の実行例では「tanaka」が出力されます。

しかし、配列および、独自クラスである Foo クラスは、toString() メソッドをオーバーライドしていないため、13、15 行目の実行例では「クラス名 @ ハッシュコード」の出力となります。なお、13 行目の [I は、[で配列を意味し、I で int 型を意味します。@ の後の値は、実行ごとに異なる可能性があります。

Bar クラスも独自クラスですが、こちらは toString() メソッドをオーバーライドしています。その結果、16 行目の実行例では toString() メソッドの戻り値である「This is an object made from Bar.」が出力されています。

Object クラスの equals() メソッド

Object クラスの **equals()** メソッドは、2 つのオブジェクトを比較し、同じオブジェクトであれば true を返すメソッドです。これは、**== 演算子と同じ振る舞い**（同じ参照かどうかの比較）です。

equals() メソッドの構文は次のとおりです。

【構文】

```
public boolean equals(Object obj)
```

次のサンプルコードを見てください (**Sample1_11.java**)。独自クラス (Foo クラス) をインスタンス化し、equals() メソッドを使用しています。Foo クラスは extends を記載していないため、暗黙で Object クラスをスーパークラスにもつことになります。つまり、Foo クラスのオブジェクトに対して equals() メソッドを呼び出すと、Object クラスの equals() メソッドが呼び出されます。

Sample1_11.java：equals() メソッドを使用した例

```java
1.  class Foo { }
2.  class Bar { }
3.  class Sample1_11 {
4.    public static void main(String[] args) {
5.      Foo f1 = new Foo(); Foo f2 = new Foo();
6.      System.out.println("f1.equals(f2) : " + ( f1.equals(f2) ));
7.      Foo f3 = new Foo(); Foo f4 = f3;
8.      System.out.println("f3.equals(f4) : " + ( f3.equals(f4) ));
9.      Bar b1 = new Bar();
10.     System.out.println("f3.equals(b1) : " + ( f3.equals(b1) ));
11.     System.out.println("f3.equals(null) : " + ( f3.equals(null) ));
12.   }
13. }
```

【実行結果】

```
f1.equals(f2) : false
f3.equals(f4) : true
f3.equals(b1) : false
f3.equals(null) : false
```

5 行目の f1 変数と f2 変数は、別々にインスタンス化されたオブジェクトを参照しています。したがって、6 行目の equals() メソッドは false を返します。これに対し、7 行目では、f3 変数が参照しているオブジェクトを、f4 変数も参照しています。したがって、8 行目の equals() メソッドは true を返します。また、10 行目では異なるクラスのオブジェクトを equals() メソッドの引数に指定しているため、false となります。11 行目では null を引数にしていますが、同様に false を返します。

■■ Object クラスの hashCode() メソッド

hashCode() メソッドは、オブジェクトのハッシュコードを返します。ハッシュコードとは、オブジェクトに付与された整数値で、Java 実行環境がオブジェクトの識別を行うために使用します。

hashCode() メソッドを利用しているサンプルコードを見てみましょう (**Sample1_12.java**)。

Sample1_12.java：hashCode() メソッドを使用した例

```java
1.  class Foo { String str = "Hello"; }
2.
3.  class Sample1_12 {
4.    public static void main(String[] args) {
5.      Foo f1 = new Foo();  Foo f2 = new Foo();
6.      System.out.println("f1 : " + f1.hashCode());
7.      System.out.println("f2 : " + f2.hashCode());
8.      Foo f3 = new Foo();  Foo f4 = f3;
9.      System.out.println("f3 : " + f3.hashCode());
10.     System.out.println("f4 : " + f4.hashCode());
11.   }
12. }
```

【実行結果】

```
f1 : 705927765
f2 : 366712642
f3 : 1829164700
f4 : 1829164700
```

実行結果からもわかるとおり、異なるオブジェクトから取り出したハッシュコードは異なる値となり、同じオブジェクトでは同じ値となります。

equals() メソッドと hashCode() メソッドのオーバーライド

独自定義クラスから生成されたオブジェクトにおいて、参照先は異なっても、保持する値がすべて同じであれば等価であると判断したい場合もあります。その際は、equals() メソッドと hashCode() メソッドをオーバーライドします。各メソッドをオーバーライドする場合は、表1-7 のルールに従う必要があります。

表1-7：equals() メソッドと hashCode() メソッドをオーバーライドする場合に従うべきルール

要件	説明
object.hashCode(); ： object.hashCode(); 　　→ 同じ値が返る	同一のオブジェクトに対して、hashCode() メソッドが複数回呼び出されても、同一の整数値を返す
object1.equals(object2) 　　↓ true なら object1.hashCode() == object2.hashCode() 　　true が返る	2つのオブジェクトを equals() メソッドで比較して true が返る場合は、2つのオブジェクトのハッシュコードの値は同じとなる

要件	説明
object1.equals(object2) ↓ false なら object1.hashCode() == object2.hashCode() true、false いずれも可	2つのオブジェクトを equals() メソッドで比較して false が返る場合は、2つのオブジェクトのハッシュコードは同じでも異なる値でもどちらでもよい。ただし、異なる値を返した方がパフォーマンスが向上する場合がある
object1.hashCode() == object2.hashCode() ↓ false なら object1.equals(object2) false が返る	2つのオブジェクトのハッシュコードの値が異なる場合は、2つのオブジェクトを equals() メソッドで比較しても false を返す

次のサンプルコードでは、equals() メソッドと hashCode() メソッドをオーバーライドしています (Sample1_13.java)。

Sample1_13.java：equals() と hashCode() のオーバーライド

```
1. class Foo {
2.   private int num;
3.   public boolean equals(Object o) {
4.     if(( o instanceof Foo) && (((Foo)o).num == this.num)) {
5.       return true;
6.     } else {
7.       return false;
8.     }
9.   }
10.  public int hashCode() {
11.    return num * 5;
12.  }
13. }
14. class Sample1_13 {
15.   public static void main(String[] args) {
16.     Foo f1 = new Foo(); Foo f2 = new Foo();
17.     System.out.println("f1.equals(f2) : " + ( f1.equals(f2) ));
18.   }
19. }
```

【実行結果】

```
f1.equals(f2) : true
```

equals() メソッドでは、引数で受け取ったオブジェクトが Foo クラスの型をもつオブジェクトかどうか、instanceof 演算子で確認した後、オブジェクトがもつ変数の値を比較しています。

また、hashCode() メソッドでは、num に 5 をかけた値を返しています。このような実装であっても、hashCode() メソッドの実装要件は満たしていることになります。

instanceof 演算子は、ある特定のオブジェクトが特定のクラスの型をもつかどうかを判定します。左辺で指定した変数に、右辺で指定した型をもっていれば true を返します。左辺と右辺が同一の型でなくても、右辺がスーパークラスやインタフェースで、左辺がそのサブクラスや実装クラスであれば true を返します。

なお、左辺と右辺に継承関係がまったくない場合は、コンパイルエラーとなります。

static インポート

static インポートとは、クラス名を指定せずに static 変数や static メソッドを使用する機能です。import static キーワードを使用し、完全クラス名およびインポートしたい static 変数や static メソッドを指定します。

（構文）

①**import static パッケージ名.クラス名.static変数名;**
　完全修飾名で指定されたクラスにある static 変数を static インポートする

②**import static パッケージ名.クラス名.staticメソッド名;**
　完全修飾名で指定されたクラスにある static メソッドを static インポートする

③**import static パッケージ名.クラス名.*;**
　完全修飾名で指定されたクラスにあるすべての static メンバを static インポートする

次のサンプルコードでは、System クラスの static 変数である out、および Math クラスの static メソッドである random() メソッドを static インポートしています（**Sample1_14. java**）。

Sample1_14.java：static インポート

1. //out 変数は System クラスの static 変数
2. import static java.lang.System.out;

```
 3.
 4. //random() メソッドは Math クラスの static メソッド
 5. import static java.lang.Math.random;
 6.
 7. class Sample1_14 {
 8.   public static void main(String[] args) {
 9.     //static インポートした static メンバを使用したコード
10.     out.println(random());
11.
12.     //static インポートを使用しないコード
13.     System.out.println(Math.random());
14.   }
15. }
```

【実行結果】

```
0.059111509118288855
0.23388179708172696
```

2、5 行目で各 static メンバをインポートしています。10 行目では、out 変数を利用する際にクラス名（System）、random() メソッドを使用する際にクラス名（Math）を省略できていることがわかります。

練習問題

■ 問題 1-1 ■

次のコードがあります。

```
1. public class Test {
2.   enum Vals { X, Y, Z }
3.   public static void main(String[] args) {
4.     System.out.println(Vals.X.ordinal());
5.   }
6. }
```

コンパイル、実行した結果として正しいものは次のどれですか。1つ選択してください。

- A. 0
- B. 1
- C. X
- D. コンパイルエラー

■ 問題 1-2 ■

次のコードがあります。

```
1.  public class Test {
2.    enum Vals { X, Y, Z }
3.    public static void main(String[] args) {
4.      Vals data = Vals.Z;
5.      switch(data) {
6.        case 0: System.out.print("x ");
7.        case 1: System.out.print("y ");
8.        case 2: System.out.print("z ");
9.        default: System.out.println("other");
10.     }
11.   }
12. }
```

コンパイル、実行した結果として正しいものは次のどれですか。1つ選択してください。

- A. z
- B. z other
- C. other
- D. コンパイルエラー
- E. 実行時エラー

■ 問題 1-3 ■

次のコードがあります。

```
1.  public class Test {
2.    enum Vals { X ,
3.             Y{ int method() { return 20; } },
4.             Z;
5.             abstract int method();
6.    }
7.    public static void main(String[] args) {
8.      System.out.print(Vals.Y + " ");
9.      System.out.print(Vals.Y.method());
10.   }
11. }
```

コンパイル、実行した結果として正しいものは次のどれですか。1つ選択してください。

- ○ A. 20 20
- ○ B. Y 20
- ○ C. 2行目と4行目でコンパイルエラー
- ○ D. 5行目でコンパイルエラー
- ○ E. 9行目でコンパイルエラー

■ 問題 1-4 ■

説明として正しいものは次のどれですか。2つ選択してください。

- ❏ A. デザインパターンは発生しうるすべての問題の解決策を提供する
- ❏ B. デザインパターンは、特定の問題を解決するために適用されるのに対し、継承やポリモフィズムなど設計の原則は、アプリケーション全体に適用される
- ❏ C. デザインパターンと設計の原則は、同じ機能を提供する
- ❏ D. 設計の原則やデザインパターンをプログラムに適用することで、可読性や保守性の高いコードになる傾向にある
- ❏ E. デザインパターンは static クラスにのみ適用可能である

■ 問題 1-5 ■

次のコードがあります。

```
1. public class Foo {
2.   public static Foo obj;
3.   private Foo() { }
4.   public static Foo getFoo() {
5.     if(obj == null) obj = new Foo();
6.     return obj;
7.   }
8. }
```

シングルトンパターンを適用したクラスにするために、修正すべき点として正しいものは次のどれですか。2つ選択してください。

- ☐ A. 1行目のクラス宣言に final を指定する
- ☐ B. 2行目の obj 変数のアクセス修飾子を public から private に修正する
- ☐ C. 2行目と4行目の static は削除する
- ☐ D. 4行目のメソッド名を getFoo() から getInstance() に修正する
- ☐ E. 4行目の getFoo() メソッドに synchronized 修飾子を付与する

■ 問題 1-6 ■

シングルトンパターンを適用する要件として正しいものは次のどれですか。3つ選択してください。

- ☐ A. 読み取り専用のオブジェクトを作成したい場合
- ☐ B. 再利用可能なキャッシュオブジェクトを提供したい場合
- ☐ C. 呼び出しごとにインスタンス化を行いたい場合
- ☐ D. 1つのログファイルへの書き込みを行うクラスを作成する場合
- ☐ E. アプリケーションの設定ファイルにアクセスするクラスを作成する場合
- ☐ F. 複数の static なオブジェクトをメモリ内で管理したい場合

問題 1-7

次のコードがあります。

```
1. class User {
2.    public int id;
3.    public String firstName;
4.    public String lastName;
5.    @Override public int hashCode() { return id; }
6.    public boolean equals(User u) { return this.id == u.id; }
7. }
8. public class Test {
9.    public static void main(String[] args) {
10.      User u1 = new User();
11.      User u2 = new User();
12.      u1.id = 100; u2.id = 100;
13.      if(u1.equals(u2)) System.out.println("equals");
14.      else System.out.println("not equals");
15.   }
16. }
```

コンパイル、実行した結果として正しいものは次のどれですか。1つ選択してください。

- ○ A. hashCode() メソッドの実装に問題がありコンパイルエラー
- ○ B. equals() メソッドの実装に問題がありコンパイルエラー
- ○ C. 実行時エラー
- ○ D. equals
- ○ E. not equals

問題 1-8

次のコード (抜粋) があります。

```
3. String str1 = "Java";
4. String str2 = new String("Java");
5. if(str1 == str2) System.out.println("str1 == str2");
6. if(str1.equals(str2)) System.out.println("str1.equals(str2)");
```

コンパイル、実行した結果として正しいものは次のどれですか。1つ選択してください。

- A. コンパイルエラー
- B. str1 == str2
- C. str1.equals(str2)
- D. str1 == str2
     str1.equals(str2)
- E. 何も出力されない

■ 問題 1-9 ■

次のコードがあります。

```
1. public class SoccerTeam {
2.   private boolean part; // 区分。true:student, false:other
3.   private String city; // 街
4.   private int entryPlayers; // 登録選手数
5.   public boolean equals(Object obj) {
6.     if(!(obj instanceof SoccerTeam)) return false;
7.     SoccerTeam team = (SoccerTeam)obj;
8.     return (part  == team.part) && (city.equals(team.city));
9.   }
10.  public int hashCode() { return entryPlayers; }
11.  // more code
12. }
```

ある街には、複数の学生や社会人のサッカーチームがあると仮定します。説明として正しいものは次のどれですか。1つ選択してください。

- A. コンパイルは成功するが、equals() メソッドの実装はふさわしくない
- B. コンパイルは成功するが、hashCode() メソッドの実装はふさわしくない
- C. コンパイルは成功し、equals()、hashCode() の各メソッドの実装も適切である
- D. コンパイルエラーとなる

■ 問題 1-10 ■

Object クラスの equals() メソッドの説明として正しいものは次のどれですか。2つ選択してください。

- ☐ A. equals() の引数に null を指定すると実行時例外が発生する
- ☐ B. equals() の引数に null を指定すると false が返る
- ☐ C. equals() の引数に null を指定すると true が返る
- ☐ D. equals() の引数に異なる型のオブジェクトを指定すると実行時例外が発生する
- ☐ E. equals() の引数に異なる型のオブジェクトを指定すると false が返る
- ☐ F. equals() の引数に異なる型のオブジェクトを指定すると true が返る

■ 問題 1-11 ■

イミュータブルオブジェクトとなるクラス定義の説明として正しいものは次のどれですか。3つ選択してください。

- ☐ A. getter メソッドは定義してはいけない
- ☐ B. setter メソッドは定義してはいけない
- ☐ C. メンバ変数には private と final 修飾子を付与する
- ☐ D. メンバ変数には static 修飾子を付与する
- ☐ E. メソッドはオーバーライドをさせないよう配慮する
- ☐ F. メソッドに synchronized を付与する

解答・解説

問題 1-1　正解：A

　列挙型の宣言は、クラス定義の中で行うことも可能です。また、呼び出し時は列挙型名 . 列挙値とします。また、列挙型の実体は定数やメソッドをもつオブジェクトです。問題文の ordinal() メソッドは、列挙宣言時の位置を返します。位置は 0 から始まり、この問題文では最初に列挙した X を指定しているため 0 を返します。

問題 1-2　正解：D

　switch 文の式には列挙型を使用することが可能です。ただし、case で分岐する場合は、case の後に列挙値を指定する必要があります。したがってコンパイルエラーです。

問題 1-3　正解：C

　列挙型に抽象メソッドを宣言することは可能ですが、各列挙値となる定数内で抽象メソッドのオーバーライドが必要です。問題文のコードでは、X と Z が method() メソッドをオーバーライドしていないため 2 行目と 4 行目でコンパイルエラーとなります。

問題 1-4　正解：B、D

　デザインパターンは、すべての問題を解決するわけではないため選択肢 A は誤りです。設計の原則は、保守性、拡張性の高いクラスを作成するための根本的な法則です。またデザインパターンは原則の上に成り立った、過去の成果物から作られた様々なケースに適用した解決策です。したがって選択肢 B、D は正しく選択肢 C は誤りです。なお、デザインパターンは static クラスのみに適用されるものではなく、ひいては、様々な言語で適用されるものであるため、選択肢 E も誤りです。

問題 1-5　正解：B、E

　シングルトンパターンを適用したクラスを継承する可能性はあるため、final によるクラス宣言は必須ではありません。したがって選択肢 A は誤りです。問題文のコードは、2 行目の obj 変数が public であるため、外部からの直接アクセスができてしまいます。もし null が格納されていると null を返してしまうため、選択肢 B のとおり private 修飾子を付与すべきです。また、コンストラクタは private となっているため new によるインスタンス化はできません。したがって、2 行目、4 行目に static 修飾子は必要であるため選択肢 C は誤りです。なお、オブジェクトを返す getXX() メソッド名は任意であるた

め選択肢Dは誤りです。マルチスレッド環境下で使用されることを想定し、synchronized修飾子を付与することは正しいため、選択肢Eは正しいです。

問題1-6　正解：B、D、E

　選択肢Aは、シングルトンパターンではなくイミュータブルオブジェクトとしてクラス定義を行うことで実現するため誤りです。シングルトンパターンでは、呼び出しごとにインスタンス化を行うのではなく、1つのオブジェクトを使い回しするため、選択肢Bは正しく選択肢C、Fは誤りです。選択肢D、Eでは、1つのオブジェクトが1つのファイルにアクセスすることが考えられるため正しいです。

問題1-7　正解：D

　問題文のUserクラスのhashCode()メソッドは単にid変数を返します。また、equals()メソッドは、idが同じであればtrueを返します。したがって、問題文の10、11行目で2つのオブジェクトを生成後、12行目でそれぞれのオブジェクトのid変数に100を格納していますが、ともに同じid（100）であるため、13行目のif文ではtrueが返りequalsを出力します。

問題1-8　正解：C

　問題文のstr2変数では、文字列リテラルを代入するのではなく、new String("Java");としてインスタンス化を行っています。これにより、str1とstr2が参照するオブジェクトは別々であるため、==による比較はfalseが返ります。一方、Stringクラスのequals()メソッドは文字列の内容が同じであればtrueを返すため、選択肢Cが正しいです。

問題1-9　正解：A

　equals()とhashCode()メソッドの実装に関するルールには、equals()がtrueを返す場合はhashCode()メソッドもtrueを返す必要があります。ある街の中で、複数の社会人チームがあった場合、同じ区分かつ同じ街であるが、登録選手数が異なる場合が考えられます。つまり、問題文の各メソッドの実装内容では、hashCode()がfalseを返す際に、equals()がtrueを返す場合もあることになります。したがって、選択肢Aが正しいです。

　以下は、問題文のコードの8行目をルールに従って修正した場合の例です。

コード例

```
8. return (part == team.part) && (city.equals(team.city))
```

```
        && (entryPlayers == team.entryPlayers);
```

問題 1-10　正解：B、E

　Object クラスの equals() メソッドでは、null 以外、かつ、同じオブジェクトを参照する場合 (== で true を返す場合) のみ、true を返します。なお、選択肢 A や D のように、引数に null や異なる型のオブジェクトを指定しても例外は発生しません。

問題 1-11　正解：B、C、E

　イミュータブルオブジェクト (不変オブジェクト) は、インスタンス化された時から状態が変更されないことを保証する必要があります。したがって、変数は private、final 修飾子を付与し、値を取得する getter メソッドは定義しますが、setter メソッドは定義しません (選択肢 B は正しく、A は誤り)。また、サブクラスから状態を変更されないように、配慮する必要があります。具体的にはクラス自体を final にしてサブクラス化させない、または、getter メソッドに final を付与しオーバーライドさせないといった手法をとります。したがって、選択肢 C、E は正しいです。

　メンバ変数に static を付与するか否かは、メンバの性質で判断することになります。また、final 指定された変数の値を返すだけの getter メソッドに synchronized を付与する必要はありません。したがって、選択肢 D、F は誤りです。なお、synchronized については第 10 章を参照してください。

第2章 高度なJavaクラスの設計

本章で学ぶこと

本章では、継承時のオーバーライドの注意点、抽象クラスやインタフェースの利用、基本データ型および参照型の型変換について解説します。また、ネストクラス（ローカルクラス、匿名クラスを含む）および、SE 8 で導入された関数型インタフェースの仕様についても解説します。

- 継承とオーバーライド
- 抽象クラス
- インタフェース
- 型変換
- ネストクラス
- 関数型インタフェース

継承とオーバーライド

継承

　Java 言語では、既存のクラスをもとに新たなクラスを定義できます。これを**継承**と呼びます。また、継承において、もととなるクラスを**スーパークラス**、新たに定義されるクラスを**サブクラス**と呼びます。

　サブクラスの定義には extends キーワードを使用します。なお、Java 言語では、クラス定義時の extends キーワードの後に指定できるクラスは 1 つだけです。また、あるクラスをもとに定義したサブクラスから、さらにサブクラスを定義することは可能です。

is-a 関係と has-a 関係

　Java 言語では継承により、あるクラスをもとに新たなクラスが定義可能です。サブクラスはスーパークラスの性質（属性や操作）を受け継ぎつつ、独自の性質をもつため、「サブクラスはスーパークラスの一種である」と表現できます。このように「○○は□□の一種である」あるいは「○○は□□である」という関係を is-a 関係と呼びます。

　また、あるオブジェクトが他のオブジェクトの一部であったり、他のオブジェクトをもっていたりする関係を**集約**といいます。集約は全体と部分の関係であり、**has-a 関係**、あるいは **part-of 関係**と呼びます。集約の中でも特に強い関係を**コンポジション**と呼びます。集約とコンポジションはどちらもクラス間に全体―部分の関係があることを表しますが、コンポジションの場合は、全体クラスと部分クラスの生存期間が同じになりま

す。つまり、全体クラスのオブジェクトが消滅すると、部分クラスのオブジェクトも消滅します。

オーバーライド

オーバーライドとは、サブクラス内で、スーパークラスで定義しているメソッドを同じ名前で再定義することです。「このメソッドについてはサブクラス側で処理を変えたい」というように、スーパークラスで定義したメソッドと目的が同じであるが、処理が異なるメソッドを定義する場合に使用します。

サブクラスがインスタンス化され、オーバーライドされたメソッドが呼び出された際は、**サブクラスで再定義したメソッドが優先的**に呼び出されます。

オーバーライドは、**メソッド名、引数リストがまったく同じ**であること、戻り値は、スーパークラスで定義したメソッドが返す型と**同じか、その型のサブクラス型**でなくてはいけません。これを「共変戻り値」と呼びます。また、アクセス修飾子はスーパークラスと**同じものか、それよりも公開範囲が広いもの**を使用しなければいけません。

オーバーライドと隠蔽

サブクラスでは、非 static メソッドだけでなく static メソッドやメンバ変数も再定義可能です。ただし、static メソッドおよびメンバ変数をサブクラスで再定義することは、オーバーライドではなく**隠蔽**と呼ばれます。

オーバーライドと隠蔽の動作をサンプルコードで確認してみましょう（Sample2_1.java）。

Sample2_1.java：オーバーライドと隠蔽

```
 1. class Super {       // スーパークラス
 2.   void methodA() { System.out.println("Super:methodA()");}
 3.   static void methodB() { System.out.println("Super:methodB()");}
 4. }
 5. class Sub extends Super {    // サブクラス
 6.   void methodA() { System.out.println("Sub:methodA()");}
 7.   //static void methodA() { System.out.println("Sub:methodA()");}
 8.   static void methodB() { System.out.println("Sub:methodB()");}
 9.   //void methodB() { System.out.println("Sub:methodB()");}
10. }
11. class Sample2_1 {
12.   public static void main(String[] args) {
13.     Sub obj = new Sub();
```

```
14.         obj.methodA();
15.         obj.methodB();
16.     }
17. }
```

【実行結果】

```
Sub:methodA()
Sub:methodB()
```

スーパークラスで定義した methodA() メソッド（2 行目）を、サブクラスで再定義（6 行目）しています。ただし、非 static メソッドを static メソッドで再定義することはできないため、7 行目のように定義するとコンパイルエラーとなります。同様に、スーパークラスで定義した methodB() メソッド（3 行目）を、サブクラスで再定義（8 行目）しています。static メソッドを非 static メソッドで再定義することはできないため、9 行目のように定義するとコンパイルエラーとなります。

可変長引数

これまで定義してきたメソッドは、引数の数が定義時から決まっていました。しかし、引数の数を可変で扱えるように定義することができます。Java 言語では**可変長引数**を使用すると、それが可能になります。

可変長引数の値は**配列**としてメソッドに渡されます。その他にも次のルールがあります。

可変長引数のルール

- データ型の後に「 ... 」と記述する
- 可変長引数とデータ型の異なる引数を併用できる。
  ただし、可変長引数は最後に置く

  （例）
  ```
  void method(String s, int... a) {}    // OK
  void method(int... a, String s) {}    // NG
  ```

- 可変長引数は 1 つしか使用できない

  （例）
  ```
  void method(String... s, int... a) {}    // NG
  ```

- 引数リストを明確に定義したメソッドと、可変長引数を使用したメソッドが定義されている場合、引数リストを明確に定義したメソッドが優先して呼び出される

（例）参照変数名.method(10, 20);と呼び出した場合
void method(int... a) {}
void method(int a, int b) {}　　// こちらが呼び出される

それでは、可変長引数をサンプルコードで確認してみましょう（Sample2_2.java）。

Sample2_2.java：可変長引数の例1

```
1. class Foo {
2.   public void method(String s, int... a) {
3.     System.out.println(s + " サイズ : " + a.length);
4.     for(int i : a) {
5.       System.out.println(" 第2引数の値　:" + i);
6.     }
7.   }
8. }
9. class Sample2_2 {
10.   public static void main(String[] args) {
11.     Foo obj = new Foo();
12.     int[] ary = {10, 20, 30};
13.     obj.method("1回目");          obj.method("2回目", 10);
14.     obj.method("3回目", 10, 20); obj.method("4回目", ary);
15.     //obj.method("5回目", null);
16.   }
17. }
```

【実行結果】

```
1回目 サイズ : 0
2回目 サイズ : 1
 第2引数の値 :10
3回目 サイズ : 2
 第2引数の値 :10
 第2引数の値 :20
4回目 サイズ : 3
 第2引数の値 :10
 第2引数の値 :20
 第2引数の値 :30
```

2行目のmethod()メソッドの第2引数は、int型の可変長引数として定義しています。このメソッドの呼び出しは、13～14行目です。

まず、1回目の呼び出し（13行目）では第2引数を指定していませんが、空の配列が渡されるため問題ありません。実行結果を見ると配列のサイズが0であることがわかります。また、2回目、3回目の呼び出しでは第2引数以降にint型の値を複数指定していますが、method()メソッドが呼び出され実行されていることがわかります。4回目の呼び出しのようにint型の配列自体を渡すことも可能です。

なお、15行目のようにnullを渡してもコンパイルは成功します。しかし、このサンプルコードの3行目ではnullに対してlengthの呼び出しが行われることになるため、コメントを外すと実行時にNullPointerException例外が発生します。

もう1つ、サンプルコードを見てみましょう（Sample2_3.java）。

Sample2_3.java：可変長引数の例2

```
1. class Foo {
2.   public void method(String... val) {
3.     int ans = val == null ? 0 : val.length;
4.     System.out.println(val + " : " + ans);
5.   }
6. }
7. class Sample2_3 {
8.   public static void main(String[] args) {
9.     Foo obj = new Foo();
10.    obj.method("A", "B");
11.    obj.method(null);
12.    obj.method((String[])null);
13.    obj.method();
14.    obj.method((String)null);
15.  }
16. }
```

コンパイルは成功しますが、次のような警告が表示されます。

【コンパイル結果】

```
Sample2_3.java:11: 警告： 最終パラメータの不正確な引数型を持った可変引数
メソッドの非可変引数呼出し。
    obj.method(null);
               ^
  可変引数呼出しに関してはStringにキャストします。
```

> 非可変引数呼出しに関しては String[] にキャストしてこの警告を出さないよう
> にします
> 警告 1 個

　可変長引数に基本データ型ではなく、このような参照型の値を渡す場合は注意が必要です。この警告は、11 行目で、null を渡したからです。前述のとおり、可変長引数の実体は配列であるため、参照型の可変長引数の場合、null 値自体を渡したいのか、null 値が格納された配列を渡したいのか判断できないため警告が表示されます。
　Sample2_3.java はコンパイルは成功しているため、実行結果を確認してみましょう。

【実行結果】

```
[Ljava.lang.String;@1c5f743 : 2
null : 0
null : 0
[Ljava.lang.String;@1ec8909 : 0
[Ljava.lang.String;@18c56d : 1
```

　警告を表示させないようにするには、12 行目、もしくは 13 行目の手法をとります。
　12 行目のように null を目的の配列型にキャストして可変長引数に渡すと、null 自体が渡されます。実行結果を見ると、method() メソッドが可変長引数で受け取ったものは null とわかります。また 13 行目のように引数に何も指定しない場合は、空（要素数は 0）の配列が作成されて可変長引数に渡されます。実行結果を見ると配列自体は作成され、要素数が 0 であることがわかります。
　14 行目のようにデータを配列に格納しているタイプの参照型（この例では String 型）にキャストした場合は、null 値が 1 つ格納された配列が作成されて可変長引数に渡されます。したがって、実行結果では要素数は 1 となっています。

可変長引数とオーバーロード

　オーバーロードとは 1 つのクラス内に、**同じ名前のメソッドやコンストラクタを複数定義すること**です。ただし、それぞれのメソッドを区別するために、引数の並び、データ型、数が異なっていることが条件です。名前は同じであるため、引数をもとにして呼び出されるメソッドおよびコンストラクタが決定されます。
　次のサンプルコードを見てください（**Sample2_4.java**）。

Sample2_4.java：可変長引数とオーバーロード

```java
1.  class Foo {
2.      public void method(int a) {
3.          System.out.println("method(int a)");
4.      }
5.      public void method(long a) {
6.          System.out.println("method(long val)");
7.      }
8.      public void method(Integer a) {
9.          System.out.println("method(Integer val)");
10.     }
11.     public void method(int... a) {
12.         System.out.println("method(int... a)");
13.     }
14.     // public void method(int[] a) {
15.     //     System.out.println("method(int... a)");
16.     // }
17. }
18. class Sample2_4.java {
19.     public static void main(String[] args) {
20.         Foo obj = new Foo();
21.         obj.method(100);
22.     }
23. }
```

【実行結果】

```
method(int a)
```

Foo クラス内では、method() メソッドがオーバーロードされています。21 行目の引数に 100 を指定した method() メソッド呼び出しに対し、2 行目は完全一致、5 行目は暗黙の型変換（拡大変換）、8 行目は **Autoboxing**（オートボクシング）（基本データ型からそのラッパークラスへの自動変換）、11 行目は可変長引数と判断され、どのメソッドでも int 型の値を受け取ることが可能です。しかし、完全一致する引数の型が優先されるため、呼び出される method() メソッドは 2 行目となります。

オーバーロードされたメソッドを呼び出す優先順位は図 2-1 のとおりです。

```
完全一致 ＞ 暗黙の型変換 ＞ Autoboxing ＞ 可変長引数
```

図 2-1：オーバーロードされたメソッドを呼び出す優先順位

なお、14〜16行目のコメントを外すとコンパイルエラーとなります。11行目のmethod()メソッドは可変長引数、つまり実体として配列を引数にとるため、同じく配列を引数にとる14行目は、11行目と引数の並び、データ型、数が同じメソッドを定義していると判断されるためです。

 Autoboxingの詳細は、『オラクル認定資格教科書 JavaプログラマSilver SE 8』を参照してください。

抽象クラス

抽象クラスとは

処理内容を記述したメソッドを定義し、インスタンス化して使用できるクラスを**具象クラス**と呼びます。

その一方で、処理内容を記述しないメソッドや、それをもつクラスも作成できます。これを**抽象クラス（abstractクラス）**と呼びます。また、この処理内容を記述していないメソッドを**抽象メソッド（abstractメソッド）**と呼びます。

抽象クラスは処理内容をもつ具象メソッドと、抽象メソッドを混在して使用できます。
抽象クラスはabstractキーワードを使って定義します。構文と特徴は次のとおりです。

構文

[修飾子] abstract class クラス名 { }

・抽象クラスはクラス宣言にabstractキーワードを指定する
・処理内容が記述された具象メソッドと抽象メソッドを混在できる
・抽象クラス自体はnewによるインスタンス化はできないため、利用する際は抽象クラスを継承したサブクラスを作成する
・抽象クラスを継承したサブクラスが具象クラスの場合、もととなる抽象クラスの抽象メソッドをすべてオーバーライドしなければならない
・抽象クラスを継承したサブクラスが抽象クラスの場合、もととなる抽象クラスの抽象メソッドのオーバーライドは任意である

抽象メソッドの構文と特徴は、次のとおりです。

> **構文**
>
> [修飾子]　abstract 戻り値 メソッド名(引数リスト);

・メソッド宣言で abstract 修飾子を指定する
・修飾子、戻り値、メソッド名、引数リストは、具象メソッドと同様に記述する
・抽象メソッドは処理をもたないため、メソッド名 () の後に { } を記述せず、; (セミコロン) で終わる

抽象クラスの継承クラス

　抽象クラスの一般的な使用方法は、複数のクラスで共通の名前や呼び出し方をもつべきメソッドを抽象クラスで抽象メソッドとして宣言しておき、サブクラスでそれを実装させるというものです。したがって、抽象クラスをスーパークラスにもつサブクラスを具象クラスとして定義した際は、抽象クラスで宣言された抽象メソッドを必ずオーバーライドしなければなりません。

　また、抽象クラスを継承した抽象クラスを定義することも可能です (Sample2_5.java)。

Sample2_5.java：抽象クラスを継承した抽象クラス

```
1. abstract class X {                // 抽象クラス
2.   protected abstract void methodA();
3. }
4. abstract class Y extends X { }    // 抽象クラス
5. class Z extends Y {               // 具象クラス
6.   protected void methodA(){ }
7.   //public void methodA(){ }      //public でも公開範囲が広くなるので OK
8.   //void methodA(){ }             // これは公開範囲が狭くなるので NG
9. }
```

　抽象クラスである X クラスを継承した Y クラスは methodA() メソッドを実装していませんが、Y クラスも抽象クラスであるため、問題ありません。しかし、Y クラスを継承した Z クラスは具象クラスであるため、methodA() メソッドをオーバーライドする必要があります。なお、6行目を7行目のように public 修飾子としても問題ありません。しかし、8行目のように公開範囲を狭くするとコンパイルエラーとなります。

　もう1つサンプルを見てみましょう (Sample2_6.java)。抽象クラスである X は抽象メソッドとして methodA() があり、X クラスを継承した Y クラスも抽象クラスです。Y クラ

スは X クラスの methodA() メソッドをオーバーライドし、かつ、抽象メソッドとして methodC() を保持したクラスとして定義したいと考えていたとします。しかし、サンプルコードにあるとおり、methodA() を誤って method() として実装したとします。このコードを保存し、コンパイルしてもエラーにはなりません。method() は、単純に Y クラスで独自に定義したメソッドとして扱われるため、Y クラスの定義としては問題ないからです。

Sample2_6.java：抽象クラスを継承した具象クラス

```
1. abstract class X {
2.   abstract void methodA();    // 抽象メソッド
3.   void methodB(){ }           // 具象メソッド
4. }
5. abstract class Y extends X {
6.   //8 行目は methodA() をオーバーライドするつもりが
7.   // 間違えて method() として定義した場合
8.   void method(){ }            // 具象メソッド
9.   abstract void methodC();    // 抽象メソッド
10. }
```

そのため、Java 言語では @Override（Override アノテーション）を付与することで、「このメソッドはオーバーライドしている」ということを明示することが可能です。

以下のように、Sample2_6.java の 8 行目を変更することで、目的のメソッドがオーバーライドできていないとコンパイル時に検知することが可能です。

コード例：Sample2_6.java の 8 行目を変更した場合

（現行）
void method(){ }   // 具象メソッド

（修正後）
@Override
void method(){ }   // 具象メソッド

【変更後のコンパイル結果】

```
Sample2_6.java:8: エラー : メソッドはスーパータイプのメソッドをオーバーライドまたは実装しません
  @Override
  ^
エラー 1 個
```

> **参考** 上記で使用した @Override は、java.lang パッケージに定義されている標準アノテーションの 1 つです。アノテーション (annotation：注釈) は、それ自身が何かを行うのではなくプログラムに対するメタデータの付与として利用します。

抽象クラスでの static メンバ定義

インスタンスメンバはクラスをインスタンス化してから「参照変数名 . インスタンスメンバ」で呼び出し、static メンバは「クラス名 .static メンバ」で呼び出し可能です。

また、抽象クラス自体は new によるインスタンス化ができないため、抽象クラスに定義したインスタンスメンバを呼び出す場合は、抽象クラスを継承したサブクラスを定義し、そのサブクラスのオブジェクトを経由して利用します。しかし、抽象クラスで定義した static メンバは、具象クラスと同様にインスタンス化せずに利用可能であるため、「抽象クラス名 .static メンバ」で呼び出せます。

抽象クラスでのメンバ定義と呼び出しを行うサンプルコードを見てみましょう (Sample2_7.java)。

Sample2_7.java：抽象クラスでの static メンバ定義

```
1. abstract class X {
2.   static void methodA() { System.out.println("methodA()"); }
3.   void methodB() { System.out.println("methodB()"); }
4. }
5. class Y extends X { }
6. class Sample2_7 {
7.   public static void main(String[] args) {
8.     X.methodA();   //OK
9. //  X obj1 = new X(); obj1.methodB();   //NG
10.    Y obj2 = new Y(); obj2.methodB();   //OK
11.  }
12. }
```

【実行結果】

```
methodA()
methodB()
```

8 行目は抽象クラス名を使用して static メンバを呼び出しています。9 行目は、抽象クラス (X クラス) のインスタンス化を試みているため、コメントを外すとコンパイルエラー

になります。しかし、10行目のように、抽象クラス（X クラス）を継承した具象クラス（Y クラス）をインスタンス化し、抽象クラスで定義したインスタンスメソッド（methodB() メソッド）の呼び出しは可能です。

インタフェース

インタフェースとは

インタフェースは、公開すべき必要な操作をまとめたクラスの仕様、つまり取り決めです。そのため、SE 7 まで、インタフェースには抽象メソッドと static な定数しか宣言できませんでした。SE 8 ではインタフェースの仕様が変更となり、実装をもつメソッドを定義できるようになりました。

インタフェースの構文と特徴は、次のとおりです。

(構文)
[修飾子] interface インタフェース名 { }

- SE 7、SE 8 で共通の特徴
- インタフェース宣言には interface キーワードを指定する
- インスタンス化はできず、利用する場合は実装クラスを作成し、実装クラス側では抽象メソッドをオーバーライドして使用する
- 実装クラスを定義するには implements キーワードを使用する
- インタフェースをもとにサブインタフェースを作成する場合は extends キーワードを使用する
- インタフェースでは定数（public static final）を宣言できる

- SE 7 までの特徴
- インタフェースで宣言できるメソッドは抽象メソッドのみである

- SE 8 からの仕様追加
- インタフェースで宣言できるメソッドは抽象メソッドのほか、デフォルトメソッドと static メソッドを定義できる

インタフェースでの定数と抽象メソッド

インタフェースで変数宣言をすると、暗黙的に「public static final」修飾子が付与されるため、static な定数となります。したがって、宣言時には初期化しておく必要があります。初期化しないと、コンパイルエラーになります。

また、抽象メソッドを宣言すると、暗黙的に「public abstract」修飾子が付与されます。抽象メソッドの構文は抽象クラスのときと同様ですが、インタフェースで使用できるアクセス修飾子は public のみです。

次のサンプルコードはインタフェースの不適切な例です (Sample2_8.java)。

Sample2_8.java：インタフェースでの不適切なコード

```
1. interface Sample2_8 {
2.     int a;
3.     protected void methodA();
4.     final void methodB();
5.     static void methodC();
6. }
```

2 行目は定数を初期化していないためコンパイルエラーになります。インタフェースのメソッドは public メソッドとなるため、3 行目のように不適切なアクセス修飾子は使用できません。また、インタフェースを実装したクラス側で抽象メソッドをオーバーライドする必要があります。そのため 4 行目のようにサブタイプ側でのオーバーライド禁止を意味する final 修飾子も付与できません。また、インタフェースには static な抽象メソッドは宣言できません。3 ～ 5 行目もすべてコンパイルエラーになります。

static な具象メソッド

SE 8 からは、インタフェースに static な具象メソッドが定義可能です。構文は具象クラスで定義する static メソッドと同じですが、指定できる修飾子は public のみであり、指定していない場合は暗黙的に public 修飾子が付与されます。

インタフェースに static メソッドを定義し、別クラスから呼び出したコードを見てみましょう (Sample2_9.java)。

Sample2_9.java:インタフェースでの static メソッドの定義と利用

```
1. interface Foo {
2.   static void method() { // 暗黙的に public が付与される
3.     System.out.println("Foo : method()");
4.   }
5. }
6. class Sample2_9 {
7.   public static void main(String[] args) {
8.     Foo.method();
9.     //Foo obj = new Foo(); obj.method(); // コンパイルエラー
10.  }
11. }
```

【実行結果】

```
Foo : method()
```

2〜4行目の static メソッドの定義は、具象クラスで定義している際と同じです。また、8行目の別クラスである Sample2_9 では「インタフェース名 .static メソッド ()」によるメソッド呼び出しをしています。なお、インタフェースはインスタンス化できないため、9行目はコンパイルエラーとなるコードです。

デフォルトメソッド

SE 8 から処理を記述したメソッド（具象メソッド）が定義できるようになりました。これをデフォルトメソッドと呼びます。1つのインタフェースに複数定義することも可能です。

構文

[修飾子]　default 戻り値 メソッド名(引数リスト) {// 処理 }

（例）　default void foo() { System.out.println("foo()"); }

なお、指定できる修飾子は、public のみです。上記の例のように、指定していない場合は暗黙的に public 修飾子が付与されます。

また、java.lang.Object クラスで提供されている equals()、hashCode()、toString() の3つは、デフォルトメソッドとして定義することはできません。

```
interface MyInter {
  public default boolean equals(Object obj){ return true; }
  public default int hashCode(){ return 10; }
  public default String toString(){ return "hello"; }
}
```

⬇ コンパイルすると・・・

```
MyInter.java:2: エラー: インタフェース MyInter のデフォルト・メソッド equals は
java.lang.Object のメンバーをオーバーライドします
  public default boolean equals(Object obj){ return true; }
                         ^
MyInter.java:3: エラー: インタフェース MyInter のデフォルト・メソッド hashCode は
java.lang.Object のメンバーをオーバーライドします
  public default int hashCode(){ return 10; }
                     ^
MyInter.java:4: エラー: インタフェース MyInter のデフォルト・メソッド toString は
java.lang.Object のメンバーをオーバーライドします
  public default String toString(){ return "hello"; }
                        ^
エラー3個
```

＜コンパイルエラー＞

図 2-2：デフォルトメソッドで定義できないメソッド

インタフェースの継承

あるインタフェースをもとにして、サブインタフェースを宣言できます。継承関係をもつため、サブインタフェースを宣言する際には extends キーワードを使用します。

ただし、サブインタフェースを実装したクラスが具象クラスの場合、スーパーインタフェース、サブインタフェースのすべてのメソッドをオーバーライドする必要があります。

注意する点として、具象クラスと抽象クラスが継承（extends）できるクラスは1つだけですが、**インタフェースは複数のインタフェースを継承（extends）することが可能**です。また複数のインタフェースを実装（implements）することも可能です（実装については後述します）。

インタフェースの実装クラス

インタフェースはインスタンス化できないため、実装クラスを定義する必要があります。実装クラスの定義には implements キーワードを使用します。実装クラスの構文と例は、次のとおりです。

構文

[修飾子] class クラス名 implements インタフェース名 { }

（例）
```
public interface MyInterface { }  //インタフェース
public class MyClass implements MyInterface { }  //実装クラス
```

implementsの後には、1つ以上のインタフェースを複数指定できます。複数指定する場合は「,」（カンマ）で区切ります。実装クラスを具象クラスとする場合、implementsで指定したすべてのインタフェースのすべてのメソッドをオーバーライドして実装する必要があります。また、オーバーライドするメソッドには、public修飾子をつける必要があります。

それでは、インタフェース宣言と実装クラスのコードを確認しましょう（**Sample2_10.java**）。

Sample2_10.java：インタフェース宣言と実装クラス
```
 1. interface MyInter1 {
 2.   double methodA(int num);
 3.   default void methodB() { System.out.println("methodB()"); }
 4. }
 5. interface MyInter2 {
 6.   int methodC(int val1, int val2);
 7.   static void methodD() { System.out.println("methodD()"); }
 8. }
 9. class MyClass implements MyInter1, MyInter2 {
10.   @Override
11.   public double methodA(int num){ return num * 0.3; }
12.   @Override
13.   public int methodC(int val1, int val2){ return val1 + val2; }
14. }
15. class Sample2_10 {
16.   public static void main(String[] args) {
17.     MyClass obj = new MyClass();
18.     System.out.println("methodA()" + obj.methodA(10));
19.     System.out.println("methodC()" + obj.methodC(10, 20));
20.     obj.methodB();          // デフォルトメソッドの呼び出し
21.     MyInter2.methodD(); //staticメソッドの呼び出し
22.     //obj.methodD();
23.   }
24. }
```

【実行結果】

```
methodA()3.0
methodC()30
methodB()
methodD()
```

　Sample2_10.javaでは、MyInter1では抽象メソッドであるmethodA()の宣言と、デフォルトメソッドであるmethodB()を定義しています。また、MyInter2では抽象メソッドであるmethodC()の宣言と、staticメソッドであるmethodD()を定義しています。実装クラスであるMyClassクラスでは、この2つのインタフェースを実装しています。implementsキーワードの後に2つのインタフェースを指定できていること、実装クラスではpublic修飾子を付与して抽象メソッドをオーバーライドしていることに注意してください。なお、抽象クラスで説明した@Overrideアノテーションも利用可能です。また、Sample2_10クラスでは、MyClassクラスをインスタンス化し、18、19行目でオーバーライドしたメソッドを呼び出しています。また、20行目ではインタフェースで定義したデフォルトメソッドもobj変数を使用して呼び出しが可能です。21行目では、staticメソッドであるため、「インタフェース名.staticメンバ」で呼び出しをしています。また、22行目の呼び出しはコンパイルエラーとなります。具象クラスのstaticメソッドと異なり、参照変数を使用したstaticメソッド呼び出しはできません。

様々な実装クラス

　実装クラスはインタフェースを実装（implements）するのと同時に、他のクラスを継承（extends）することも可能です（**Sample2_11.java**）。ただし、**extendsを先に書きます**。implementsを先に記述するとコンパイルエラーとなります。

Sample2_11.java：extendsとimplementsの同時利用

```
1. interface MyInter1 { void methodA(); }
2. class Super { void methodB(){ } }
3. class MyClass extends Super implements MyInter1 {
4.    @Override
5.    public void methodA(){ }
6. }
```

　Sample2_11.javaでは、インタフェースとしてMyInter1、具象クラスとしてSuperがあり、その実装およびサブクラスがMyClassです。MyClassクラスではMyInter1の

methodA() メソッドを適切にオーバーライドしています。

なお、Sample2_11.java 内の Super クラスが次のように抽象クラスだった場合には、抽象メソッド methodB() を MyClass クラスでオーバーライドする必要があります。

コード例：Super クラスが抽象クラスの場合

```
abstract class Super {  abstract void methodB(); }
```

また、デフォルトメソッドを持つインタフェースの実装クラスについて、いくつかのパターンを見てみましょう。

例 1) サンプルコード：Sample2_12.java

デフォルトメソッドは実装クラスでオーバーライド可能です。

Sample2_12.java：例 1 の実装例

```
1. interface MyInter1 {
2.   default void method() { System.out.println("MyInter1"); }
3. }
4. class MyClass implements MyInter1 {
5.   @Override
6.   public void method() { System.out.println("MyClass"); }
7. }
```

例 2) サンプルコード：Sample2_13.java

A インタフェースをもとに 2 つのサブインタフェース（X と Y）を定義し、X、Y インタフェースでは A インタフェースの抽象メソッド（method()）を、デフォルトメソッドとしてオーバーライドしたとします。この定義自体は問題ありません。しかし、X、Y インタフェースを実装したクラス（MyClass）を定義すると、このクラスはコンパイルエラーとなります。これは、MyClass オブジェクトに対して method() メソッドの呼び出しが行われた際に、どちらを呼ぶか判断がつかなくなるからです。

Sample2_13.java：例 2 の実装例

```
1. interface A {
2.   void method(); //抽象メソッド
3. }
4. interface X extends A { //A インタフェースのサブインタフェース
```

```
5.     @Override
6.     default void method() { System.out.println("X"); }
7.  }
8.  interface Y extends A { //Aインタフェースのサブインタフェース
9.     @Override
10.    default void method() { System.out.println("Y"); }
11. }
12. class MyClass implements X, Y { } // このクラスが原因でコンパイルエラー
```

例3) サンプルコード：Sample2_14.java

例2)ではMyClassクラスはコンパイルエラーとなりますが、以下のコード例のように、MyClassクラスでさらにmethod()メソッドをオーバーライドすることで、コンパイル、実行は可能です。

Sample2_14.java（抜粋）：例3の実装例

```
12. class MyClass implements X, Y {
13.    @Override
14.    public void method() { System.out.println("MyClass"); }
15. }
16. class Sample2_14 {
17.    public static void main(String[] args) {
18.       MyClass obj = new MyClass();
19.       obj.method();
20.    }
21. }
```

【実行結果】

```
MyClass
```

例4) サンプルコード：Sample2_15.java

例3)ではMyClassクラスでmethod()メソッドを独自の実装内容でオーバーライドしましたが、MyClassクラスのmethod()メソッドが呼ばれた際に、XもしくはYいずれかのmethod()を呼び出すよう明示化することも可能です。その際は、「**親インタフェース名.super.メソッド名()**」とします。以下のコード例の14行目では、「X.super.method();」としています。

Sample2_15.java（抜粋）：例 4 の実装例

```
12. class MyClass implements X, Y {
13.   @Override
14.   public void method() { X.super.method(); }
15. }
16. class Sample2_15 {
17.   public static void main(String[] args) {
18.     MyClass obj = new MyClass();
19.     obj.method();
20.   }
21. }
```

【実行結果】

```
X
```

例 5）サンプルコード：Sample2_16.java

A インタフェースのサブインタフェースである X は、method() メソッドをデフォルトメソッドとしてオーバーライドしています。また、Y クラスは A インタフェースの実装クラスとして定義し、method() メソッドを具象メソッドとしてオーバーライドしています。X を実装し、Y を継承した MyClass クラスはコンパイルエラーになりません。これは、Java 言語では常に実装クラスが優先されるためです。

Sample2_16.java：例 5 の実装例

```
 1. interface A {
 2.   void method(); // 抽象メソッド
 3. }
 4. interface X extends A { //A インタフェースのサブインタフェース
 5.   @Override
 6.   default void method() { System.out.println("X"); }
 7. }
 8. class Y implements A { //A インタフェースの実装クラス
 9.   @Override
10.   public void method() { System.out.println("Y"); }
11. }
12. class MyClass extends Y implements X{ }
13.
14. class Sample2_16 {
```

```
15.    public static void main(String[] args) {
16.        MyClass obj = new MyClass();
17.        obj.method();
18.    }
19. }
```

【実行結果】

```
Y
```

型変換

基本データ型の型変換ルール

基本データ型で宣言した変数には、宣言時の型（intやdoubleなど）で扱える範囲のデータであれば、**型変換**によって異なる型の値でも代入できます。

型変換には2種類のルールがあります。

暗黙の型変換

図2-3の左側に記載されている型の値は右側の型で扱える。byte値をint型の変数に代入したり、float値をdouble型の変数に代入したりできる。

キャストによる型変換

図2-3の右側に記載されている型の値を左側の型で扱うには**キャスト**を用いる。キャストによって、int値をbyte型の変数に代入したり、double値をfloat型の変数に代入したりできる。

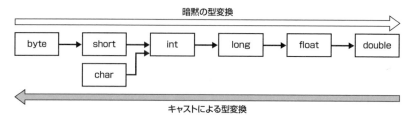

図2-3：基本データ型の型変換ルール

基本データ型の型変換での注意

Java 言語の仕様上、整数リテラルや定数は型のサイズ内に値が収まれば、byte 型、short 型、char 型にキャストなしで代入が可能です。次のコード例を見てください。

コード例：データ型で扱える範囲
```
byte b1 = 10;       // ① OK
byte b2 = 150;      // ② NG コンパイルエラー
```

①は問題なくコンパイルが成功します。しかし、②はコンパイルエラーとなります。これは byte 型が -128 ～ 127 しか扱えないからです。

また、算術演算子を使用している場合も注意が必要です。

コード例：算術演算子を使用している場合
```
short s1 = 10;
s1 = ++s1;          // ① OK
s1 = s1 + 1;        // ② NG コンパイルエラー
```

①のようにインクリメント（もしくはデクリメント）を使用している場合は、型変換が行われないため問題ありません。しかし、②はコンパイルエラーとなります。+のように演算対象（オペランドともいう）を 2 つ取る演算子には、次のルールが適用されます。

- 一方のオペランドが double 型である場合、演算前に他方のオペランドは double 型に変換される
- 一方のオペランドが float 型であり他方のオペランドが double 型ではない場合、演算前に他方のオペランドは float 型に変換される
- 一方のオペランドが long 型であり他方のオペランドが float 型、double 型ではない場合、演算前に他方のオペランドは long 型に変換される
- 両方のオペランドが long 型、float 型、double 型のいずれでもない場合、演算前に双方のオペランドは int 型に変換される

参考　先ほどのコード例である「s1 = s1 + 1;」への主な対処として、2 つの例を示します。

対処 1：s1 変数を int 型で宣言する
対処 2：short 型にキャストする
　　　　s1 = (short)(s1 + 1);

参照型の型変換ルール

参照型データ、つまりオブジェクトも型変換が可能です。参照型の場合は、宣言している変数の型とデータであるオブジェクトに**継承関係もしくは実装関係**が必要です。

参照型の場合にも、2種類の型変換ルールがあります。

暗黙の型変換

サブクラスのオブジェクトをスーパークラスの型で宣言した変数で扱える。また、実装クラスのオブジェクトをインタフェースの型で宣言した変数で扱える (図 2-4)。

キャストによる型変換

スーパークラスで宣言した変数で参照しているサブクラスのオブジェクトを、元の型であるサブクラス型で宣言した変数で扱うにはキャストを用いる。また、インタフェースで宣言した変数で参照している実装クラスのオブジェクトを、元の型である実装クラス型で宣言した変数で扱うにはキャストを用いる (図 2-4)。

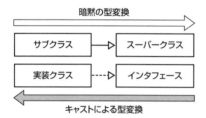

図 2-4：参照型の型変換ルール

参照型の型変換での注意

参照型には、クラス、インタフェース、配列が含まれます。そしてすべての参照型データ (つまりオブジェクト) は、Object クラスをスーパークラスにもちます。次のコード例を見てください。

コード例：任意のオブジェクトを Object 型の変数で扱う
```
class Foo{}
    :   // 以下コードの抜粋
Object obj = new Foo();
```

インスタンス化された Foo オブジェクトは、Object 型で宣言した変数で扱えます。同

様に配列も Object 型で宣言した変数で扱えます。

コード例：配列を Object 型の変数で扱う

```
int[] array = {1, 2, 3};
    :   // 以下コードの抜粋
Object obj = array;
```

また、次のクラス定義があったとします。

コード例：クラス定義

```
class Super{}
class Sub extends Super {}
class Foo {}
```

このクラスを使用した、次のコード例を見てください。

コード例：クラス定義

```
Super obj1 = new Sub();
Sub sub1 = (Sub)obj1;       // ① OK
Foo obj2 = new Foo();
Sub sub2 = (Sub)obj2;       // ② NG コンパイルエラー
Super obj3 = new Super();
Sub sub3 = (Sub)obj3;       // ③ NG 実行時エラー
```

①は Sub クラスのオブジェクトを元の型である Sub 型に変換しており問題ありません。

②は継承関係のない Foo クラスのオブジェクトを Sub 型で変換しようとしているため**コンパイルエラー**になります。

③は Super クラスと Sub クラスに継承関係があるため、コンパイルは成功します。しかし、obj3 が参照しているのは Super クラスのオブジェクトであり、それを Sub 型に変換しようとしているため実行時に **ClassCastException 例外**が発生します。

もう1つ、オーバーライドを使用したサンプルを見てみましょう。次のサンプルコードでは、スーパークラスで定義した static 変数、インスタンス変数、static メソッド、非 static メソッドを、サブクラス側で再定義しています（**Sample2_17.java**）。

Sample2_17.java：メンバの再定義

```
1.  class Super {
2.      static String x = "Super : x";
3.      String y = "Super : y";
4.      static void methodA() { System.out.println("Super : methodA()"); }
5.      void methodB() { System.out.println("Super : methodB()"); }
6.  }
7.  class Sub extends Super {
8.      static String x = "Sub : x";
9.      String y = "Sub : y";
10.     static void methodA() { System.out.println("Sub : methodA()"); }
11.     void methodB() { System.out.println("Sub : methodB()"); }
12. }
13. class Sample2_17 {
14.     public static void main(String[] args) {
15.         Super obj = new Sub();
16.         System.out.println(obj.x);
17.         System.out.println(obj.y);
18.         obj.methodA();
19.         obj.methodB();
20.     }
21. }
```

【実行結果】

```
Super : x
Super : y
Super : methodA()
Sub : methodB()
```

　すでに説明したとおり、インスタンスメンバだけでなく、スーパークラスで定義したstaticメンバもサブクラス側で再定義することができます。

　このサンプルコードの15行目では、サブクラスのSubクラスをインスタンス化し、スーパークラスのSuper型で宣言した変数に代入しています。16～19行目ではその各メンバを呼び出していますが、サブクラスSubで再定義したメンバの中で呼び出されたのは、非staticメソッドのmethodB()だけです。その他はSuperクラスのメンバが呼び出されています。

　サブクラスのオブジェクトをスーパークラス型の変数に代入した場合、非static（イン

スタンス）メソッド以外はスーパークラスのメンバが呼び出されます。

ネストクラス

ネストクラスとは

　Java 言語ではクラス定義の中に、さらにクラスを定義できます。これを**ネストクラス**と呼びます。ネストクラスを使用することにより、シンプルで可読性の高いコードを作成できます。使用場所が限定され、その存在を外部から隠したいクラスに適用するのが一般的です。

　ネストクラスは外側のクラス（中でネストクラスを定義しているクラス）のメンバの 1 つです。クラスのメンバには static メンバと非 static メンバ（インスタンスメンバ）がありますが、ネストクラスについても同じように static クラスおよび非 static クラスがあります。特に非 static クラスのことを**インナークラス**と呼びます。

　図 2-5 はネストクラスの定義例およびネストクラスの分類です。図 2-5 の定義例ではネストクラスをクラスの中に定義していますが、メソッドの中に定義することもできます。

　まずは、クラスの中に定義する static クラスおよび非 static クラスから説明します。

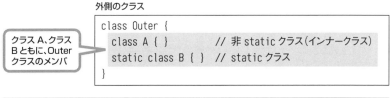

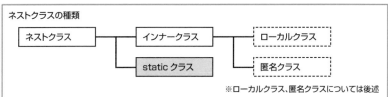

図 2-5：ネストクラスの定義例（上）およびネストクラスの分類（下）

ネストクラスのルール

　ネストクラスのメソッドから、外側のクラスのメンバにアクセスすることができます。ただし、表 2-1 のようなルールがあります。

表 2-1：ネストクラスのルール

static クラス 非 static クラス 共通	・外側のクラスと同じ名前（クラス名）を使用できない ・アクセス修飾子（public、protected、private）を使用できる ・abstract 修飾子、final 修飾子を使用できる
static クラス のみ	・非 static メンバ、static メンバをもつことができる ・外側のクラスで定義したインスタンス変数にアクセスできない
非 static クラス のみ	・static メンバをもつことができない ・外側のクラスで定義したインスタンス変数にアクセスできる

ネストクラスの定義とコンパイル

次のサンプルコードでは、通常のクラス内に、非 static クラス（インナークラス）および static クラスを定義しています（**Sample2_18.java**）。

Sample2_18.java：ネストクラスの定義

```
1. class Outer {
2.     class A { }
3.     static class B { }
4. }
```

ネストクラスは単体で使用するものではなく、あくまで外側のクラスのメンバとして使用します。したがって、外側のクラスをコンパイルするとネストクラスもコンパイルされます。生成されたクラスファイルは「**外側のクラス名 $ ネストクラス名 .class**」というファイル名になります。Sample2_18.java をコンパイルすると、Outer.class、Outer$A.class、Outer$B.class の3つのファイルが生成されます。

ネストクラスへのアクセス

ネストクラス内で定義したメンバは、ネストクラスをインスタンス化することで利用できます。ネストクラスは次の方法でインスタンス化できます。①にある「外部クラス」は、ネストクラスを定義している外側のクラスではなく、別のクラスという意味です。

①外部クラスでネストクラスをインスタンス化する
②外側のクラスのメソッド内でネストクラスをインスタンス化する

まず、①の方法について構文と例を確認しましょう。構文は非 static メンバか static メンバによって異なります。また、ネストクラスのオブジェクトを参照する変数の型宣言は

「**外側のクラス名.ネストクラス名**」と記述します。

> 構文

- 非 static クラスの場合

外側のクラス名.非staticクラス名　変数名 =
　　　　　　　　　　new 外側クラス名().new 非staticクラス名();

(例)　Aクラスは非staticクラスとする
　　　Outer.A a = new Outer().new A();

- static クラスの場合

外側のクラス名.staticクラス名　変数名 =
　　　　　　　　　　new 外側クラス名.staticクラス名();

(例)　Bクラスはstaticクラスとする
　　　Outer.B b = new Outer.B();

①の方法をサンプルコードで確認してみましょう(Sample2_19.java)。

Sample2_19.java：外部クラスでネストクラスをインスタンス化する

```java
1. class Outer {  // 外側のクラス
2.   private int val1 = 100;   // インスタンス変数
3.   private static int val2 = 200;   //static 変数
4.   class A {  // 非 static クラス (インナークラス)
5.     void method1() {  // 非 static メソッド
6.       System.out.println("instance val :" + val1); }
7.     //static void method2() {  //static メソッド
8.     //   System.out.println("static    val :" + val2); }
9.   }
10.  static class B {  // static クラス
11.    //void method1() {   // 非 static メソッド
12.    //  System.out.println("instance val :" + val1); }
13.    static void method2() {  //static メソッド
14.      System.out.println("static    val :" + val2); }
15.  }
16. }
17. class Sample2_19 {  // 外部のクラス
18.   public static void main(String[] args) {
19.     Outer.A a = new Outer().new A(); // 非 static クラスのインスタンス化
```

```
20.     Outer.B b = new Outer.B();        // static クラスのインスタンス化
21.     a.method1();   b.method2();
22.   }
23. }
```

【実行結果】

```
instance val :100
static   val :200
```

4～9行目で定義した A クラスは非 static なネストクラス、つまりインナークラスです。非 static クラスは static メンバをもてないため、7、8 行目のコメントを外すとコンパイルエラーとなります。10～15 行目で定義した B クラスは static なネストクラスです。static クラスは非 static メンバをもてますが、外側のインスタンス変数にはアクセスできないため、11、12 行目のコメントを外すとコンパイルエラーとなります。

19～21 行目では、外部クラスである Sample2_19 クラスの main() メソッド内で、外側のクラスを経由し、各ネストクラスのインスタンス化とメソッド呼び出しを行っています。

次に②の方法を見てみましょう（Sample2_20.java）。この例では、外側のクラス内に main() メソッドを定義し、main() メソッド内でネストクラスをインスタンス化し、ネストクラスで定義したメンバを呼び出しています。

Sample2_20：メソッド内でネストクラスをインスタンス化する

```
1. class Sample2_20 {  // 外側のクラス
2.   class A {  // 非 static クラス
3.     void methodA() {System.out.println("methodA()"); }
4.   }
5.   static class B {  // static クラス
6.     static void methodB() {System.out.println("methodB()"); }
7.   }
8.   public static void main(String[] args) {
9.     new Sample2_20().new A().methodA(); //new A().methodA(); は NG
10.    new Sample2_20.B().methodB();   //new B().methodB(); でも OK
11.    Sample2_20.B.methodB();         //B.methodB(); でも OK
12.  }
13. }
```

【実行結果】

```
methodA()
methodB()
methodB()
```

9 行目では、非 static クラスのメンバ呼び出しであるため、「new 外側クラス名 ().new 非 static クラス名 ()」でインスタンス化後、methodA() メソッドを呼び出しています。このコードは static な main() メソッドで行っているため、コメントのように「new A().methodA();」はコンパイルエラーです。また、10 行目では、static クラスのメンバ呼び出しであるため「new 外側クラス名 .static クラス名 ()」とし、methodB() メソッドを呼び出しています。コメントの「new B().methodB();」としても呼び出し可能です。なお、11 行目のように static クラスへのアクセスは、「クラス名 .static クラス名」としてもコンパイル、実行ともに可能です。

もう 1 つ、非 static クラス（インナークラス）を使用したサンプルコードを見てみましょう（Sample2_21）。

Sample2_21：メソッド内でネストクラスをインスタンス化する

```
1. class Outer {   // 外側のクラス
2.   private int num = 100;
3.   class A {
4.     public int num = 200;
5.     void method(int num) {
6.       System.out.println("num : " + num);
7.       System.out.println("this.num : " + this.num);
8.       System.out.println("Outer.this.num : " + Outer.this.num);
9.     }
10.  }
11. }
12. class Sample2_21 {   // 外部のクラス
13.   public static void main(String[] args) {
14.     new Outer().new A().method(300);
15.   }
16. }
```

【実行結果】

```
num : 300
this.num : 200
Outer.this.num : 100
```

Outerクラスの2行目、4行目、5行目（メソッドの引数）の各変数はnumという同じ変数名を使用しています。

　6行目のように変数名のみを指定すると、ローカル変数にアクセスします。7行目のようにthis.numとすると、4行目のnum変数にアクセスします。当然ですが、ネストクラス内でthisといえば、ネストクラスのオブジェクト自身を表します。2行目のnum変数にアクセスする場合は、8行目のように「外側のクラス名.this.メンバ名」とします。

　また、ネストクラスでは、インタフェースや抽象クラスの定義も可能です。以下のコードでは、ネストクラスとしてAクラスを定義し、継承したクラスがBクラスです。また、staticなネストクラスとしてXインタフェースを定義し、その実装クラスとしてYクラスを定義しています。

コード例

```
class Test {
  abstract class A { abstract void foo(); }
  class B extends A { void foo(){ } }
  static interface X  {  void bar(); }
  static class Y implements X { public void bar(){ } }
}
```

ローカルクラスとは

　ローカルクラスとは、あるクラスのメソッド内に定義したクラスのことです。ローカル扱い（メソッド内でのみ有効）になるため、クラスメンバで使用していたアクセス修飾子やstaticは使用できません。言い方を変えれば、ローカルクラスはstaticとして作成できないため、非staticクラスのみです（図2-6）。

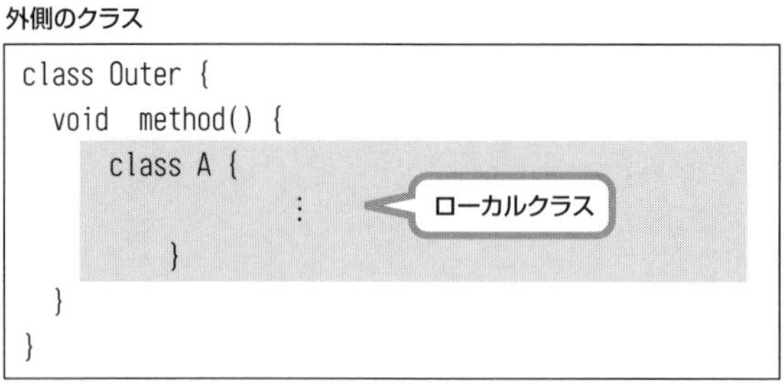

外側のクラス

```
class Outer {
  void  method() {
        class A {
             :         ← ローカルクラス
        }
  }
}
```

図2-6：ローカルクラス

ローカルクラスのルール

ローカルクラスには表 2-2 のようなルールがあります。

表 2-2：ローカルクラスのルール

ローカルクラス	・アクセス修飾子（public、protected、private）を使用できない ・static 修飾子を使用できない ・abstract 修飾子、final 修飾子を使用できる ・外側のクラスのメンバにアクセスできる ・ローカルクラスから外側のクラスのメソッドの引数およびローカル変数にアクセスするには、各変数が final（定数）でなければならない。したがって、SE 7 までは、明示的な final 修飾子の付与が必要であったが、SE 8 では、暗黙的に final が付与されるため、明示的な付与は不要

ローカルクラスの定義をサンプルコードで確認してみましょう（**Sample2_22.java**）。

Sample2_22.java：ローカルクラスの定義

```java
1. class Outer {
2.    private static int a = 1;     //static 変数
3.    private int b = 2;            // インスタンス変数
4.    void methodOuter(final int c, int d) {
5.      final int e = 5; int f = 6;
6.      class A {
7.        void method() {
8.          System.out.print(a + " ");
9.          System.out.print(b + " ");
10.         System.out.print(c + " ");
11.         System.out.print(d + " ");
12.         System.out.print(e + " ");
13.         System.out.print(f);
14.         //e = 100;
15.         //f = 100;
16.       }
17.     }
18.     new A().method();
19.   }
20. }
21. class Sample2_22 {
22.   public static void main(String[] args) {
23.     Outer o = new Outer();
24.     o.methodOuter(3, 4);
25.   }
26. }
```

【実行結果】

```
1 2 3 4 5 6
```

　Sample2_22.java では、外側のクラスである Outer クラスの methodOuter() メソッドの中に、ローカルクラスとして A クラスが定義されています。8、9 行目にあるとおり、ローカルクラスは外側のクラスのメンバにアクセス可能です。

　また、10 〜 13 行目にあるとおり、メソッド内のローカル変数にアクセスしていますが、これは final（定数）であることが条件です。

　しかし、d 変数と f 変数は明示的な final 指定をしていません。これは、SE 8 から、ローカル変数には暗黙的に final 修飾子が付与されるためです。ただし、注意する点として、定数となるため、14、15 行目のように再代入のコードを記述するとコンパイルエラーとなります。

匿名クラスとは

　匿名クラスとは、クラス名を指定せずに、クラス定義とインスタンス化を 1 つの式として記述したクラスのことです。匿名クラスは、あるクラスのサブクラスまたは、あるインタフェースを実装したクラスになります。「new スーパークラス」または「new インタフェース」の後にオーバーライドする処理をブロックとして記述します。また、匿名クラスは 1 つの式として定義するため最後に ;（セミコロン）が必要です（図 2-7）。

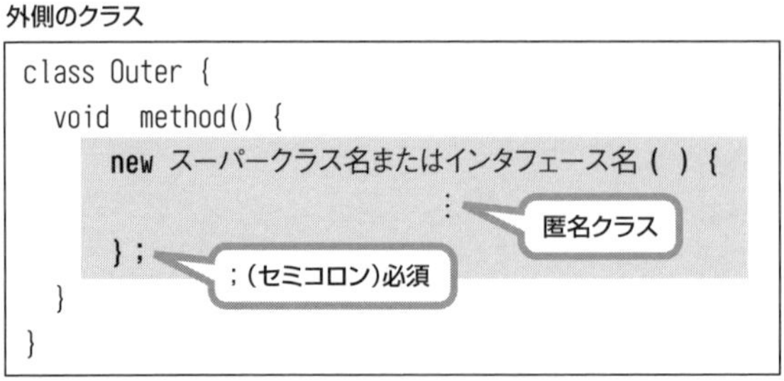

外側のクラス
```
class Outer {
  void  method() {
    new スーパークラス名またはインタフェース名 ( ) {
        ⋮
    };     ← 匿名クラス
           ；（セミコロン）必須
  }
}
```

図 2-7：匿名クラス

匿名クラスのルール

　匿名クラスには表 2-3 のようなルールがあります。

表 2-3：匿名クラスのルール

匿名クラス	・アクセス修飾子 (public、protected、private) を使用できない ・static 修飾子を使用できない ・abstract 修飾子、final 修飾子を使用できない ・外側のクラスのメンバにアクセスできる ・外側のクラスのメソッドの引数およびローカル変数にアクセスできる (ただし、暗黙的に final) ・コンストラクタを定義できない

匿名クラスを定義したサンプルコードを確認してみましょう (Sample2_23.java)。

Sample2_23.java：匿名クラスの定義例 1

```
1. interface MyInter { void methodA(); }
2. class Outer {
3.   void method() {
4.     new MyInter() {
5.       public void methodA() {
6.         System.out.println("methodA()");
7.       }
8.     }.methodA(); // 匿名クラスのメソッド呼び出し
9.   }
10. }
11. class Sample2_23 {
12.   public static void main(String[] args) {
13.     new Outer().method();
14.   }
15. }
```

【実行結果】

```
methodA()
```

　Sample2_23.java ファイルでは、外側のクラスである Outer クラスの method() メソッドの中に匿名クラスとして MyInter インタフェースの実装クラスが定義 (4 ～ 8 行目) されています。外部クラスである Sample2_23 クラスでは、13 行目で外側のクラスをインスタンス化し、method() メソッドを呼び出しています。3 行目が呼び出されると、4 行目で「new MyInter()」としていますが、インタフェース自体がインスタンス化されるのではなく、無名の実装クラスがインスタンス化されます。そして、8 行目の methodA() メソッド呼び出しにより、5 行目が実行されます。

なお、Sample2_23.java の匿名クラスの定義およびメソッドの呼び出しは、次のような記述でも可能です（Sample2_24.java）。

Sample2_24.java（抜粋）：匿名クラスの定義例 2

```
 3.    void method() {
 4.      MyInter obj = new MyInter() {
 5.        public void methodA() {
 6.          System.out.println("methodA()");
 7.        }
 8.      };
 9.      obj.methodA(); // 匿名クラスのメソッド呼び出し
10.    }
```

【実行結果】

```
methodA()
```

　4 行目では MyInter 型の変数を宣言し、匿名クラスのオブジェクトを格納しています。9 行目でそれを参照変数名.メソッド名で呼び出しています。なお、8 行目の「}」の後にセミコロンが記述されていないとコンパイルエラーになります。
　このように、匿名クラスは、再利用することがなく、特定の場所のみで実装したい場合に使用します。したがって、クラス名をつけずにクラス定義とインスタンス化を同時に行います。

関数型インタフェース

関数型インタフェースとは

　前述しましたが、SE 8 から、インタフェースにはデフォルトメソッドと static メソッドを記述できるようになりました。この仕様変更を受け、標準 API で提供されているインタフェースにも、デフォルトメソッドが追加されています。SE 8 で導入されたデフォルトメソッドを 1 つ紹介しましょう。

表 2-4：SE 8 で導入されたメソッド

メソッド名	説明
default boolean removeIf (Predicate<? super E> filter)	Collection インタフェースで提供。指定された処理を満たすこのコレクションの要素をすべて削除する

メソッドの引数を見ると、**Predicate** となっています。これは SE 8 から導入された API で、関数型インタフェースに分類されます。関数型インタフェースとは**定義されている抽象メソッドが 1 つだけのインタフェース**です。なお、static メソッドやデフォルトメソッドが含まれていても、抽象メソッドが 1 つだけであれば、関数型インタフェースとなります。第 4 章以降で紹介しますが、関数型インタフェースはラムダ式やメソッド参照で使用するために導入された API です。本章では、まず関数型インタフェースの定義について紹介します。

次に、SE 8 で導入された関数型インタフェースを 5 つ掲載します。これらは java.util.function パッケージとして提供されています。

表 2-5：SE 8 で導入された主な関数型インタフェース

インタフェース名	抽象メソッド	概要
Function<T,R>	R apply(T t)	実装するメソッドは、引数として T を受け取り、結果として R を返す
Consumer<T>	void accept(T t)	実装するメソッドは、引数として T を受け取り、結果を返さない
Predicate<T>	boolean test(T t)	実装するメソッドは、引数として T を受け取り、boolean 値を結果として返す
Supplier<T>	T get()	実装するメソッドは、何も引数として受け取らず、結果として T を返す
UnaryOperator<T>	T apply(T t)	実装するメソッドは、引数として T を受け取り、結果として T を返すものになる。Function を拡張したもの

関数型インタフェースの利用

ここでは、まず独自クラスで Function インタフェースの apply() メソッドを使用しているコードを見てみます (Sample2_25.java)。

Sample2_25.java：Function インタフェースの実装クラス

```
1. import java.util.function.Function;
2.
```

```
3. class MyFunc implements Function<String, String> {
4.   public String apply(String str) {
5.     return "Hello " + str;
6.   }
7. }
8. public class Sample2_25 {
9.   public static void main(String[] args) {
10.    MyFunc obj = new MyFunc();
11.    String str = obj.apply("naoki");
12.    System.out.println(str);
13.  }
14. }
```

【実行結果】

```
Hello naoki
```

　Functionインタフェースの実装クラスとしてMyFuncを定義し、apply()メソッドを実装しています。引数に文字列を受け取り、「Hello」と結合させて戻り値として返しています。では、同じ実装内容で匿名クラスを使用した例を見てみます(**Sample2_26.java**)。なお、実行結果は同じなので割愛します。

Sample2_26.java（抜粋）：Sample2_25を匿名クラスで実装した例

```
5.    String str = new Function<String, String>() {
6.      public String apply(String str) {
7.        return "Hello " + str;
8.      }
9.    }.apply("naoki");
10.   System.out.println(str);
```

　Sample2_26クラスの5行目では、= 演算子の後に、new Function<String, String>(){……}として、{}ブロック内にapply()メソッドを実装しています。そして、9行目のapply("naoki")の呼び出しにより、6行目が実行され、その戻り値を5行目のstr変数に代入しています。

　このように、再利用することのない、その場限りのクラスを定義する場合、SE 7までは匿名クラスを使用していましたが、可読性があまり良くなくコードも冗長になりがちでした。SE 8ではラムダ式を使用することで、同じことをシンプルに実装することができ

ます。また、SE 8 の API で追加された関数型インタフェースは、ラムダ式で実装することを前提として提供されています。ラムダ式については、第 4 章以降で説明します。

独自の関数型インタフェースの定義

前述のとおり、Java の標準 API で汎用的な関数型インタフェースは提供されていますが、プログラマが独自に定義することも可能です。以下の要件を満たしていれば関数型インタフェースとして扱われます。

(要件)
- 単一の抽象メソッドをもつインタフェースとする
- ただし、static メソッドやデフォルトメソッドは定義可能
- java.lang.Object クラスの public メソッドは抽象メソッドとしての宣言は可能
- 関数型インタフェースとして明示する場合は、@FunctionalInterface を付与する

では、独自の関数型インタフェースの定義を見てみます (**Sample2_27.java**)。

Sample2_27.java：独自の関数型インタフェースの定義

```
1. @FunctionalInterface
2. interface MyFuncInter<T> {
3.     void foo(T t);    // 抽象メソッド
4.     String toString();              //Object クラスの public メソッド
5.     boolean equals(Object obj);　//Object クラスの public メソッド
6.     static void X() { };            //static メソッド
7.     default void Y() { };           //default メソッド
8. }
```

MyFuncInter インタフェースは、上記の要件を満たしているため、関数型インタフェースです。1 行目では、@FunctionalInterface を付与しているため、抽象メソッドを 2 つ宣言するといった関数型インタフェースの要件を満たさない定義を行うと、コンパイルエラーとなります。@FunctionalInterface の付与は任意ですが、関数型インタフェースとしての定義を満たしているかをチェックする役割をします。

練習問題

■ 問題 2-1 ■

次のコードがあります。

```
1. interface A {
2.   public abstract void method1();
3. }
4. interface B extends A { }
5. abstract class C implements B {
6.   public abstract void method2();
7. }
8. class D extends C {
9.   public void method2(){ }
10. }
```

コンパイル、実行した結果として正しいものは次のどれですか。1つ選択してください。

- A. コンパイルは成功する
- B. 2行目でコンパイルエラー
- C. 4行目でコンパイルエラー
- D. 5行目でコンパイルエラー
- E. 8行目でコンパイルエラー

■ 問題 2-2 ■

次のコードがあります。

```
1. interface A { }
2. class B implements A {
3.   public static void main(String[] args) {
4.     【   ①   】 obj = new D();
5.   }
6. }
7. class C extends B { }
8. class D extends B { }
```

コードを正常にコンパイルするために、①に挿入可能なコードとして正しいものは次のどれですか。4つ選択してください。

- ☐ A. A
- ☐ B. B
- ☐ C. C
- ☐ D. D
- ☐ E. Object
- ☐ F. Class

問題 2-3

ポリモフィズムを使用したコードの説明として正しいものは次のどれですか。2 つ選択してください。

- ☐ A. 同じクラスを継承したサブクラスが複数ある場合、あるメソッドの引数では、どのサブクラスのオブジェクトでも受け取れるように宣言できる
- ☐ B. スーパークラス型で扱っているオブジェクトを、サブクラス型で宣言した変数に代入するにはキャスト演算子を使用する
- ☐ C. サブクラス型で扱っているオブジェクトを、スーパークラス型で宣言した変数に代入するにはキャスト演算子を使用する
- ☐ D. キャストによるエラーは、すべてコンパイル時に検出される
- ☐ E. サブクラスでスーパークラスのメソッドをオーバーライドしていても、スーパークラス側で public メソッドとして定義しておけば、スーパークラス側のメソッドが呼ばれることが保証される

問題 2-4

次のコードがあります。

```
1. public interface Test {
2.     int number = 100;
3.     public static String method();
4.     public int foo() { return 0; }
5. }
```

説明として正しいものは次のどれですか。1 つ選択してください。

- ○ A. 2 行目でコンパイルエラー
- ○ B. 3 行目でコンパイルエラー
- ○ C. 4 行目でコンパイルエラー
- ○ D. 2 行目と 3 行目でコンパイルエラー
- ○ E. 3 行目と 4 行目でコンパイルエラー

- F. 2行目、3行目、4行目でコンパイルエラー
- G. コンパイルは成功する

問題 2-5

次のコードがあります。

```
1. public class Test {
2.   int num = 10;
3.   class Foo {
4.     static int num = 50;
5.     void show() { System.out.println(num); }
6.   }
7.   public static void main(String[] args) {
8.     Test obj = new Test();
9.     Test.Foo foo = obj.new Foo();
10.    foo.show();
11.  }
12. }
```

コンパイル、実行した結果として正しいものは次のどれですか。1つ選択してください。

- A. 10
- B. 50
- C. 4行目でコンパイルエラー
- D. 5行目でコンパイルエラー
- E. 9行目でコンパイルエラー
- F. 10行目でコンパイルエラー

問題 2-6

次のコードがあります。

```
1. class Outer {
2.   private String str;
3.   private class Inner {
4.     public boolean bar() { return true; }
5.   }
6. }
```

説明として正しいものは次のどれですか。1つ選択してください。

- A. 3行目でコンパイルエラー
- B. 4行目でコンパイルエラー

- C. コンパイルは成功し、Outer.class が生成される
- D. コンパイルは成功し、Outer.class と Inner.class が生成される
- E. コンパイルは成功し、Outer.class と Outer$Inner.class が生成される

問題 2-7

次のコードがあります。

```
1. public class Test {
2.   static interface A  { }
3.   static class B implements A { }
4.   static class C extends B { }
5.   public static void main(String[] args) {
6.     C c = new C();
7.     A a = c;
8.     if (c instanceof A) System.out.print("1 ");
9.     if (c instanceof B) System.out.print("2 ");
10.  }
11. }
```

コンパイル、実行した結果として正しいものは次のどれですか。1つ選択してください。

- A. コンパイルエラー
- B. 実行時エラー
- C. コンパイル、実行ともに成功するが何も出力されない
- D. 1
- E. 1 2
- F. 2

問題 2-8

次のコードがあります。

```
1. public class Test {
2.   class Foo { }
3.   public static void main(String[] args) {
4.   【   ①   】
5.   }
6. }
```

コードを正常にコンパイルするために、①に挿入可能なコードとして正しいものは次のどれですか。1つ選択してください。

- ○ A. Foo obj = new Foo();
- ○ B. Foo obj = Test.new Foo();
- ○ C. Test.Foo obj = new Test.Foo();
- ○ D. Test.Foo obj = new Test().Foo();
- ○ E. Test.Foo obj = new Test().new Foo();
- ○ F. Test.Foo obj = Test.new Foo();

■ 問題 2-9 ■

次のコードがあります。

```
1. public class Test {
2.   void bar() { }
3.   class Foo extends Test{
4.   【   ①   】
5.   }
6. }
```

コードを正常にコンパイルするために、①に挿入可能なコードとして正しいものは次のどれですか。3つ選択してください。

- ☐ A. public void bar() { }
- ☐ B. final void bar() { }
- ☐ C. static void bar() { }
- ☐ D. void bar() throws Exception{ }
- ☐ E. void bar(int a){ }

■ 問題 2-10 ■

次のコードがあります。

```
1. interface A { String x(); }
2. abstract class B { abstract void y(int a, int b); }
3. interface C extends D {
4.   default int z();
5. }
6. interface D extends A { }
```

関数型インタフェースとして扱われるものは次のどれですか。2つ選択してください。

- ❏ A. A　　❏ B. B　　❏ C. C　　❏ D. D

■ 問題 2-11 ■

次のコードがあります。

```
1. interface A { String x(); }
2. interface B { public abstract void y(int a, int b); }
3. abstract class C implements A , B { }
```

説明として正しいものは次のどれですか。1つ選択してください。

- ○ A.　1行目でコンパイルエラー
- ○ B.　2行目でコンパイルエラー
- ○ C.　3行目でコンパイルエラー
- ○ D.　2行目、3行目でコンパイルエラー
- ○ E.　1行目、2行目、3行目でコンパイルエラー
- ○ F.　コンパイルは成功する

解答・解説

問題 2-1　正解：E

　A インタフェースおよび B インタフェースの定義内容は問題ありません。C クラスは B インタフェースを実装していますが、抽象クラスであるため、method1() メソッドをオーバーライドしていなくても問題ありません。また、method2() メソッドを抽象メソッドとして宣言していますが、これも問題ありません。クラス D は、C クラスを継承し、かつ具象クラスであるため、A インタフェースの method1() メソッドと C クラスの method2() メソッドをオーバーライドする必要があります。しかし、method1() メソッドをオーバーライドしていないため、8 行目のクラス宣言でコンパイルエラーとなります。

問題 2-2　正解：A、B、D、E

　4 行目でインスタンス化しているのは D クラスです。D クラスは B クラスを継承し、かつ B クラスは A インタフェースを実装しています。したがって、①には A、B、D のデータ型が指定可能です。またすべての Java クラスのスーパークラスである java.lang.Object クラスも指定可能です。

問題 2-3　正解：A、B

　サブクラスのオブジェクトは、スーパークラス型で宣言した変数に代入可能です。その際、キャスト演算子によるキャストは不要です。したがって、選択肢 A、B は正しく、選択肢 C は誤りです。また、継承関係がないクラス間同士のキャストはコンパイルエラーとなりますが、継承関係があるとコンパイルは成功します。ただし、キャストを試みているオブジェクトが保持していない型をキャスト演算子で指定すると、実行時に ClassCastException 例外がスローされます。

問題 2-4　正解：E

　インタフェースには定数を宣言可能です。問題文のように初期化した変数宣言を行うと暗黙で public static final 修飾子が付与されます。また、SE 8 からインタフェースに static な具象メソッドを定義可能ですが、static な抽象メソッドは定義できません。したがって 3 行目はコンパイルエラーです。また、SE 8 からは具象メソッドの定義が可能ですが、デフォルトメソッドとして宣言する必要があります。したがって 4 行目もコンパイルエラーです。

問題2-5　正解：C

3行目ではTestクラスの非staticなネストクラスとしてFooが定義されています。非staticなネストクラスはstaticメンバをもつことができないため4行目でコンパイルエラーとなります。もし、4行目がstatic変数ではなくインスタンス変数で宣言されていれば、コンパイル、実行ともに成功し、50と出力します。

問題2-6　正解：E

外側のクラスをコンパイルするとネストクラスもコンパイルされます。ネストクラスは「外側のクラス名 $ ネストクラス名 .class」というファイル名になります。

問題2-7　正解：E

ネストクラス定義では、staticメンバとしてクラスの他、インタフェースも定義可能です。また、6、7行目のようにネストクラス名のみ指定して変数宣言していますが、同じクラス内であり、かつstaticなmainからstaticなクラスの利用であるため可能です。なお、6行目のc変数が参照するCクラスは、Bクラスを継承し、かつBクラスはAインタフェースを実装しているため、8、9行目のinstanceofではともにtrueが返ります。

問題2-8　正解：E

Fooクラスは非staticクラスであり、外側クラスで定義されたstaticなmain()メソッド内でTestおよびFooをインスタンス化しているため選択肢Eのみ正しいです。

問題2-9　正解：A、B、E

選択肢A～Dは、外側クラスで定義されたメソッドを、ネストクラスでオーバーライドを試みています。通常のオーバーライドとルールは同じです。非staticメソッドをstaticメソッドでオーバーライドはできません。また、スーパークラスのメソッドがthrowsを使用していない場合は、同じく使用しないか、もしくはRuntimeException（および、そのサブクラス）であればthrows可能です。したがって、選択肢C、Dは誤りです。なお、選択肢Eはオーバーライドではありませんが、オーバーロードとみなされるため定義可能です。

問題2-10　正解：A、D

AおよびAを継承したDは関数型インタフェースです。Bクラスはインタフェースではなく抽象クラスのため誤りです。また、Cクラスのデフォルトメソッドは実装（{}が書かれてない）がないため、コンパイルエラーです。

問題 2-11　正解：F

　インタフェースに宣言する抽象メソッドは、必要な修飾子を記述していなくても強制的に public abstract 修飾子が付与されます。また、C クラスのように implements の後に複数のインタフェースをカンマで区切り指定することが可能です。C クラスは抽象クラスのため、A、B インタフェースで宣言したメソッドを実装していませんが問題ありません。もし C クラスが具象クラスの場合、オーバーライドが必須となります。

第3章
コレクションとジェネリックス

本章で学ぶこと

この章では、複数のオブジェクトをまとめて管理するためのコレクションについて説明します。また、汎用的にデータ型を扱うためのジェネリックスの使い方、ジェネリックスを用いた独自クラスの定義方法を説明します。さらに、コレクション内のソート処理についても説明します。

- コレクション
- List、Set、Queue、Map の利用
- 従来型とジェネリックス型
- ジェネリックスを用いた独自クラスの定義
- オブジェクトの順序づけ
- 配列とリストのソートと検索

コレクション

コレクションとは

一般的に、複数のデータの集まりのことを**コレクション**といいます。ここまで、メソッドの引数や戻り値としてオブジェクトを利用してきました。

単一のオブジェクトではなく、複数のオブジェクトをまとめて受け渡しする場合には、配列を利用できます。しかし、配列はあらかじめ取り扱うデータ（オブジェクト）の数を決めておく必要があります。また、後から配列の大きさを増やしたり、減らしたりすることはできません。

そこで、**複数のオブジェクトをまとめて取り扱うための統一した考え方**として、コレクションフレームワークが提供されています。コレクションフレームワークに沿って、用途に応じた様々な種類のクラスやインタフェースが提供され、一貫性のある管理や操作を行えます。また、取り扱うオブジェクトを柔軟に追加／削除することも可能です。

Java 言語では、このようなコレクションフレームワークに基づいて提供されたオブジェクトを**コレクション**と呼びます。また、コレクションに格納するオブジェクトを**要素**あるいは**エレメント**と呼びます。

コレクションの種類と特徴

コレクションのルート階層に位置するのが java.util.Collection インタフェースであり、これはコレクションのスーパーインタフェースです。その他にマップと呼ばれる別種のコ

レクションもありますが、これらのスーパーインタフェースは Map であって、Collection インタフェースから派生したものではありません。図 3-1 は、これら 2 種類のインタフェースの関係をまとめたものです。

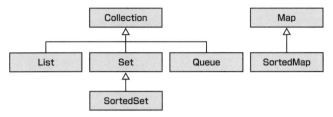

図 3-1：Collection インタフェースの主な階層構造

表 3-1 は、図 3-1 に示した Collection インタフェースのうち、List、Set、Queue、Map の特徴です。

表 3-1：各インタフェースの特徴

インタフェース名	説明
List	データ項目に順序づけをしたコレクションであり、順序づけて要素を管理する。また、リスト中の要素は重複していてもよい。List インタフェースを実装したクラスとして、ArrayList、LinkedList、Vector などがある
Set	ユニークな値のコレクションであり、順不同で要素を管理する。また重複した要素は管理できない。Set インタフェースを実装したクラスとして、HashSet、TreeSet、LinkedHashSet などがある
Queue	FIFO (First-In-First-Out) 形式のデータ入出力を行うコレクション。Queue インタフェースを実装したクラスとして、ArrayDeque などがある
Map	個々のキーに対応する値をマップしたオブジェクトで、1 つのキーには値が割り当てられる。マップ中で、キーの重複はできないが、値の重複はできる。Map インタフェースを実装したクラスとして、HashMap、TreeMap、LinkedHashMap などがある

List、Set、Queue インタフェースは、Collection インタフェースを拡張しています。次ページの表 3-2 は Collection インタフェースが提供する主なメソッドです。なお、メソッドの引数や戻り値に利用されているジェネリックス (<> の記述) の説明は後述します。

また、次ページの表 3-3 は、Map インタフェースの主なメソッドです。

表 3-2：Collection インタフェースの主なメソッド

メソッド名	説明
boolean add(E e)	引数の要素をコレクションに追加する。この呼び出しの結果、コレクションが変更された場合は、true を返す
void add (int index, E element)	指定した位置に要素を追加する。なお、その位置とそれ以降に要素があればそれらを移動させ、各要素のインデックスに 1 を加える
void clear()	このコレクションからすべての要素を削除する
boolean contains(Object obj)	指定された要素 obj がこのコレクション中に存在する場合は true を返す
boolean containsAll(Collection<?> c)	指定されたコレクションの要素がすべてこのコレクションに含まれている場合は true を返す
boolean isEmpty()	このコレクションに要素が 1 つも含まれていない場合は true を返す
boolean remove(Object o)	引数に指定された要素を削除し、要素が削除された場合は true を返す
boolean removeAll(Collection<?> c)	メソッド引数に指定されたコレクションにあるすべての要素をこのコレクションから削除し、このメソッド呼び出しの結果、このコレクションの内容に変化があった場合は true を返す
Iterator<E> iterator()	このコレクションの要素に対する反復子を返す
Object[] toArray()	このコレクションの要素がすべて格納されている配列を返す
<T> T[] toArray(T[] array)	このコレクションのすべての要素を含む配列を返す。T は、配列要素のデータ型を示す
int size()	コレクション中の要素数を返す

表 3-3：Map インタフェースの主なメソッド

メソッド名	説明
void clear()	マップ中のすべてのマッピングを削除する
boolean containsKey(Object key)	指定されたキーに対応するキー値ペアがこのマップに存在する場合は true を返す
boolean containsValue(Object value)	指定された値に対応するキー値ペアがこのマップに 1 つ以上存在する場合は true を返す
V get(Object key)	指定されたキーに対応する値を返す
boolean isEmpty()	このマップ中にマッピングを保持していない場合は true を返す
V put(K key, V value)	指定されたキー値ペアを格納する。指定されたキーに対してすでに値が割り当てられている場合は、新しい値で上書きされる
void putAll(Map<? extends K,? extends V> m)	指定されたマップにあるすべてのキー値ペアをこのマップに格納する

メソッド名	説明
V remove(Object key)	指定されたキーに対応するキー値ペアが存在する場合、それを削除する。戻り値としては、指定キーに割り当てられていた値（削除処理前）を返し、値が存在しない場合（あるいは null 値の場合）は null を返す
int size()	このマップ中に存在するキー値ペアの数を返す
Collection <V> values()	このマップ中の値をコレクションとして返す

List、Set、Queue、Map の利用

各種の実装とその機能

　コレクションといっても、そこに求められる要件はアプリケーションごとに異なるため、用意されているコレクションの中には、要素の重複が許されているものもあれば、重複が許されていないものもあります。また順序づけが維持されるコレクションもあれば、維持されないものもあります。

　Collection インタフェースは、コレクションフレームワークの基本機能の取り決めを行っているだけで、Collection インタフェースを継承した List、Set、Queue の各インタフェースには、要件に応じた独自の機能が追加されています。したがって、アプリケーション内でどのインタフェースを使用するかは、次にあげる要件が必要か否かによって判断します。

パフォーマンス

　この場合のパフォーマンスとは、要素の検索、挿入、削除などの操作が、データ構造体中の要素数に対して、どの程度の処理時間を要するかを指します。あるデータ構造体は検索は高速だが、挿入や削除が低速となる場合があります。

順序づけ／ソート

　データ構造体は、その要素が何らかの順番で並べられている場合、順序づけられているといいます。たとえば、配列の要素はインデックス順に並んでいるので、これらは順序づけられたデータ構造体です。また「5 番目の要素」などのように、インデックスを用いて特定の要素を参照することができます。データ構造体は、その要素が自然な順番で並べられている場合（たとえばデータ値の昇順など）、ソートされているといいます。この定義から、ソートされているデータ構造体は、順序づけられたデータ構造体です。

項目のユニーク性

データ構造体中の要素に対する要件としては、ユニーク（一意）に識別する必要性から重複を許したくないという場合もあれば、あるいは逆に重複を許したいという場合も考えられます。

同期性

実装によっては同期性を備えている場合があり、そうしたものはスレッドセーフをサポートしている（マルチスレッド環境で実行可能である）といいます。一方で、同期性を備えていない実装も存在します（同期性については第 10 章で解説）。

List インタフェースの実装

要素の重複を許可し、順序づけを行いたい場合は、List インタフェースの実装クラスを利用します。本書では、List インタフェースの実装クラス群を総称して**リスト**と呼びます（図 3-2）。

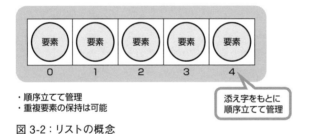

・順序立てて管理
・重複要素の保持は可能

図 3-2：リストの概念

リストは、**サイズ変更可能な配列**のようなものです。配列の場合、保持可能な要素数は固定ですが、リストは要素の追加や削除を自由に行えます。配列と同様、**添え字を使用して順序立てて要素を管理**します。リストに格納する要素は、重複してもかまいません。

List インタフェースを実装している主なクラスは、表 3-4 のとおりです。

表 3-4：List インタフェースの主な実装クラス

クラス名	説明
ArrayList	サイズ変更可能な配列である。通常の配列と同様に、リスト中の特定要素に対しては随時アクセスが行えるが、挿入と削除の処理は線形的に実行される。逆に、挿入と削除を行う頻度が高く、ランダムアクセスをする頻度が低い場合は、LinkedList の使用が適している。つまり ArrayList は、ランダムアクセス（検索）は高速だが、挿入と削除は低速である。同期性はサポートしていない

クラス名	説明
LinkedList	LinkedList 中の各ノード（要素）には、個々のデータ項目に加えて次のノードに対するポインタが格納されている。この場合、特定の要素に対する検索は、1つのノードから次のノードという形で行われる。これにより、挿入と削除が ArrayList より高速に行われる。同期性はサポートしていない
Vector	ArrayList と同様だが、同期性をサポートしておりスレッドセーフなコレクションである。作成するプログラムがマルチスレッド環境を必要としない場合は、Vector ではなく ArrayList を使用するべきであり、そうしないとパフォーマンスを損なうことになる

サイズ変更可能な配列を表す **ArrayList** クラスの使い方を見てみましょう。

ArrayList クラスに限らず、コレクション関連の各クラスやインタフェースは、java.util パッケージに含まれているので、使用する際はこのパッケージをインポートします。

ArrayList オブジェクトの生成時に、このオブジェクトが保持する要素のデータ型を <> 内に指定します。格納するデータは、参照型であれば何でもかまいません。<> の詳細については後述します。要素を格納するときは **add() メソッド**、取得する場合は **get() メソッド**を使用します。

次のサンプルコードは、ArrayList クラスを使用した例です（**Sample3_1.java**）。

Sample3_1.java（抜粋）：ArrayList クラスを使用した例

```
5.    ArrayList<Integer> list = new ArrayList<Integer>();
6.    Integer i1 = new Integer(1);
7.    int i2 = 2;
8.    Integer i3 = i1;
9.    list.add(i1);
10.   list.add(i2);    // int データは Autoboxing により Integer に変換
11.   list.add(i3);    // 重複要素
12.   list.add(1, 5); // インデックス1番目に5を追加
13.   //list.add("abc");
14.   System.out.println("size : " + list.size());
15.   for ( int i = 0; i < list.size() ; i++) {
16.     System.out.print(list.get(i) + " ");
17.   }
18.   System.out.println();
19.   for (Integer i : list) { System.out.print(i + " "); }
```

【実行結果】

```
size : 4
1 5 2 1
1 5 2 1
```

5行目では、ArrayListクラスをインスタンス化しています。なお、変数宣言時およびコンストラクタ呼び出しの際に、ArrayList<Integer>と記述しています。これにより、Integerオブジェクトのみを格納できるArrayListオブジェクトとなります。

　9〜12行目では、**add()** メソッドを使用しIntegerオブジェクトを格納しています。なお、10行目では基本データ型を格納しようとしていますが、AutoboxingによりInteger型に自動変換されて代入されます。8行目により、i1とi3は参照先が同じですが、11行目でi3の追加が可能です。また、12行目では、インデックス1番目に5を追加したことで、すでに1番目に格納されていたi2（つまり2）とi3（つまり1）は後方に移動します。なお、13行目は文字列（String型）を代入しようとしているため、コメントを外すとコンパイルエラーとなります。

　ArrayListオブジェクトに格納されている要素数を調べるには、**size()** メソッド（14行目）を使用します。また、データの取り出しには、**get()** メソッドを使用します。15〜17行目では、通常のfor文を使用して取り出しています。19行目は拡張for文を使用して取り出しています。

Setインタフェースの実装

　データ構造体に要素の重複を許したくない場合は、Setインタフェースの実装クラスを利用します。本書では、Setインタフェースを実装したクラス群のオブジェクトを総称して**セット**と呼びます（図3-3）。

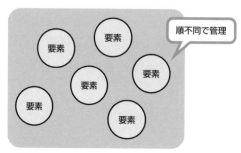

図3-3：セットの概念

セットは、袋の中に要素を格納していくようなものです。つまり、格納される各要素は、袋の中にばらばらに入るイメージなので、添え字をつけずに**順不同**で管理します。リストと異なり、セットは**一意の要素しか格納**できません。

Set インタフェースを実装している主なクラスは、**表 3-5** のとおりです。

表 3-5：Set インタフェースの主な実装クラス

クラス名	説明
HashSet	データ項目へのアクセスは TreeSet よりも高速であるが、データ項目を順序づけることはできない。ソートも順序づけも行われないことが前提となる。同期性はサポートしていない
TreeSet	SortedSet インタフェースの実装クラスである。ソートされたデータ項目を得られるが、アクセス速度は HashSet よりも低速である。同期性はサポートしていない
LinkedHashSet	HashSet と同等の機能に加えて、すべてのデータ項目に対する二重リンクリストを追加したものである。これは順序づけられたコレクションの一種であるが、その順序は挿入順であって、ソートされるのではない。同期性はサポートしていない

では、**HashSet** と **TreeSet** クラスの使い方を見てみましょう（Sample3_2.java）。

Sample3_2.java（抜粋）：HashSet と TreeSet クラスを使用した例

```
6.    String[] ary = {"CCC","AAA","BBB"};
7.    HashSet<String> hashSet = new HashSet<String>();
8.    hashSet.add(ary[0]);   hashSet.add(ary[1]);
9.    hashSet.add(ary[2]);   hashSet.add(ary[0]);
10.   System.out.println("HashSet size : " + hashSet.size());
11.   for (String s : hashSet) { System.out.print(s + " "); }
12.   System.out.println();
13.   TreeSet<String> treeSet = new TreeSet<String>();
14.   treeSet.add(ary[0]);   treeSet.add(ary[1]);
15.   treeSet.add(ary[2]);   treeSet.add(ary[0]);
16.   System.out.println("TreeSet size : " + treeSet.size());
17.   for (String s : treeSet) { System.out.print(s + " "); }
```

【実行結果】

```
HashSet size : 3
AAA CCC BBB
TreeSet size : 3
AAA BBB CCC
```

HashSetは順不同で格納要素を管理するため、実行結果が示すように、要素を取り出したときの順番は格納順にはなりません。また、9行目のadd(ary[0])では、すでに格納されている要素の追加を試みているため、等価の要素とみなされ上書きとなります。したがって、格納されている要素数は3となります。このことから、HashSetは重複要素を保持しないコレクションということがわかります。また、13行目以降では、TreeSetクラスを使用しています。実行結果からわかるとおり、要素は格納順に管理されることはありませんが、内部ではソートが行われます。また、重複した要素は保持しません。

もう1つHashSetを使用したサンプルコードを見てみましょう(**Sample3_3.java**)。コレクションには任意のオブジェクトを格納可能であることを、独自に作成したFooオブジェクトをHashSetで作成したセットに格納して確認します。

Sample3_3.java：HashSetクラスを使用した例1

```
1.  import java.util.HashSet;
2.  class Foo {
3.    private String str;
4.    public Foo(String str) { this.str = str; }
5.    public String toString() { return str + " "; }
6.  }
7.  public class Sample3_3 {
8.    public static void main(String[] args) {
9.      HashSet<Foo> set = new HashSet<Foo>();
10.     Foo f1 = new Foo("BBB");  set.add(f1);
11.     Foo f2 = new Foo("AAA");  set.add(f2);
12.     Foo f3 = new Foo("CCC");  set.add(f3);
13.     Foo f4 = new Foo("AAA");  set.add(f4);
14.     System.out.println("size : " + set.size());
15.     for (Foo f : set) { System.out.print(f); }
16.   }
17. }
```

【実行結果】

```
size : 4
AAA CCC AAA BBB
```

Sample3_3クラスでは、独自クラスFooのオブジェクトをHashSetのセットに格納しています。しかし、この実行結果を見ると、11行目と13行目のオブジェクトは異なるオブジェクトと判断され、14行目のサイズ数が4となっていることがわかります。

オブジェクトが同一かどうかの判定には **equals()** メソッドが使用されます。ただし、その実装により判定が異なります。このサンプルコードでは、Foo クラスは equals() メソッドをオーバーライドしていないため、Object クラスで定義された equals() メソッドにより判定されます。Object クラスの equals() メソッドは、オブジェクトの参照が同じかどうかのみで等不等を判定します。このサンプルコードでは f2 変数と f4 変数はそれぞれ個別のオブジェクトを参照しているため、異なるオブジェクトと判定されています。

オブジェクトのもつ値が同じならば同一オブジェクトとみなすようにするには、**equals() メソッドをそのようにオーバーライドすることが必要**です。また、equals() メソッドは hashCode() メソッドを使用するので、**同様に hashCode() メソッドもオーバーライド**します。equals() メソッドと hashCode() メソッドのオーバーライドのルールは、第1章を参照してください。

では、equals()、hashCode() メソッドをオーバーライドした Foo クラスを見てみましょう（**Sample3_4.java**）。

Sample3_4.java：HashSet クラスを使用した例2

```
1.  import java.util.*;
2.  class Foo {
3.    private String str;
4.    public Foo(String str) { this.str = str; }
5.    public String toString() { return str + " "; }
6.    public int hashCode() { return str.hashCode(); }
7.    public boolean equals(Object obj) {
8.      return this.hashCode() == obj.hashCode();
9.    }
10. }
11. public class Sample3_4 {
12.   public static void main(String[] args) {
13.     HashSet<Foo> set = new HashSet<Foo>();
14.     Foo f1 = new Foo("BBB");  set.add(f1);
15.     Foo f2 = new Foo("AAA");  set.add(f2);
16.     Foo f3 = new Foo("CCC");  set.add(f3);
17.     Foo f4 = new Foo("AAA");  set.add(f4);
18.     System.out.println("size : " + set.size());
19.     for (Foo f : set) { System.out.print(f); }
20.   }
21. }
```

【実行結果】

```
size : 3
AAA CCC BBB
```

Foo クラスでは、hashCode() メソッドおよび equals() メソッドをオーバーライドしています。Sample3_3.java と同様に HashSet で作成したセットに Foo オブジェクトを 4 つ格納していますが、17 行目は 15 行目と等価の要素とみなされ、上書きとなります。その結果、18 行目のサイズ数は 3 となっています。

イテレータの利用

イテレータとは、コレクション内の要素に順番にアクセスする手段です。目的の異なるコレクションにおいて、共通の操作方法で要素へのアクセスを可能にします。イテレータは「反復子」とも呼ばれ、**アクセスする要素を指し示すカーソルのようなもの**と考えてよいでしょう。先頭から順番に要素へアクセスしていきます（図 3-4）。

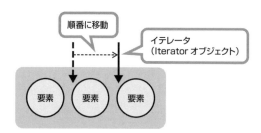

図 3-4：イテレータの概念

イテレータは、**Iterator** インタフェースとして提供されており、各実装クラスで提供されている **iterator()** メソッドを使用して Iterator オブジェクトを取得します（表 3-6）。

表 3-6：イテレータオブジェクトの取得用メソッド

メソッド名	説明
Iterator<E> iterator()	このコレクションの要素に対する反復子を返す

Iterator インタフェースには、要素を操作するメソッドが提供されています。Iterator インタフェースのメソッドは、**表 3-7** のとおりです。

表 3-7：Iterator インタフェースのメソッド

メソッド名	説明
boolean hasNext()	次の要素がある場合に true を返す
E next()	次の要素を返す
void remove()	next() の呼び出しごとに 1 回だけ呼び出すことができ、イテレータによって最後に返された要素を削除する

次のサンプルコードは、Iterator インタフェースを使用した例です（Sample3_5.java）。

Sample3_5.java：Iterator インタフェースを使用した例

```
1. import java.util.*;
2. public class Sample3_5 {
3.   public static void main(String[] args) {
4.     TreeSet<String> set = new TreeSet<String>();
5.     set.add("C"); set.add("A"); set.add("B");
6.     Iterator<String> iter = set.iterator();
7.     while(iter.hasNext()) { System.out.print(iter.next() + " "); }
8.   }
9. }
```

【実行結果】

```
A B C
```

6 行目で TreeSet クラスの iterator() メソッドを使用し、Iterator オブジェクトを取得しています。7 行目では、while 文の条件式に hasNext() メソッドを使用し、要素があれば true の処理に入ります。そして next() メソッドを使用し要素を取り出しています。

Queue インタフェースの実装

FIFO 形式によりデータの追加・削除・検査を行う場合は、Queue インタフェースの実装クラスを利用します。本書では、Queue インタフェースの実装クラス群を総称してキューと呼びます（図 3-5）。

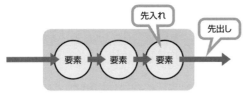

図 3-5：キューの概念

　FIFO は「First In, First Out」（先入れ先出し）の略で、格納した順にデータを取り出す形式のことです。つまり、最後に格納した要素は、最後に取り出されます。

　Queue インタフェースには要素を挿入、削除、検査するための操作が提供されています。これらの操作には 2 つの種類があり、それぞれにメソッドが提供されています。1 つは、オペレーション失敗時に例外が発生するものです。もう 1 つは、特殊な値（オペレーションに応じて null または false）を返すものです。後者は、容量の制限されたキューの実装クラス用として特別に設計されています。

　Queue インタフェースの主なメソッドは、**表 3-8** のとおりです。

表 3-8：Queue インタフェースの主なメソッド

メソッド名		説明
例外のスロー	特殊な値	
挿入	boolean add(E e)	boolean offer(E e)	指定された要素を挿入する
削除	E remove()	E poll()	キューの先頭を取得および削除する
検査	E element()	E peek()	キューの先頭を取得するが削除しない

　また、「Last In, First Out」（後入れ先出し）、つまり最後に格納した要素が最初に取り出される LIFO 形式のキューもあります。この形式のキューは、**Deque** インタフェースで提供されています。

　なお、Deque は「double ended queue」（両端キュー）を省略した名前で、通常は「デック」と発音されます。Deque インタフェースは、Queue インタフェースのサブインタフェースです。

　Deque インタフェースの主なメソッドは、**表 3-9** のとおりです。先頭および末尾に対する操作用メソッドがそれぞれ提供されています。

表 3-9:Deque インタフェースの主なメソッド

先頭操作用メソッド

	メソッド名		説明
	例外のスロー	特殊な値	
挿入	void addFirst(E e)	boolean offerFirst(E e)	指定された要素を先頭に挿入する
削除	E removeFirst()	E pollFirst()	キューの先頭を取得および削除する
検査	E getFirst()	E peekFirst()	キューの先頭を取得するが削除しない

末尾操作用メソッド

	メソッド名		説明
	例外のスロー	特殊な値	
挿入	void addLast(E e)	boolean offerLast(E e)	指定された要素を末尾に挿入する
削除	E removeLast()	E pollLast()	キューの最後を取得および削除する
検査	E getLast()	E peekLast()	キューの最後を取得するが削除しない

Queue インタフェースから継承されたメソッドは、次の表に示すように Deque メソッドと完全に等価です。

Queue メソッドと Deque メソッドの比較

Queue メソッド	等価な Deque メソッド
boolean add(E e)	void addLast(E e)
E remove()	E removeFirst()
E peek()	E peekFirst()

Deque インタフェースの実装クラスである ArrayDeque クラスで、Queue インタフェースのメソッドを使用したサンプルコードを見てみましょう (**Sample3_6.java**)。

Sample3_6.java (抜粋):Queue インタフェースを使用した例1

```
5.    Queue<String> queue = new ArrayDeque<String>();
6.    queue.offer("1"); queue.offer("2"); queue.offer("3");
7.    System.out.println(queue);
8.    System.out.println("peek() : " + queue.peek());
9.    System.out.println(queue);
10.   System.out.println("remove() : " + queue.remove());
11.   System.out.println(queue);
```

【実行結果】

```
[1, 2, 3]
peek() : 1
[1, 2, 3]
remove() : 1
[2, 3]
```

6行目では、ArrayDequeで作成したキューに offset() メソッドで要素を3つ追加しています。7行目では変数名を直接出力しているため toString() メソッドによりこのコレクションの文字列表現が表示されます。8行目では peek() メソッドにより、先頭の要素である1が取り出されていますが、出力を見ると1は削除されていません。しかし、10行目で remove() メソッドにより、先頭の要素である1の取り出しと削除が行われます。11行目の出力を見ると1が削除されていることがわかります。

また、次のサンプルコードを見てください（Sample3_7.java）。

Sample3_7.java（抜粋）：Queue インタフェースを使用した例2

```
5.    Queue<String> queue = new ArrayDeque<String>();
6.    queue.offer("1"); queue.offer("2");
7.    for(; 0 < queue.size();) { queue.poll(); }
8.    System.out.println(queue.peek());        //null が返る
9.    //System.out.println(queue.element());  // 例外がスロー
```

【実行結果】

```
null
```

ArrayDequeで作成したキューに2つの要素を追加し、7行目でキューが空になるまで要素を削除しています。8行目では peek() メソッドを使用していますが、要素がないので null が返ります。これに対し、9行目のコメントを外して実行すると例外が発生します。ここで呼び出している element() メソッドは、キューが空の場合に NoSuchElementException 例外をスローするためです。

次の実行結果は、8行目をコメントアウトし、9行目のコメントを外してコンパイル、実行したものです。

【実行結果】

```
Exception in thread "main" java.util.NoSuchElementException
        at java.util.ArrayDeque.getFirst(ArrayDeque.java:324)
        at java.util.ArrayDeque.element(ArrayDeque.java:475)
        at Sample3_7.main(Sample3_7.java:9)
```

次のサンプルでは、LIFO（後入れ先出し）スタックとして使用しています。スタックとして使用する場合、両端キューの先頭から要素のプッシュとポップを行います（Sample3_8.java）。

Sample3_8.java（抜粋）：Deque インタフェースを使用した例

```
5.    Deque<String> deq = new ArrayDeque<String>();
6.    deq.push("1"); deq.push("2"); deq.push("3");
7.    System.out.println(deq);
8.    System.out.println("pop() : " + deq.pop());
9.    System.out.println(deq);
```

【実行結果】

```
[3, 2, 1]
pop() : 3
[2, 1]
```

6 行目で、push() メソッドでキューの先頭から要素を追加しています。7 行目からわかるとおり、最初に追加したものが末尾に配置されます。また、8 行目の pop() メソッドでキューの先頭の要素を取得、削除を行うと、対象となる要素は最後に push した 3 であることがわかります。

Map インタフェースの実装

データをキーと値のペアで管理する場合は、Map インタフェースの実装クラスを利用します。本書では、Map インタフェースを実装したクラス群のオブジェクトを総称してマップと呼びます（図 3-6）。

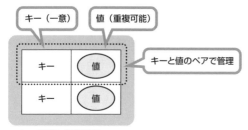

- キーと値のペアを格納
- キーは一意、値は重複可能

図 3-6：マップの概念

マップは、電話帳のようなもので、**一意のキーとそれに対応する値**（オブジェクト）**をペアにして保持**します。キーは識別可能なように一意でなければなりませんが、キーに対応する値は重複してもかまいません。

Map インタフェースを実装している主なクラスは、**表 3-10** のとおりです。

表 3-10：Map インタフェースの主な実装クラス

クラス名	説明
HashMap	ハッシュテーブルのデータ構造体をベースとした実装である。マップ内に各々のキーと値のペアは順不同で格納される。また、null をキーあるいは値として使用できる。同期性はサポートしていない
LinkedHashMap	すべてのエントリに対する二重リンクリストを保持するという点で HashMap と異なっている。また、通常はマップにキーが挿入された順番をもとにした、繰り返し順序も規定される。データ項目の順序づけが維持される必要がある場合、このリストが利用される。同期性はサポートしていない
TreeMap	SortedMap インタフェースを実装したクラスである。この場合のマップは、キーの昇順による順序づけが維持される（ソートされる）。同期性はサポートしていない

要素を格納するときは **put()** メソッド、取得する場合は **get()** メソッドを使用します。次のサンプルコードは、HashMap クラスを使用した例です（**Sample3_9.java**）。

Sample3_9.java（抜粋）：HashMap クラスを使用した例

```
5.      HashMap<Integer, String> map = new HashMap<Integer, String>();
6.      map.put(0, "AAA");   map.put(1, "BBB");
7.      map.put(2, "AAA");   // 値の重複
8.      map.put(1, "CCC");   // キーの重複
9.      System.out.println(map.containsKey(2));
10.     System.out.println(map.containsValue("XXX"));
```

```
11.     for (int i = 0; i < map.size(); i++ ) {
12.         System.out.print(map.get(i) + " ");
13.     }
```

【実行結果】

```
true
false
AAA CCC AAA
```

HashMap クラスでは、キーは一意のオブジェクトでなければなりませんが、値の重複は可能です。このため、7 行目は値は重複していますがキーは一意なので "AAA" が格納されますが、8 行目はキーの重複であるため値が上書きされます。また、9 行目の containsKey() メソッドは、引数で指定されたキーに対応するキーと値のペアがこのマップに存在する場合には true を返します。

10 行目の containsValue() メソッドは、引数で指定された値に対応するキーと値のペアがこのマップに 1 つ以上存在する場合は true を返します。このサンプルコードでは XXX という値は存在しないため、false が返ります。

マップを使用する例として、もう 1 つ TreeMap を使用したサンプルコードを見てみましょう。TreeMap クラスは **NavigableMap** インタフェースを実装しています。NavigableMap インタフェースは、SortedMap インタフェースのサブインタフェースです。

NavigableMap インタフェースは「指定されたキーに対し、もっとも近い要素を返す」というナビゲーションメソッドをもつインタフェースです。これによりキーをもとに検索して、指定したキーが存在していない場合、指定したキーに近いキー (と値) を検索できます。

NavigableMap インタフェースの主なメソッドは、**表 3-11** のとおりです。

表 3-11：NavigableMap インタフェースのメソッド

メソッド名	説明
K higherKey(K key)	指定されたキーよりも確実に大きいキーの中で最小のものを返す
K lowerKey(K key)	指定されたキーよりも確実に小さいキーの中で最大のものを返す
Map.Entry<K,V> higherEntry(K key)	指定されたキーよりも確実に大きいキーの中で最小のものに関連づけられた、キーと値のマッピングを返す

メソッド名	説明
Map.Entry<K,V> lowerEntry(K key)	指定されたキーよりも確実に小さいキーの中で最大のものに関連づけられた、キーと値のマッピングを返す
NavigableMap<K,V> 　　subMap(K fromKey, 　　　　boolean fromInclusive, 　　　　K toKey, 　　　　boolean toInclusive)	マップの fromKey ～ toKey のキー範囲をもつ部分のビューを返す fromKey - 返されるマップ内のキーの下端点 fromInclusive - 返されるビューに下端点が含まれるようにする場合は true toKey - 返されるマップ内のキーの上端点 toInclusive - 返されるビューに上端点が含まれるようにする場合は true

次のサンプルコードは、TreeMap クラスを使用して NavigableMap インタフェースのメソッドを使用しています（**Sample3_10.java**）。

Sample3_10.java（抜粋）：TreeMap クラスを使用した例

```
5.    NavigableMap<String, String> map = new TreeMap<String, String>();
6.    map.put("1111", "ItemA"); map.put("2222", "ItemB");
7.    map.put("3333", "ItemC"); map.put("4444", "ItemD");
8.    String key = "2000";
9.    if (map.containsKey(key)) { // キーがある場合
10.      System.out.println("get() : " + map.get(key));
11.   } else { // キーがない場合
12.      System.out.println("higherKey() : " + map.higherKey(key));
13.      System.out.println("lowerKey()  : " + map.lowerKey(key));
14.   }
15.   NavigableMap<String, String> sub
16.           = map.subMap("2000", true, "3500", true);
17.   System.out.println("2000 - 3500 : " + sub);
```

【実行結果】

```
higherKey() : 2222
lowerKey()  : 1111
2000 - 3500 : {2222=ItemB, 3333=ItemC}
```

6、7 行目でキーと値を TreeMap オブジェクトに格納しています。9 行目で containsKey() メソッドを使用し、指定したキーと一致するキーがあるか検索していますが、2000 のキーをもつ要素はないため false が返ります。その結果、制御は else ブロックへ入り、**higherKey()** および **lowerKey()** メソッドを使用して、指定されたキーに近

いキーを検索しています。12、13行目では2222と1111の情報が取り出せています。また15、16行目にあるように **subMap()** メソッドを使用することで、キー範囲を指定して要素を取り出すことも可能です。

また、前述したTreeSetクラスでは、NavigableSetインタフェースを実装しており、指定した値に近い値を検索することが可能です。以下のコードを見てみましょう。

コード例

```
TreeSet<String> set = new TreeSet<String>();
set.add("1111"); set.add("2222"); set.add("3333");
System.out.println(set.ceiling("2000"));   //2222
System.out.println(set.floor("2000"));     //1111
```

ceiling()メソッドは、指定された要素と等しいかそれよりも大きい要素の中で最小のものを返すため、2222を返します。また、floor()メソッドは、指定された要素と等しいかそれよりも小さい要素の中で最大のものを返すため、1111を返します。

従来型とジェネリックス型

ジェネリックスとは

今までの各コレクションクラスでは、<E>に格納したいオブジェクトの型を指定してきました。これは、ジェネリックスと呼ばれる機能で、**クラス定義などで汎用的に型を示しておき、利用時に目的のオブジェクトの型を当てはめることでより安全で再利用性の高いコード**を提供します。

従来型のコレクションと、ジェネリックス対応のコレクションを比較してみましょう(図3-7)。

従来のコレクション使用例	ジェネリックス対応のコレクション使用例
| ```
List list = new ArrayList();  // ①
list.add("aaa");  // ②
list.add("bbb");
list.add(new Integer(100));  // ②'
for (int i = 0; i< list.size(); i++) {
  System.out.println((String)list.get(i));  // ③
}
``` | ```
List<String> list = new ArrayList<String>();  // ①
list.add("aaa");  // ②
list.add("bbb");
// list.add(new Integer(100));  // ②'
for (int i = 0; i< list.size(); i++) {
  System.out.println(list.get(i));  // ③
}
``` |
| ①ArrayList オブジェクトの生成
　格納するオブジェクトの型指定なし
②オブジェクトを格納
　(list には各オブジェクトは Object 型として格納されるため、②' のような異なる型のオブジェクトの格納も可)
③取得時は、明示的に目的の型にキャストする必要がある。ただし、②' のオブジェクトの取得時に型が異なるため実行時エラー | ①ArrayList オブジェクトの生成
　格納するオブジェクトの型を指定
②オブジェクトを格納
　(①で list は String 型を扱うと宣言しているため、②'でコンパイルエラー)
③①で格納オブジェクトの型は String と指定されているため、取得時はキャスト不要 |

図 3-7：従来型とジェネリックス型

　従来のコレクションでは、生成時には扱うデータ型の指定は不要ですが、要素を取得する際は、get() メソッドが Object 型で返すため、**目的の型にキャスト**する必要があります。また、コンパイル時には扱うデータの型が特定できないため、誤ったデータ型のオブジェクトでも格納できてしまいます。したがって、誤ったデータ型のデータが格納されている場合、実行してはじめて型が間違っていることがわかり、実行時エラーが発生します。

従来型のコレクションの場合

　Sample3_11.java は、従来型の ArrayList クラスを使用したサンプルコードです。

Sample3_11.java（抜粋）：従来型の例

```
5.     ArrayList list = new ArrayList();
6.     Integer i1 = new Integer(1); int i2 = 2; Integer i3 = i1;
7.     list.add(i1); list.add(i2); list.add(i3); //list.add("abc");
8.     System.out.println("size : " + list.size());
9.     for ( int i = 0; i < list.size() ; i++) {
10.      //Integer obj = list.get(i); //NG
11.      Integer obj = (Integer)list.get(i); //OK
12.      System.out.print(obj + " ");
13.    }
```

　従来型のコレクションの記述をしたプログラムをコンパイルすると、型チェックが完

ではないため、コンパイル時に次のような警告メッセージが出力されます。しかし、あくまで警告であり、コンパイルは成功しています。

【コンパイル結果】

```
注意:Sample3_11.javaの操作は、未チェックまたは安全ではありません。
注意:詳細は、-Xlint:unchecked オプションを指定して再コンパイルしてください。
```

【実行結果】

```
size : 3
1 2 1
```

5行目では、ArrayListクラスをインスタンス化していますが、扱うデータ型を指定していません。このリストに要素を格納するのは今までと同様にadd()メソッド（7行目）を使用します。なお、7行目の最後でString型のデータを格納しようとしています。従来型は型を使用していないため、異なる型のオブジェクトが格納できます。したがって、このコメントを外してもコンパイルは通ります。しかし、実行時に11行目のキャストによりClassCastException例外が発生します。

また、データの取り出しですが、今までと同様にget()メソッド（11行目）を使用します。しかし、戻り値がObject型であるため、目的の型（この例ではInteger型）にキャストする必要があります。したがって、11行目を10行目のように記載すると、コンパイルエラーとなります。

ジェネリックス対応のコレクションの場合

これに対し、ジェネリックス対応のコレクションでは、**コレクションを生成する際に格納する要素のデータ型を指定する**ので、コンパイル時に型チェックを行うことが可能です。また、格納要素の型が決められていることにより、要素の取り出し時のキャストは不要になるため、コードもシンプルです。

クラス定義で指定されている <E> などの <> の記述は**型パラメータリスト**と呼ばれ、**格納するオブジェクトの型**を指定するために使用されます。

なお、コレクション関連クラスを使用する場合、<>で指定する格納要素のデータ型は合わせる必要があります（図3-8）。

Stringのオブジェクトを格納するArrayListオブジェクトを作成する場合

```
ArrayList<String> list = new ArrayList<String>();
               ←――――――――――→
                 同じ型なのでOK
ArrayList<Object> list2 = new ArrayList<String>();   // コンパイルエラー
               ←――――――――――→
                異なる型なのでNG
ArrayList<String> list3 = new ArrayList<Object>();   // コンパイルエラー
               ←――――――――――→
                異なる型なのでNG
```

扱うデータ型は合わせる必要がある

図 3-8：<> で指定するデータ型

ダイヤモンド演算子

ArrayListクラスを利用する際は、左辺と右辺のデータ型を合わせる必要があると説明しました。しかし、同じ型を2回記述するのは冗長であることから、Java SE 7 からは表記を簡略化して記述できるようになりました。

コード例：従来の定義例

```
ArrayList<String> array = new ArrayList<String>();
```

コード例：Java SE 7 以降の定義例

```
ArrayList<String> array = new ArrayList<>();
```

Java SE 7 以降の定義例を見ると、ジェネリッククラスのコンストラクタ呼び出し（つまり右辺）に必要なデータ型が省略されていることがわかります。この <> は、非公式ですが**ダイヤモンド演算子**と呼ばれています。左辺の宣言時にデータ型（この例ではString型）が指定されているため、右辺では類推できると判断されコンパイル、実行ともに可能となります。

ダイヤモンド演算子は、コンパイル時にデータ型が明白であれば利用可能です。
次のサンプルコードを見てください（**Sample3_12.java**）。

Sample3_12.java（抜粋）：ダイヤモンド演算子

```
4.    public static void main(String[] args) {
5.        Map<Integer, String> map = new HashMap<>();
6.        map.put(10, "A");
```

```
7.     List<String> list1 = new ArrayList<>();
8.     list1.add("B");
9.     methodA(new ArrayList<>());           //SE8 より OK
10.    //methodA(new ArrayList<String>());    //OK
11.    List<String> list2 = methodB();
12.  }
13.  static void methodA(List<String> list) {
14.    System.out.println("methodA()");
15.  }
16.  //static ArrayList<> methodB() {         //NG
17.  static ArrayList<String> methodB() {     //OK
18.    System.out.println("methodB()");
19.    return new ArrayList<>();
20.  }
```

【実行結果】

```
methodA()
methodB()
```

5行目ではHashMapクラス、7行目ではArrayListクラスのコンストラクタ呼び出し時にダイヤモンド演算子を使用しています。共に問題なくコンパイル実行が可能です。また、9行目では、メソッドの引数にダイヤモンド演算子を使用しています。SE 7までは、10行目のように記述する必要がありましたが、SE 8では型推論が強化され、メソッドの引数でもダイヤモンド演算子が利用可能になっています。

また、19行目では戻り値としてダイヤモンド演算子を使用していますが、17行目のように戻り値の型宣言で型パラメータを指定していれば、19行目のコードは問題ありません。しかし、16行目のコードではコンパイルエラーとなります。

ジェネリックスを用いた独自クラスの定義

独自のクラスを定義するときにも、ジェネリックスを使用することができます。ジェネリックスを使用することにより、独自クラス内でも扱うデータ型を事前に決めるのではなく、クラス利用時に決定できます。

ジェネリックスを使用する場面は、大きく分けて3つのパターンがあります。

- クラス定義で使用
- メソッド定義で使用
- インタフェース定義で使用

ジェネリックスを用いたクラス定義

まずは、クラス定義での使用方法について見ていきます (図 3-9)。

クラス定義

```
class クラス名 < 型パラメータリスト > {
  private  型パラメータ  変数名;       // インスタンス変数
  public   コンストラクタ名 ( 型パラメータ  引数名 ) { }   // コンストラクタ
  public   型パラメータ  メソッド名 ( 型パラメータ  引数名 ) { }   // メソッド
}
```

型パラメータを使用したクラス定義の例

```
import java.util.*;
class  Gen<T> {          ← 型パラメータリスト
  private  T  var1;
  public  T  getVar1() {        ← 適応させたい個所で
    return  var1;                  型パラメータを指定
  }
  public  void  setVar1(T  var1) {
    this.var1 = var1;
  }
}
```

図 3-9：クラス定義での使用

今まで見てきた E や K、V などのことを**型パラメータ**といいます。型パラメータは、**仮の型ということを示す汎用的な型**です。この型パラメータを、クラスやインタフェース宣言で、**型名（クラス名）に続いて <> で囲んだもの**（<E> や <K,V> など）が**型パラメータリスト**です。

クラス宣言において、型パラメータリストは汎用的な型、つまり、仮の型を使用することを表すために使用します。型パラメータの名前は任意でかまいませんが、通常は意味のある大文字 1 文字が使用されます。たとえば、ArrayList で使用されていた <E> は、Element の頭文字を意味しています。その他、K は Key、V は Value、T は Type を意味しています。宣言された型パラメータは、そのクラス定義内の対応づけたい箇所でも指定します。

一方、ジェネリックスを使用した独自クラスを利用する側は、型パラメータに当たるところで、扱いたい型を指定します。ただし、型パラメータで扱えるデータ型は、**参照型のみ**です。基本データ型は指定できません。なお、クラスの型パラメータは、フィール

ドの宣言、メソッドの引数や戻り値、ローカル変数宣言などで使用可能ですが、staticメンバには使用できません。

ジェネリックスを使用した独自クラスの定義およびそのクラスの利用例をサンプルコードで確認しましょう（**Sample3_13.java**）。

Sample3_13.java：ジェネリックスを用いたクラス定義

```
1. class Gen<T> {    // クラス名の後に型パラメータリスト指定
2.     private T var1;
3.     //private static T var2; // コンパイルエラー
4.     public Gen(T var1) { this.var1 = var1; }
5.     public T getVar1() { return var1; }
6.     public void setVar1(T var1) { this.var1 = var1; }
7. }
8. public class Sample3_13 {
9.     public static void main(String[] args) {
10.        Gen<String> g1 = new Gen<>("ABC");
11.        System.out.print(g1.getVar1());
12.        g1.setVar1("DEF");
13.        System.out.println(" " + g1.getVar1());
14.        Gen<Integer> g2 = new Gen<>(1);
15.        System.out.print(g2.getVar1());
16.        g2.setVar1(2);
17.        System.out.println(" " + g2.getVar1());
18.    }
19. }
```

【実行結果】

```
ABC DEF
1 2
```

1～7行目は**図3-9**で解説したジェネリックス対応の独自クラスの定義です。なお、3行目のように、クラスの型パラメータをstaticメンバに使用することはできません。このクラスを利用しているのがSample3_13クラスです。10行目では<String>を指定しているため、型パラメータTはString型に適応し、String型を扱うGenオブジェクトとして生成されます。その後、型パラメータTが指定されていた箇所はすべてString型として扱われます。同様に、14行目ではIntegerを指定しているため、Integer型を扱うGenオブジェクトとして生成されます。

ジェネリックスを用いたメソッド定義

型パラメータリストは、メソッド宣言時も指定可能です。この場合の**型パラメータリストの有効範囲は、そのメソッド内のみ**です。メソッドで型パラメータリストを指定する位置は、メソッド宣言の修飾子と戻り値の間に指定します。

構文

[修飾子] <型パラメータリスト> 戻り値の型 メソッド名(データ型 引数){}

戻り値の型の前で型パラメータリストを指定します。メソッドの引数に型パラメータを利用する他に、戻り値の型に型パラメータを指定することもできます。

また、ジェネリックスを使用したメソッドを利用する側は、メソッド呼び出し時に使用する型名を <> で指定する必要はありません。

ジェネリックスを使用したメソッド定義およびそのメソッドの利用例をサンプルコードで確認しましょう（Sample3_14.java）。

Sample3_14.java：ジェネリックスを用いたメソッド定義

```
1. class Gen {
2.   private String var1 = "aaa";
3.   public <T> T method(T value) { return value; }
4.   public String getVar1() { return var1; }
5. }
6. public class Sample3_14 {
7.   public static void main(String[] args) {
8.     Gen g = new Gen();
9.     Integer i = g.method(1);
10.    System.out.println(i);
11.    String s1 = g.method("ABC");
12.    String s2 = g.<String>method("abc");
13.    System.out.println(s1 + " " + s2);
14.  }
15. }
```

【実行結果】

```
1
ABC abc
```

3 行目の method() メソッドは、戻り値の前に <T> として、型パラメータリストを指定しています。そして、戻り値、およびメソッドの引数に型パラメータを使用しています。9 行目や 11 行目でわかるとおり、Integer 型や String 型のデータをやりとりできています。

　また、メソッド呼び出し時に使用する型名の明示的な宣言は必要ありませんが、12 行目のようにメソッド名の前に型宣言をすることも可能です。

ジェネリックスを用いたインタフェース宣言

　インタフェース宣言でも、型パラメータリストを指定することができます。ただし、インタフェースはインスタンス化できないため、**インタフェースを実装するクラス側で型パラメータに対して使用する型を指定**します（図 3-10）。

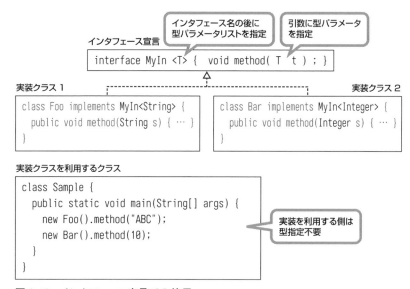

図 3-10：インタフェース宣言での使用

　インタフェース内にメソッドを定義した際に「メソッド名は統一したいが、引数の型は使用する時々に応じたデータ型を扱えるようにしたい」という場合に有効です。インタフェース側では、型パラメータで指定しておき、実装するクラス側で目的のデータ型を指定します。

　これにより、扱いたいデータ型用のインタフェースをそれぞれ用意する必要はなく、1 つのインタフェースで流用することができます。

図3-10のコードを実行してみましょう（Sample3_15.java）。

Sample3_15.java：ジェネリックスを用いたインタフェース宣言

```
 1. interface MyIn<T> { void method(T t); }
 2. class Foo implements MyIn<String> { // 実装クラス1
 3.   public void method(String s) { System.out.println(s); } }
 4. class Bar implements MyIn<Integer> { // 実装クラス2
 5.   public void method(Integer i) { System.out.println(i); } }
 6. class Sample3_15 {
 7.   public static void main(String[] args) {
 8.     new Foo().method("ABC"); new Bar().method(10);
 9.   }
10. }
```

【実行結果】

```
ABC
10
```

継承を使用したジェネリックス

型パラメータリストを＜T＞とした場合、利用時にどのような型でも指定することが可能でした。

しかし、ジェネリックスを用いた独自クラスで、あるクラスもしくはそのサブクラスのみ扱えるように限定したい場合は、次のように型パラメータリストを指定します。

（構文）
<型パラメータ　extends　データ型>

型パラメータの後のキーワードには、**インタフェースの場合も** implementsではなく、**extends** を使います。この場合、右側に指定したデータ型、もしくはその実装クラスがあれば対応することが可能になります（**図 3-11**）。

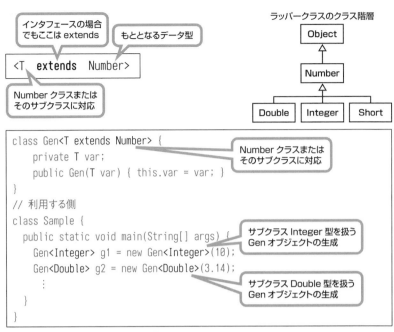

図 3-11：型パラメータで継承を使用

　それでは、継承を使用したジェネリックスのサンプルコードを見てみましょう（Sample3_16.java）。

Sample3_16.java；継承を使用したジェネリックス

1. // ジェネリックスを用いた独自クラス
2. class Gen<T extends Number> {
3. 　　private T var;
4. 　　public Gen(T var) { this.var = var; }
5. 　　public void display() { System.out.println(var); }
6. }
7. // 利用する側のクラス
8. public class Sample3_16 {
9. 　　public static void main(String[] args) {
10. 　　　　// Integer を扱う Gen オブジェクトの生成
11. 　　　　Gen<Integer> g1 = new Gen<>(100);
12. 　　　　g1.display();
13. 　　　　// Double を扱う Gen オブジェクトの生成

ジェネリックスを用いた独自クラスの定義

```
14.    Gen<Double> g2 = new Gen<>(3.14);
15.    g2.display();
16.  }
17. }
```

【実行結果】

```
100
3.14
```

2～6行目の Gen クラスは、Number クラスまたはそのサブクラスに対応できるような汎用クラスとして定義しています。このクラスを利用する側では、11行目のように Number クラスのサブクラスである Integer 型を扱う Gen オブジェクトや、14行目のように Double 型を扱う Gen オブジェクトを生成できます。

ワイルドカードを使用したジェネリックス

型パラメータリスト内では、ワイルドカード「?」を使用できます。

構文

```
<? extends タイプ>    // ①
<? super タイプ>      // ②
```

①は、extends キーワードを指定しているため、タイプに指定したデータ型やそのサブクラス（またはそのサブインタフェース）に対応する、ということを意味します。

②は、super キーワードを指定しているため、タイプに指定したデータ型やそのスーパークラス（またはそのスーパーインタフェース）に対応する、ということを意味します。

次のサンプルコードは、メソッド定義時にワイルドカードを使用した例です（Sample3_17.java）。

Sample3_17.java：ワイルドカードを使用した例

```
1. import java.util.*;
2. class X {
3.   public String toString() { return "X"; }
4. }
5. class Y extends X {
6.   public String toString() { return "Y"; }
```

```
  7. }
  8. public class Sample3_17 {
  9.     // 引数で受け取るリストの要素はXクラスまたはそのサブクラス
 10.     public static void method1(List<? extends X> list) {
 11.         //list.add(new X());
 12.         //list.add(new Y());
 13.         System.out.print(list.get(0) + " ");
 14.     }
 15.     // 引数で受け取るリストの要素はYクラスまたはそのスーパークラス
 16.     public static void method2(List<? super Y> list) {
 17.         //list.add(new X());
 18.         list.add(new Y());
 19.         System.out.print(list.get(0) + " ");
 20.     }
 21.     public static void main(String[] args) {
 22.         List<X> l1 = new ArrayList<>(); l1.add(new X());
 23.         List<Y> l2 = new ArrayList<>(); l2.add(new Y());
 24.         // method1() メソッドの呼び出し
 25.         method1(l1); // X オブジェクトを格納した ArrayList を渡す
 26.         method1(l2); // Y オブジェクトを格納した ArrayList を渡す
 27.         // method2() メソッドの呼び出し
 28.         method2(l1); // X オブジェクトを格納した ArrayList を渡す
 29.         method2(l2); // Y オブジェクトを格納した ArrayList を渡す
 30.     }
 31. }
```

【実行結果】

```
X Y X Y
```

2〜4行目はXクラスを定義し、5〜7行目はXクラスのサブクラスとしてYクラスを定義しています。

main() メソッド内では、22行目で生成したArrayListオブジェクトに、Xクラスのオブジェクトを格納しています。また、23行目で生成したArrayListオブジェクトには、Yクラスのオブジェクトを格納しています。その後、25、26行目でmethod1() メソッドを呼び出しています。

method1() メソッドは、引数のデータ型指定のところは、List<? extends X> となっていることから、Xクラスまたは、そのサブクラスであるYクラスのオブジェクトを格納したリストを受け取ることができます。同様に、28、29行目で呼び出しているmethod2()

メソッドは、引数のデータ型指定のところが List<? super Y> となっていることから Y ク
ラス、またはそのスーパークラスである X クラスのオブジェクトを格納したリストを受け
取ることができます。

今度は 11、12、17、18 行目を見てください。ワイルドカードを使用している場合、各
メソッド側では実行時まで引数で受け取るオブジェクトの型がわかりません。したがっ
て、add() メソッドにより何かしらのオブジェクトを格納するようなコードを記述するとコ
ンパイルエラーとなります。

ただし、<? super タイプ> の場合（16 行目）のみ、タイプと同じ型のオブジェクトで
あれば要素の追加は可能です。

オブジェクトの順序づけ

ソート機能を備えたクラス

コレクションに対してよく行われる処理に、自然順や比較ルールといった順序づけに
基づいたソートがあります。コレクションに格納された要素が何らかの順序づけに基づ
いてソートされていると、個々の項目を特定することが簡単になります。実際、順序づ
けが行われている場合は、要素の検索が高速化されます。

次のサンプルコードを見てみましょう（Sample3_18.java）。

Sample3_18.java（抜粋）：HashSet クラスと TreeSet クラスの違い

```
 5.    HashSet<Integer> hSet = new HashSet<>();
 6.    hSet.add(300); hSet.add(20); hSet.add(500);
 7.    System.out.println("HashSet : " + hSet);
 8.    TreeSet<Integer> tSet1 = new TreeSet<>();
 9.    tSet1.add(300); tSet1.add(20); tSet1.add(500);
10.    System.out.println("TreeSet1 : " + tSet1);
11.    TreeSet<String> tSet2 = new TreeSet<>();
12.    tSet2.add("nao"); tSet2.add("Nao"); tSet2.add("100");
13.    System.out.println("TreeSet2 : " + tSet2);
14.    TreeMap<String, Integer> tMap = new TreeMap<>();
15.    tMap.put("2", 300);   tMap.put("3", 20); tMap.put("1", 500);
16.    System.out.println("TreeMap : " + tMap);
```

【実行結果】

```
HashSet ： [20, 500, 300]
TreeSet1 ： [20, 300, 500]
TreeSet2 ： [100, Nao, nao]
TreeMap ： {1=500, 2=300, 3=20}
```

　HashSet は、順不同で管理していますが、TreeSet は、要素をソートして管理しています。また、TreeMap は、キーをもとにソートして管理しています。なお、このソートは自然順序付け（文字列は辞書順、数値は昇順）に従って行われます。

Comparable インタフェースと Comparator インタフェース

　プログラムによっては、ソート時の順序関係を独自に規定したい場合もあります。その際には、java.lang.Comparable および java.util.Comparator の各インタフェースを実装したクラスを自ら定義することで実現できます。

Comparable インタフェースの利用

　Comparable インタフェースは、java.lang にパッケージングされている、**クラスの自然順序づけを提供するためのインタフェース**です。TreeSet クラスでは、格納する要素はこの Comparable インタフェースを実装したオブジェクトであることを前提としています。**Comparable インタフェースを実装していないオブジェクトを格納しようとすると実行時エラーが発生します。**

　Sample3_18.java で使用している Integer クラスのほか、Double、String などのクラスは、Comparable インタフェースを実装しているため、TreeSet オブジェクトへそのまま格納し使用できます。

　Comparable インタフェースには、**compareTo()** メソッドのみ宣言されています。各実装クラスでは、このメソッドをオーバーライドし、オブジェクトの並び順を決定する実装を行います。

　compareTo() メソッドの構文は次のとおりです。

【構文】
```
public int compareTo(T o)
```

　T は、比較対象のオブジェクトのデータ型です。自オブジェクトと引数 o に渡されたオブジェクトを比較します。比較した結果、戻り値として整数値を返しています。このと

きの比較ルールは表 3-12 のとおりです。

表 3-12：比較ルール

操作	戻り値	説明
自オブジェクト == 比較対象オブジェクト	0	自オブジェクトが保持する値と比較対象オブジェクトの値が同じ
自オブジェクト < 比較対象オブジェクト	負の数	自オブジェクトが保持する値が、比較対象オブジェクトより小さい（ソートのとき、並び順は自オブジェクトが比較対象オブジェクトの前にくる）
自オブジェクト > 比較対象オブジェクト	正の数	自オブジェクトが保持する値が、比較対象オブジェクトより大きい（ソートのとき、並び順は自オブジェクトが比較対象オブジェクトの後ろにくる）

Integer クラスの実装例を見てみましょう（図 3-12）。

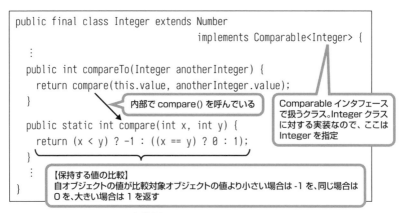

図 3-12：Integer クラスの実装例

Integer クラスでは、Comparable インタフェースを実装し、compareTo() メソッドをオーバーライドしています。このため、TreeSet に格納された Integer オブジェクトは、compareTo() メソッドにより昇順にソートされて保持されるようになっています。これは、Double などの他のラッパークラスや String クラスなどでも同様です。また、Comparable インタフェースと後述する Comparator インタフェースを実装したクラスを SortedSet や SortedMap で管理した場合、その同値性のチェックは、**compareTo()** メソッド、**compare()** メソッドで行われます。

Comparator インタフェースの利用

　Comparable インタフェースでは、ソートの対象となるオブジェクト自身に compareTo メソッドを実装していました。ソートの対象となるオブジェクトから、比較ルールを独立したクラスとして定義することも可能です。その際に、java.util にパッケージングされている Comparator インタフェースを使用します。

　Comparator インタフェースには、**compare()** および **equals()** メソッドが宣言されています。各実装クラスでは、compare() メソッドをオーバーライドし、オブジェクトの並び順を決定する実装を行います。なお、実装クラスでは、java.lang.Object クラスをスーパークラスにもつため、equals() メソッドの実装は任意です。

　compare() メソッドの構文は次のとおりです。

構文

```
public int compare(T o1, T o2)
```

　Comparator インタフェースの定義は、interface Comparator<T> となっているため、実装する際には比較対象のデータ型（独自クラスの型）を型パラメータ T に指定する必要があります。また、compare() メソッドの実装内容は、表 3-12 に示した比較ルールと同じです。

　Comparator インタフェースを使用したサンプルコードを見てみましょう（**Sample3_19.java**）。

Sample3_19.java：Comparator インタフェースの利用

```
1.  import java.util.*;
2.  class Employee {
3.    private String name;
4.    private Integer id;
5.    public Employee(String name, Integer id) {
6.      this.name = name; this.id = id;
7.    }
8.    public Integer getId(){ return id; }
9.    public String getName(){ return name; }
10. }
11. class MyRule implements Comparator<Employee>{
12.   public int compare(Employee obj1, Employee obj2){
13.     return obj1.getId().compareTo(obj2.getId());
14.   }
```

```
15. }
16. public class Sample3_19 {
17.   public static void main(String[] args) {
18.     Employee e1 = new Employee("taro", 20);
19.     Employee e2 = new Employee("tomoko", 10);
20.     Employee e3 = new Employee("hiromi", 50);
21.     ArrayList<Employee> ary = new ArrayList<>();
22.     ary.add(e1); ary.add(e2); ary.add(e3);
23.     System.out.println("ArrayList のインデックス順での表示 ");
24.     print(ary);
25.     System.out.println("MyRule で定義した id の昇順での表示 ");
26.     Collections.sort(ary, new MyRule());
27.     print(ary);
28.   }
29.   public static void print(ArrayList<Employee> ary){
30.     for (Employee obj : ary) {
31.       System.out.println(obj.getId() + " " + obj.getName());
32.     }
33.   }
34. }
```

【実行結果】

```
ArrayList のインデックス順での表示
20 taro
10 tomoko
50 hiromi
MyRule で定義した id の昇順での表示
10 tomoko
20 taro
50 hiromi
```

2 〜 10 行目はメンバとして name、id をもつ Employee クラスを定義しています。11 〜 15 行目は Employee オブジェクトの id 変数をもとに昇順で比較を行うための、Comparator インタフェースを実装したクラスです。型パラメータに Employee 型を指定していること、および compare() メソッドで比較対象としている id 変数は Integer 型であるため、Integer クラスの compareTo() メソッドで比較を行っていることを確認してください。

18 〜 20 行目では、Employee クラスのオブジェクトを 3 つ作成し、21、22 行目で ArrayList オブジェクトに格納しています。24 行目で ArrayList オブジェクト内の情報を

出力していますが、格納された順番（インデックス順）で表示されています。

また、26 行目で Collections クラスの sort() メソッドを使用して、並べ替えをしています。このとき、第 1 引数にソート対象のリスト、第 2 引数に独自に作成した Comparator インタフェースの実装クラスのオブジェクトを渡しています。実行結果を見ると、26 行目で id の昇順で並べ替えられて、27 行目で出力されていることがわかります。

なお、Collections クラスについては、次節で説明します。

配列とリストのソートと検索

Collections クラス

Collections クラスは、**コレクションに関する様々な操作をまとめたクラス**です。このクラスでもソート機能が提供されています。Sample3_19.java で使用した sort() メソッドはオーバーロードされており、リストのみを引数に渡すと、その要素の自然順序づけに従って昇順にソートします（**図 3-13**）。また、第 1 引数にリスト、第 2 引数に Comparator インタフェースを実装したクラスのオブジェクト（**コンパレータ**）を渡すと、コンパレータが示す順序に従ってリストがソートされます。

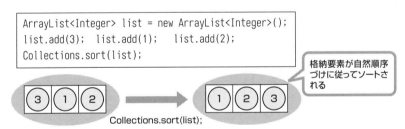

図 3-13：Collections クラスの sort() メソッド

Collections クラスの各メソッドは、static メソッドとして提供されています。主なメソッドは、**表 3-13** のとおりです。

表 3-13；Collections クラスの主なメソッド

メソッド名	説明
static void reverse(List<?> list)	指定されたリストの要素の順序を逆にする
static <T extends Comparable<? super T>> void sort(List<T> list)	要素の「自然順序づけ」に従って、指定されたリストを昇順にソートする
static <T> void sort(List<T> list, Comparator<? super T> c)	指定されたコンパレータが示す順序に従って、指定されたリストをソートする。なお、第 2 引数に null が指定されると自然順序になる

Arrays クラス

　Collections クラスがコレクションに対する操作を行うクラスであるのに対し、**配列の操作を行うクラスが Arrays クラス**です。Arrays クラスでも、配列に対して自然順序に従ったソートを行えます。

　Arrays クラスの各メソッドも、static メソッドとして提供されています。主なメソッドは**表 3-14** のとおりです。

表 3-14：Arrays クラスの主なメソッド

メソッド	説明
static <T> List<T> asList(T... a)	引数で指定された配列をもとにリストを作成する
static void sort(Object[] a)	要素の自然順序づけに従って、指定されたオブジェクトの配列を昇順でソートする。すべての要素は、Comparable インタフェースを実装している必要がある
static <T> void sort(T[] a, Comparator<? super T> c)	指定されたコンパレータが示す順序に従って、指定されたオブジェクトの配列をソートする。なお、第 2 引数に null が指定されると自然順序になる

　sort() メソッドにより、引数で指定された配列内の要素をソートできます。このメソッドの引数は、各種データ型に対応できるようにオーバーロードされています。ただし、様々な参照型のオブジェクトを要素にもつ配列を sort() メソッドでソートしようとすると、実行時に **ClassCastException 例外が発生**します。

　Arrays クラスを使用したサンプルコードを見てみましょう（Sample3_20.java）。

Sample3_20.java (抜粋):Arrays クラスの利用

```
4.    public static void main(String[] args) {
5.      int[ ] ary1 = { 3, 1, 2 };
6.      print(ary1); System.out.println();
7.      Arrays.sort(ary1);
8.      print(ary1); System.out.println();
9.      Object[ ] ary2= { new String("aa"), new Integer(1) };
10.     //Arrays.sort(ary2);
11.   }
12.   public static void print(int[] ary){
13.     for(int num : ary){ System.out.print(num + " "); }
14.   }
```

【実行結果】

```
3 1 2
1 2 3
```

5 行目で作成した配列を 6 行目で出力すると、要素を格納した順に表示されます。7 行目では Arrays クラスの sort() メソッドを使用してソートしています。8 行目で出力結果を確認すると昇順にソートされていることがわかります。また、9 行目では、Object 型の配列を宣言していますが、格納している要素が、String 型と Integer 型のオブジェクトです。

このように異なる型の要素をもつ配列に対し sort() メソッドを実行すると、コンパイルは成功しますが、実行時に ClassCastException 例外が発生します。10 行目のコメントを外し、コンパイル、実行したときの結果は次のとおりです。

【実行結果】

```
3 1 2
1 2 3
Exception in thread "main" java.lang.ClassCastException: java.lang.
String cannot be cast to java.lang.Integer
        at java.lang.Integer.compareTo(Integer.java:52)
        at java.util.ComparableTimSort.countRunAndMakeAscending( ➡
        ComparableTimSort.java:320)
        at java.util.ComparableTimSort.sort(ComparableTimSort.java:188)
        at java.util.Arrays.sort(Arrays.java:1246)
        at Sample3_20.main(Sample3_20.java:10)
```

また、Arrays クラスでは、配列をリストに変換するための **asList()** メソッドも提供されています。このメソッドはリストに変換した配列を引数に渡します。ただし、固定サイズのリストとして変換されるため、要素の上書きは可能ですが、要素の追加や削除はできません。

asList() メソッドを使用したサンプルコードを見てみましょう（Sample3_21.java）。

Sample3_21.java（抜粋）：asList() メソッドの利用

```
5.      String[ ]   ary = {"A","B","C"};
6.      List<String> list = Arrays.asList(ary);
7.      //list.add("D");
8.      list.set(2, "D");
9.      for(int i = 0; i < list.size(); i++) {
10.       System.out.print(list.get(i) + " ");
11.     }
```

【実行結果】

```
A B D
```

6 行目では、事前に作成した ary 配列をもとに、リストを作成しています。8 行目では、インデックスの 2 番目を D に上書きしていますが問題ありません。また、9 ～ 11 行目では List インタフェースで提供されている size()、get() メソッドを使用してリストから要素を取り出しています。

なお、asList() メソッドによって作成されたリストは、**固定サイズのリスト**であるため、7 行目のような要素の追加を行うと、コンパイルは成功しますが、実行時に **UnsupportedOperationException 例外が発生**します。7 行目のコメントを外し、コンパイル、実行したときの結果は次のとおりです。

【実行結果】

```
Exception in thread "main" java.lang.UnsupportedOperationException
        at java.util.AbstractList.add(AbstractList.java:148)
        at java.util.AbstractList.add(AbstractList.java:108)
        at Sample3_21.main(Sample3_21.java:7)
```

代表的なコレクションの実装における特性

最後に、代表的なコレクションの実装における特性を**表** 3-15 にまとめます。

表 3-15：Map および Collection インタフェースの実装とその特性

クラス	インタフェース	項目の重複	順序づけ／ソート	同期性
ArrayList	List	可	インデックス順 ソートなし	無
LinkedList	List	可	インデックス順 ソートなし	無
Vector	List	可	インデックス順 ソートなし	有
HashSet	Set	不可	順序づけなし ソートなし	無
LinkedHashSet	Set	不可	挿入順 ソートなし	無
TreeSet	Set	不可	自然順または比較 ルールでのソート	無
PriorityQueue	Queue	可	自然順または比較 ルールでのソート	無
HashMap	Map	不可	順序づけなし ソートなし	無
LinkedHashMap	Map	不可	挿入順・アクセス順 ソートなし	無
Hashtable	Map	不可	順序づけなし ソートなし	有
TreeMap	Map	不可	自然順または比較 ルールでのソート	無

練習問題

■ 問題 3-1 ■

以下の要件があります。

- データベースから検索した結果要素をコレクションで管理したい
- 格納予定の要素は、重複したデータが含まれており、それらは個別のデータとして管理したい
- 格納予定の要素数は、検索条件によって異なる
- シングルスレッド環境で使用する

要件を満たすクラスとして適切なものは次のどれですか。1つ選択してください。

- ○ A. HashMap
- ○ B. HashSet
- ○ C. Arrays
- ○ D. ArrayList
- ○ E. Vector

■ 問題 3-2 ■

以下の要件があります。

- ユニークなキーと値のペアでデータを管理したい
- 常にキーの自然順序付けに従ってソートされている
- シングルスレッド環境で使用する

要件を満たすクラスとして適切なものは次のどれですか。1つ選択してください。

- ○ A. TreeSet
- ○ B. HashSet
- ○ C. TreeMap
- ○ D. HashMap
- ○ E. ArrayList

■ 問題 3-3 ■

次のコード（抜粋）があります。

```
5. List list = new ArrayList();
6. list.add("a");
7. list.add(10);
8. for(String s : list) { System.out.print(s + " "); }
```

コンパイル、実行した結果として正しいものは次のどれですか。1つ選択してください。

- ○ A. a 10
- ○ B. a
- ○ C. 5 行目でコンパイルエラー
- ○ D. 7 行目でコンパイルエラー
- ○ E. 8 行目でコンパイルエラー
- ○ F. a の出力後、実行時エラー

■ 問題 3-4 ■

次のコード（抜粋）があります。

```
4. 【   ①   】<Integer> list = new LinkedList<>();
5. list.add(100); list.add(200);
6. list.remove(1);
7. System.out.println(list);
```

説明として正しいものは次のどれですか。2つ選択してください。

- ❏ A. ①に List を指定すると、実行結果は [100] となる
- ❏ B. ①に List を指定すると、実行結果は [100, 200] となる
- ❏ C. ①に Queue を指定すると、実行結果は [100] となる
- ❏ D. ①に Queue を指定すると、実行結果は [100, 200] となる
- ❏ E. ①に List、Queue いずれを指定しても、実行結果は [100] となる
- ❏ F. ①に List、Queue いずれを指定しても、コンパイル時に警告が出る

■ 問題 3-5 ■

次のコード（抜粋）があります。

```
4. List<Double> list = Arrays.asList(1.0, 2.2, 3.5);
5. Iterator iter = list.iterator();
6. while(iter.【   ①   】()) System.out.print(iter.【   ②   】());
```

コンパイル、実行ともに成功し list 内の要素を出力するために、①と②に入るコードとして正しいものは次のどれですか。2つ選択してください。

- ❏ A. ①に hasNext
- ❏ B. ①に next
- ❏ C. ①に hasMoreElements
- ❏ D. ②に get
- ❏ E. ②に next
- ❏ F. ②に element

■ 問題 3-6 ■

次のコード（抜粋）があります。

```
4. Set<Number> set = new HashSet<>();
5. set.add(100L);
6. set.add(new Integer(80));
7. set.add(null);
8. set.add(80);
9. System.out.println(set);
```

コンパイル、実行した結果として正しいものは次のどれですか。2つ選択してください。

- ❏ A. コンパイルは成功する
- ❏ B. 出力結果は常に [100, 80, null, 80] となる
- ❏ C. 出力結果は常に [100, null, 80] となる
- ❏ D. 出力結果は不定である
- ❏ E. 7行目でコンパイルエラー
- ❏ F. 8行目で実行時エラー

■ 問題 3-7 ■

次のコード（抜粋）があります。

```
4. TreeSet<String> set = new TreeSet<>();
5. set.add("Naoki");
6. set.add("nana");
7. set.add("NARUMI");
8. System.out.println(set.ceiling("Na"));
```

コンパイル、実行した結果として正しいものは次のどれですか。1つ選択してください。

- ○ A. null
- ○ B. Naoki
- ○ C. nana
- ○ D. NARUMI
- ○ E. コンパイルエラー

■ 問題 3-8 ■

次のコード（抜粋）があります。

```
4. Map<Integer, String> map = new HashMap<>();
5. for(int i = 10; i < 15; i++) map.put(i, "item-" + i);
6. System.out.println(map.get(4));
```

コンパイル、実行した結果として正しいものは次のどれですか。1つ選択してください。

- ○ A. item-13
- ○ B. item-14
- ○ C. null
- ○ D. コンパイルエラー
- ○ E. コンパイル時に警告が出るが、コンパイル、実行ともに成功する
- ○ F. 実行時エラー

■ 問題 3-9 ■

次のコード（抜粋）があります。

```
4. Map map = new HashMap();
5. map.put(23, "data1");
6. map.put(2.4, "data2");
7. System.out.println(map.contains(2));
```

コンパイル、実行した結果として正しいものは次のどれですか。1つ選択してください。

- ○ A. 5行目でコンパイルエラー
- ○ B. 6行目でコンパイルエラー
- ○ C. 7行目でコンパイルエラー
- ○ D. 5行目、6行目でコンパイルエラー
- ○ E. 実行時エラー

■ 問題 3-10 ■

次のコードがあります。

```
1. public class Foo<T> {
2.   T t;
3.   public Foo(T t) { this.t = t; }
4.   public String toString() { return t.toString(); }
5.   public static void main(String[] args) {
6.     System.out.print(new Foo(true) + " ");
7.     System.out.print(new Foo<>(10) + " ");
8.     System.out.print(new Foo<String>("c") + " ");
9.   }
10. }
```

コンパイル、実行した結果として正しいものは次のどれですか。1つ選択してください。

- ○ A.　6行目でコンパイルエラー
- ○ B.　7行目でコンパイルエラー
- ○ C.　8行目でコンパイルエラー
- ○ D.　6行目、7行目でコンパイルエラー
- ○ E.　コンパイル時に警告が出るが、コンパイル、実行ともに成功する
- ○ F.　実行時エラー

■ 問題 3-11 ■

次のコード（抜粋）があります。

```
3. public static void main(String[] args) {
4.   【  ①  】
5.   foo(obj);
6. }
7. public static void foo(List<?> list) {
8.   System.out.println(list.size());
9. }
```

コンパイル、実行ともに成功するために、①に入るコードとして正しいものは次のどれですか。2つ選択してください。

- ❏ A. ArrayDeque<?> obj = new ArrayDeque<String>();
- ❏ B. ArrayList<? super Number> obj = new ArrayList<Number>();
- ❏ C. ArrayList<? extends Number> obj = new ArrayList<Integer>();
- ❏ D. List<?> obj = new ArrayList<?>();
- ❏ E. List<Object> obj = new LinkedList<String>();

■ 問題 3-12 ■

説明として正しいものは次のどれですか。3つ選択してください。

- ❏ A. Comparable インタフェースは、java.util パッケージで提供されている
- ❏ B. Comparator インタフェースは、java.util パッケージで提供されている
- ❏ C. compare() メソッドは、Comparable インタフェースで提供されている
- ❏ D. compare() メソッドは、Comparator インタフェースで提供されている
- ❏ E. compare() メソッドの引数は、1つである
- ❏ F. compare() メソッドの引数は、2つである

■ 問題 3-13 ■

次のコードがあります。

```
1.  import java.util.*;
2.  public class Foo implements Comparator<String> {
3.    public int compare(String s1, String s2) {
4.      return s2.toLowerCase().compareTo(s1.toLowerCase());
5.    }
6.    public static void main(String[] args) {
7.      String[] ary = { "100", "Abc", "abc"};
8.      Arrays.sort(ary, new Foo());
9.      for(String s : ary) System.out.print(s + " ");
10.   }
11. }
```

コンパイル、実行した結果として正しいものは次のどれですか。1つ選択してください。

- ○ A. Abc abc 100
- ○ B. abc Abc 100
- ○ C. 100 Abc abc
- ○ D. 100 abc Abc
- ○ E. 4行目でコンパイルエラー
- ○ F. 8行目でコンパイルエラー

解答・解説

問題 3-1　正解：D

　要件から要素のみを格納し、重複データもあることから選択肢 A、B は不適切です。また、シングルスレッド環境で使用する場合では、Vector クラスより ArrayList クラスが適しています。なお、選択肢 C の Arrays は、java.util パッケージで提供されていますが、ユーティリティとして利用するクラスであり、Collection インタフェースは実装していません。したがって、この要件では、選択肢 D の ArrayList クラスが適切です。

問題 3-2　正解：C

　キーと値のペアで格納する必要があるためマップに絞り込まれます。また、常にキーの自然順序付けに従ってソートされていることを保証しているのは、TreeMap クラスです。HashMap はキーと値のペアが順不同で管理されます。

問題 3-3　正解：E

　5 行目では、ジェネリックスを使用していないため様々な型のオブジェクトを格納するリストが作成されます。この場合、格納する型は Object 型として扱われるため、8 行目の拡張 for 文で String 型として要素を取り出しているためコンパイルエラーとなります。なお、拡張 for 文内の「String s」を「Object s」とすると、コンパイル時に警告は出ますが、コンパイル、実行ともに成功し、「a 10」と出力します。

問題 3-4　正解：A、D

　LinkedList クラスは、List、Queue の各インタフェースを実装しています。List インタフェースでは、以下 2 つのメソッドを提供しています。
　構文 1：boolean remove(Object o)：引数で指定された要素があれば削除して true を返す
　構文 2：E remove(int index)：指定された位置にある要素を削除する
　したがって、問題文の①に List を指定した場合、構文 2 のメソッドが実行され、リストから 200 の要素が削除され、実行結果は [100] です。ます。また、Queue インタフェースでは引数を持たない remove() のみです。しかし、Queue インタフェースは Collection インタフェースを継承しており、Collection には構文 1 が提供されています。したがって、問題文の①に Queue を指定した場合、1 の要素を削除しようとしますが、該当する要素はないため、削除が行われず false が返ります。したがって実行結果は

［100, 200］となります。

問題 3-5　正解：A、E

　Iterator を使用する場合は、hasNext() メソッドで要素があるか確認します。戻り値はboolean 型で、要素があれば true を返します。要素の取り出しには next() メソッドを使用します。

問題 3-6　正解：A、D

　問題文では HashSet クラスを使用しているため、重複したオブジェクトがあれば上書きになります。したがって set 変数では、80、null、100 の要素を保持します。また HashSet クラスは順不同で要素を管理するため、選択肢 A と D が正しいです。

問題 3-7　正解：B

　TreeSet クラスの ceiling() メソッドは、引数で指定した要素と等しいかそれよりも大きい要素の中で最小のものを返します。したがって、選択肢 B の Naoki が返されます。

問題 3-8　正解：C

　キーは Integer 型、値は String 型でマップに格納されます。5 行目のコードは問題ないため、put() メソッドにより 10 〜 14 のキーに対して、item-10 〜 item-14 の文字列が格納されます。6 行目の get() の引数はキーを指定するため、4 のキーは格納されていないため null が返ります。

問題 3-9　正解：C

　4 行目では、ジェネリックスを使用していないため様々な型のキーおよび値のペアを格納するマップが作成されます。したがって、5、6 行目は問題ありません。しかし、マップは指定したキーもしくは値が含まれているか判定する場合は、containsKey() もしくは containsValue() メソッドを使用します。したがって、7 行目でコンパイルエラーです。

問題 3-10　正解：E

　Foo クラスでは型パラメータリストとして <T> が宣言されています。したがって、クラス内で使用する T 型は実行時に指定可能です。なお、6 行目では型の指定がないためコンパイル時に警告が出ますが、7、8 行目ともにコードとしては問題ないため、コンパイル、実行は可能です。なお、実行結果は「true 10 c」となります。

問題 3-11　正解：B、C

　foo() メソッドの引数は List<?> とあるため、List 型をとります。選択肢 A の ArrayDeque は List 型を持たないため誤りです。また、選択肢 D は、右辺のインスタンス化時に <?> の指定をしているため誤り（コンパイルエラー）です。選択肢 E は、左辺と右辺で <> に指定した型が異なるため誤り（コンパイルエラー）です。選択肢 B は、格納する要素は Number 型もしくはそのスーパークラス（インタフェース）の ArrayList とあるため、右辺のリストは代入可能です。また選択肢 C は、格納する要素は Number 型もしくはそのサブクラスの ArrayList とあるため、右辺のリストは代入可能です。

問題 3-12　正解：B、D、F

　Comparator インタフェースは java.util パッケージであり、Comparable インタフェースは java.lang パッケージです。compare() メソッドは Comparator インタフェースのメソッドであり、引数を 2 つとります。

問題 3-13　正解：A

　3 行目の compare() メソッドでは、各引数を小文字に変換し、compareTo() メソッドで比較しています。したがって、Abc と abc は値が同じとなり入れ替えは行われません。また、文字列の 100 は昇順（「s1.compareTo(s2)」としていた場合）であれば、文字の前に配置されますが、「s2.compareTo(s1)」としているため逆である降順になります。したがって、実行結果は選択肢 A です。

［100, 200］となります。

問題 3-5　正解：A、E

　Iterator を使用する場合は、hasNext() メソッドで要素があるか確認します。戻り値は boolean 型で、要素があれば true を返します。要素の取り出しには next() メソッドを使用します。

問題 3-6　正解：A、D

　問題文では HashSet クラスを使用しているため、重複したオブジェクトがあれば上書きになります。したがって set 変数では、80、null、100 の要素を保持します。また HashSet クラスは順不同で要素を管理するため、選択肢 A と D が正しいです。

問題 3-7　正解：B

　TreeSet クラスの ceiling() メソッドは、引数で指定した要素と等しいかそれよりも大きい要素の中で最小のものを返します。したがって、選択肢 B の Naoki が返されます。

問題 3-8　正解：C

　キーは Integer 型、値は String 型でマップに格納されます。5 行目のコードは問題ないため、put() メソッドにより 10 ～ 14 のキーに対して、item-10 ～ item-14 の文字列が格納されます。6 行目の get() の引数はキーを指定するため、4 のキーは格納されていないため null が返ります。

問題 3-9　正解：C

　4 行目では、ジェネリックスを使用していないため様々な型のキーおよび値のペアを格納するマップが作成されます。したがって、5、6 行目は問題ありません。しかし、マップは指定したキーもしくは値が含まれているか判定する場合は、containsKey() もしくは containsValue() メソッドを使用します。したがって、7 行目でコンパイルエラーです。

問題 3-10　正解：E

　Foo クラスでは型パラメータリストとして <T> が宣言されています。したがって、クラス内で使用する T 型は実行時に指定可能です。なお、6 行目では型の指定がないためコンパイル時に警告が出ますが、7、8 行目ともにコードとしては問題ないため、コンパイル、実行は可能です。なお、実行結果は「true 10 c」となります。

問題 3-11　正解：B、C

　foo() メソッドの引数は List<?> とあるため、List 型をとります。選択肢 A の ArrayDeque は List 型を持たないため誤りです。また、選択肢 D は、右辺のインスタンス化時に <?> の指定をしているため誤り（コンパイルエラー）です。選択肢 E は、左辺と右辺で <> に指定した型が異なるため誤り（コンパイルエラー）です。選択肢 B は、格納する要素は Number 型もしくはそのスーパークラス（インタフェース）の ArrayList とあるため、右辺のリストは代入可能です。また選択肢 C は、格納する要素は Number 型もしくはそのサブクラスの ArrayList とあるため、右辺のリストは代入可能です。

問題 3-12　正解：B、D、F

　Comparator インタフェースは java.util パッケージであり、Comparable インタフェースは java.lang パッケージです。compare() メソッドは Comparator インタフェースのメソッドであり、引数を 2 つとります。

問題 3-13　正解：A

　3 行目の compare() メソッドでは、各引数を小文字に変換し、compareTo() メソッドで比較しています。したがって、Abc と abc は値が同じとなり入れ替えは行われません。また、文字列の 100 は昇順（「s1.compareTo(s2)」としていた場合）であれば、文字の前に配置されますが、「s2.compareTo(s1)」としているため逆である降順になります。したがって、実行結果は選択肢 A です。

第 4 章
ラムダ式とメソッド参照

> 本章で学ぶこと

本章では、SE 8 から採用されたラムダ式の構文とメソッド参照の基本的な使用方法ついて説明します。本章でのメソッド参照は、単体のメソッド呼び出しで使用していますが、第 5 章以降の Stream API ではメソッド参照を多用します。そのため、本章では基本的な使い方を習得します。

- ラムダ式
- メソッド参照
- 基本データ型を扱う関数型インタフェース

 ラムダ式

再利用することのない、その場限りのクラスを定義する場合、SE 7 までは第 1 章で紹介した匿名クラスを使用していましたが、可読性があまり良くなく、コードも冗長になりがちでした。SE 8 ではラムダ式を使用することで、同じことをシンプルに実装することができます。また、第 2 章で紹介した関数型インタフェースは、ラムダ式で実装することを前提として提供されています。

ラムダ式の構文は次のとおりです。

構文

(実装するメソッドの引数) -> { 処理 };

ラムダ式の定義には -> を使います。-> の左辺には**実装するメソッドの引数**を、右辺には**実装する処理**を記述します。List インタフェースのデフォルトメソッドである replaceAll(UnaryOperator<E> operator) メソッドを使用して、実装コードを確認してみましょう (Sample4_1.java)。replaceAll() メソッドは、引数で指定された処理を行い、現在のリストの要素を置き換えます。

Sample4_1.java (抜粋)：replaceAll() メソッドの利用 1

```
5.    List<String> words = Arrays.asList("Tanaka", "Sato");
6.    /*  //匿名クラスで実装した場合
7.    words.replaceAll(new UnaryOperator<String>() {
8.      public String apply(String str) {
9.        return str.toUpperCase();
10.     }
```

第 4 章

ラムダ式とメソッド参照

本章で学ぶこと

本章では、SE 8 から採用されたラムダ式の構文とメソッド参照の基本的な使用方法ついて説明します。本章でのメソッド参照は、単体のメソッド呼び出しで使用していますが、第 5 章以降の Stream API ではメソッド参照を多用します。そのため、本章では基本的な使い方を習得します。

- ラムダ式
- メソッド参照
- 基本データ型を扱う関数型インタフェース

ラムダ式

再利用することのない、その場限りのクラスを定義する場合、SE 7 までは第 1 章で紹介した匿名クラスを使用していましたが、可読性があまり良くなく、コードも冗長になりがちでした。SE 8 ではラムダ式を使用することで、同じことをシンプルに実装することができます。また、第 2 章で紹介した関数型インタフェースは、ラムダ式で実装することを前提として提供されています。

ラムダ式の構文は次のとおりです。

構文

(実装するメソッドの引数) -> { 処理 };

ラムダ式の定義には -> を使います。-> の左辺には**実装するメソッドの引数**を、右辺には**実装する処理**を記述します。List インタフェースのデフォルトメソッドである replaceAll(UnaryOperator<E> operator) メソッドを使用して、実装コードを確認してみましょう (Sample4_1.java)。replaceAll() メソッドは、引数で指定された処理を行い、現在のリストの要素を置き換えます。

Sample4_1.java (抜粋)：replaceAll() メソッドの利用 1

```
 5.    List<String> words = Arrays.asList("Tanaka", "Sato");
 6.    /*  //匿名クラスで実装した場合
 7.    words.replaceAll(new UnaryOperator<String>() {
 8.      public String apply(String str) {
 9.        return str.toUpperCase();
10.      }
```

```
11.         });  */
12.         words.replaceAll( (String str) -> { return str.toUpperCase(); } );
13.         System.out.println(words);
```

【実行結果】

```
[TANAKA, SATO]
```

　6 〜 11 行目にあるコメントアウトされたコードは、匿名クラスを使用した場合の実装です。replaceAll() メソッドは、引数に関数型インタフェースである UnaryOperator をとります。そこで、7 〜 11 行目では、replaceAll() メソッドの引数内で、UnaryOperator インタフェースの匿名クラス定義、インスタンス化、apply() の実装を同時に行っています。

　12 行目は、replaceAll() メソッドの引数にラムダ式を使用した例です。-> の左辺を見ると、apply() のメソッドの引数である String 型の引数は記述していますが、メソッド名（apply）が記述されていません。これは、**関数型インタフェースは抽象メソッドが 1 つしかなく、ラムダ式がどのメソッドを実装するかを判断できる**からです。そのため記載する必要がありません。そして、-> の右辺が実装コードです。

　このように、匿名クラスとラムダ式ではまったく異なるコードのように見えますが、いずれも特定のインタフェースが提供するメソッドの実装を行うための記述方法です。

　第 2 章で、java.util.function パッケージで提供されている関数型インタフェースを掲載していますが、本章ではさらに出題率の高い関数型インタフェースを含め表 4-1 に掲載します。

表 4-1：主な関数型インタフェース

インタフェース名	抽象メソッド	概要
Function<T,R>	R apply(T t)	実装するメソッドは、引数として T を受け取り、結果として R を返す
BiFunction<T,U,R>	R apply(T t, U u)	実装するメソッドは、引数として T と U を受け取り、結果として R を返す
Consumer<T>	void accept(T t)	実装するメソッドは、引数として T を受け取り、結果を返さない
BiConsumer<T,U>	void accept(T t, U u)	実装するメソッドは、引数として T と U を受け取り、結果を返さない
Predicate<T>	boolean test(T t)	実装するメソッドは、引数として T を受け取り、boolean 値を結果として返す
BiPredicate<T,U>	boolean test(T t, U u)	実装するメソッドは、引数として T と U を受け取り、boolean 値を結果として返す

インタフェース名	抽象メソッド	概要
Supplier<T>	T get()	実装するメソッドは、何も引数として受け取らず、結果として T を返す
UnaryOperator<T>	T apply(T t)	実装するメソッドは、引数として T を受け取り、結果として T を返すものになる。Function を拡張したもの
BinaryOperator<T>	T apply(T t1, T t2)	実装するメソッドは、引数として T を 2 つ受け取り、結果として T を返すものになる。BiFunction を拡張したもの

　目的ごとに、Function や Consumer といった名前でインタフェースが用意されています。また、Supplier 以外は引数を 1 つとりますが、引数が 2 つ必要な場合は、インタフェース名の前に「Bi」が付与されています。また、各メソッドの引数や戻り値は、ジェネリックスであって、基本データ型は使用できないため、int 値や double 値を使用する場合は、ラッパークラスを使用します。

ラムダ式の省略記法

　ところで、先ほど「ラムダ式を用いるとシンプルに実装ができる」と記載しましたが、まだコード量は多く感じます。ラムダ式は様々な省略した記述が可能です。まず、-> の左辺を見てみましょう。

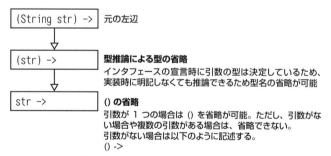

図 4-1：左辺の省略

　図 4-1 にあるとおり、データ型や () は省略できますが、**引数がない場合**と、**引数が複数ある場合**は、() の省略ではできません。また、(String str) のように**データ型を明示している場合**も、() の省略はできません。次に、-> の右辺を見てみましょう。

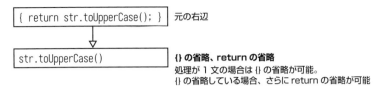

図 4-2：右辺の省略

　右辺の省略の注意点として、return を省略する場合は、{} も省略する必要があります。記述するか、省略するか統一する必要があります。次の **Sample4_2.java** は、Sample4_1.java のラムダ式を省略したコードです。シンプルな実装になったことがわかります。なお、実行結果は Sample4_1.java と同じであるため掲載を割愛します。

Sample4_2.java（抜粋）：replaceAll() メソッドの利用 2

```
6.    List<String> words = Arrays.asList("Tanaka", "Sato");
7.    words.replaceAll( str -> str.toUpperCase() );
8.    System.out.println(words);
```

　もう 1 つサンプルを見てみましょう。前述した List インタフェースの replaceAll() メソッドの利用例では、引数にラムダ式を渡していました。次のサンプルは、Java API で提供されている関数型インタフェースである Function インタフェースの実装をラムダ式で使用します（**Sample4_3.java**）。Function インタフェースは、引数として T を受け取り、結果として R を返す apply() 抽象メソッドが宣言されています。

Sample4_3.java（抜粋）：Function インタフェースの apply メソッドの利用

```
5.    // 匿名クラスを使用した場合 -----------------------
6.    String str1 = new Function<String, String>() {
7.      public String apply(String str) {
8.        return "Hello " + str;
9.      }
10.   }.apply("naoki");
11.   System.out.println(" 匿名クラス " + str1);
12.
13.   // ラムダ式（省略なし）-----------------------
14.   Function<String, String> f2 = (String str) -> {
15.     return "Hello " + str;
16.   };
17.   String str2 = f2.apply("naoki");
18.   System.out.println(" ラムダ式（省略なし）" + str2);
19.
```

```
20.     // ラムダ式（省略あり）--------------------------
21.     Function<String, String> f3 = str -> "Hello " + str;
22.     String str3 = f3.apply("naoki");
23.     System.out.println(" ラムダ式（省略あり）" + str3);
```

【実行結果】

```
匿名クラス Hello naoki
ラムダ式（省略なし）Hello naoki
ラムダ式（省略あり）Hello naoki
```

5〜11行目は、匿名クラスを使用した実装です。6行目では、= 演算子の後に、new Function<String, String>(){……} として、{} ブロック内に apply() メソッドを実装しています。そして、10行目の apply("naoki") の呼び出しにより、7行目が実行されます。14〜18行目は、同じ処理をラムダ式（省略なし）で実装した場合です。また、21〜23行目はラムダ式（省略あり）で実装した場合です。

関数型インタフェースを、抽象クラスで実装した場合、ラムダ式（省略あり／なし）で実装した場合、いずれのパターンも把握しておきましょう。

では、関数型インタフェースと各メソッドの確認として、以下のコードを見てください。各コードの①〜④に入る関数型インタフェース名は何になるか考えてみましょう。

コード例

```
[  ①  ]<List> obj1 = x -> "a".equals(x.get(0));
[  ②  ]<Integer, Integer> obj3 = (a, b) -> a < b;
[  ③  ]<Double> obj2 = d -> System.out.println(d);
[  ④  ]<String> obj4 = () -> list.get(1);
```

①は引数を1つとり、処理内容から戻り値は boolean 値であることがわかります。したがって、①は Predicate です。
②は引数を2つとり、処理内容から戻り値は boolean 値であることがわかります。したがって、②は BiPredicate です。
③は引数を1つとり、処理内容から戻り値は void であることがわかります。したがって、③は Consumer です。

④は引数がなく、処理内容から戻り値は String であることがわかります。したがって、④は Supplier です。

では、もう 1 つコード例を見てください。各コードは、コンパイルエラーとなります。理由を考えてみましょう。

コード例

```
Function<List<String>> obj5 = y -> y.get(0);   // ①
UnaryOperator<Integer> obj6 = z -> 10.0;       // ②
Predicate obj7 = s -> s.isEmpty();             // ③
```

①は引数を 1 つとり、処理内容からリスト内の String オブジェクトが返ることがわかります。したがって、Function インタフェースを使用しますが、Function インタフェースは型パラメータが 2 つ必要であるため、obj5 の変数宣言が「Function<List<String>, String>」であれば正しいです。

②は引数を 1 つとり、戻り値は double 値であることがわかります。もし、引数が 1 つで、かつ、引数と戻り値の型がそれぞれ異なる場合、Function インタフェースを使用しますが、同じデータ型（この例では Double 型）の場合、obj6 の変数宣言が「UnaryOperator<Double>」であれば正しいです。

③は引数を 1 つとり、処理内容から戻り値は boolean 値であることがわかります。したがって、Predicate インタフェースを使用しますが、ジェネリックスによる型の指定がありません。obj7 の変数宣言が「Predicate<String>」であれば正しいです。

暗黙的 final

第 2 章の匿名クラスで紹介しましたが、匿名クラスでは外側のクラスのメンバにアクセス可能ですが、ローカル変数の場合、アクセス可能なものは final（定数）のみとなります。

次のサンプルでは、ラムダ式からメンバ変数、ローカル変数のアクセス有無を確認しています（Sample4_4.java）。

Sample4_4.java：暗黙的 final を確認する

```
1.  import java.util.function.Function;
2.
3.  public class Sample4_4 {
4.      int a = 10;
```

```
5.      public void method() {
6.         final int b = 20;
7.         int c = 30;      // 暗黙的final
8.         int d = 40;
9.         d = 50;
10.        int e = 60;      // 暗黙的final
11.        Function<String, String> f1 = (String str) -> {
12.           System.out.println("a : " + a);
13.           System.out.println("b : " + b);
14.           System.out.println("c : " + c);
15.           //System.out.println("d : " + d);  // コンパイルエラー
16.           //e = 100;    // コンパイルエラー
17.           return "Hello " + str;
18.        };
19.        System.out.println(f1.apply("naoki"));
20.     }
21.     public static void main(String[] args) {
22.        new Sample4_4().method();
23.     }
24.  }
```

【実行結果】

```
a : 10
b : 20
c : 30
Hello naoki
```

　12行目にあるとおり、クラスのメンバにアクセス可能です。また、13行目はメソッド内のローカル変数にアクセスしていますが、final指定されているためアクセス可能です。c変数は明示的なfinalの指定をしていませんが、暗黙的にfinal修飾子が付与されます。しかし、d変数は8行目で初期化後、9行目で代入処理をしています。変数宣言、代入処理の文法として、8行目、9行目は問題ありませんが、15行目のコードは、finalではないローカル変数へのアクセスのため、コンパイルエラーとなります。また、e変数は暗黙的finalとなるため、16行目の代入処理もコンパイルエラーとなります。

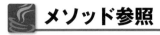
メソッド参照

　前述したSample4_3.javaでは、Functionインタフェースを使用してラムダ式を確認し

ました。21 行目のコードを抜粋して再掲します（f3 を f1 に変更します）。

コード例

```
Function<String, String> f1 = str -> "Hello " + str;
```

= 演算子の右辺であるラムダ式では、apply() メソッドの引数として str をとり、実装内容として、Hello と str 変数を結合した文字列を返すことがわかります。では、実装内容を少し変更してみます。

コード例

```
Function<String, Integer> f1 = str -> Integer.parseInt(str);
```

この例では、apply() メソッドの引数として str をとり、実装内容として、引数で受け取った文字列を int 型に変換して返すことがわかります。このようにラムダ式内で呼び出されるメソッドが 1 つの場合（この例では parseInt() メソッド）、SE 8 ではラムダ式を使用せずに記述する方法が導入されました。これを**メソッド参照**と呼びます。

メソッド参照の構文は次のとおりです。

構文

クラス名/インスタンス変数名::メソッド名

クラス名 / インスタンス変数名の後に「::」を指定し、呼び出すメソッド名を指定します。メソッド参照では引数が省略可能で、() も記述しません。では、メソッド参照を使用したサンプルを見てみましょう（**Sample4_5.java**）。

Sample4_5.java（抜粋）：メソッド参照の例

```
5.      Function<String, Integer> f1 = str -> Integer.parseInt(str);
6.      int num1 = f1.apply("100");
7.      System.out.println(num1);
8.
9.      Function<String, Integer> f2 = Integer::parseInt;
10.     int num2 = f2.apply("200");
11.     System.out.println(num2);
```

【実行結果】
```
100
200
```

5行目は、先に説明したラムダ式で、引数で受け取った文字列をint型に変換して返します。この処理は、6行目apply()メソッドの呼び出しにより実行されます。そして、9行目がメソッド参照を使用した例です。ラムダ式で記述していたコードが「Integer::parseInt;」となっています。引数が省略されラムダ式よりさらにシンプルな実装となることがわかります。

メソッド参照は、呼び出すメソッドの種類によって次の3種類があります。

- staticメソッド参照
- インスタンスメソッド参照
- コンストラクタ参照

Sample4_5.javaは、IntegerクラスのstaticメソッドであるparseInt()の呼び出しであるため、「staticメソッド参照」の例でした。では、各メソッド参照の種類について解説します。

staticメソッド参照

呼び出すメソッドがstaticメソッドの場合、「クラス名::メソッド名」とします。次のサンプルでは、関数型インタフェースであるConsumerのaccept()メソッドを実装しています（**Sample4_6.java**）。なお、accept()メソッドは引数を1つとり、戻り値はvoidです。処理としては、Collectionsクラスのsort()メソッドを呼び出しています。

Sample4_6.java（抜粋）：staticメソッド参照の例1

```
 6.    List<Integer> list = Arrays.asList(3, 1, 2);
 7.    /* 匿名クラスを使用した場合 ---------------------
 8.    Consumer<List<Integer>> con1 = new Consumer<List<Integer>>() {
 9.      public void accept(List<Integer> list) {
10.        Collections.sort(list);
11.      }
12.    }; */
13.    /* ラムダ式 -------------------------------------
14.    Consumer<List<Integer>> con1 =
```

```
15.                lambdaList -> Collections.sort(lambdaList); */
16.     //static メソッド参照      ------------------------
17.     Consumer<List<Integer>> con1 = Collections::sort;
18.
19.     con1.accept(list);  System.out.println(list);
```

【実行結果】

```
[1, 2, 3]
```

　7〜12行目はコメントアウトしていますが、匿名クラスで実装した場合です。また、14〜15行目では同じ処理をラムダ式で実装した場合です。さらに、17行目では、同じ処理をstaticメソッド参照を使用した場合です。コードからわかるとおり、17行目により、con1変数にはsort()メソッドの呼び出し処理が代入されるため、19行目でaccept()の呼び出しがあると、sort()メソッドが呼ばれることとなります。

　Sample4_6.javaでは、sort()メソッドの引数が1つでしたが、引数が複数ある場合を見てみましょう。**Sample4_7.java**では、第3章で紹介した、Comparatorインタフェースを使用した例です。Comparatorインタフェースも関数型インタフェースであり、抽象メソッドはcompare()メソッドです。compare()メソッドは引数を2つとり、戻り値はint値です。

Sample4_7.java（抜粋）：staticメソッド参照の例2

```
5.     // ラムダ式
6.     //Comparator<Integer> comp = (x, y) -> Integer.compare(x, y);
7.     //static メソッド参照
8.     Comparator<Integer> comp = Integer::compare;
9.     System.out.println(comp.compare(1, 2));
10.    System.out.println(comp.compare(2, 1));
```

【実行結果】

```
-1
1
```

　コードの8行目からわかるとおり、メソッド参照では引数が複数の場合でも省略が可能です。9行目では、引数を1、2としているため、負の値である-1が返り、10行目では、引数を2、1としているため、正の値である1が返ります。

> Comparator インタフェースには、抽象メソッドとして、compare() メソッドの他、equals() メソッドが宣言されていますが、equals() メソッドは Object クラスの public メソッドであるため、関数型インタフェースの仕様に従ったインタフェースとなります。

インスタンスメソッド参照

次に、インスタンスメソッド参照の記述を確認します。呼び出すメソッドがインスタンスメソッドの場合、「インスタンスメソッド名 :: メソッド名」とします。ここでは、Iterable インタフェースの forEach メソッドをあわせて紹介します。

java.lang.Iterable インタフェースはオブジェクトを for-each ループ文の対象にすることができ、Collection インタフェースは Iterable インタフェースを継承しています。

そして、Iterable インタフェースではデフォルトメソッドとして、forEach() が実装されており、実装内容は以下のとおりです。

コード例：Iterable インタフェースの forEach() メソッド（抜粋）

```
72.    default void forEach(Consumer<? super T> action) {
73.        Objects.requireNonNull(action);
74.        for (T t : this) {
75.            action.accept(t);
76.        }
77.    }
```

引数は、関数型インタフェースの Consumer 型であり、実装内容は引数のコレクション（もしくは配列）の各要素に対して accept() メソッドを呼び出しています。また、73 行目により、引数が null の場合は、NullPointerException が発生します。

では、forEach() を使用したサンプルを見てみましょう（**Sample4_8.java**）。

Sample4_8.java（抜粋）：インスタンスメソッド参照の例 1

```
5.     List<Integer> list = Arrays.asList(3, 1, 2);
6.     //forEach を使用しない
7.     //for(int a : list) { System.out.print(a); }
8.     //forEach を使用、かつラムダ式を引数に渡す
9.     //list.forEach( a -> System.out.print(a) );
10.    // インスタンスメソッド参照
11.    list.forEach(System.out::print);
```

【実行結果】

```
312
```

　5行目のリストに対し、7行目は拡張for文を使用して要素を出力しています。9行目は、forEach()メソッドの引数にaccept()メソッドの実装となる処理をラムダ式で記述しています。つまり、accept()メソッドの引数に->の左辺であるa変数（リスト内の1要素）が渡され、->の右辺でその要素を出力することになります。そして、11行目では、インスタンスメソッド参照で行った場合です。インスタンスメソッドであるprint()が「out::print」により呼び出されています。

　もう1つ、インスタンスメソッド参照を使用した例を見てみましょう（**Sample4_9.java**）。

Sample4_9.java（抜粋）：インスタンスメソッド参照の例2

```
5.    //UnaryOperator<String> obj = s -> s.toUpperCase();  // ラムダ式
6.    //UnaryOperator<String> obj = s::toUpperCase;         // コンパイルエラー
7.    UnaryOperator<String> obj = String::toUpperCase;
8.    System.out.println(obj.apply("naoki"));
```

【実行結果】

```
NAOKI
```

　Sample4_9.javaは、UnaryOperatorインタフェースを使用して、引数で受け取った文字列を大文字にして返す処理を行います。5行目はラムダ式で記述した例です。これをインスタンスメソッド参照で記述する場合、6行目はコンパイルエラーとなります。これは、「s::toUpperCase」としていますが、s変数を宣言なしに使用していることにより、シンボル解釈エラーとなるためです。
　このように、どのオブジェクトに対してインスタンスメソッドを呼び出すのかを、変数名で指定することができない場合は、7行目のようにクラス名で指定します。これにより、8行目でapply()メソッドの呼び出し時に指定した引数がtoUpperCase()メソッドを実行する対象のオブジェクトとして扱われます。
　Sample4_9.javaでは、引数を持たないtoUpperCase()メソッドを使用しましたが、引

数がある場合を見てみましょう。次のサンプルでは、charAt() メソッドを使用しています（Sample4_10.java）。

Sample4_10.java（抜粋）：インスタンスメソッド参照の例3

```
5.      // ラムダ式① OK
6.      //BiFunction<String, Integer, Character> obj = (s, i) -> ➡
        s.charAt(i);
7.      //System.out.println(obj.apply("Java", 2));
8.      // ラムダ式② OK
9.      //BiFunction<Integer, String, Character> obj = (i, s) -> ➡
        s.charAt(i);
10.     //System.out.println(obj.apply(2, "Java"));
11.     // インスタンスメソッド参照① OK
12.     BiFunction<String, Integer, Character> obj = String::charAt;
13.     System.out.println(obj.apply("Java", 2));
14.     // インスタンスメソッド参照② NG
15.     //BiFunction<Integer, String, Character> obj = String::charAt;
16.     //System.out.println(obj.apply(2, "Java"));
```

【実行結果】

```
v
```

　処理を行うメソッドの引数には、charAt() メソッドを実行する対象のオブジェクトと、charAt() メソッドの引数に指定するインデックスを渡し、また、戻り値として charAt() メソッドで取り出した文字を返したいと考えています。したがって、BiFunction インタフェースを使用します。ラムダ式を使用している 6 ～ 7 行目と、9 ～ 10 行目は正しいコードです。BiFunction は型パラメータリストが <T,U,R> であるため、BiFunction の変数宣言時の <> 内に 1 番目と 2 番目に記述する順番は、apply() メソッドの呼び出し時と合わせていれば、問題ありません。しかし、インスタンスメソッド参照の場合（12 ～ 13 行目）、第 1 引数が、メソッドを実行する対象のオブジェクトとして渡され、第 2 引数がそのメソッドの引数として渡されます。つまり、15 ～ 16 行目のように、BiFunction<Integer, String, Character> に対し、apply() メソッドの呼び出しで型の順序を合わせていたとしても、charAt() メソッドの引数に String を渡すコードとなってしまうため、コンパイルエラーとなります。

> メソッド参照を行う際、クラス内に同じ名前の static メソッドとインスタンスメソッドが存在する場合、呼び出し時に特定できないとコンパイルエラーとなります。
> たとえば、以下のコードはコンパイルエラーとなります。
> Function<Double, Integer> func = Double::hashCode;

■■ コンストラクタ参照

通常、クラスをインスタンス化するには、new キーワードの後にコンストラクタを呼び出しています。これをメソッド参照で行うのが、コンストラクタ参照です。コンストラクタ参照の構文は次のとおりです。

（構文）

クラス名::new

では、コンストラクタ参照を使用したサンプルを見てみましょう（Sample4_11.java）。

Sample4_11.java（抜粋）：コンストラクタ参照 1

```
4. public class Sample4_11 {
5.   public static void main(String[] args) {
6.     //Supplier<Foo> obj1 = () -> new Foo();
7.     Supplier<Foo> obj1 = Foo::new;
8.     System.out.println(obj1.get().a);
9.     //Function<Integer, Foo> obj2 = i -> new Foo(i);
10.    Function<Integer, Foo> obj2 =  Foo::new;
11.    System.out.println(obj2.apply(10).a);
12.    //Supplier<List<Foo>> obj4 = () -> new ArrayList<Foo>();
13.    Supplier<List<Foo>> obj4 = ArrayList<Foo>::new;
14.    System.out.println(obj4.get().size());
15.  }
16. }
17. class Foo{
18.   int a = 0;
19.   Foo(){ }
20.   Foo(int a){ this.a = a; }
21. }
```

【実行結果】

```
0
10
0
```

Sample4_11.javaでは、17～21行目でFooクラスを定義しています。6行目では、ラムダ式を使用して、Supplierのget()が呼び出されたら、Fooオブジェクトを返します。7行目では同じ処理をコンストラクタ参照で行っています。なお、8行目を見ると、get()経由で取得したFooオブジェクトのa変数の値は0であることがわかります。また、9～11行目は、引数のあるコンストラクタをラムダ式もしくはコンストラクタ参照で呼び出している例です。10行目では、呼び出し時に引数があっても省略できており、11行目および実行結果を見ると目的のコンストラクタが実行されていることがわかります。また、12～14行目はArrayListを使用した例です。

また、コンストラクタ参照は、クラスのインスタンス化だけでなく、配列の生成にも使用可能です。次のサンプルコードは配列の生成を行っています（Sample4_12.java）。

Sample4_12.java（抜粋）：コンストラクタ参照2

```
5.    //Function<Integer, String[]> obj1 = length -> new String[length];
6.    Function<Integer, String[]> obj1 =  String[]::new;
7.    System.out.println(obj1.apply(5).length);
```

【実行結果】

```
5
```

5行目は、Functionインタフェースを使用し、実行時に指定された要素数で配列を生成しています。6行目はコンストラクタ参照で同じ処理を行っています。コード自体はクラスのインスタンス化と似ていますが、::の左辺がString[]型となっている点に注意してください。

基本データ型を扱う関数型インタフェース

今まで紹介した関数型インタフェースでは、ジェネリックスにより使用時に型を指定可能でした。ただし、参照型である必要があるため、intやdoubleといった基本デー

タ型を扱う際は、型パラメータリストにラッパークラスを指定することで実現していました。しかし、多くの場合、コード内では基本データ型を扱うことが多いことから、int、long、double に特化した関数型インタフェースが提供されています。

int、double、long の基本的な関数型インタフェース

前述した表 4-1（主な関数型インタフェース）に対して、引数や戻り値の型に int、double、long を使用する場合、対応したインタフェースを使用します。表 4-2 は、int 型の例です。

表 4-2：引数や戻り値の型に int 型を使用する関数型インタフェース

インタフェース名	抽象メソッド	概要
IntFunction<R>	R apply (int value)	実装するメソッドは、引数として int を受け取り、結果として R を返す
IntConsumer	void accept (int value)	実装するメソッドは、引数として int を受け取り、結果を返さない
IntPredicate	boolean test (int value)	実装するメソッドは、引数として int を受け取り、boolean 値を結果として返す
IntSupplier	int getAsInt()	実装するメソッドは、何も引数として受け取らず、結果として int を返す
IntUnaryOperator	int applyAsInt (int operand)	実装するメソッドは、引数として int を受け取り、結果として int を返す
IntBinaryOperator	int applyAsInt (int left, int right)	実装するメソッドは、引数として int を2つ受け取り、結果として int を返す

表 4-1 と比較してわかるとおり、int、double、long の基本的な関数型インタフェースの名前は、先頭に型名が付与されます。また、型パラメータで指定していた引数や戻り値が該当する型名で宣言されています。たとえば、Function は apply(T t) ですが、IntFunction は apply(int value) としています。なお、IntSupplier は、get() ではなく **getAsInt()**、IntUnaryOperator は apply() ではなく **applyAsInt()**、IntBinaryOperator は apply() ではなく **applyAsInt()** となります。double や long でも同様の命名規則となっているため、API ドキュメントで確認しましょう。また、boolean 型に対応した、**BooleanSupplier** インタフェースも提供されています。boolean 値を返す getAsBoolean() メソッドが宣言されています。なお、boolean 型に特化したインタフェースは、BooleanSupplier のみです。

次のサンプルは、Sample4_12.java と同じ処理を IntFunction インタフェースに置き換えた例です（**Sample4_13.java**）。

Sample4_13.java（抜粋）：IntFunction インタフェースの例

```
5.    //IntFunction<String[]> obj1 = length -> new String[length];
6.    IntFunction<String[]> obj1 =  String[]::new;
7.    System.out.println(obj1.apply(5).length);
```

【実行結果】

```
5
```

IntFunction の apply() メソッドの引数は int 型に決定しているため、5、6 行目の obj1 変数宣言時の型を見てみると、IntFunction の <> 内は、戻り値の型である String[] のみであることがわかります。

int、double、long 固有の関数型インタフェース

int、double、long には、さらに異なるデータ型をもとに、基本データ型の結果を返す関数型インタフェースが提供されています。表 4-3 は、int 型の例です。

表 4-3：異なるデータ型をもとに、基本データ型の結果を返す関数型インタフェース

インタフェース名	抽象メソッド	概要
ToIntFunction<T>	int applyAsInt (T value)	実装するメソッドは、引数として T を受け取り、結果として int を返す
ToIntBiFunction<T,U>	int applyAsInt (T t, U u)	実装するメソッドは、引数として T と U を受け取り、結果として int を返す
IntToDoubleFunction	double applyAsDouble (int value)	実装するメソッドは、引数として int を受け取り、結果として double を返す
IntToLongFunction	long applyAsLong (int value)	実装するメソッドは、引数として int を受け取り、結果として long を返す
ObjIntConsumer<T>	void accept (T t, int value)	実装するメソッドは、引数として T と int を受け取り、結果を返さない

To から始まるインタフェースは、引数がジェネリックスで戻り値が int 型となります。なお、ToIntBiFunction のように、引数が 2 つ必要な場合は、ToXXX とインタフェース名の間に「Bi」が付与されています。

また IntToDoubleFunction や IntToLongFunction のように IntToXXXFunction は、引数は int 型で、戻り値が XXX となるインタフェースです。ObjIntConsumer インタフェースは、引数を 2 つとり、第 1 引数がジェネリックスで、第 2 引数が int 型となります。double や long でも同様の命名規則となっているため、API ドキュメントで確認しましょう。

次のサンプルでは、ToIntFunction と IntToDoubleFunction を使用した例です。

Sample4_14.java：ToIntFunction と IntToDoubleFunction インタフェースの例

```
5.    //ToIntFunction<String> obj1 = s -> s.length();
6.    ToIntFunction<String> obj1 = (String s) -> {return s.length();};
7.    System.out.println(obj1.applyAsInt("Java"));
8.
9.    //IntToDoubleFunction obj2 = i -> i + Math.random();
10.   IntToDoubleFunction obj2 = (int i) -> {return Math.random();};
11.   //IntToDoubleFunction obj2 = (Integer i) -> {return Math.random();};
12.   System.out.println(obj2.applyAsDouble(5));
```

【実行結果】

```
4
0.4960487045687372
```

5 ～ 7 行目では引数に String 型をとり、処理結果は int 値で返す ToIntFunction インタフェースを使用しています。なお、メソッド名は applyAsInt() であることも確認しておきます。5 行目はラムダ式（省略あり）、6 行目はラムダ式（省略なし）のコード例です。また、9 ～ 12 行目は、引数に int 型をとり、処理結果は double 値で返す IntToDoubleFunction インタフェースを使用しています。なお、メソッド名は applyAsDouble() であることも確認しておきます。9 行目はラムダ式（省略あり）、10 行目はラムダ式（省略なし）のコード例です。また、11 行目では、-> の左辺は引数として int 値を指定する必要がありますが、Integer 型としています。このコードはコンパイルエラーになります。これは、IntToDoubleFunction や IntToDoubleFunction など、ここで紹介している関数型インタフェースは、int、double、long のために特殊化を行ったインタフェースであるため、対応したラッパークラスであっても不適合な型となりコンパイルエラーとなります。

練習問題

■ 問題 4-1 ■

ラムダ式の記法として正しいものは次のどれですか。2 つ選択してください。

- ❏ A. () ->
- ❏ B. () -> ""
- ❏ C. x, y -> x*y
- ❏ D. (Foo f) -> return -1
- ❏ E. (Foo f) -> { return ;}
- ❏ F. Foo f -> "java"
- ❏ G. (Foo f1, f2) -> 0

■ 問題 4-2 ■

次のコード（抜粋）があります。

```
3. 【  ①  】 obj1 = String::new;
4. 【  ②  】 obj2 = (a, b) -> System.out.println(a+b);
5. 【  ③  】 obj3 = a -> a.toUpperCase();
```

①～③に入る関数型インタフェースとして正しいものは次のどれですか。3 つ選択してください。

- ❏ A. Function<String>
- ❏ B. Supplier<String>
- ❏ C. BiConsumer<String, String>
- ❏ D. BiFunction<String, String>
- ❏ E. BinaryConsumer<String, String>
- ❏ F. BinaryFunction<String, String>
- ❏ G. UnaryOperator<String>
- ❏ H. UnaryOperator<String, String>

■ 問題 4-3 ■

次のコードと同等のコードは A ～ F のどれですか。1 つ選択してください。

```
UnaryOperator<Integer> o = a -> a * 15;
```

- ○ A. Function<Integer> obj = a -> a * 15;
- ○ B. Function<Integer, Integer> obj = a -> a * 15;
- ○ C. BiFunction<Integer> obj = a -> a * 15;
- ○ D. BiFunction<Integer, Integer> obj = a -> a * 15;
- ○ E. BinaryOperator<Integer> obj = a -> a * 15;
- ○ F. BinaryOperator<Integer, Integer> obj = a -> a * 15;

■ 問題 4-4 ■

基本データ型で戻り値を返すメソッドをもつインタフェースとして正しいものは次のどれですか。3つ選択してください。

- ❑ A. BooleanSupplier
- ❑ B. CharSupplier
- ❑ C. ByteSupplier
- ❑ D. IntSupplier
- ❑ E. FloatSupplier
- ❑ F. DoubleSupplier

■ 問題 4-5 ■

次のコードがあります。

```
1.  import java.util.function.*;
2.  public class Foo {
3.    int val;
4.    public static void main(String[] args) {
5.      Foo obj = new Foo();
6.      obj.val = 20;
7.      method(obj, a -> a.val < 100);
8.    }
9.    static void method(Foo obj, Predicate<Foo> p) {
10.     String ans = p.test(obj) ? "hello" : "bye";
11.     System.out.println(ans);
12.   }
13. }
```

コンパイル、実行した結果として正しいものは次のどれですか。1つ選択してください。

- ○ A. hello
- ○ B. bye
- ○ C. 7行目でコンパイルエラー
- ○ D. 9行目でコンパイルエラー
- ○ E. 10行目でコンパイルエラー

■ 問題 4-6 ■

次のコードがあります。

```
1. interface Foo { int bar(double d); }
2. class FooImpl implements Foo {
3.   public int bar(double d) { return -1; }
4. }
```

FooImpl クラスと同等のコードは次のどれですか。2 つ選択してください。

- ☐ A.　Foo f = d -> -1;
- ☐ B.　Foo f = d -> {-1};
- ☐ C.　Foo f = d -> { int d = -1; d };
- ☐ D.　Foo f = d -> { int d = -1; return d; };
- ☐ E.　Foo f = d -> { int i = -1; return i };
- ☐ F.　Foo f = d -> { int i = -1; return i; };

■ 問題 4-7 ■

次のコードがあります。

```
1.  interface Foo { boolean bar(double a, double b); }
2.  class Test {
3.    public static void main(String[] args) {
4.      method((x, y) -> x / y, 3.0);
5.    }
6.    static void method(Foo obj, double d) {
7.      if(obj.bar(9.0, d)) System.out.println("a");
8.      else System.out.println("b");
9.    }
10. }
```

コンパイル、実行した結果として正しいものは次のどれですか。1 つ選択してください。

- ○ A.　a
- ○ B.　b
- ○ C.　4 行目でコンパイルエラー
- ○ D.　6 行目でコンパイルエラー
- ○ E.　7 行目でコンパイルエラー

解答・解説

問題 4-1　正解：B、E

　選択肢 A は、右辺に式の記載がないため誤りです。選択肢 B は左辺で引数がなく、右辺で空文字を戻り値で返す式となっているため正しいです。選択肢 C は左辺で引数が複数あるため、() の省略はできず誤りです。選択肢 D は右辺で {} が省略されているにもかかわらず、return を記載しているため誤りです。選択肢 E は左辺で 1 つの引数をとり、右辺では return のみ記載しています。戻り値は返していませんが、明示的な return により制御が呼び出し元に返るだけの判断により void と同じ扱いになります。したがって正しいです。選択肢 F は左辺で Foo f としていますが、() を省略しているため誤りです。選択肢 G は、引数にデータ型を記述する場合は、個々に指定する必要があるため誤りです。

問題 4-2　正解：B、C、G

　3 行目は、String オブジェクトを戻り値としています。したがって、Supplier インタフェース（選択肢 B）もしくは、UnaryOperator インタフェース（選択肢 G）が宣言可能です。4 行目は、引数を 2 つとり、戻り値はないため、BiConsumer インタフェースである選択肢 C が正しいです。5 行目は引数に String オブジェクトをとり、String オブジェクトを返すため UnaryOperator インタフェースである選択肢 G が正しいです。

問題 4-3　正解：B

　UnaryOperator<T> インタフェースのメソッドは「T apply(T t)」です。つまり、引数を 1 つとり、引数と同じ型の戻り値をもちます。選択肢 B の Function は型パラメータとして 2 つ（<T,R>）もち、かつ問題文と同じように引数と戻り値を同じ Integer 型としているため、正しいです。選択肢 A は型パラメータを 1 つしか指定していないため誤りです。選択肢 C、D の BiFunction は型パラメータを 3 つ（<T,U,R>）もつため誤りです。選択肢 E、F の BinaryOperator は型パラメータを 1 つ（<T>）もつため、選択肢 F は誤りです。また BinaryOperator のメソッドは「T apply(T t1, T t2)」であるため、選択肢 E の右辺では、メソッドの引数が 1 つしか指定されていないため誤りです。

問題 4-4　正解：A、D、F

　基本データ型を扱う Supplier インタフェースは、BooleanSupplier、IntSupplier、DoubleSupplier、LongSupplier が提供されています。なお、各インタフェースには引数

をもたない getAsXXXX() が宣言されており、戻り値と XXX にはデータ型の名前が使用されています。

問題 4-5　正解：A

7 行目で val に 20 が格納された Foo オブジェクトと、ラムダ式を method() メソッドの引数に指定しています。9 行目の method() メソッドの第 2 引数を見ると、Predicate（メソッドは「boolean test(T t)」）を指定しています。したがって、引数を 1 つとり、戻り値として boolean 値を返すため、7 行目のコードは正しいです。また 10 行目では test() メソッドの呼び出しの結果、true が返れば hello を、false が返れば bye を ans 変数に格納するため、選択肢 A が正しいです。

問題 4-6　正解：A、F

Foo インタフェースは抽象メソッドを 1 つだけもつ関数型インタフェースです。メソッドは引数に double 値をとり、戻り値は int 型です。したがって、選択肢 A は正しいです。選択肢 B は、-> の右辺で return が省略されていますが、{} を記載しており、また -1 の後のセミコロンもないため誤りです。選択肢 C、D は引数と {} 内のローカル変数名が同じであるため誤りです。選択肢 E は、return i の後のセミコロンがないため誤りであり、選択肢 F が正しいです。

問題 4-7　正解：C

6 行目の method() メソッドは第 1 引数は Foo 型、第 2 引数は double 値です。呼び出し元の 4 行目では、第 1 引数に Foo の実装をラムダ式で指定しています。-> の左辺は問題ありませんが、右辺が double の割り算となっているため double 値が返ります。1 行目の Foo インタフェースでは、bar() メソッドの戻り値は boolean 型で宣言されているため、4 行目でコンパイルエラーとなります。

第5章

Java ストリーム API

本章で学ぶこと

本章では、SE 8 から採用された Java ストリーム API について説明します。コレクションや配列に対するマップや集計処理など、ストリームを通じてパイプライン処理を行う API です。ストリームに関連するインタフェースやメソッドは多数提供されているため、出題範囲を中心に説明します。

- ストリーム API
- 終端操作
- 中間操作
- collect() メソッドと Collectors クラス

ストリーム API

ストリーム API は、コレクション、配列、I/O リソースなどのデータ提供元となるデータソースをもとに、集計操作を行う API です。ストリームは、ある処理結果を次の処理のデータソース（入力）として渡すことができます。そのため、データソースをもとに様々な処理を通じてデータを加工することができます。

たとえば、データソースとして次のようなリストがあったとします（**図 5-1**）。処理①ではリスト内の各要素を大文字にし、処理②では要素を昇順にソートし、結果として要素を出力するという処理の流れを実装したいと考えます。

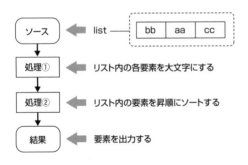

図 5-1：処理の流れ

この処理の実装例として、**Sample5_1.java** を見てみましょう。

Sample5_1.java（抜粋）：図 5-1 の実装例

```
5.      // ソース
6.      List<String> list = Arrays.asList("bb", "aa", "cc");
7.      // 実装例 1
8.      for(int i = 0; i < list.size(); i++) {
9.        String str = list.get(i).toUpperCase();
10.       list.set(i, str);
11.     }
12.     Collections.sort(list);
13.     for(String s : list) {
14.       System.out.print(s + " ");
15.     }
16.     System.out.println();
17.     list = Arrays.asList("bb", "aa", "cc");  // ソース
18.     // 実装例 2
19.     list.stream().sorted().map(s -> s.toUpperCase()).forEach(
20.                        s -> System.out.print(s + " "));
```

【実行結果】

```
AA BB CC
AA BB CC
```

　6 行目はデータソースとなる、リストを用意しています。7 〜 15 行目は従来の実装例です。まず、8 〜 11 行目で、各要素を大文字に変換し、リスト内の文字列を置き換えています。12 行目で昇順にソートした後、13 〜 15 行目で出力しています。一方、19 〜 20 行目は、同じ処理をストリーム API で実装した例です。2 つの処理と出力処理を 2 行で行うことができています。このように、ストリーム API は、複数の処理の入出力をつなぐための仕組みを提供しており、これを**ストリームのパイプライン処理**と呼びます。

　まとめると、パイプライン処理には、処理のもととなる**データソース**が必要です。データソースをもとにストリームオブジェクトを生成し、後続する処理を行います。なお、処理①や処理②のように、パイプラインの途中で行う処理を**中間操作**と呼び、図 5-1 の結果のようにパイプラインの最後に行う処理を**終端操作**と呼びます。

- **問合せの対象となるデータソース**：コレクション、配列、I/O リソースなど
- **中間操作**：ストリーム・パイプラインを形成
- **終端操作**：ストリーム・パイプラインを実行して結果を生成

このように、パイプライン処理では、中間操作は複数行われることが想定されますが、各中間操作のメソッドは、その中間操作結果をソースとする新しいストリームを返します。また、中間操作の1つであるフィルタ処理を行うfilter()メソッドを実行しても、実際のフィルタリングはまだ実行されません。filter()メソッドを保持したストリームが返されるということです。つまり、中間操作では、「何を行うか」のみをパイプラインでつなげていきます。そして、終端操作のメソッドが実行された際に初めて、すべての処理が行われます。

ストリームの種類と生成

データソースとなるクラスは、ストリーム生成用のメソッドを提供しています（表5-1）。

表5-1：ストリーム生成用の主なメソッド

メソッド名	説明
default Stream<E> stream()	**Collection インタフェースで提供**。このコレクションをソースとして使用して、逐次的なStreamオブジェクトを返す
static <T> Stream<T> stream(T[] array)	**Arrays クラスで提供**。指定された配列をソースとして使用して、逐次的なStreamオブジェクトを返す
static IntStream stream(int[] array)	**Arrays クラスで提供**。指定されたint型の配列をソースとして使用して、逐次的なIntStreamオブジェクトを返す
static <T> Stream<T> of(T t)	**Stream インタフェースで提供**。指定された単一の要素をソースとして使用して、逐次的なStreamオブジェクトを返す
static <T> Stream<T> of(T... values)	**Stream インタフェースで提供**。指定された要素をソースとして使用して、逐次的なStreamオブジェクトを返す
static <T> Stream<T> empty()	**Stream インタフェースで提供**。空のStreamオブジェクトを返す
static <T> Stream<T> generate(Supplier<T> s)	**Stream インタフェースで提供**。指定されたSupplier（ラムダ式）によって生成される要素に対する順序付けされていないStreamオブジェクトを返す

メソッド名	説明
static <T> Stream<T> iterate(T seed, UnaryOperator<T> f)	**Stream インタフェースで提供。** 順序づけされた無限順次 Stream を返す
static DoubleStream of(double... values)	**DoubleStream インタフェースで提供。** 指定された要素をソースとして使用して、逐次的な Stream オブジェクトを返す
static IntStream range(int startInclusive, int endExclusive)	**IntStream インタフェースで提供。** startInclusive（含む）から endExclusive（含まない）の範囲の値を含む、順序付けされた順次 IntStream を返す
static IntStream rangeClosed(int startInclusive, int endInclusive)	**IntStream インタフェースで提供。** startInclusive（含む）から endInclusive（含む）の範囲の値を含む、順序付けされた順次 IntStream を返す

表 5-1 の 1 行目にあるとおり、Collection インタフェースにデフォルトメソッドとして stream() が提供されているため、ArrayList などのコレクションオブジェクトをデータソースとして、ストリームオブジェクトを取得しパイプライン処理を行うことができます。また、表 5-1 の 2 行目の Arrays クラスの stream() メソッドでは、配列からストリームを取得することができます。また、各メソッドの戻り値は、java.util.stream.Stream の他、IntStream などです。Stream は型パラメータで扱う型を指定しますが、基本データ型に対応したストリームオブジェクトは、IntStream、LongStream、DoubleStream の 3 種類です（表 5-2）。

表 5-2：ストリームの種類

インタフェース名	説明
Stream<T>	順次および並列の集約操作をサポートする汎用的なストリーム
IntStream	順次および並列の集約操作をサポートする int 値のストリーム。ただし、int の他、short、byte、char 型に使用可能
LongStream	順次および並列の集約操作をサポートする long 値のストリーム
DoubleStream	順次および並列の集約操作をサポートする double 値のストリーム。ただし、double の他、float 型に使用可能

ストリームオブジェクトを生成するコードを確認してみましょう。**Sample5_2.java** では、リストや配列をもとにストリームオブジェクトを生成しています。とくに出力処理はしていないため、実行結果は割愛します。

Sample5_2.java（抜粋）：ストリームオブジェクトの生成例

```
 6.    List<String> data1 = Arrays.asList("a", "b", "c");
 7.    Stream<String> stream1 = data1.stream();
 8.    int[] data2 = {1, 2, 3};
 9.    IntStream stream2 = Arrays.stream(data2);
10.    Stream<String> stream3 = Stream.of("abc");
11.    Stream<Long> stream4 = Stream.of(1L, 2L, 3L);
12.    DoubleStream stream5 = DoubleStream.of(1.0, 2.0, 3.0);
```

7行目では、Collection インタフェースの stream() メソッドで、リストからストリームオブジェクトを生成しています。また、9行目では、Arrays クラスの stream() メソッドで int 型の配列からストリームオブジェクトを生成しています。また、10、11行目のように、Stream インタフェースは、型パラメータの指定が可能であるため、目的のデータ型を指定し、static メソッドである of() メソッドでストリームオブジェクトを生成しています。なお、引数は単一もしくは複数（カンマで区切る）が指定可能です。12行目では、DoubleStream インタフェースの of() メソッドを使用し、DoubleStream 型のストリームオブジェクトを生成しています。IntStream や LongStream でも同様な記述が可能です。

ここでは表5-1のすべてのメソッドのサンプルを示していませんが、適宜後述します。ストリームの生成を行うメソッドを確認する際は、表5-1を参照してください。

終端操作

次に、中間操作の前に、終端操作を説明します。主な終端操作を行うメソッドは以下のとおりです（**表5-3**）。これらのメソッドは、java.util.stream.Stream インタフェースで宣言されています。

表5-3：終端操作の主なメソッド

メソッド名	説明	R
boolean allMatch(Predicate<? super T> predicate)	すべての要素が指定された条件に一致するかどうかを返す。一致しているか、ストリームが空の場合は true、それ以外の場合は false	無

メソッド名	説明	R
boolean anyMatch(Predicate<? super T> predicate)	いずれかの要素が指定された条件に一致するかどうかを返す。存在する場合は true、そうでない場合か、ストリームが空の場合は false	無
boolean noneMatch(Predicate<? super T> predicate)	どの要素も指定された条件に一致しないか、ストリームが空の場合は true、それ以外の場合は false を返す	無
<R,A> R collect(Collector<? super T,A,R> collector)	要素に対する可変リダクション操作を実行する	有
<R> R collect(Supplier<R> supplier, BiConsumer<R,? super T> accumulator, BiConsumer<R,R> combiner)	要素に対する可変リダクション操作を実行する	有
long count()	要素の個数を返す	有
Optional<T> findAny()	いずれかの要素を返す。ストリームが空の場合は空の Optional を返す	無
Optional<T> findFirst()	最初の要素を返す。ストリームが空の場合は空の Optional を返す	無
void forEach(Consumer<? super T> action)	各要素に対して指定されたアクションを実行する	無
Optional<T> min(Comparator<? super T> comparator)	指定された Comparator に従って最小要素を返す。ストリームが空の場合は空の Optional を返す	有
Optional<T> max(Comparator<? super T> comparator)	指定された Comparator に従って最大要素を返す。ストリームが空の場合は空の Optional を返す	有
T reduce(T identity, BinaryOperator<T> accumulator)	元の値と結合的な累積関数を使ってこのストリームの要素に対してリダクションを実行し、リデュースされた値を返す	有
Object[] toArray()	要素を含む配列を返す	無
<A> A[] toArray(IntFunction<A[]> generator)	引数に結果となる配列の要素の型を指定し、配列を返す	無

R 列：リダクション操作

表 5-3 の R 列は、リダクション操作のサポートの有無を記載しています。リダクション操作とは、SQL の max() や count() 関数のように、入力要素をもとに結合操作を繰り返し実行して、単一の結果を得る操作です。

終端操作の実装例

では、表 5-3 で紹介した各メソッドをコードを用いて確認します。

allMatch()、anyMatch()、noneMatch() メソッド

　allMatch() メソッドは、指定された条件にすべての要素が一致するかどうかを boolean 値で返します。anyMatch() メソッドは、指定された条件にいずれかの要素が一致するかどうかを boolean 値で返します。noneMatch() メソッドは、指定された条件にどの要素も一致しないかを boolean 値で返します。

　では、サンプルコードを確認します (**Sample5_3.java**)。

Sample5_3.java(抜粋)：allMatch()、anyMatch()、noneMatch() メソッドのコード例

```
5.      List<String> data1 = Arrays.asList("mana", "naoki", "ryo");
6.      boolean result1 = data1.stream().allMatch(s -> s.length() >= 3);
7.      boolean result2 = data1.stream().anyMatch(s -> s.length() == 4);
8.      boolean result3 = data1.stream().noneMatch(s -> s.length() == 4);
9.      System.out.println(result1);
10.     System.out.println(result2);
11.     System.out.println(result3);
12.     /*  Stream<String> stream1 = data1.stream();
13.     boolean result4 = stream1.allMatch(s -> s.length() >= 3);
14.     boolean result5 = stream1.anyMatch(s -> s.length() == 4);    */
```

【実行結果】

```
true
true
false
```

　5 行目で 3 つの要素をもつリストを作成し、6 行目では、リストをもとにストリームオブジェクトを生成し、allMatch() メソッドを使用しています。引数は Predicate インタフェース (メソッドは「boolean test(T t)」) であるため、ラムダ式で各要素の文字数が 3 文字以上であるかテストしています。実行結果からわかるとおり、すべての要素が 3 文字以上であるため、allMatch() メソッドは true を返します。7 行目は anyMatch() メソッドを使用して、いずれかの要素が 4 文字であれば true を返し、8 行目の noneMatch() メソッドでは 4 文字の要素がなければ true を返しますが、今回は mana が該当するため、result3 には false が格納されます。なお、12 〜 14 行目のコメントを確認してください。12 行目でストリームオブジェクトを生成した後、そのストリームを allMatch() や anyMatch() で使い回しています。このコードは実行時エラー (正確には 14 行目で実行時エラーである IllegalStateException がスローされる) となります。1 つのストリームオ

ブジェクトに対して、終端操作は1度しか呼び出せないので注意してください。

count()、forEach() メソッド

count() メソッドは要素の個数を返し、forEach() メソッドは引数で指定されたアクションを各要素に対して実行します。

では、サンプルコードを確認します（Sample5_4.java）。

Sample5_4.java（抜粋）：count()、forEach() メソッドのコード例

```
5.      long result1 = Stream.of("a", "b", "c").count();
6.      System.out.println(result1);
7.      Stream<String> stream1 = Stream.of("a", "b", "c");
8.      stream1.forEach(System.out::print);
9.      //for(String s : stream1) { System.out.print(s); }
```

【実行結果】

```
3
abc
```

5行目では、of() メソッドの引数に複数の要素を指定してストリームオブジェクトを生成し、count() メソッドで要素数を取得しています。また8行目の forEach() メソッドの引数は Consumer インタフェース（メソッドは「void accept(T t)」）であるため、メソッド参照で各要素を出力しています。

なお、Stream インタフェースは Iterable を継承してないため、9行目のように for 文で使用することはできず、コンパイルエラーとなります。

reduce() メソッド

まず、次のような for 文を使用した int 値の合計処理を行うコードがあったとします（図 5-2）。

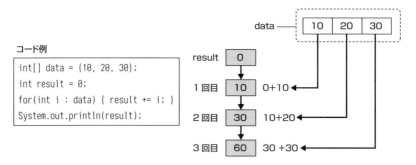

図 5-2：int 値の合計処理を行うコード例

図 5-2 のコード例にある data 配列には、int 値の要素を保持し、for 文を使用して各要素にアクセスし順次加算する集約処理を行っています。同等の処理を行うのが reduce() メソッドです。図 5-2 を reduce() で行ったコードを見てみましょう（Sample5_5.java）。

Sample5_5.java（抜粋）：reduce() メソッドのコード例 1

```
5.    IntStream stream = IntStream.of(10, 20, 30);
6.    int result = stream.reduce(0, (a, b) -> a + b);
7.    //int result = stream.reduce(0, Integer::sum);
8.    System.out.println(result);
```

【実行結果】
```
60
```

6 行目の reduce() メソッドの第 1 引数には、集約処理の初期値となる 0 を指定し、第 2 引数に集約処理を記述しています。第 2 引数は、BinaryOperator インタフェース（メソッドは「T apply(T t1, T t2)」）であるため、ラムダ式で加算処理を指定しています。また、7 行目は、Integer クラスの static メソッドである sum() メソッドを指定した例です。sum() メソッドも引数を 2 つとり int 値で返すためこのコードでも問題ありません。なお、reduce() メソッドはオーバーロードされており、Sample5_5.java は以下の構文 1 の例です。

> **構文**

構文1：T reduce(T identity, BinaryOperator<T> accumulator)
構文2：Optional<T> reduce(BinaryOperator<T> accumulator)
構文3：<U> U reduce(U identity,
　　　　　　　BiFunction<U,? super T,U> accumulator,
　　　　　　　BinaryOperator<U> combiner)

構文 2 の reduce() メソッドの例を見てみましょう（Sample5_6.java）。

Sample5_6.java（抜粋）：reduce() メソッドのコード例 2

```
 7.    BinaryOperator<Integer> operator = (a, b) -> a + b;
 8.    Stream<Integer> stream1 = Stream.of(10, 20, 30);
 9.    //int result = stream1.reduce(operator);
10.    Optional<Integer> result = stream1.reduce(operator);
11.    result.ifPresent(System.out::println);   // 出力は 60
12.
13.    Stream<Integer> stream2 = Stream.empty();
14.    Optional<Integer> result2 = stream2.reduce(operator);
15.    System.out.println(result2);             // 出力は Optional.empty
16.    result2.ifPresent(System.out::println); // 出力データなし
```

【実行結果】

```
60
Optional.empty
        ← 出力データなし
```

　7 行目で事前にラムダ式の準備をして、8 行目では Stream インタフェースの of() メソッドを使用してストリームオブジェクトを生成します。10 行目では、reduce の引数に初期値の指定はなく、ラムダ式のみ指定しています。また、戻り値は **java.util.Optional** 型となる点に注意してください。Optional クラスは SE 8 で追加されたクラスで詳細は後述しますが、実体は 1 つの値を保持しているクラスです。11 行目は Optional クラスの ifPresent() メソッドにより、値がある場合は引数の処理（System.out::println）が実行されます。また、13 行目では empty() メソッドを使用して要素が空のストリームオブジェクトを生成しています。14 行目により空の Optional オブジェクトが返ります。15 行目の実行結果で Optional.empty とあるとおり、Optional オブジェクト自体はあるものの、

Optionalが保持する値はnullという意味になります。したがって、16行目でifPresent()メソッドの呼び出しを行っていますが、出力処理は行われないため何も表示しません。

 reduce()メソッドの構文3については、第10章で紹介します。

toArray()メソッド

toArray()メソッドは、ストリームから配列に変換します。toArray()メソッドも複数あり、以下はStreamおよびIntStreamインタフェースでのtoArray()メソッドです。

構文 Streamインタフェースで提供
構文1:Object[] toArray()
構文2:<A> A[] toArray(IntFunction<A[]> generator)

構文 IntStreamインタフェースで提供
構文3:int[] toArray()

構文1では、toArray()メソッドの引数はなく、戻り値はObject型の配列です。また、構文2を使用することで独自の配列型を指定することも可能です。構文2の引数は、IntFunctionインタフェース(メソッドは「R apply(int value)」)であるため、ラムダ式やメソッド参照で以下のコード例のように配列の生成処理を指定します。

コード例
```
toArray(String[]::new)
toArray(i -> new String[i])
```

また、構文3のとおりIntStreamインタフェースではint型の配列を取得するtoArray()メソッドが提供されています。DoubleStreamやLongStreamでも同様な記述が可能です。

では、toArray()のコードを見てみましょう(Sample5_7.java)。

Sample5_7.java（抜粋）：toArray() メソッドのコード例

```
5.      int[] ary1 = IntStream.range(1, 10).toArray();
6.      int[] ary2 = IntStream.rangeClosed(1, 10).toArray();
7.      Object[] ary3 = Stream.of("a", "b").toArray();
8.      String[] ary4 = Stream.of("a", "b").toArray(String[]::new);
9.      System.out.println("ary1 : " + ary1.length);
10.     System.out.println("ary2 : " + ary2.length);
11.     System.out.println("ary3 : " + ary3.getClass());
12.     System.out.println("ary4 : " + ary4.getClass());
```

【実行結果】

```
ary1 : 9
ary2 : 10
ary3 : class [Ljava.lang.Object;
ary4 : class [Ljava.lang.String;
```

5、6 行目では、range()、rangeClosed() メソッドを使用して開始と終了の値を指定した範囲値をもつストリームを生成しています（**表 5-1** を参照）。違いとして、range() は終了値を含まないため ary1 は 1 〜 9、rangeClosed() は終了値を含むため、ary2 は 1 〜 10 の要素が格納されています。また、7、8 行目は toArray() メソッドを使用していますが、8 行目ではストリームから String 型の配列を取得できていることを確認してください。

Optional クラス

前述した reduce() メソッドで java.util.Optional クラスを使用しました。Optional クラスは SE 8 から追加されたクラスで、実体は 1 つの値を保持しているクラスです。特徴として、Optional クラスの各メソッドは、保持している値が null か not null によって処理が異なります。Optional オブジェクトは、保持している値が null の場合は empty というオブジェクトになりますが、Optional オブジェクト自体が null ではない点に注意してください。

Optional.empty()

Optional.of(10)

図 5-3：
Optional オブジェクト

Optional クラスの主なメソッドは以下のとおりです（表 5-4）。

表 5-4：Optional クラスの主なメソッド

メソッド名	説明
static <T> Optional<T> empty()	空の Optional インスタンスを返す。この Optional の値は存在しない
static <T> Optional<T> of(T value)	引数で指定された非 null 値を含む Optional を返す
T get()	値が存在する場合は値を返し、それ以外の場合は NoSuchElementException をスローする
boolean isPresent()	存在する値がある場合は true を返し、それ以外の場合は false を返す
void ifPresent(Consumer<? super T> consumer)	値が存在する場合は指定されたコンシューマをその値で呼び出し、それ以外の場合は何も行わない
T orElse(T other)	存在する場合は値を返し、それ以外の場合は other を返す
T orElseGet(Supplier<? extends T> other)	値が存在する場合はその値を返し、そうでない場合はサプライヤを呼び出し、その呼び出しの結果を返す
<X extends Throwable> T orElseThrow(Supplier<? extends X> exceptionSupplier) throws X extends Throwable	値が存在する場合は、その含まれている値を返し、それ以外の場合は、指定されたサプライヤによって作成された例外をスローする

Optional クラスの get() と isPresent() メソッド

Optional クラスの get() メソッドは、値が存在する場合は値を返し、それ以外の場合は NoSuchElementException をスローします。また、isPresent() メソッドは、存在する値がある場合は true を返し、それ以外の場合は false を返します。

では、サンプルコードを確認します（Sample5_8.java）。

Sample5_8.java（抜粋）：get() と isPresent() メソッドのコード例

```
5.      Optional<Integer> op1 = Optional.of(10);
6.      Optional<Integer> op2 = Optional.empty();
7.      System.out.println("op1.get() : " + op1.get());
8.      //System.out.println("op2.get() : " + op2.get());
9.      System.out.println("op1.isPresent() : " + op1.isPresent());
10.     System.out.println("op2.isPresent() : " + op2.isPresent());
```

【実行結果】

```
op1.get() : 10
op1.isPresent() : true
op2.isPresent() : false
```

5 行目は 10 の値を持つ Optional オブジェクト、6 行目は empty の Optional オブジェクトを生成しています。7 行目は get() により、保持している値である 10 を取得していますが、8 行目は empty であるため、コメントを外すと実行時に NoSuchElementException がスローされます。また、9、10 行目で isPresent() メソッドを使用し、保持する値が null か否かを確認しています。null の場合は false が返ります。

max() メソッド

次に、表 5-3 で紹介した主な終端操作のメソッドのうち、戻り値が Optional 型をもつメソッドのコード例を見てみましょう。まずは max() メソッドです (**Sample5_9.java**)。

Sample5_9.java (抜粋)：max() メソッドのコード例

```
6.      List<String> data = Arrays.asList("aaa", "bb", "c");
7.      Optional<String> result1 =
8.              data.stream()
9.                  .max(Comparator.naturalOrder());
10.     Optional<String> result2 =
11.             data.stream()
12.                 .max((d1, d2) -> d1.length() - d2.length());
13.     result1.ifPresent(System.out::println);
14.     //System.out.println(result1.get());
15.     result2.ifPresent(System.out::println);
16.     //System.out.println(result2.get());
```

【実行結果】

```
c
aaa
```

9 行目では、max() メソッドを使用して最大値を取得しています。なお、max() メソッドの引数は Comparator インタフェースであるため、このコードでは Comparator の static メソッドである naturalOrder() メソッドを使用して、自然順序づけを行っています。

したがって実行結果を見るとcを取得しています。また、12行目では、max()メソッドの引数にラムダ式で文字数をもとに比較しているため、文字数が一番多いaaaを取得しています。なお、result1とresult2にはそれぞれnullではない値を保持しているため、14、16行目のようにget()メソッドによる取り出しも可能です。

findFirst()、findAny() メソッド

findFirst()はストリームから最初の要素を返し、findAny()はいずれかの要素を返します。

では、サンプルコードを確認します（**Sample5_10.java**）。

Sample5_10.java（抜粋）：findFirst()、findAny() メソッドのコード例

```
 6.    List<String> data = Arrays.asList("c", "a");
 7.    Optional<String> result1 = data.stream().findFirst();
 8.    Optional<String> result2 = data.stream().findAny();
 9.    System.out.println(result1.get());
10.    System.out.println(result2.get());
11.
12.    Stream<String> stream = Stream.empty();
13.    Optional<String> result3 = stream.findFirst();
14.    //System.out.println(result3.get());
15.    result3.ifPresent(System.out::println);
16.
17.    IntStream intStream = IntStream.of(10, 20, 30);
18.    OptionalInt result4 = intStream.findFirst();
19.    //System.out.println(result4.get());
20.    System.out.println(result4.getAsInt());
```

【実行結果】

```
c
c
10
```

7行目～10行目は実行結果のとおりです。なお、findFirst()、findAny() メソッドともにストリームが空の場合は空のOptionalオブジェクトを返します（max()、min()も同様です）。12行目では空のストリームを生成し、13行目でfindFirst()を実行していますが、戻り値は空のOptionalオブジェクトです。したがって14行目のようにget()メソッ

ドを呼び出すと、NoSuchElementException がスローされます。しかし、ifPresent() メソッドは Optional オブジェクトが保持する値が null であれば、引数で渡された Consumer の処理は行わないためエラーにはなりません。

ifPresent() メソッドの処理内容からわかるとおり、Optional クラスには Optional オブジェクトが empty かどうか（つまり保持する値が null かどうか）を判定して、処理を分岐するメソッドが提供されています。これにより、null チェックを行うコードを Optional 側に任せることができます。

また、findAny()、findFirst()、max()、min() の各メソッドは Stream インタフェースの他、基本データ型に対応したストリームでも提供されています。ただし、戻り値の型が異なります。表 5-5 は、Stream と IntStream の各メソッドをまとめたものです。

表 5-5：戻り値の違い

インタフェース名	戻り値	メソッド
Stream	Optional<T>	findAny, findFirst, max, min
IntStream	OptionalDouble	average
IntStream	OptionalInt	findAny, findFirst, max, min
IntStream	int	sum()

Sample5_10.java の 18 行目は、findFirst() メソッドの戻り値が OptionalInt 型となっています。また、OptionalInt から値を取り出す際は、getAsInt() メソッドを使用します。19 行目のように get() を使用するとコンパイルエラーとなります。

Optional クラスの orElse()、orElseGet()、orElseThrow() メソッド

次に Optional クラスの orElse()、orElseGet()、orElseThrow() メソッドを確認します。Sample5_10.java の解説にあるとおり、Optional オブジェクトが empty の場合、get() メソッドを呼ぶと NoSuchElementException がスローされますが、orElseXXX() メソッドを使用すると、返す値を明示的に変更することができます。

Sample5_11.java(抜粋)：orElse()、orElseGet()、orElseThrow() メソッドのコード例

```
6.      Stream<Double> stream = Stream.empty();
7.      Optional<Double> result = stream.findFirst();
8.      //System.out.println(result.get());
9.      System.out.println(result.orElse(0.0));
10.     System.out.println(result.orElseGet(() -> Math.random()));
11.     System.out.println(result.orElseThrow(
```

```
12.                          IllegalArgumentException::new));
13.      //System.out.println(result.orElseThrow(
14.                  //() -> new IllegalArgumentException()));
```

【実行結果】
```
0.0
0.3836845953972676
Exception in thread "main" java.lang.IllegalArgumentException
        at java.util.Optional.orElseThrow(Optional.java:290)
        at Sample5_11.main(Sample5_11.java:11)
```

　6、7行目により、result変数が参照するOptionalオブジェクトはemptyです。9行目はorElse()メソッドによりemptyの場合は0.0が返ります。10行目はorElseGet()メソッドによりemptyの場合は乱数が返ります。11、12行目はorElseThrow()メソッドによりemptyの場合はIllegalArgumentException例外がスローされます。なお、13、14行目は11、12行目のメソッド参照をラムダ式で記述した場合です。

　また、注意する点として10行目のorElseGet()メソッドの実装例を以下にした場合はどうなるでしょうか。

コード例
```
result.orElseGet(IllegalArgumentException::new)
```

　このコードはコンパイルエラーです。orElseGet()メソッドの戻り値は型パラメータに従うため、Sample5_11.javaの場合であればDouble型を返す必要があるからです。

 ## 中間操作

　ストリームの生成と主な終端操作を確認したので、次に中間操作を行うメソッドを確認します。中間操作は、取得したストリームに対して何かしらの処理を指定し、新しいストリームを生成します。終端操作のメソッドでわかるとおり、ストリームを使用している場合、保持する要素ごとに対して行いたい処理をラムダ式等で指定しますが、実際のイテレーション（反復処理）コードを私たちが記述することはありませんでした。これは、ストリームが内部でイテレータを保持しているからです。

　ただし、ストリーム生成→中間操作①→中間操作②→終端操作というように、パイ

プライン処理を行う際に、毎回イテレーションが行われることはありません。イテレーションは終端操作時でのみ実行されます。つまり、中間操作ではメソッドを使用して処理の登録だけを行っておくということになります。

主な中間操作を行うメソッドは以下のとおりです（表 5-6）。これらのメソッドは、java.util.stream.Stream インタフェースで宣言されています。

表 5-6：中間操作の主なメソッド

メソッド名	説明
Stream<T> filter(Predicate<? super T> predicate)	指定された条件に一致するものから構成されるストリームを返す
Stream<T> distinct()	重複を除いた要素から構成されるストリームを返す
Stream<T> limit(long maxSize)	maxSize 以内の長さに切り詰めた結果から構成されるストリームを返す
Stream<T> skip(long n)	先頭から n 個の要素を破棄した残りの要素で構成されるストリームを返す
<R> Stream<R> map(Function<? super T,? extends R> mapper)	指定された関数を適用した結果から構成されるストリームを返す
<R> Stream<R> flatMap(Function<? super T,? extends Stream<? extends R>> mapper)	指定された関数を適用した複数の結果から構成される 1 つのストリームを返す
Stream<T> sorted()	自然順序に従ってソートした結果から構成されるストリームを返す
Stream<T> sorted(Comparator<? super T> comparator)	指定された Comparator に従ってソートした結果から構成されるストリームを返す
Stream<T> peek(Consumer<? super T> action)	このストリームの要素から成るストリームを返す。要素がパイプラインを通過する際にその内容を確認するようなデバッグとして使用する

中間操作の実装例

では、表 5-6 で紹介した各メソッドをコードを用いて確認します。

filter()、distinct() メソッド

filter() メソッドは引数で指定した条件に合致した要素で構成されたストリームを返し、distinct() メソッドは重複した要素を除いた要素で構成されたストリームを返します。

では、サンプルコードを確認します（**Sample5_12.java**）。

Sample5_12.java（抜粋）：filter()、distinct() メソッドのコード例

```
 5.     Stream<String> stream1 = Stream.of("ami", "naoki", "akko");
 6.     stream1.filter(s -> s.startsWith("a"))
 7.            .forEach(x -> System.out.print(x + " "));
 8.     System.out.println();
 9.     Stream<String> stream2 = Stream.of("ami", "naoki", "akko", "ami");
10.     stream2.distinct()
11.            .forEach(x -> System.out.print(x + " "));
```

【実行結果】

```
ami akko
ami naoki akko
```

6 行目では filter() により a から始まる要素を抽出しています。filter() メソッドの引数は Predicate インタフェース（メソッドは「boolean test(T t)」）であるため false が返る要素は排除されます。また、10 行目では distinct() により重複した要素（この例では ami）を排除しています。

limit()、skip() メソッド

limit() メソッドは引数で指定された個数の要素で構成されたストリームを返し、skip() メソッドは先頭から引数で指定された数の要素を破棄したストリームを返します。

では、サンプルコードを確認します（Sample5_13.java）。

Sample5_13.java（抜粋）：limit()、skip() メソッドのコード例

```
 5.     IntStream.iterate(1, n -> n + 1)
 6.             .limit(10L)
 7.             .forEach(x -> System.out.print(x + " "));
 8.     System.out.println();
 9.     IntStream.rangeClosed(1, 10)
10.             .skip(5L)
11.             .forEach(x -> System.out.print(x + " "));
12.     System.out.println();
13.     IntStream.iterate(1, n -> n + 1)
14.             .skip(100L)
15.             .limit(5L)
16.             .forEach(x -> System.out.print(x + " "));
17.     System.out.println();
```

```
18.      Stream<String> stream = Stream.generate(() -> "Java");
19.              stream.limit(3L)
20.                  .forEach(x -> System.out.print(x + " "));
```

【実行結果】

```
1 2 3 4 5 6 7 8 9 10
6 7 8 9 10
101 102 103 104 105
Java Java Java
```

　5 行目では IntStream インタフェースの iterate() メソッドを使用し、初期値に 1 を指定し、1 ずつ加算した要素を無限に用意します。そのストリームに対し、limit() メソッドで要素数を 10 個に制限しています。実行結果を見ると、1 ～ 10 まで出力していることがわかります。また、9 行目では rangeClosed() メソッドで 1 ～ 10 の範囲（終了値を含む）要素に対するストリームを生成後、skip() メソッドで先頭から 5 つ破棄した残りの要素に対するストリームを生成しています。実行結果を見ると、6 ～ 10 まで出力していることがわかります。また、13 行目～ 16 行目は skip() と limit() をつなげている例です。14 行目により 100 の要素まで破棄され、101 ～の要素で構成されています。そして、15 行目により要素数は 5 となるため、実行結果は 101 ～ 105 となります。

　18 ～ 20 行目は、generate() メソッドを使用し、引数で指定したラムダ式から要素を構成し、limit() で要素数を制限しています。

map() メソッド

　map() メソッドは、引数で指定された処理を適用した結果から構成されるストリームを返します。

　コード例を確認します（**Sample5_14.java**）。

Sample5_14.java（抜粋）：map() メソッドのコード例

```
5.      //Stream<String> → Stream<String>
6.      Stream<String> stream1a = Stream.of("naoki", "akko", "ami");
7.      Stream<String> stream1b = stream1a.map( s -> s.toUpperCase());
8.      stream1b.forEach(x -> System.out.print(x + " "));
9.      System.out.println();
10.     //Stream<String> → Stream<Integer>
11.     Stream<String> stream2s = Stream.of("naoki", "akko", "ami");
```

```
12.        Stream<Integer> stream2i = stream2s.map( s -> s.length());
13.        stream2i.forEach(x -> System.out.print(x + " "));
14.        System.out.println();
15.        //IntStream → IntStream
16.        IntStream stream3a = IntStream.of(1, 2, 3);
17.        IntStream stream3b = stream3a.map( n -> n * 10);
18.        stream3b.forEach(x -> System.out.print(x + " "));
```

【実行結果】

```
NAOKI AKKO AMI
5 4 3
10 20 30
```

map() メソッドの引数は、Function インタフェース(メソッドは「R apply(T t)」)です。7 行目では map() メソッドの引数に各要素を大文字に変換する処理を渡しています。これにより Stream<String> 型のストリームをもとに Stream<String> 型のストリームを生成しています。また、12 行目では map() メソッドの引数に文字数を取得する処理を渡しています。これにより、Stream<String> 型のストリームをもとに Stream<Integer> 型のストリームを生成しています。また 17 行目では IntStream インタフェースの map() メソッドを使用しています。この場合、戻り値は IntStream 型となります。DoubleStream や LongStream でも同様な記述が可能です。このように、map() メソッドは元のストリームと map() の戻り値となるストリームの型は同じ場合もあれば、異なる場合もあります。

flatMap() メソッド

メソッド名のとおり map の 1 種ですが、map() メソッドは 1 要素に対して結果も 1 つ (1 対 1) であるのに対し、flatMap() メソッドは 1 要素に対して複数の結果を返します (1 対多)。そして複数の要素をストリームで返し、それを連結して 1 つのストリームに変換します。つまり、入れ子のストリームを平坦化 (フラットな) ストリームに変換します。

コード例を確認します (**Sample5_15.java**)。

Sample5_15.java(抜粋):flatMap() メソッドのコード例

```
6.        List<Integer> data1 = Arrays.asList(10);
7.        List<Integer> data2 = Arrays.asList(20, 30);
8.        List<Integer> data3 = Arrays.asList(40, 50, 60);
9.        List<List<Integer>> dataList =
```

```
10.                    Arrays.asList(data1, data2, data3);
11.     //map()を使用した場合
12.     dataList.stream()
13.             .map(data -> data.stream())
14.             .forEach(l -> {
15.                 l.forEach(x -> System.out.print(x + " "));});
16.     System.out.println();
17.     //flatMap()を使用した場合
18.     dataList.stream()
19.             .flatMap(data -> data.stream())
20.             .forEach(x -> System.out.print(x + " "));
```

【実行結果】

```
10 20 30 40 50 60
10 20 30 40 50 60
```

6行目～10行目ではリストをもとにリストを作成しています(**図5-4**)。もし、各要素をmap()メソッドで取り出す場合、12～15行目の処理となります。注目すべき点として、13行目ではmap()メソッドを使用しているため、リストの中のリストのストリームを取得し、要素を出力するため、forEach()が入れ子になっています。これに対し、18～20行目はflatMap()メソッドを使用していているため入れ子になっているストリームを平坦化します。このため、1回のforEach()メソッドの呼び出しですべての要素を出力します。

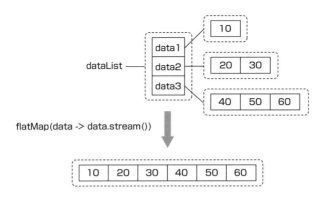

図 5-4：flatMap() メソッド概要

sorted() メソッド

sorted() メソッドは名前のとおり並べ替えを行います。引数をもたない sorted() メソッドは、自然順序に従って並べ替えを行います。明示的に並べ替えの順序を指定する場合は、Comparator オブジェクトを引数にもつ sorted() メソッドを使用します。次のコードを見てください (Sample5_16.java)。

Sample5_16.java (抜粋)：sorted() メソッドのコード例

```
6.      Stream.of("naoki", "akko", "ami")
7.          .sorted()
8.          .forEach(x -> System.out.print(x + " "));
9.      System.out.println();
10.     Stream.of("naoki", "akko", "ami")
11.         .sorted(Comparator.reverseOrder())
12.         .forEach(x -> System.out.print(x + " "));
```

【実行結果】

```
akko ami naoki
naoki ami akko
```

7 行目では引数をもたない sorted() メソッドを使用しています。したがって 8 行目は自然順序に従って出力します。また、11 行目では、sorted() メソッドの引数に Comparator インタフェースの static メソッドである reverseOrder() を指定しています。これは、自然順序づけの逆を義務付ける Comparator オブジェクトを返します。したがって 12 行目では自然順序の逆順で出力します。

peek() メソッド

次に peek() メソッドです。引数は Consumer インタフェース (メソッドは「void accept(T t)」) であるため、何かしらの処理を実行しますが戻り値はありません。したがって、要素がパイプラインを通過する際にその内容を確認するようなデバッグとして使用します。次のコードを見てください (Sample5_17.java)。

Sample5_17.java (抜粋)：peek() メソッドのコード例

```
6.      List<String> list =
7.          Stream.of("one", "three", "two", "three", "four")
8.              .filter(s -> s.length() > 3)
```

```
9.          .peek(e -> System.out.println("フィルタ後 : " + e))
10.         .distinct()
11.         .map(String::toUpperCase)
12.         .peek(e -> System.out.println("マップ後   : " + e))
13.         .collect(Collectors.toList());
```

【実行結果】

```
フィルタ後 : three
マップ後   : THREE
フィルタ後 : three
フィルタ後 : four
マップ後   : FOUR
```

8行目では、3文字を超える単語を抽出し、10行目では重複する単語があれば排除し、11行目では残った要素に対して大文字に変換しています。実行結果を見ると、処理される順番は、1つずつの要素に対して各処理が実行されていることがわかります。そして、8行目のfilter()メソッドによる条件外の要素（oneやtwo）は、9行目以降が実行されていないこと、また、10行目のdistinct()による条件外の要素（2つのthreeのうち1つ）は、11行目以降が実行されていないことを確認してください。つまり、全要素をスキャンしているのは1回だけであることがわかります。

ストリームインタフェースの型変換

ここまでの解説から、Streamインタフェースでは、型パラメータの指定により様々な型の要素に対するストリームを作成可能であることを確認しました。ここで、Sample5_14.javaの11、12行目のコードを以下に再掲します。

(Sample5_14.javaの11、12行目)

```
11.   Stream<String> stream2s = Stream.of("naoki", "akko", "ami");
12.   Stream<Integer> stream2i = stream2s.map( s -> s.length());
```

12行目のmap()メソッドで確認したとおり、Stream<String> → Stream<Integer>の変換は可能です。しかし、これはストリームで扱う要素の型を変換しているだけで、Stream → IntStreamというようにストリームインタフェース自体の型変換を行っているわけではありません。ストリームインタフェースの型変換を行う場合は、mapToXXX()メソッドを使用します。

各インタフェースで用意されているストリームインタフェースの型変換を行うメソッドは以下のとおりです（**表 5-7**）。

表 5-7：ストリームインタフェースの型変換を行うメソッド

インターフェース名	Stream の生成	DoubleStream の生成	IntStream の生成	LongStream の生成
Stream	map()	mapToDouble()	mapToInt()	mapToLong()
DoubleStream	mapToObj()	map()	mapToInt()	mapToLong()
IntStream	mapToObj()	mapToDouble()	map()	mapToLong()
LongStream	mapToObj()	mapToDouble()	mapToInt()	map()

注）各メソッドの引数は省略しています。

たとえば、Stream<String> → IntStream に変換する場合は以下のようにします。

（mapToInt() メソッドを使用した例）

```
Stream<String> stream2o = Stream.of("naoki", "akko", "ami");
IntStream stream2n = stream2o.mapToInt( s -> s.length());
```

さらに、**図 5-5** のような型変換を行う場合を確認します。

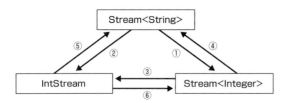

図 5-5：様々なストリームインタフェースの型変換

①〜⑥の型変換で使用するメソッドを**表 5-8**にまとめます。

表 5-8：ストリームインタフェースの型変換を行うメソッドの使用例

元の型	メソッド名	引数	変換後の型（戻り値）
① Stream<String>	map	Function<? super T,? extends R> mapper	Stream<Integer>

元の型	メソッド		変換後の型
	メソッド名	引数	（戻り値）
② Stream\<String\>	mapToInt	ToIntFunction\<? super T\> mapper	IntStream
③ Stream\<Integer\>	mapToInt	ToIntFunction\<? super T\> mapper	IntStream
④ Stream\<Integer\>	map	Function\<? super T,? extends R\> mapper	Stream\<String\>
⑤ IntStream	mapToObj	IntFunction\<? extends U\> mapper	Stream\<String\>
⑥ IntStream	boxed	なし	Stream\<Integer\>

※参考：上記表の各引数の抽象メソッド

インタフェース名	抽象メソッド
Function\<T,R\>	R apply(T t)
ToIntFunction\<T\>	int applyAsInt(T value)
IntFunction\<R\>	R apply(int value)

①と④や、②と③は型パラメータが異なるものの、同じ Stream インタフェースとなるため、使用するメソッドは同じです。しかし、戻り値の型を意識して引数となるラムダ式を指定する必要があります。では、サンプルコードを見ながら確認します（Sample5_18.java）。出力処理はないため、実行結果は割愛します。なお、表 5-8 で使用するメソッドの引数である各関数型インタフェースおよびその抽象メソッドを確認しながら読み進めてください。

Sample5_18.java（抜粋）：ストリームインタフェースの型変換のコード例

```
5.      // ① Stream<String> → Stream<Integer>
6.      Stream<String> stream1o = Stream.of("a", "b");
7.      Stream<Integer> stream1n = stream1o.map( s -> s.length());
8.      // ② Stream<String> → IntStream
9.      Stream<String> stream2o = Stream.of("naoki", "akko", "ami");
10.     IntStream stream2n = stream2o.mapToInt( s -> s.length());
11.     // ③ Stream<Integer> → IntStream
12.     Stream<Integer> stream3o = Stream.of(1, 2, 3);
13.     IntStream stream3n = stream3o.mapToInt(n -> n);
14.     // ④ Stream<Integer> → Stream<String>
15.     Stream<Integer> stream4o = Stream.of(1, 2, 3);
16.     Stream<String> stream4n = stream4o.map(  n -> n + "a" );
17.     // ⑤ IntStream → Stream<String>
18.     IntStream stream5o = IntStream.of(1, 2, 3);
19.     Stream<String> stream5n = stream5o.mapToObj( n -> n + "a" );
```

```
20.     // ⑥ IntStream → Stream<Integer>
21.     IntStream stream6o = IntStream.of(1, 2, 3);
22.     Stream<Integer> stream6n = stream6o.boxed();
```

①は、Stream<String> → Stream<Integer> であるため、map() メソッドを使用します。この例では、戻り値として要素の文字数を返す処理としています。

②は、Stream<String> → IntStream であるため、mapToInt() メソッドを使用します。これも①と同様に要素の文字数を返す処理としています。

③は、Stream<Integer> → IntStream であるため、mapToInt() メソッドを使用します。元の型は Stream<Integer> であるため、②のように「s -> s.length()」は使用できません（Integer クラスに length() メソッドはない）。そのため、この例では、引数には Integer をとり、戻り値は int 型でそのまま返す（AutoBoxing により可能）処理としています。

④は、Stream<Integer> → Stream<String> であるため、map() メソッドを使用します。この例では要素に a 文字列を結合して返す処理としています。

⑤は、IntStream → Stream<String> であるため、mapToObj() メソッドを使用します。これも④と同様に a 文字列を結合して返す処理としています。

⑥ IntStream → Stream<Integer> であるため、boxed() メソッドを使用します。boxed() メソッドは、基本データ型のストリームから、Stream の各ラッパークラスの型へ変換するためのメソッドです。したがって、各基本データ型のストリームには、boxed() メソッドが提供されており、変換後のストリームの型は以下のとおりです。

boxed() メソッドを使用した型変換

- IntStream → Stream<Integer>
- DoubleStream → Stream<Double>
- LongStream → Stream<Long>

また、表 5-7 にもあるとおり、基本データ型のストリーム間での型変換では mapToXX() メソッドが使用できますが、その他に暗黙の型変換を行うためのメソッドが用意されています。第 2 章で基本データ型での暗黙の型変換を紹介していますが、ストリームに関連する型は、int、long、double のみです。

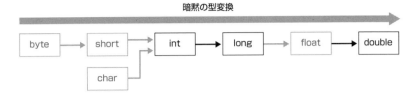

図 5-6：暗黙の型変換

図 5-6 からもわかるとおり、double 型については、暗黙の型変換はありません。したがって、IntStream と LongStream に表 5-9 のメソッドが提供されています。

表 5-9：暗黙の型変換を行うためのメソッド

メソッド名	説明
LongStream asLongStream()	**IntStream インタフェースで提供。** 要素を long に変換した結果から構成される LongStream を返す
DoubleStream asDoubleStream()	**IntStream インタフェースで提供。** 要素を double に変換した結果から構成される DoubleStream を返す
DoubleStream asDoubleStream()	**LongStream インタフェースで提供。** 要素を double に変換した結果から構成される DoubleStream を返す

では、IntStream の asDoubleStream() メソッドを使用したコード例を確認します（Sample5_19.java）。

Sample5_19.java（抜粋）：asDoubleStream() メソッドのコード例

```
5.    //IntStream → DoubleStream(mapToDouble() を使用 )
6.    IntStream stream1i = IntStream.of(2, 3, 5);
7.    DoubleStream stream1d = stream1i.mapToDouble(n -> n);
8.    System.out.println(stream1d.average().getAsDouble());
9.    //IntStream → DoubleStream(asDoubleStream() を使用 )
10.   IntStream stream2i = IntStream.of(2, 3, 5);
11.   DoubleStream stream2d = stream2i.asDoubleStream();
12.   System.out.println(stream2d.average().getAsDouble());
```

【実行結果】

```
3.3333333333333335
3.3333333333333335
```

6〜8行目は IntStream → DoubleStream の変換で IntStream の mapToDouble() メソッドを使用しています。引数は IntToDoubleFunction インタフェース（メソッドは「double applyAsDouble(int value)」）であるため、処理としてラムダ式で「n -> n」としています。一方、10〜12行目は asDoubleStream() メソッドを使用しています。引数をもたないため、メソッドを呼び出すだけで型変換が行われます。

collect() メソッドと Collectors クラス

先に終端操作を行うメソッドについて紹介しましたが、ここでは、終端操作の項目でまだ扱っていない collect() メソッドについて紹介します。collect() メソッドは名前のとおり、ストリームから要素をまとめて1つのオブジェクトを取得することができます。

表 5-3 で collect() メソッドを掲載していますが、ここで再掲します。

（構文）

構文1：<R,A> R collect(Collector<? super T,A,R> collector)
構文2：<R> R collect(Supplier<R> supplier,
　　　　　　BiConsumer<R,? super T> accumulator,
　　　　　　BiConsumer<R,R> combiner)

構文1では、引数が java.util.stream.Collector 型であることを確認してください。Collector インタフェースは、SE 8 から追加されましたが、関数型インタフェースではなく、通常のインタフェースです。collect() メソッドの引数に Collector インタフェースを実装したクラスを引数に渡すことも可能ですが、一般的な処理用に Collector インタフェースの実装クラスとして、java.util.stream.Collectors クラスが用意されています。

 参考　本書では、出題率の高い Collectors クラスのメソッドを紹介します。また構文2については、第 10 章で紹介します。

Collectors クラス

Collectors クラスには、Collector オブジェクトを提供する static メソッドが多数用意されています。主なメソッドは表 5-10 のとおりです。

表 5-10：Collectors クラスの主なメソッド

メソッド名	説明
static <T> Collector<T,?,List<T>> toList()	List に蓄積する Collector を返す
static Collector<CharSequence,?,String> joining()	入力要素を検出順に連結して 1 つの String にする Collector を返す
static Collector<CharSequence,?,String> joining(CharSequence delimiter)	入力要素を検出順に指定された区切り文字で区切りながら連結する Collector を返す
static <T> Collector<T,?,Integer> summingInt(ToIntFunction<? super T> mapper)	int 値関数を適用した結果の合計を生成する Collector を返す。要素が存在しない場合、結果は 0 になる
static <T> Collector<T,?,Double> averagingInt(ToIntFunction<? super T> mapper)	int 値関数を適用した結果の算術平均を生成する Collector を返す。要素が存在しない場合、結果は 0 になる
static <T> Collector<T,?,Set<T>> toSet()	Set に蓄積する Collector を返す
static <T,K,U> Collector<T,?,Map<K,U>> toMap(Function<? super T,? extends K>key, Function<? super T,? extends U> value)	Map に蓄積する Collector を返す
static <T,K> Collector<T,?,Map<K,List<T>>> groupingBy(Function<? super T,? extends K> classifier)	指定した関数に従って要素をグループ化し、結果を Map に格納して返す Collector を返す
static <T> Collector<T,?,Map<Boolean,List<T>>> partitioningBy(Predicate<? super T> predicate)	指定した関数に従って要素を true もしくは false でグループ化し、結果を Map に格納して返す Collector を返す
static <T,U,A,R> Collector<T,?,R> mapping(Function<? super T,? extends U> mapper, Collector<? super U,A,R> downstream)	マッピングを行い、マップ後に指定された他の Collector を適用し、その結果を Map に格納して返す Collector を返す
static <T> Collector<T,?,Optional<T>> maxBy(Comparator<? super T> comparator)	指定された Comparator に従って Optional<T> として記述された最大要素を生成する Collector を返す
static <T> Collector<T,?,Optional<T>> minBy(Comparator<? super T> comparator)	指定された Comparator に従って Optional<T> として記述された最小要素を生成する Collector を返す

では、表5-10で紹介した各メソッドをコードを用いて確認します。

toList()、joining()、summingInt()、averagingInt() メソッド

toList() メソッドは、ストリームをリストへ変換し、joining() メソッドは、ストリームを文字列に変換し、summingInt() メソッドは合計値の計算、averagingInt() メソッドは平均値の計算を行う Collector オブジェクトを返します。

コード例を確認します（Sample5_20.java）。

Sample5_20.java（抜粋）：toList()、joining()、summingInt()、averagingInt() メソッドのコード例

```
6.      //toList() メソッド
7.      Stream<String> stream1 = Stream.of("naoki", "akko", "ami");
8.      List<String> result1 = stream1.collect(Collectors.toList());
9.      System.out.println(result1);
10.     //joining() メソッド
11.     Stream<String> stream2 = Stream.of("naoki", "akko", "ami");
12.     String result2 = stream2.collect(Collectors.joining(" | "));
13.     System.out.println(result2);
14.     //summingInt() メソッド
15.     Stream<String> stream3 = Stream.of("naoki", "akko", "ami");
16.     Integer result3 = stream3.collect(
17.             Collectors.summingInt(t -> t.length()));
18.     System.out.println(result3);
19.     //averagingInt() メソッド
20.     Stream<String> stream4 = Stream.of("naoki", "akko", "ami");
21.     Double result4 = stream4.collect(
22.             Collectors.averagingInt(t -> t.length()));
23.     System.out.println(result4);
```

【実行結果】

```
[naoki, akko, ami]
naoki | akko | ami
12
4.0
```

8行目では toList() メソッドでストリームをもとにリストを取得しています。12行目では、区切り文字を引数にとる joining() メソッドを使用しています。これにより、ストリームが保持する要素に対して、指定された区切り文字を使用しながら文字列結合が行

われます。17行目では、summingInt() メソッドで合計値を取得する Collector オブジェクトを取得し、collect() メソッドの引数に指定しています。これにより、戻り値は Integer 型となります。なお、**表 5-10** には掲載していませんが、summingDouble() メソッドであれば Double 型、summingLong() メソッドであれば Long 型で値を取得可能であるため、API ドキュメントで確認してください。また、22行目では、averagingInt() メソッドで平均値を取得する Collector オブジェクトを取得しています。averagingDouble() や averagingLong() メソッドも提供されていますが、averagingXXX() メソッドの戻り値はすべて Double 型となることに注意してください。

toSet()、toMap() メソッド

toSet() メソッドは、ストリームをセットへ変換し、toMap() メソッドはマップへ変換します。

コード例を確認します（**Sample5_21.java**）。

Sample5_21.java（抜粋）：toSet()、toMap() メソッドのコード例

```
6.      //toSet() メソッド
7.      Stream<String> stream1 = Stream.of("naoki", "akko", "ami");
8.      Set<String> set=
9.              stream1.collect(Collectors.toSet());
10.     System.out.println(set);
11.     //toMap() メソッド
12.     Stream<String> stream2 = Stream.of("naoki", "akko", "ami");
13.     Map<String, String> map=
14.             stream2.collect(
15.             Collectors.toMap(s -> s, String::toUpperCase));
16.     System.out.println(map);
```

【実行結果】

```
[naoki, akko, ami]
{naoki=NAOKI, akko=AKKO, ami=AMI}
```

8、9行目では、toSet() メソッドでセットへ変換しています。また、13～15行目では toMap() メソッドでマップへ変換しています。マップはキーと値をセットで保持するため、toMap() メソッドの第1引数にキー、第2引数に値を指定しています。

toMap メソッドはオーバーロードされており、Sample5_21.java で使用したものは構文1です。

> 構文

構文1:
```
static <T,K,U> Collector<T,?,Map<K,U>> toMap(
              Function<? super T,? extends K> keyMapper,
              Function<? super T,? extends U> valueMapper)
```

構文2:
```
static <T,K,U> Collector<T,?,Map<K,U>> toMap(
              Function<? super T,? extends K> keyMapper,
              Function<? super T,? extends U> valueMapper,
              BinaryOperator<U> mergeFunction)
```

構文3:
```
static <T,K,U,M extends Map<K,U>> Collector<T,?,M> toMap(
              Function<? super T,? extends K> keyMapper,
              Function<? super T,? extends U> valueMapper,
              BinaryOperator<U> mergeFunction,
              Supplier<M> mapSupplier)
```

構文1を使用したtoMap()メソッドのサンプルをもう1つ見てみましょう(Sample5_22.java)。

Sample5_22.java (抜粋):toMap()メソッドのコード例1

```
6.      //toMap() メソッド①
7.      Stream<String> stream1 = Stream.of("nao", "akko", "ami");
8.      Map<String, Integer> map1= stream1.collect(
9.                      Collectors.toMap(s -> s, String::length));
10.     System.out.println(map1);
11.     //toMap() メソッド②
12.     Stream<String> stream2 = Stream.of("nao", "akko", "ami");
13.     Map<Integer, String> map2= stream2.collect(
14.                     Collectors.toMap(String::length, s -> s));
15.     System.out.println(map2);
```

【実行結果】

```
{akko=4, ami=3, nao=3}
Exception in thread "main" java.lang.IllegalStateException:
```

```
Duplicate key nao
＜途中省略＞
        at Sample5_22.main(Sample5_22.java:13)
```

　8、9行目を見ると、キーには各要素（nao、akko、ami）、値には要素の文字数を指定しています。実行結果からもわかるとおり、10行目は問題なく出力しています。一方、13、14行目では、キーに要素の文字数を指定しています。要素を見ると、naoとamiは同じ3文字です。toMap()メソッドでは、**マップ先のキーが重複する場合、実行時にIllegalStateException**がスローされるため注意してください。

　そこで、構文2のtoMap()メソッドを使用すると、キーが重複している場合は、マッピングしてマージした結果を返すことができます。構文2のメソッドの第3引数を見ると、BinaryOperator（メソッドは「T apply(T t1, T t2)」）であることがわかります。したがってキーが同じだった場合のマージ処理を指定します。また、マージ結果を別のマップに格納する場合は、構文3のtoMap()メソッドを使用します。

　では、サンプルコードで確認します（**Sample5_23.java**）。

Sample5_23.java（抜粋）：toMap()メソッドのコード例2

```
6.      //toMap() メソッド①
7.      Stream<String> stream1 = Stream.of("nao", "akko", "ami");
8.      Map<Integer, String> map1 =
9.              stream1.collect(Collectors.toMap(
10.                                  String::length,
11.                                  s -> s,
12.                                  (s1, s2) -> s1 + " : " + s2));
13.     System.out.println(map1);
14.     System.out.println(map1.getClass());
15.     //toMap() メソッド②
16.     Stream<String> stream2 = Stream.of("nao", "akko", "ami");
17.     Map<Integer, String> map2 =
18.             stream2.collect(Collectors.toMap(
19.                                 String::length,
20.                                 s -> s,
21.                                 (s1, s2) -> s1 + " : " + s2,
22.                                 TreeMap::new));
23.     System.out.println(map2);
24.     System.out.println(map2.getClass());
```

【実行結果】

```
{3=nao : ami, 4=akko}
class java.util.HashMap
{3=nao : ami, 4=akko}
class java.util.TreeMap
```

7 〜 12 行目は構文 2 の例です。10 行目は第 1 引数であるキー、11 行目は第 2 引数である値を指定しています。そして、12 行目では第 3 引数としてマージ処理を指定しています。この例では、値をコロン（：）で区切りながら結合するようにしています。実行結果を見ると、キーが 3 の場合の値が nao : ami となっています。また、16 〜 22 行目は、構文 3 の例です。22 行目を見ると、マージした結果を格納するマップとして TreeMap のインスタンス化処理が指定されています。

groupingBy() メソッド

groupingBy() メソッドは、指定した条件に従ってグルーピングを行います。groupingBy() メソッドもオーバーロードされています。各メソッドの第 1 引数を見ると、Function（メソッドは「R apply(T t)」）となっています。つまり、apply() の引数に要素を渡して、戻り値としてマップのキーとなる値を返すような処理を指定します。同じキーを返せば、同じグループに属するという意味になります。

構文

構文1：
```
static <T,K> Collector<T,?,Map<K,List<T>>> groupingBy(
                Function<? super T,? extends K> classifier)
```
構文2：
```
static <T,K,A,D> Collector<T,?,Map<K,D>> groupingBy(
                Function<? super T,? extends K> classifier,
                Collector<? super T,A,D> downstream)
```
構文3：
```
static <T,K,D,A,M extends Map<K,D>> Collector<T,?,M> groupingBy(
                Function<? super T,? extends K> classifier,
                Supplier<M> mapFactory,
                Collector<? super T,A,D> downstream)
```

では、構文1のサンプルコードを見てみましょう（**Sample5_24.java**）。

Sample5_24.java（抜粋）：groupingBy() メソッドのコード例1

```
6.      Stream<String> stream =
7.              Stream.of("belle", "akko", "ami", "bob", "nao");
8.      Map<String, List<String>> map=
9.              stream.collect(Collectors.groupingBy(
10.                             s -> s.substring(0, 1)));
11.     System.out.println(map);
```

【実行結果】

```
{a=[akko, ami], b=[belle, bob], n=[nao]}
```

このサンプルでは、7行目にある5つの要素を頭文字でグルーピングしています。9、10行目の groupingBy() メソッドの引数を見ると、各要素の1文字目を substring() メソッドで取出ししていることがわかります。

次のサンプルコードは構文2と構文3の例です（**Sample5_25.java**）。

Sample5_25.java（抜粋）：groupingBy() メソッドのコード例2

```
6.      // 構文2の例 1
7.      Stream<String> stream1 =
8.              Stream.of("belle", "akko", "ami", "bob", "nao");
9.      Map<String, Set<String>> map1=
10.             stream1.collect(Collectors.groupingBy(
11.                             s -> s.substring(0, 1),
12.                             Collectors.toSet()));
13.     System.out.println(map1);
14.     // 構文2の例 2
15.     Stream<String> stream2 =
16.             Stream.of("belle", "akko", "ami", "bob", "nao");
17.     Map<String, String> map2=
18.             stream2.collect(Collectors.groupingBy(
19.                             s -> s.substring(0, 1),
20.                             Collectors.joining()));
21.     System.out.println(map2);
22.     System.out.println("map2 のクラス名：" + map2.getClass());
23.     // 構文3の例
```

```
24.     Stream<String> stream3 =
25.              Stream.of("belle", "akko", "ami", "bob", "nao");
26.     Map<String, String> map3=
27.              stream3.collect(Collectors.groupingBy(
28.                              s -> s.substring(0, 1),
29.                              TreeMap::new,
30.                              Collectors.joining()));
31.     System.out.println(map3);
32.     System.out.println("map3 のクラス名 :" + map3.getClass());
```

【実行結果】

```
{a=[akko, ami], b=[bob, belle], n=[nao]}
{a=akkoami, b=bellebob, n=nao}
map2 のクラス名 :class java.util.HashMap
{a=akkoami, b=bellebob, n=nao}
map3 のクラス名 :class java.util.TreeMap
```

7～13行目は、構文2のgroupingBy()メソッドを使用した例です。11行目はgroupingBy()メソッドの第1引数として、前のサンプルコード（Sample5_24.java）と同様にグループ化処理の指定です。12行目で第2引数としてCollectors.toSet()を指定しています。第2引数では、グループ化したリストに対して行いたい処理を指定します。この例では、リストをセットへ変換していることがわかります。したがって、collect()メソッドの戻り値であるマップを格納する変数宣言が以下であることを確認してください。

コード例

・Sample5_24.java の 8 行目

Map<String, List<String>> map=

・Sample5_25.java の 9 行目

Map<String, Set<String>> map1=

また、15～22行目の構文2を使用した例も見てみましょう。今度は第2引数（20行目）にCollectors.joining()を指定しています。これによりグループ化したリスト内容の要素が結合され文字列に変換されます。したがって、17行目の変数宣言を見ると、Map<String, String>となっています。また、22行目ではmap2のクラス名を出力していますが、HashMapであることがわかります。このように、通常はHashMap型で返され

るため、キーと値のペアは順不同で管理されています。もし、TreeMap を使用してキーの昇順による順序づけを維持したい場合は、構文 3 を使用します。24 〜 32 行目の構文 3 を使用した例も見てみましょう。第 1 引数でグループ化処理の指定、第 3 引数でグループ化したリストに対して行いたい処理、そして、第 2 引数で collect() メソッドの実行結果は TreeMap で返すように TreeMap のインスタンス化処理を行っています。32 行目の出力結果を見ると、TreeMap であることがわかります。

partitioningBy() メソッド

partitioningBy() メソッドは、groupingBy() と同様に指定した条件に従ってグルーピングを行います。各メソッドの異なる点は、groupingBy() メソッドはグループ化の処理を Function 型で行いますが、partitioningBy() メソッドは Predicate 型で行います。つまり戻り値が Boolean 値となります。partitioningBy() メソッドは 2 つ提供されています。

構文

構文1：
```
static <T> Collector<T,?,Map<Boolean,List<T>>> partitioningBy(
                    Predicate<? super T> predicate)
```
構文2：
```
static <T,D,A> Collector<T,?,Map<Boolean,D>> partitioningBy(
                    Predicate<? super T> predicate,
                    Collector<? super T,A,D> downstream)
```

では、各構文のサンプルコードを確認します（Sample5_26.java）。

Sample5_26.java（抜粋）：partitioningBy() メソッドのコード例

```
6.      // 構文 1 の例 1
7.      Stream<Integer> stream1 = Stream.of(3, 5, 7, 9);
8.      Map<Boolean, List<Integer>> map1=
9.              stream1.collect(
10.                     Collectors.partitioningBy(s -> s > 5));
11.     System.out.println(map1);
12.     // 構文 1 の例 2
13.     Stream<Integer> stream2 = Stream.of(3, 5, 7, 9);
14.     Map<Boolean, List<Integer>> map2=
15.             stream2.collect(
```

```
16.                    Collectors.partitioningBy(s -> s > 10));
17.     System.out.println(map2);
18.     //構文2の例
19.     Stream<Integer> stream3 = Stream.of(3, 5, 7, 9);
20.     Map<Boolean, Integer> map3=
21.           stream3.collect(
22.                    Collectors.partitioningBy(
23.                        s -> s > 5,
24.                        Collectors.summingInt(n -> n)));
25.     System.out.println(map3);
```

【実行結果】

```
{false=[3, 5], true=[7, 9]}
{false=[3, 5, 7, 9], true=[]}
{false=8, true=16}
```

7～11行目は、構文1のpartitioningBy()メソッドを使用した例です。10行目により、要素が5より大きい場合trueのグループ、小さい場合はfalseのグループとなります。8行目のmap1の変数宣言を見るとMap<Boolean, List<Integer>>となっていることも確認してください。また、13～17行目にあるように、グループに該当する要素がない場合は**空のリスト**が返ります。また、groupingBy()メソッドと同様にグループ化したリストに対して行いたい処理がある場合は、構文2を使用します。19～25行目は構文2の例ですが、24行目ではsummingInt()メソッドを使用して合計値を取得しています。したがって、20行目のmap3の変数宣言を見るとMap<Boolean, Integer>となっていることも確認してください。

mapping() メソッド

mapping()メソッドは、map()メソッドと同様にストリームの各要素に対して行いたい処理を指定します。ただし、引数は2つもちます。第1引数に要素に対して行いたい処理、第2引数はマップ後に行いたい処理を指定します。

コード例を確認します（Sample5_27.java）。

Sample5_27.java（抜粋）：mapping()メソッドのコード例

```
5.      //map()メソッドの例
6.      Stream<String> stream1 = Stream.of("naoki", "akko", "ami");
7.      String result1 = stream1.map( s -> s.toUpperCase()).
```

```
8.                        collect(Collectors.joining(":"));
9.    System.out.println(result1);
10.   //mapping() メソッドの例
11.   Stream<String> stream2 = Stream.of("naoki", "akko", "ami");
12.   String result2 = stream2.collect(
13.              Collectors.mapping( s -> s.toUpperCase(),
14.                          Collectors.joining(":")));
15.   System.out.println(result2);
```

【実行結果】
```
NAOKI:AKKO:AMI
NAOKI:AKKO:AMI
```

6〜9行目では、map() メソッドでストリーム内の各要素を大文字に変換します。その後、collect() メソッドで文字列の結合を行っています。一方、11〜15行目では、collect() メソッドの引数で mapping() メソッドを使用しています。13、14行目を見ると、mapping() メソッド内で、大文字への変換と、文字列結合の処理が行われていることがわかります。

maxBy()、minBy() メソッド

maxBy() は最大値、minBy() は最小値の要素を取得する際に使用します。コード例を確認します (**Sample5_28.java**)。

Sample5_28.java (抜粋)：maxBy()、minBy() メソッドのコード例
```
6.    //minBy() メソッドの例
7.    Stream<String> stream1 =
8.              Stream.of("naoki", "akko", "ami");
9.    Optional<String> result1 =
10.             stream1.collect(
11.             Collectors.minBy(Comparator.naturalOrder()));
12.   System.out.println(result1.get());
13.   //maxBy() メソッドの例
14.   Stream<String> stream2 =
15.             Stream.of("101", "105", "106", "203", "205");
16.   Map<String, Optional<String>> result2 =
17.             stream2.collect(
18.             Collectors.groupingBy(
```

```
19.                    s -> s.substring(0, 1),
20.                    Collectors.maxBy(Comparator.naturalOrder()) ));
21.      System.out.println(result2);
```

【実行結果】

```
akko
{1=Optional[106], 2=Optional[205]}
```

　各メソッドは引数に Comparator 型をとるため、11 行目では Comparator インタフェースの naturalOrder() メソッドを使用して自然順序でソートし、最小値である akko を取得します。なお、minBy() メソッドの戻り値は <T> Collector<T,?,Optional<T>> であるため、collect() メソッドの戻り値を格納する 9 行目の変数宣言では、Optional<String> としています。そして、12 行目では値の取得に get() メソッドを使用しています。

　また、14 〜 21 行目では、groupingBy() と maxBy() を使用した例です。18、19 行目では、要素の頭文字でグループ化し、20 行目では各グループを naturalOrder() メソッドにより自然順序でソートし maxBy() メソッドで最大値を取得します。実行結果を見ると、1 グループは 106、2 グループは 205 を取得しています。

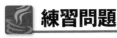

練習問題

問題 5-1

ラムダ式で実装可能なものは次のどれですか。2つ選択してください。

- ☐ A. Comparable インタフェース
- ☐ B. Comparator インタフェース
- ☐ C. Collection インタフェースの remove() メソッド
- ☐ D. Collection インタフェースの removeAll() メソッド
- ☐ E. Collection インタフェースの removeIf() メソッド

問題 5-2

次のコード（抜粋）があります。

```
4. Set<String> set = new HashSet<>();
5. set.add("c"); set.add("a"); set.add("b");
6. set.forEach( 【  ①  】 );
```

コンパイル、実行がともに成功し、セットの全要素が出力されるために、①に挿入可能なコードとして正しいものは次のどれですか。3つ選択してください。

- ☐ A. System.out.println(s)
- ☐ B. System::out::println
- ☐ C. System.out::println
- ☐ D. () -> System.out.println(s)
- ☐ E. s -> System.out.println(s)
- ☐ F. (s) -> System.out.println(s)

問題 5-3

次のコード（抜粋）があります。

```
4. Map<Integer, Integer> map = new HashMap<>();
5. map.put(1, 10); map.put(2, null); map.put(3, 30);
6. map.merge(1, 3, (a, b) -> a + b);
7. map.merge(3, 3, (a, b) -> a + b);
8. System.out.println(map);
```

コンパイル、実行した結果として正しいものは次のどれですか。1つ選択してください。

- A. {1=10, 3=30}
- B. {1=10, 2=null, 3=30}
- C. {1=40, 3=60}
- D. {1=40, 2=null, 3=60}
- E. {1=13, 3=33}
- F. {1=13, 2=null, 3=33}
- G. コンパイルエラー

■ 問題 5-4 ■

ストリーム API の説明として正しいものは次のどれですか。2 つ選択してください。

- A. reduce() メソッドは、中間操作の 1 つである
- B. peek() メソッドは、終端操作の 1 つである
- C. 中間操作は、終端操作の処理後の呼び出しが可能である
- D. 終端操作は、戻り値の型として Stream 型を返す
- E. ストリームのパイプラインでは 1 つの終端操作のみでも正しい使用方法である
- F. 終端操作は、パイプラインの結果を得るために必要な処理である

■ 問題 5-5 ■

次のコード (抜粋) があります。

```
5. Predicate<? super String> p = s -> s.startsWith("g");
6. Stream<String> st1 = Stream.generate(() -> "orange");
7. Stream<String> st2 = Stream.generate(() -> "gold");
8. System.out.print(st1.anyMatch(p) + " ");
9. System.out.println(st2.allMatch(p));
```

コンパイル、実行した結果として正しいものは次のどれですか。1 つ選択してください。

- A. 5 行目でコンパイルエラー
- B. 6、7 行目でコンパイルエラー
- C. コンパイルは成功するが、実行するとハングする
- D. false true
- E. true true
- F. false false

■ 問題 5-6 ■

IntStream インタフェースのメソッドの説明として正しいものは次のどれですか。2つ選択してください。

- ❑ A. sum() メソッドの戻り値は int 型である
- ❑ B. sum() メソッドの戻り値は OptionalInt 型である
- ❑ C. findAny メソッドの戻り値は int 型である
- ❑ D. findAny メソッドの戻り値は OptionalInt 型である
- ❑ E. average() メソッドの戻り値は int 型である
- ❑ F. average() メソッドの戻り値は OptionalInt 型である

■ 問題 5-7 ■

次のコード（抜粋）があります。

```
5. LongStream stream = LongStream.of(1, 2, 3);
6. OptionalLong op = stream.map(n -> n * 2)
7.                         .filter(n -> n < 5)
8.                         .findFirst();
9. 【   ①   】
```

コンパイル、実行がともに成功し、2が出力されるために、①に挿入可能なコードとして正しいものは次のどれですか。2つ選択してください。

- ❑ A. if(op.isPresent()) System.out.println(op.get());
- ❑ B. if(op.isPresent()) System.out.println(op.getAsLong());
- ❑ C. if(op.ifPresent()) System.out.println(op.get());
- ❑ D. if(op.ifPresent()) System.out.println(op.getAsLong());
- ❑ E. op.ifPresent(System.out.println);
- ❑ F. op.ifPresent(System.out::println);

問題 5-8

次のコード（抜粋）があります。

```
7. Stream.iterate(1, i -> i++)
8.         .limit(5)
9.         .map(i -> i)
10.        .collect(Collectors.joining());
```

コンパイルが成功し、実行結果として 12345 を出力するために、説明として正しいものは次のどれですか。3 つ選択してください。

- ❏ A. 7 行目の「i -> i++」を「i -> ++i」へ修正する
- ❏ B. 9 行目の「map(i -> i)」を「map(i -> "" + i)」へ修正する
- ❏ C. 10 行目の「Collectors.joining()」を「Collectors.joining("")」へ修正する
- ❏ D. A ～ C で該当する修正を行えば、12345 の出力となる
- ❏ E. collect() メソッドの後に forEach(System.out::println) を追加する
- ❏ F. このコード全体を、System.out.println() で囲む

問題 5-9

次のコード（抜粋）があります。

```
5. List<Integer> a = Arrays.asList(5, 6);
6. List<Integer> b = Arrays.asList(7, 8);
7. List<Integer> c = Arrays.asList(a, b);
8. c.stream().map(e -> e + 1)
9.  .flatMap(e -> e.stream()).forEach(System.out::println);
```

コンパイル、実行した結果として正しいものは次のどれですか。1 つ選択してください。

- ○ A. 5678
- ○ B. 6789
- ○ C. コンパイルは成功するが実行しても何も出力されない
- ○ D. コンパイルは成功するが、実行するとハングする
- ○ E. コンパイルエラー

■ 問題 5-10 ■

Integerの要素をもつストリームに対して、collect() メソッドの引数に Collectors クラスの partitioningBy() メソッドで、グルーピングを行いたいと考えています。collect() メソッドの戻り値の型として宣言可能なものは次のどれですか。2つ選択してください。

- ❏ A. Map<boolean, List<Integer>>
- ❏ B. Map<Boolean, List<Integer>>
- ❏ C. Map<String, List<Integer>>
- ❏ D. Map<Integer, List<Integer>>
- ❏ E. Map<boolean, Set<Integer>>
- ❏ F. Map<Boolean, Set<Integer>>

■ 問題 5-11 ■

次のコード（抜粋）があります。

```
3. List<Integer> list = IntStream.range(10, 15)
4.     .mapToObj(i -> i).collect(Collectors.toList());
5. list.forEach(System.out::print);
```

同様の結果を得るコードとして正しいものは次のどれですか。1つ選択してください。

- ○ A. IntStream.iterate(10, 15)
        .forEach(System.out::print);
- ○ B. IntStream.generate(10, 15)
        .forEach(System.out::print);
- ○ C. IntStream.sum(10, 15)
        .forEach(System.out::print);
- ○ D. IntStream.range(10, 15)
        .forEach(System.out::print);
- ○ E. いずれも該当しない

解答・解説

問題 5-1　正解：B、E

　選択肢 A の Comparable と選択肢 B の Comparator は、ともに抽象メソッドが 1 つのため関数型インタフェースです。しかし、Comparable インタフェースは、比較対象のオブジェクト自身が実装する目的で提供されているため、ラムダ式での利用は意味がありません。なお、Comparable には @FunctionalInterface の指定もありません。また、removeIf() は引数に Predicate をとり、remove() は Object を、removeAll() は Collection をとります。したがって、選択肢 B、E が正しいです。

問題 5-2　正解：C、E、F

　選択肢 A、D は、s の出力としていますが、s の引数宣言がないため誤りです。引数を宣言している選択肢 E、F は正しいです。なお、引数が 1 つの場合、E のように () の省略が可能です。また、選択肢 C はメソッド参照として正しい構文ですが、選択肢 B は System と out の間が :: であるため誤りです。

問題 5-3　正解：F

　merge() メソッドは、第 1 引数にキー、第 2 引数に値、第 3 引数に BiFunction 型をとります。問題文の 6 行目を例にすると、キー 1 の値に対して、ラムダ式で指定された処理が実行されます。その際、a にはキー 1 に格納されている値である 10、b には merge() メソッドの第 2 引数で指定された 3 が渡されます。7 行目も同様に処理が行われるため、キー 1 の値は 13、2 は null、3 は 33 が格納されます。

問題 5-4　正解：E、F

　reduce() メソッドは終端操作であり、peek() メソッドは中間操作であるため、選択肢 A、B は誤りです。終端操作の後に中間操作の呼び出しはできません。また、処理の結果、Stream を返すのは中間操作です。したがって選択肢 C、D は誤りです。ストリームを使用した処理では、結果の生成を行うのが終端操作であり、forEach() のみを使用するといったことは可能であるため、選択肢 E、F は正しいです。

問題 5-5　正解：C

　6、7 行目で generate() メソッドを使用してストリームを生成していますが、limit() 等で終了していないため無限にストリームを生成します。その結果、実行するとハングし

ます。なお、終了する際は強制終了（Ctrl + C）してください。

問題 5-6　正解：A、D

sum() メソッドの戻り値は int 型です。findAny()、findFirst()、max()、min() の戻り値は、OptionalInt 型です。average() メソッドの戻り値は OptionalDouble 型です。

問題 5-7　正解：B、F

OptionalLong オブジェクトに値があるかどうかは、isPresent() メソッドを使用します。戻り値は boolean 型です。また、Optional クラスでは get() メソッドで値の取り出しを行いますが、OptionalLong（他、OptionalInt、OptionalDouble）では、getAsXXX() を使用します。XXX は各データ型となります。したがって選択肢 B は正しく、選択肢 A、C、D は誤りです。また、ifPresent() メソッドにより、値がある場合は、引数である XXXConsumer に渡されるため、選択肢 F は正しいです。

問題 5-8　正解：A、B、F

7 行目では、「i -> i++」により演算の前に i が戻り値として返されるため、演算してから返すように「i -> ++i」とします。10 行目の joining() メソッドは文字列結合を行うため、9 行目で「map(i -> "" + i)」として文字列として返すように修正します。joining() は結合した単一の文字列を返すため、System.out.println() で囲むことで 12345 の出力となります。

問題 5-9　正解：E

この問題文のコードでは、flatMap() を使用しているため、元のストリームは List<Integer> ではなく、List<List<Integer>> に対するストリームを取得する必要があります。また、flatMap() による平坦化してから map() による 1 加算処理を行う必要があります。したがって、コンパイルエラーとなります。なお、7 〜 9 行目を以下のようにすると、実行結果は 6789 となります。

コード例

```
List<List<Integer>> c = Arrays.asList(a, b);
c.stream().flatMap(e -> e.stream())
 .map(e -> e + 1).forEach(System.out::print);
```

問題 5-10　正解：B、F

　partitioningBy() メソッドは Boolean 型によるグルーピングを行います。collect() メソッドの引数を例 1 のようにすると、選択肢 B のとおり、グループ結果はリストで返ります。また例 2 のように第 2 引数にグループ化に対して行いたい処理（この例ではセットに変換する）を指定すれば、選択肢 F のようにセットで返ります。なお、グループのキーは Boolean 型の固定であり、基本データ型である boolean 型も使用できません。

　例 1：Collectors.partitioningBy(s -> s > 5)
　例 2：Collectors.partitioningBy(s -> s > 5, Collectors.toSet());

問題 5-11　正解：D

　問題文のコードは range() メソッドにより（終了値を含まない）、10 〜 14 の要素をもつストリームが生成されます。その後、mapToObj() より Stream 型に変換され、collect() によりリストに変換しています。その後、forEach() で出力しているため、10 〜 14 の要素が表示されます。単に 10 〜 14 の表示であれば、選択肢 D で実現可能です。なお、選択肢 A、B、C は各メソッドの引数の指定方法がすべて誤りのためコンパイルエラーとなります。

第6章 例外処理

本章で学ぶこと

本章では「例外とは何か」「例外が発生した際の処理方法」についてを説明します。Java 言語で提供されている例外クラスの階層構造や種類を理解しましょう。また、マルチキャッチ、rethrow、try-with-resources についても説明します。

- 例外と例外処理
- 例外クラス
- try-catch-finally
- throws と throw
- オーバーライド時の注意点
- try-with-resources
- アサーション

例外と例外処理

　プログラムはコンパイルが成功しても、実行した際にエラーが発生することがあります。Java 言語では、実行時に発生したエラーを**例外**と呼びます。また例外が発生することを「**例外がスローされる**」といいます。

　スロー (throw) とは「投げる」という意味です。実行したプログラムに不正な部分があった場合、Java 実行環境（JVM）が例外をスローします。例外を発生させたプログラムはスローをキャッチして、エラーが発生したことを感知できます。

　例外がスローされた際に、プログラム側でその例外に対する処理を何も記述していないとプログラムはそこで強制終了します。

　稼働し続けるアプリケーションは、実行時に起こりうるエラーによって異常終了することを未然に防がなくてはいけません。そのため、Javaでは、**例外処理**というメカニズムを使用します。例外処理は、例外が起きた場合の対処を記述します。これにより、プログラムは強制終了されることなく、実行を継続できます。

例外クラス

checked 例外と unchecked 例外

　例外処理の定義方法の前に、Javaで扱われる例外クラスについて説明します。
　Java 言語の例外クラスは、checked 例外と unchecked 例外の 2 種類に分類され

ます。checked 例外は、データベースなど Java 実行環境以外の環境が原因で発生する例外です。一方、unchecked 例外は、実行中のプログラムが原因で発生する例外（実行時例外）やメモリ不足など、プログラムの例外処理では復旧できない例外です。

checked 例外の特徴は、例外処理が**必須**であることです。一方、unchecked 例外は、例外処理が必須ではなく**任意**です。

さらに、例外クラスは次の 3 種類に分類されます。

- Error クラスおよびそのサブクラス（unchecked 例外）
- RuntimeException クラスおよびそのサブクラス（unchecked 例外）
- RuntimeException クラス以外の Exception のサブクラス（checked 例外）

例外処理が必須か任意かは、処理内容ではなく、処理した結果、発生する可能性のある例外クラスが何であるかによって決定します。**RuntimeException** クラスおよびそのサブクラスである場合には**任意**であり、RuntimeException クラス以外の **Exception** のサブクラスである場合には**必須**です。

次ページの**表 6-1** に示した例外クラスは、Java 言語で提供されている例外クラスの一部です。例外クラス名および unchecked 例外、checked 例外のどちらに含まれているかを中心に見ておきましょう。

独自例外クラスの作成

Java 言語は多くの例外クラスを提供していますが、プログラマが独自で例外クラスを定義することも可能です。一般的には Exception クラスを継承した public なクラスとして定義します。

構文

[修飾子] class クラス名 extends Exception{ }

（例） `public class MyException extends Exception{ }`

Exception クラスを継承することで、Exception クラスおよびそのスーパークラスである **Throwable** クラスが提供しているメソッドを引き継ぐことになります。

Throwable クラスには、例外からエラーメッセージを取り出すメソッドや、エラーを追跡し発生箇所を特定する（エラートレース）メソッドなどが提供されています。主なメソッドは、次ページの**表 6-2** のとおりです。

表 6-1：主な例外クラス

カテゴリ	クラス名	説明
Error のサブクラス unchecked 例外（例外処理は任意）	AssertionError	assert 文を使用している際に、boolean 式で false が返ると発生
	StackOverflowError	アプリケーションでの再帰の回数が多すぎる場合に発生
	NoClassDefFoundError	読み込もうとしたクラスファイルが見つからない場合に発生
RuntimeException のサブクラス unchecked 例外（例外処理は任意）	ArrayIndexOutOfBoundsException	不正なインデックスで要素にアクセスしようとした場合に発生
	ArrayStoreException	不正な型のオブジェクトを配列に格納した場合に発生
	ClassCastException	参照変数において間違ったキャストを行った場合に発生
	IllegalStateException	メソッドの呼び出しが正しくない状態で行われた場合に発生
	DateTimeException	日付／時間の計算時に誤った処理を行った場合に発生
	MissingResourceException	リソースが見つからない場合に発生
	ArithmeticException	整数をゼロで除算した場合に発生
	NullPointerException	null が代入されている参照変数に対して、メソッド呼び出しを行った場合に発生
	NumberFormatException	整数を表さない文字列を整数に変換しようとした場合に発生
RuntimeException 以外の Exception のサブクラス checked 例外（例外処理は必須）	IOException	入出力を行う場合に発生
	FileNotFoundException	ファイル入出力において、目的のファイルがなかった場合に発生
	ParseException	解析中に予想外のエラーがあった場合に発生
	SQLException	データベース・アクセス時にエラーがあった場合に発生

表 6-2：Throwable クラスの主なメソッド

メソッド名	説明
void printStackTrace()	エラートレース（エラーを追跡し発生箇所を特定する）を出力する
String getMessage()	エラーメッセージを取得する

try-catch-finally

Java 言語での例外処理の方法を見ていきましょう。例外処理を行う方法には、2 通

りあります。

- try-catch-finally による例外処理
- throws キーワードによる例外処理

この節では、try-catch-finally ブロックを使用した例外処理を見ていきます。

構文と各ブロックの役割

try-catch-finally ブロックは、try ブロック、catch ブロック、finally ブロックから構成されています。

各ブロックの役割は次のとおりです。

- **try ブロック**　　→　例外が発生しそうな箇所を try ブロックで囲む
- **catch ブロック**　→　例外が発生したときの処理を catch ブロックの中に定義する
- **finally ブロック**　→　例外が発生してもしなくても必ず実行したい処理を finally ブロックに定義する

Java 実行環境からスローされてきた例外オブジェクトを受け取るのが、catch ブロックの役割です。catch ブロックは、次の構文で記述します。

構文

catch (例外クラス名 変数名) { …… }

(例) catch(ArrayIndexOutOfBoundsException e){ …… }

なお、try-catch-finally のすべてのブロックを記述する必要はありません。次の組み合わせが可能です。

構文

- try-catch
- try-finally
- try-catch-finally
- 従来のtryブロック定義の場合、tryのみの使用はコンパイルエラー。後述するtry-with-resourcesのときは、tryのみの使用が可能

なお、tryブロック、catchブロック、finallyブロック内にtry-catch-finallyを記述する（ネストさせる）ことも可能です。

try-catch-finallyを使用したサンプルコードを見てみましょう（**Sample6_1.java**）。

Sample6_1.java（抜粋）：try-catch-finally の利用例

```
3.      int[] num = {10, 20, 30};
4.      for (int i = 0; i < 4; i++) {
5.        try {
6.          System.out.print("num :" + num[i]);
7.          System.out.println(" : " + (i+1) + " 回目のループ ");
8.        } catch(ArrayIndexOutOfBoundsException e) {
9.          System.out.println(" 例外が発生しました ");
10.       } finally {
11.         System.out.println("-- finally の実行 ");
12.       }
13.     }
14.     System.out.println("-- end --");
```

【実行結果】

```
num :10 : 1 回目のループ
-- finally の実行
num :20 : 2 回目のループ
-- finally の実行
num :30 : 3 回目のループ
-- finally の実行
例外が発生しました
-- finally の実行
-- end --
```

実行結果を見ると、1回目から3回目のループでは例外が発生しておらずfinallyブロックが実行されています。また、4回目のループで例外がスローされ、catchブロックが実行されていますが、finallyブロックが実行されていることがわかります。

finallyブロックは、例外が発生してもしなくても、必ず行いたい処理があれば利用します。たとえば、リソースの解放（データベースのclose処理やファイルのclose処理など）があげられます。

複数の catch ブロック定義

try ブロック内で発生する例外クラスが複数ある場合に対応するため、catch ブロックは複数定義できます。

構文
```
} catch(例外クラス名  変数名) {
      ⋮
} catch(例外クラス名  変数名) {  }
```

ただし、catch ブロックで指定した例外クラス間に継承関係がある場合は、**サブクラス側から記述**します。スーパークラスから記述すると**コンパイルエラー**となります。

マルチキャッチ

Java SE 6 までは、継承関係のない複数の例外クラスをキャッチする場合、そのクラスごとに catch ブロックを定義する必要がありました。

Java SE 7 から、複数の例外をまとめてキャッチするコードが記述できるようになりました。その際には、**各例外クラスを縦棒 (|) で区切り**、列記します。

次のサンプルコードでは、マルチキャッチを使用し、NumberFormatException 例外と ArithmeticException 例外をキャッチしています (**Sample6_2.java**)。

Sample6_2.java (抜粋):マルチキャッチの例 1
```
3.      String s = "A";   int[] num = {10, 0};
4.      try {
5.        System.out.print(Integer.parseInt(s));
6.        //System.out.print(num[0] / num[1]);
7.      } catch(NumberFormatException | ArithmeticException e) {
8.        e.printStackTrace();
9.      }
```

6 行目をコメントにし、5 行目で NumberFormatException 例外が発生した際の実行結果は次のとおりです。

【実行結果】

```
java.lang.NumberFormatException: For input string: "A"
<途中省略>
        at Sample6_2.main(Sample6_2.java:5)
```

5行目をコメントにし、6行目でArithmeticException例外が発生した際の実行結果は次のとおりです。

【実行結果】

```
java.lang.ArithmeticException: / by zero
        at Sample6_2.main(Sample6_2.java:6)
```

いずれも、7行目のcatchブロックで例外オブジェクトをキャッチできていることが確認できます。ただし、マルチキャッチの使用には次の注意点があります。

- 継承関係のある例外クラスは列記できない
- キャッチした参照変数は暗黙的にfinalとなる

「継承関係のある例外クラスは列記できない」場合の、サンプルコードを見てみましょう（**Sample6_3.java**）。FileNotFoundExceptionクラスとIOExceptionクラスは継承関係があり、IOExceptionクラスが親クラスです。これらのクラスを列記するとコンパイルエラーとなります。なお、8行目を9行目のように記述位置を左右入れ替えても同じくコンパイルエラーとなります。

Sample6_3.java（抜粋）：マルチキャッチの例2

```
5.      try {
6.         FileReader rf = new FileReader("a.txt");
7.         rf.read();
8.      } catch(FileNotFoundException | IOException e) {
9.      //} catch(IOException | FileNotFoundException e) {
10.        e.printStackTrace();
11.     }
```

【コンパイル結果】

```
Sample6_3.java:8: エラー: 複数 catch 文の代替をサブクラス化によって関連付
けることはできません
    } catch(FileNotFoundException | IOException e) {
                 ^
  代替 FileNotFoundException は代替 IOException のサブクラスです
エラー 1 個
```

「キャッチした参照変数は暗黙的に final となる」場合の、サンプルコードを見てみましょう(Sample6_4.java)。マルチキャッチをした catch ブロックの参照変数は暗黙で final となります。したがって、10 行目のように再代入するコードを記述するとコンパイルエラーとなります。

Sample6_4.java (抜粋):マルチキャッチの例 3

```
5.      try {
6.          int a = 10/0;
7.          FileReader rf = new FileReader("a.txt");
8.          rf.read();
9.      } catch( ArithmeticException | FileNotFoundException e) {
10.         e.printStackTrace(); e = null;
11.     } catch(IOException e) {
12.         e.printStackTrace(); e = null;
13.     }
```

【コンパイル結果】

```
Sample6_4.java:10: エラー: 複数 catch パラメータ e に値を代入することはでき
ません
      e.printStackTrace(); e = null;
                           ^
エラー 1 個
```

なお、11 行目は通常の catch ブロックであるため、12 行目は問題ありません。

throws と throw

throws

　try-catch-finally ブロックによる例外処理の他に、**throws** キーワードによる例外処理ができます。この方法では、例外が発生する可能性のあるメソッドを定義するとき「throws 発生する例外クラス名」を指定しておきます。これにより、throws 指定された例外クラスのオブジェクトがメソッド内で発生した場合、その例外オブジェクトは、メソッドの呼び出し元に転送されます。

　throws キーワードを使用したメソッド定義の構文は、次のとおりです。

(構文)
[修飾子] 戻り値の型　メソッド名 (引数リスト)　throws 例外クラス名 { }

（例）　void select(String sql) throws SQLException { }

　例外クラス名には、このメソッド内で発生する可能性のある例外のうち、メソッド呼び出し元に転送したいものを指定します。指定する例外クラスが複数ある場合は、**例外クラス名を「,」(カンマ) で区切って書き並べます。**

　throws を使用したサンプルコードを見てみましょう (Sample6_5.java)。

Sample6_5.java (抜粋)：throws の使用

```
 4.    public static void main(String[] args) {
 5.      try {
 6.        methodA();
 7.        methodB();
 8.      } catch(ArrayStoreException | IOException e) {
 9.        System.out.println(e);
10.      }
11.    }
12.    static void methodA() throws ArrayStoreException{
13.    //static void methodA(){     // 12 行目の代わりにこの書き方でも OK
14.      throw new ArrayStoreException();
15.    }
16.    static void methodB() throws IOException{
17.    //static void methodB(){ // これはコンパイルエラー
18.      throw new IOException();
19.    }
```

【実行結果】

```
java.lang.ArrayStoreException
```

　6 行目で methodA() が呼び出されると、明示的に ArrayStoreException 例外をインスタンス化し、throw により例外をスローしています（throw の詳細は後述）。スローされた例外は、「throws ArrayStoreException」により呼び出し元に転送され、main 側の catch ブロックで受け取っていることがわかります。

　また、6 行目をコメントにした場合の結果は次のとおりです。methodB() メソッドの呼び出しにより IOException 例外がスローされ、呼び出し元で受け取っていることがわかります。

【実行結果】

```
java.io.IOException
```

　なお、throws には注意点があります。13 行目を見てください。ArrayStoreException では、throws を記述しなくても同様の結果が得られます。これは ArrayStoreException が unchecked 例外だからです。unchecked 例外は例外処理が任意であるため、**例外処理をしていなくても呼び出し元に転送**される仕組みになっています。もし、main() 側でキャッチしなければ、main() を呼び出している Java 実行環境に例外がスローされ、例外メッセージが表示されるようになっています。これに対し、IOException は checked 例外であるため、呼び出し元に転送するには、**throws による明示的な指定が必要**です。

ライブラリ利用時の注意

　先ほど、例外クラスの種類に応じて例外処理の必須／任意が決定すると説明しました。つまり、ライブラリで提供されているメソッドを使用する際は、起きる可能性のある例外のクラス名を見て、例外処理を行うかどうか判断することになります。

　Java API ドキュメントを見ると、ライブラリで提供されているクラスのコンストラクタ、メソッドがスローする例外を確認できます。**表 6-3** にいくつか例をあげておきます。

表6-3：提供されているクラスのコンストラクタ・メソッドがスローする例外の例

コンストラクタ・メソッド	例外処理	説明
java.ioで提供されている FileReaderクラスのコンストラクタ public FileReader(String fileName) throws FileNotFoundException	必須	ファイルを読み込むときに使用するコンストラクタ FileNotFoundExceptionはRuntimeExceptionをスーパークラスにもたないため、例外処理が必須
java.langで提供されているIntegerクラスのメソッド public static int parseInt(String s) throws NumberFormatException	任意	整数を表す文字列をint型に変換するときに使用するメソッド NumberFormatExceptionは、RuntimeExceptionをスーパークラスにもつため、例外処理は任意

throw

例外は、Java実行環境がスローするだけでなく、throwキーワードを使用してプログラム内で明示的にスローすることもできます。

throwキーワードを使用すると、Java言語で提供されている例外クラスや独自例外クラスをインスタンス化した例外オブジェクトを、**任意の場所でスロー**できます。

構文は次のとおりです。

構文

throw 例外オブジェクト;

（例1）　throw new IOException();

（例2）　IOException e = new IOException();
　　　　 throw e;

次のサンプルコードでは、独自例外クラスとしてMyExceptionクラスを定義しています。そのcheckAge()メソッド内では、引数で0よりも小さい値が渡された場合、MyExceptionオブジェクトを生成し、throwキーワードで明示的にスローしています（Sample6_6.java）。

Sample6_6.java：throwによる明示的な例外オブジェクトのスロー

```
1. class MyException extends Exception { // 独自例外クラス
2.     private int age;
```

```
3.     public void setAge(int age) { this.age = age; }
4.     public int getAge() { return this.age; }
5.  }
6.
7.  public class Sample6_6 {
8.     public static void main(String[] args){
9.        try {
10.          int age = -10;
11.          checkAge(age);
12.       } catch (MyException e) {
13.          System.out.println(" 不正な値です。age : " + e.getAge());
14.       }
15.    }
16.    public static void checkAge(int age) throws MyException{
17.       if (age >= 0) {
18.          System.out.println("OK");
19.       } else {
20.          MyException e = new MyException();
21.          e.setAge(age);
22.          throw e;
23.       }
24.    }
25. }
```

【実行結果】

不正な値です。age : -10

　11 行目で、16 行目に定義した checkAge() メソッドを呼び出しています。17 行目では引数で受け取った age 変数の値が 0 以上かどうか評価しています。もし、0 未満の場合は 19 行目以下に制御が移ります。そして、1 〜 5 行目で用意しておいた独自例外クラスを 20 行目でインスタンス化し、22 行目で明示的にスローしています。

　スローされた例外は、checkAge() メソッドの呼び出し元の 12 行目でキャッチされ、13 行目でメッセージが出力されます。

rethrow

　多くのクラスを使用するアプリケーションでは、スローされた例外を catch ブロックでいったん受け取り、その例外オブジェクトにエラーメッセージを追記したり、異なる例外クラスに変更したりした後、再度スローすることがあります。これを、**rethrow**（再ス

ロー)と呼びます。

Java SE 7 から、例外を rethrow する際に、throws 節でより具体的な例外の種類を指定することができるようになりました。

まず、Java SE 6 でのコード例を見てみましょう (**Sample6_7.java**)。独自の例外クラスとして、MyExceptionA クラス (1 〜 3 行目)、MyExceptionB クラス (4 〜 6 行目) が定義されています。

Sample6_7-1.java (抜粋):例外クラス
```
1. class MyExceptionA extends Exception {
2.   String msgA = "MyExceptionA";
3. }
4. class MyExceptionB extends Exception {
5.   String msgB = "MyExceptionB";
6. }
```

また、11 行目では method() メソッドを呼び出した結果、MyExceptionA もしくは、MyExceptionB 例外が発生する可能性があるため、try-catch による例外処理をしています。

Sample6_7-2 (抜粋):例外処理側
```
 8. public class Sample6_7 {
 9.   public static void main(String[] args){
10.     try {
11.       method();
12.     } catch(MyExceptionA e) {
13.       System.out.println(e.msgA);
14.     } catch(MyExceptionB e) {
15.       System.out.println(e.msgB);
16.     }
17.   }
```

method() メソッド定義側では、実装内容に応じて呼び出し元に MyExceptionA もしくは MyExceptionB オブジェクトをスローするため、18 行目では throw キーワードの後にこれらの例外クラス名を指定しています。

Sample6_7-3（抜粋）：例外発生側

```
18.   public static void method() throws MyExceptionA, MyExceptionB{
19.      int a = 10;
20.      try {
21.         if (a == 0) {
22.            throw new MyExceptionA();
23.         } else {
24.            throw new MyExceptionB();
25.         }
26.      } catch(Exception e){
27.         // 例外が起きた際の、method() 側で行うべき処理
28.         // 処理が終わったら、例外をスローする
29.         throw e;
30.      }
31.   }
32. }
```

しかし、26 行目を見ると、Exception クラスでキャッチしているため、Java SE 6 のコンパイラでは、このコードはコンパイルが通りません。

次に示すのは、**Java SE 6 でのコンパイル結果**です。

【コンパイル結果】

```
Sample6_7.java:29: エラー : 例外 Exception は報告されません。スローするに
は、捕捉または宣言する必要があります
      throw e;
      ^
エラー 1 個
```

26 行目で Exception 型で各例外オブジェクトをキャッチし、29 行目でスローするのであれば、18 行目のメソッド定義時に throws の後に記述できるクラスは Exception です。

もし、各例外オブジェクトが発生しても、method() メソッドでいったん例外をキャッチして、必要な処理を行った後、メソッド呼び出し元にそれぞれの例外の型でスローするのであれば、それぞれの catch ブロックが必要になります。

つまり、26 行目以降を次のようなコードにしなければ目的の処理を行えません。

Sample6_7-4（抜粋）：26 行目以降の修正例

```
26.     } catch(MyExceptionA e){
27.         // 例外が起きた際の、method() 側で行うべき処理
28.         // 処理が終わったら、例外をスローする
29.         throw e;
30.     } catch(MyExceptionB e){
31.         // 例外が起きた際の、method() 側で行うべき処理
32.         // 処理が終わったら、例外をスローする
33.         throw e;
34.     }
35.   }
36. }
```

Java SE 7 以降では、例外処理コードを簡素化しながらも、例外クラスの型を変更しなければ、rethrow が可能となりました。つまり、Sample6_7-4 のような記述ではなく、Sample6_7-3 のような rethrow が可能です。Java SE 7 以降のコンパイラであれば、Sample6_7-3 のコンパイルは成功し、実行結果は次のとおりになります。

【実行結果】

MyExceptionB

オーバーライド時の注意点

throws キーワードが使用されているメソッドをオーバーライドして定義するメソッドには、throws の使用に関して次のルールが追加されます。

- サブクラスのメソッドがスローする例外は、スーパークラスのメソッドがスローする例外クラスと同じか、その例外クラスのサブクラスとする
- ただし、RuntimeException および RuntimeException のサブクラスの例外は、スーパークラスのメソッドに関係なくスローできる
- スーパークラスのメソッドに throws があっても、サブクラス側で throws を記述しないことは可能

次のサンプルコードは、3 つ目のルールにある method() メソッドをオーバーライドした際の、適切な例と不適切な例です（**Sample6_8.java**）。

Sample6_8.java（抜粋）：throws キーワードが使用されているメソッドをオーバーライド

```
 4. class Super{ void method() throws IOException{ } }
 5.
 6. class SubA extends Super {
 7.           void method() { } }
 8. class SubB extends Super {
 9.           void method() throws FileNotFoundException { } }
10. class SubC extends Super {
11.           void method() throws Exception { } }
12. class SubD extends Super {
13.           void method() throws SQLException { } }
14. class SubE extends Super {
15.           void method() throws RuntimeException { } }
```

【コンパイル結果】

```
Sample6_8.java:11: エラー : SubC の method() は Super の method() をオーバー
ライドできません
              void method() throws Exception { } }
              ^
   オーバーライドされたメソッドは Exception をスローしません
Sample6_8.java:13: エラー : SubD の method() は Super の method() をオーバー
ライドできません
              void method() throws SQLException { } }
              ^
   オーバーライドされたメソッドは SQLException をスローしません
エラー 2 個
```

4 行目の method() メソッドは、throws に IOException 例外を指定しています。6、7 行目は、throws 自体を指定していないため正しいです。8、9 行目も、throws に IOException のサブクラスである FileNotFoundException を指定しているため正しいです。

一方、10、11 行目は throws に IOException のスーパークラスである Exception を指定しているためコンパイルエラーになります。12、13 行目も、3 行目で throws 指定されていない SQLException であり、かつ、SQLException は RuntimeException のサブクラスではないためコンパイルエラーになります。

14、15 行目は RuntimeException であるため正しいです。

以下に、オーバーライドのルールをまとめておきます。

- オーバーライドとは、メソッド名、引数リストがまったく同じメソッドをサブクラスで定義すること
- 戻り値の型は、スーパークラスと同じものか、もしくはその戻り値の型のサブクラスであれば使用可能
- アクセス修飾子は、スーパークラスと同じものか、それよりも公開範囲が広いものであれば使用可能
- throws には、スーパークラスのメソッドが throws に指定した例外クラスとそのサブクラスが指定できる
- ただし、RuntimeException クラスおよびそのサブクラスは、制約なしに throws に指定できる
- スーパークラスのメソッドに throws があっても、throws を指定しなくてもよい

try-with-resources

finally ブロックの使用例として、リソースの解放（データベースの close 処理やファイルの close 処理など）があげられると説明しました。これらの処理は、リソースにアクセスするロジックでは必須となるため、Java SE 7 から **try-with-resources** 文が導入されました。try ブロックにリソースに関する実装を記述することで、try ブロックが終了する際に暗黙的に close() メソッドが呼び出され、リソースが解放されます。つまり、close() メソッドを呼び出すコードを明示的に記述する必要はありません。

try ブロック内での構文は次のとおりです。

構文

try(リソース;[リソース];……n) { }

try-with-resources のときは、**try のみの使用も可能**です。try の後に () を記述し、その中にクローズの対象となるリソースの生成処理を記述します。リソースが複数ある場合は**セミコロン**で区切って記述します。

なお、try の () 内に記述できるものは、**java.lang.AutoCloseable** もしくは、**java.io.Closeable** インタフェースの実装クラスです。Closeable インタフェースは、AutoCloseable インタフェースのサブインタフェースです。Java SE 7 の try-with-resources 文の機能追加により、java.io パッケージや java.sql パッケージなどのリソース関連クラスはこれらのインタフェースを実装しているため、リソースを暗黙的に解放することができます。また、第 5 章で紹介したストリーム関連クラスも実装しています。

なお、独自のクラスに AutoCloseable や Closeable インタフェースを実装することも可能です。各インタフェースは close() メソッドのみ宣言されているため、実装クラスではオーバーライドが必要です（**表 6-4**）。

表 6-4：AutoCloseable、Closeable インタフェースのメソッド

インタフェース	メソッド名	説明
java.lang.AutoCloseable	void close() throws Exception	このリソースを閉じ、ベースとなるリソースをすべて解放する
java.io.Closeable	void close() throws IOException	このストリームを閉じて、それに関連するすべてのシステムリソースを解放する

各 close() メソッドは、try-with-resources 文で管理されているオブジェクトで自動的に呼び出されます。

次のサンプルコードでは、独自クラスを利用し、try-with-resources 文の流れを確認してみましょう（**Sample6_9.java**）。

Sample6_9.java：try-with-resources 文の使用例 1

```
1.  import java.sql.*;
2.
3.  class MyResource implements AutoCloseable{
4.    private String msg ;
5.    public MyResource(String msg) { this.msg = msg; }
6.    public void close() throws Exception {
7.      System.out.println("close() : "+ msg);
8.    }
9.  }
10. public class Sample6_9 {
11.   public static void main(String[] args){
12.     try (MyResource obj1 = new MyResource("obj1");
13.          MyResource obj2 = new MyResource("obj2")) {
14.       System.out.println("try ブロック内の処理 ");
15.       throw new SQLException();
16.     } catch (SQLException e) {
17.       System.out.println("catch ブロック：SQLException");
18.     } catch (Exception e) {
19.       System.out.println("catch ブロック：Exception");
20.     } finally {
21.       System.out.println("finally ブロック ");
22.     }
```

```
23.    }
24. }
```

【実行結果】

```
try ブロック内の処理
close() : obj2
close() : obj1
catch ブロック：SQLException
finally ブロック
```

　3 行目の MyResource クラスは、AutoCloseable インタフェースを実装し、close() メソッド（6 行目）をオーバーライドしています。

　12、13 行目では try-with-resources 文を使用しています。try() ブロック内では、MyResource クラスのオブジェクトを 2 つ作成しています。そして、14 行目で「try ブロック内の処理」と出力後、15 行目では明示的に SQLException 例外を発生させスローしています。このときの実行結果を見てください。

　16 行目で SQLException 例外がキャッチされる前に、6 行目の close() メソッドが呼び出されています。また、リソースの取得は（obj1 → obj2）の順に行いましたが、close() の順はその逆（obj2 → obj1）であることも確認しておきましょう。

　close() の呼び出しが終わった後は、15 行目により制御が 16 行目に移り、17 行目の出力および finally ブロックの処理として、21 行目で「finally ブロック」と出力されます。

▉▉ Throwable クラスの機能拡張

　Java SE 7 から「抑制された例外」という概念が（try-with-resources 文の概念と組み合わせて）サポートされています。その例をサンプルコードで確認してみましょう（Sample6_10.java）。

Sample6_10.java：try-with-resources 文の使用例 2

```
1. import java.sql.*;
2. class MyResource implements AutoCloseable{
3.    private String msg ;
4.    public MyResource(String msg) { this.msg = msg; }
5.    public void method() throws SQLException{
6.      throw new SQLException("method() でのエラー ");
7.    }
```

```
 8.    public void close() throws SQLException {
 9.      System.out.println("close() : "+ msg);
10.      throw new SQLException("close() でのエラー : " + msg);
11.    }
12. }
13. public class Sample6_10 {
14.   public static void main(String[] args){
15.     try (MyResource obj1 = new MyResource("obj1");
16.          MyResource obj2 = new MyResource("obj2")) {
17.       obj1.method();
18.     } catch (SQLException e) {
19.       System.out.println("e.getMessage() : " + e.getMessage());
20.
21.       System.out.println("e.getSuppressed() で取り出した情報 ");
22.       Throwable[] errAry = e.getSuppressed();
23.       System.out.println("  抑制例外数 : " + errAry.length);
24.       for(Throwable ex : errAry){
25.         System.out.println("  " + ex.getMessage());
26.       }
27.     } finally {
28.       System.out.println("finally ブロック ");
29.     }
30.   }
31. }
```

【実行結果】

```
close() : obj2
close() : obj1
e.getMessage() : method() でのエラー
e.getSuppressed() で取り出した情報
  抑制例外数 : 2
  close() でのエラー : obj2
  close() でのエラー : obj1
finally ブロック
```

　Sample6_9.java と同様に、2 〜 12 行目では AutoCloseable インタフェースの実装クラスを定義しています。しかし、method() メソッド（5 行目）および close() メソッド（8 行目）内では明示的に SQLException 例外をスローしています。

　では、呼び出し側を見てみましょう。15、16 行目で MyResource クラスをインスタン

ス化した後、17行目ではmethod()メソッドを呼び出しています。つまり、ここでSQLException例外が発生するため、18行目に制御が移ります。しかし、すでに説明したように、catchブロック内の処理が実行される前にclose()が呼び出されるため、実行結果を見ると、close()処理の後にcatchブロックが実行されていることがわかります。

また、処理は、method()メソッド呼び出し→ obj2のclose()メソッド呼び出し→ obj1のclose()メソッド呼び出しの順で行われますが、いずれのメソッドでもSQLException例外が発生しています。複数例外が発生していますが、19行目の出力を見ると、「method()でのエラー」のメッセージであることから、18行目でキャッチされているのは、method()メソッドで発生したSQLException例外です。つまり、close()メソッドで発生したSQLException例外オブジェクトが抑制されています。

このような場合、close()メソッドでスローされた例外を受け取るには、Throwableクラスで提供されている**getSuppressed()** メソッドを使用します。これにより、抑制された例外を含むすべての例外を配列で受け取ることができます。22～26行目を見ると、close()メソッドによって発生した例外を取り出し、メッセージを出力していることがわかります。

このように、Java SE 7では、Throwableクラスに機能拡張されコンストラクタおよびメソッドが追加されています。追加されたメソッドは、表6-5のとおりです。

表6-5：Throwableクラスに追加されたメソッド

メソッド名	説明
final void addSuppressed(Throwable exception)	この例外を提供する目的で抑制された例外に、指定された例外を追加する
final Throwable[] getSuppressed()	try-with-resources 文によって抑制された例外をすべて含む配列を返す

アサーション

アサーションとは

アサーションとは、プログラマが前提としている条件をチェックし、**プログラムの正しい動作を保証するための機能**です。

プログラマが「ここは結果がtrueになるであろう」と思ってプログラムを書いても、本当にtrueなるのかどうかは実行してみないとわかりません。アサーション機能を使用すると、trueにならなかった場合は、エラーを表示させることができ、バグの検出に有効です。

アサーション機能を利用する場合には、assert キーワードを使用します。

構文

①assert boolean 式;
②assert boolean 式: メッセージ;
※メッセージの有無は任意

（例）
```
private void check(int point) {
  assert ( point > 0 ) : "point = " + point  ;
  // checkメソッドの処理
}
```

　assert キーワードの後に記述する boolean 式には、プログラム実行時に true になるべき式を記述します。この例では、引数の point 変数は 0 より大きい値を受け取ることがプログラムの前提となっていますが、これを assert を使用してチェックしています（図 6-1）。

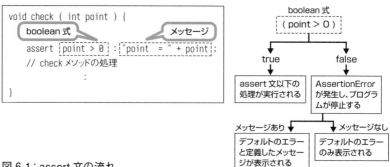

図 6-1：assert 文の流れ

■■ AssertionError

　boolean 式が実行された結果、false が返った場合 AssertionError オブジェクトが Java 実行環境よりスローされます。AssertionError クラスは Error クラスのサブクラスです。クラス階層は図 6-2 のとおりです。

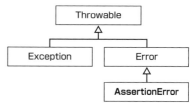

図 6-2：AssertionError クラス

例外処理で紹介した例外クラスと明確に異なる点は、AssertionError オブジェクトがスローされるということはプログラム自体にバグがあることを示唆します。AssertionError オブジェクトがスローされることがないようにプログラムを修正することが目的です。したがって、AssertionError オブジェクトのための例外処理コードは書きません。

アサーションを使用したファイルのコンパイルと実行

アサーションを使用したサンプルコードを確認しましょう。図 6-1 で紹介した check() メソッドの実装例です（Sample6_11.java）。

Sample6_11.java：アサーションの使用例

```
1.  class Test {
2.    private int check(int point) {
3.      assert point > 0 : point + " は不正な値です";
4.      return point * 100;
5.    }
6.    int method(int point) {
7.      return check(point);
8.    }
9.  }
10. public class Sample6_11 {
11.   public static void main(String[] args){
12.     Test obj = new Test();
13.     System.out.println(obj.method(10));
14.     System.out.println(obj.method(-1));
15.   }
16. }
```

次にコンパイル、実行を確認します。Java SE 5 以降では、コンパイル時点ではアサーション機能は有効になっているため、通常どおりコンパイル可能です。しかし、実行時は無効となっているため、有効にするには、java コマンドの **-ea** オプションを使用します（図 6-3）。

図6-3：コンパイルと実行結果

　実行結果からもわかるとおり、-ea オプションを使用しないと、アサーションコードは無視されます。しかし、-ea オプションを使用した場合、14行目の呼び出しに対し、3行目で AssertionError が発生していることがわかります。また、-da を使用することで明示的にアサーション機能を無効にすることもできます。例えば、「java -da:Foo -ea AssertSample」のように、AssertSample クラスは有効にし、Foo クラスは無効にするといった指定が可能です。

アサーションを利用する場面

　アサーションの実行を正常動作の一部とするようなプログラムは書くべきではありません。たとえば、エンドユーザの入力値をチェックし、その結果に応じて処理を分岐させるといったことにアサーションを使ってはいけません。

　アサーションは、プログラムにバグを残さないための1つの手法です。したがって、作成したプログラムをリリースする段階では、必ず AssertionError がスローされないレベルに達している必要があります。

　アサーションは、以下のような条件を検証するときに使用します。

事前条件

　メソッドが呼び出されたときに true であるべき条件です。ただし、public メソッド内の引数チェックに使用することは推奨されていません。なぜなら public メソッドはアサーションが有効かどうかにかかわらず引数をチェックする必要があるためです。したがって、private メソッドの引数などの検証に使用します。

事後条件

メソッドが正常に実行された後に true であるべき条件です。事後条件のアサーションは public メソッド内、その他のメソッド内で使用できます。

不変条件

常に true であるべき条件です。プログラムが正しい動作をするために、常に満たしていなければならない条件を検証するものです。

練習問題

■ 問題 6-1 ■

次のコードがあります。

```
1. public class Foo implements AutoCloseable {
2.   public static void main(String[] args) {
3.     try(Foo obj = new Foo()) {
4.       System.out.println("x");
5.     }
6.   }
7.   public void close() throws Exception {
8.     throw new Exception("y");
9.   }
10. }
```

コードを正常にコンパイルするための修正として正しいものは次のどれですか。2つ選択してください。

- ☐ A. 1行目の implements AutoCloseable を削除する
- ☐ B. 2行目の main() メソッドに throws Exception を追加する
- ☐ C. 7行目の close() メソッドの throws Exception を削除する
- ☐ D. 5行目に catch(Exception e){} を追加する
- ☐ E. 5行目に finally{} を追加する

■ 問題 6-2 ■

次の説明文の①に入るクラス名として正しいものは次のどれですか。2つ選択してください。

説明文

【 ① 】を実装したクラスは、try-with-resources 文を利用できる

- ☐ A. Closeable
- ☐ B. Exception
- ☐ C. AutoCloseable
- ☐ D. Serializable
- ☐ E. RuntimeException

■ 問題 6-3 ■

説明として正しいものは次のどれですか。2つ選択してください。

- ☐ A. 従来の実装では、try-catch のみの組み合わせは可能である
- ☐ B. 従来の実装では、try-finally のみの組み合わせは可能である
- ☐ C. 従来の実装では、try、catch、finally のいずれか1つのみの利用が可能である
- ☐ D. try-with-resources では、try-catch のみの組み合わせは可能である
- ☐ E. try-with-resources では、try-finally のみの組み合わせは可能である
- ☐ F. try-with-resources では、try、catch、finally のいずれか1つのみの利用が可能である

■ 問題 6-4 ■

次のコードがあります。

```
1.  public class Test {
2.    public static void main(String[] args) {
3.      try(Foo o1 = new Foo(); Bar o2 = new Bar()) {
4.        System.out.print("A ");
5.      } catch (Exception e) { System.out.print("B ");
6.      } finally { System.out.print("C ");
7.      }
8.    }
9.    static class Foo implements AutoCloseable {
10.     public void close() { System.out.print("D "); }
11.   }
12.   static class Bar implements java.io.Closeable {
13.     public void close() {
14.       System.out.print("E ");
15.       throw new RuntimeException();
16.     }
17.   }
18. }
```

コンパイル、実行した結果として正しいものは次のどれですか。1つ選択してください。

- ○ A. A D B C
- ○ B. A E B C
- ○ C. A D E B C
- ○ D. A E D B C

- ❍ E. A D の出力後、実行時例外がスローされる
- ❍ F. A の出力後、実行時例外がスローされる

■ 問題 6-5 ■

実行時例外クラスは次のどれですか。3つ選択してください。

- ❏ A. SQLException
- ❏ B. DateTimeException
- ❏ C. MissingResourceException
- ❏ D. IOException
- ❏ E. IllegalStateException
- ❏ F. Exception

■ 問題 6-6 ■

次のコードがあります。

```
1. public class Test {
2.    public static void main(String[] args) throws Foo{
3.       try {
4.          throw new Foo();
5.       } catch(Foo e) {
6.          【   ①   】
7.          throw e;
8.       }
9.    }
10.   static class Foo extends Exception { }
11.   static class Bar extends Foo { }
12. }
```

①に挿入するコードの説明のうち、コンパイルが成功するものは次のどれですか。3つ選択してください。

- ❏ A. ①に e = new Exception(); を入れる
- ❏ B. ①に e = new RuntimeException(); を入れる
- ❏ C. ①に e = new Foo(); を入れる
- ❏ D. ①に e = new Bar(); を入れる
- ❏ E. 現状のコードで、何もコードを入れなくてもコンパイルは成功する

■ 問題 6-7 ■

次のコードがあります。

```
1. public class Test {
2.   public static void main(String[] args) throws Foo{
3.     try {
4.       throw new Foo();
5.     } catch(Foo | RuntimeException e) {
6.       【   ①   】
7.       throw e;
8.     }
9.   }
10.  static class Foo extends Exception { }
11.  static class Bar extends Foo { }
12. }
```

①に挿入するコードの説明のうち、コンパイルが成功するものは次のどれですか。1つ選択してください。

- ○ A. ①に e = new Exception(); を入れる
- ○ B. ①に e = new RuntimeException(); を入れる
- ○ C. ①に e = new Foo(); を入れる
- ○ D. ①に e = new Bar(); を入れる
- ○ E. 現状のコードで、何もコードを入れなくてもコンパイルは成功する

■ 問題 6-8 ■

独自例外クラスの説明として正しいものは次のどれですか。1つ選択してください。

- ○ A. 引数をもたないコンストラクタと、例外メッセージをとる String 型の引数をもつコンストラクタは必ず用意する
- ○ B. unchecked 例外クラスのみ定義可能である
- ○ C. checked 例外クラスのみ定義可能である
- ○ D. toString()、equals()、hashCode() の各メソッドは必ずオーバーライドする
- ○ E. Serializable インタフェースを実装する
- ○ F. 上記にあげた A～E の規則はない

■ 問題 6-9 ■

次のコードがあります。

```
1. public class Test {
2.   public static void main(String[] args) {
3.     java.util.ArrayList<String> list = null;
4.     assert list != null;
5.   }
6. }
```

実行した際にAssertionErrorとなるコマンドラインとして正しいものは次のどれですか。2つ選択してください。

❑ A.　java Test
❑ B.　java -da Test
❑ C.　java -ea Test
❑ D.　java -ea -da Test
❑ E.　java -da -ea:Test Test
❑ F.　java -ea -da:Test Test

■ 問題 6-10 ■

次のTestクラスのコード（抜粋）があります。

```
3. int val = 10;
4. 【    ①    】
```

実行時は「java -ea Test」と実行した際にAssertionErrorとなる、①に挿入可能なコードとして正しいものは次のどれですか。2つ選択してください。

❑ A.　assert (val < 0:"A");
❑ B.　assert (val < 0):"A";
❑ C.　assert val < 0 ("A");
❑ D.　assert val < 0,"A";
❑ E.　assert val < 0:"A";

■ 問題 6-11 ■

次のコードがあります。

```
1. public class Test {
2.   public static void main(String[] args) {
3.     if(args.length <= 2) assert false;
4.     System.out.println(args[0] + args[1]);
5.   }
6. }
```

実行時は「java Test a」とします。コンパイル、実行した結果として正しいものは次のどれですか。1つ選択してください。

- ○ A.　a
- ○ B.　Test a
- ○ C.　AssertionError が発生する
- ○ D.　ArrayIndexOutOfBoundsException が発生する
- ○ E.　コンパイルエラー

解答・解説

問題 6-1　正解：B、D

　Foo クラスは AutoCloseable インタフェースを実装しているため、try() 内でのリソース生成が可能です。また、処理終了時には暗黙で close() メソッドが呼び出されます。7 行目では close() メソッドが呼び出された際に、呼び出し元に Exception をスローしているため、main() メソッド側での例外処理が必要です。したがって、選択肢 B、もしくは D の対応が必要です。

問題 6-2　正解：A、C

　try-with-resources 文を使用可能なクラスは、java.io.Closeable、java.lang.AutoCloseable の実装クラスです。実装していないクラスを try-with-resources 文で使用するとコンパイルエラーとなります。

問題 6-3　正解：A、B

　従来の実装では、try-catch、try-finally、try-catch-finally の組み合わせが可能です。try-with-resources では、try のみの実装も可能です。

問題 6-4　正解：D

　3 行目では、Foo の次に Bar をインスタンス化しているため、close() の呼び出しはその逆順になります。また、13 行目では close() が呼び出された際に、E の出力後、RuntimeException 例外をスローしています。呼び出し元の main() メソッド側では、Exception の catch ブロックがありますが、Exception は RuntimeException のスーパークラスであるためキャッチが可能です。したがって、出力順序は、選択肢 D のとおりです。

問題 6-5　正解：B、C、E

　実行時例外（unchecked 例外）のクラスは、DateTimeException、MissingResourceException、IllegalStateException です。その他のクラスは、checked 例外です。

問題 6-6　正解：C、D、E

　Foo クラスは Exception を継承し、Bar クラスは Foo クラスを継承しています。変数 e は Foo 型であるため、Foo オブジェクト、およびそのサブクラスの Bar オブジェクトは

再代入可能です。しかし、選択肢 A、B は、型が異なるためコンパイルエラーです。なお、キャッチした例外オブジェクトを throw により再スローすることは可能であるため、選択肢 E は正しいです。

問題 6-7　正解：E

5 行目ではマルチキャッチを行っています。Foo クラスと RuntimeException クラスは継承関係がないため、5 行目のコードは問題ありません。しかし、変数 e は暗黙で final となるため、①で再代入することはできません。

問題 6-8　正解：F

一般的には Exception クラスを継承した public クラスとして定義することが多いですが、特にルールはありません。ただし、API で提供されている例外クラスを継承して定義します。

問題 6-9　正解：C、E

java 実行時は、アサーション機能は無効になっているため、明示的に -ea の指定が必要です。また、選択肢 E のように -da で明示的な無効を指定し、「-ea：有効にしたいクラス名」とすることで複数のクラスを一度にコンパイルする際に目的のクラスだけアサーション機能を有効にすることが可能です。

問題 6-10　正解：B、E

選択肢 A は、assert 以降を () で囲んでいるためコンパイルエラーです。選択肢 C は boolean 式の後にセミコロンがなく、選択肢 D はカンマで区切っているため、ともに誤りです。

問題 6-11　正解：D

コードは問題ないためコンパイルは成功します。しかし、実行時に -ea を指定していないため、アサーション機能は無効です。また、実行時にコマンドライン引数を 1 つ指定していますが、4 行目では、args[1] と記述しているため実行時に ArrayIndexOutOfBoundsException 例外が発生します。

第7章 日付/時刻 API

本章で学ぶこと

本章では、SE 8 から採用された日付 / 時刻 API（Date and Time API）について説明します。従来の java.util.Date や java.util.Calendar クラスに代わる API です。日付 / 時刻 API に関連するクラスやメソッドは多数提供されているため、出題範囲を中心に説明します。

- 日付 / 時刻 API
- 日付 / 時刻のフォーマット
- 日付 / 時刻の加減算
- 時差とタイムゾーン
- 日や時間の間隔

日付 / 時刻 API

　JDK1.0 から提供されている java.util.Date クラスは、日付を年、月、日、時、分、秒の値として解釈し、さらに、文字列で表現された日付データを構文解析し、Date オブジェクトとして扱える機能がありました。しかし、国際化対応していなかったり、機能が限られたりしていたため、JDK1.1 では、日付と時刻を様々な方法で表す java.util.Calendar クラスや、サマータイムなど他の調整を表す java.util.TimeZone クラス、フォーマット（書式化）を行う java.text.DateFormat クラスが追加されました。

　しかし、いくつか問題も残っていました。たとえば、java.util.Date クラスはスレッド・セーフでないため、マルチスレッド環境下で使用する際には実装レベルで制御する必要がありました。また、Date クラスの API 設計には不備があり、多くのメソッドが非推奨となっています。

　そこで、SE 8 では、日付 / 時刻（Date and Time）API が導入されました。日付 / 時刻 API の主な特徴は以下のとおりです。

- 日付、時刻、日付 / 時刻のためのクラスが個別に提供されている
- Date and Time API の各クラスは不変オブジェクト（イミュータブル）となるため、マルチスレッド環境下でも安全に使用できる
- 日時演算のための API が充実している

この API を提供する主なパッケージは以下のとおりです（**表 7-1**）。

表 7-1：日付 / 時刻 API を提供するパッケージ

パッケージ名	説明
java.time	日付 / 時刻 API のメインとなるパッケージ
java.time.temporal	日付 / 時刻 API の追加機能を提供するパッケージ
java.time.format	日付と時刻の書式化を行うパッケージ

日付・時刻クラスと表記

日付 / 時刻 API では、様々な日付や時刻を表すクラスが java.time パッケージで提供されています。主なクラスを記載します（**表 7-2**）。

表 7-2：日付・時刻クラス

クラス名	説明
LocalDate	ISO 8601 暦体系におけるタイムゾーンのない日付 例）2007-12-03
LocalTime	ISO 8601 暦体系におけるタイムゾーンのない時刻 例）10:15:30
LocalDateTime	ISO 8601 暦体系におけるタイムゾーンのない日付 / 時刻 例）2007-12-03T10:15:30
OffsetTime	ISO 8601 暦体系における UTC/GMT からのオフセット付きの時刻 例）10:15:30+01:00
OffsetDateTime	ISO 8601 暦体系における UTC/GMT からのオフセット付きの日時 例）2007-12-03T10:15:30+01:00
ZoneOffset	UTC/GMT からのタイムゾーン・オフセット例）+02:00
ZonedDateTime	ISO 8601 暦体系におけるタイムゾーン付きの日付 / 時刻 例）2007-12-03T10:15:30+01:00 Europe/Paris
ZoneId	タイムゾーンを特定する ID 例）Asia/Tokyo

ISO 8601 は日付と時刻の表記に関する国際標準規格です。**表 7-2** に示したとおり、日付 / 時刻 API は ISO 8601 をベースにしています。また、ISO 8601 は、協定世界時（UTC）とグレゴリオ暦を基準として、日付、時刻、時差などを規定しています。

まず、ISO 8601 の日付・時刻の表記を確認します。サンプルコードを見てください（**Sample7_1.java**）。このサンプルは、2016 年 2 月 24 日 11 時 39 分に実行した例です。

Sample7_1.java（抜粋）：日付・時刻の表記

```
5.    System.out.println(LocalDate.now());
```

```
6.    System.out.println(LocalTime.now());
7.    System.out.println(LocalDateTime.now());
8.    System.out.println(OffsetTime.now());
9.    System.out.println(OffsetDateTime.now());
```

【実行結果】
```
2016-02-24
11:39:02.441
2016-02-24T11:39:02.441
11:39:02.441+09:00
2016-02-24T11:39:02.441+09:00
```

　各クラスおよびメソッドの詳細は後述します。まずは、各クラスの static メソッドである now() を使用して現在の日付・時刻を取得しています。そして、実行結果を見てください。ISO 8601 では、区切り（ハイフンやコロン）を省略できるなど様々な表記がありますが、ここでは基本的な表記についてまとめます。

表 7-3：表記と例

項目	ISO 8601 表記	例
① 日付	YYYY-MM-DD	2016-02-24
② 時刻	hh:mm:ss	11:39:02.441
③ 日付・時刻	YYYY-MM-DDThh:mm:ss	2016-02-24T11:39:02.441
④ 時刻 + 時差	hh:mm:ss±hh:mm	11:39:02.441+09:00
⑤ 日付・時刻 + 時差	YYYY-MM-DDThh:mm:ss±hh:mm	2016-02-24T11:39:02.441+09:00

① 　日付は、年（4桁）- 月（2桁）- 日（2桁）で表現する。区切り文字はハイフン（-）を使用する。また、月や日が 1 桁の場合は 0 で埋める。
② 　時刻は、時（2桁）：分（2桁）：秒（2桁）で表現する。区切り文字はコロン（:）を使用する。また、月や日が 1 桁の場合は 0 で埋める。また、日付 / 時刻 API ではナノ秒までサポートしているため、「hh:mm:ss.s」で表される。
③ 　日付と時刻をつなげて表記する場合は、日付と時刻の間に「T」を記述する。
④ 　時差は、協定世界時（UTC）からの時刻の差を表す（UTC Offset）。符号（+/-）と時（2桁）：分（2桁）で表現する。区切り文字はコロン（:）を使用する。この例では、日本での実行結果であり、UTC から 9 時間進んでいるため「+09:00」

となる。
⑤ ③に時差が付加されたもの。

 時差およびタイムゾーンの詳細については、本章後半で説明します。

日付・時刻オブジェクトの生成

日付・時刻の各クラスのコンストラクタは private 修飾子が付与されているため、new によるインスタンス化はできません。その代わりに、各クラスに共通で用意されている static メソッドを使用してオブジェクトを生成します。ここでは、LocalDate クラスのメソッドを掲載します。

表 7-4：オブジェクト生成のためのメソッド

メソッド名	説明
static LocalDate now()	現在の日付から LocalDate オブジェクトを取得する
static LocalDate of(　　int year, 　　int month, 　　int dayOfMonth)	年、月、日から LocalDate オブジェクトを取得する
static LocalDate parse (CharSequence text)	2007-12-03 などのテキスト文字列から LocalDate オブジェクトを取得する

各メソッドを使用したサンプルコードは以下のとおりです（Sample7_2.java）。

Sample7_2.java（抜粋）：LocalDate オブジェクトの取得

```
5.    LocalDate dateNow = LocalDate.now();
6.    LocalDate dateOf = LocalDate.of(2016, 02, 24);
7.    //LocalDate dateOf = LocalDate.of(2016, 2, 24);    //OK
8.    LocalDate dateP = LocalDate.parse("2016-02-24");
9.    //LocalDate dateP = LocalDate.parse("2016-2-24");   // 実行時エラー
10.   System.out.println("LocalDate.now     : " + dateNow);
11.   System.out.println("LocalDate.of      : " + dateOf);
12.   System.out.println("LocalDate.parse   : " + dateP);
```

【実行結果】

```
LocalDate.now      : 2016-02-24
LocalDate.of       : 2016-02-24
LocalDate.parse    : 2016-02-24
```

5行目は、now()メソッドを使用して現在の日付からLocalDateオブジェクトを取得しています。また、6行目では、of()メソッドの引数に年、月、日を指定しLocalDateオブジェクトを取得しています。なお、of()メソッドは、7行目にあるとおり月、日が1桁の場合（この例では月が2）0を付与していなくても問題ありません。また、8行目ではparse()メソッドを使用しています。parse()メソッドは文字列をもとにLocalDateオブジェクトを作成します。なお、9行目のコードは不適切です。parse()メソッドの引数には有効な日付（**表7-3**を参照）を表す文字列である必要があります。

　以下の実行結果を確認してください。Sample7_2.javaの8行目をコメントアウトし、9行目のコメントを外して実行した場合、コンパイルは成功しますが、**実行時にDateTimeParseException例外**が発生します。

【実行結果】

```
Exception in thread "main" java.time.format.DateTimeParseException:
Text '2016-2-24' could not be parsed at index 5
＜途中省略＞
        at Sample7_2.main(Sample7_2.java:9)
```

　また、LocalTimeクラスやLocalDateTimeクラスでもparse()メソッドは提供されており、時刻はコロン（:）で区切ります。

　now()、of()、parse()の各メソッドは、クラスごとにオーバーロードされています。様々な引数のパターンがあるので、APIドキュメントで確認してください。

　なお、of()メソッドの引数で、指定した値が不適切な場合（範囲外である場合）は実行時エラーとなります。たとえば、Sample7_2.javaの6行目を、以下のように月の02を13（範囲外）に変更したとします。

コード例

（現行）

6.　LocalDate dateOf = LocalDate.of(2016,02,24);

（修正後）

// 月は1～12までであるため、13は範囲外
6.　LocalDate dateOf = LocalDate.of(2016,13,24);

　変更後のコードは、コンパイルは成功しますが、**実行時にDateTimeException例**

外が発生します。

【実行結果】
```
Exception in thread "main" java.time.DateTimeException:
Invalid value for MonthOfYear (valid values1 - 12): 13
<途中省略>
        at Sample7_2.main(Sample7_2.java:6)
```

of() メソッドについてもう少し確認します。LocalDate クラスでは of() メソッドがオーバーロードされています。構文は以下のとおりです。

(構文)

構文1：static LocalDate of(int year,
                           int month,
                           int dayOfMonth)

構文2：static LocalDate of(int year,
                           Month month,
                           int dayOfMonth)

構文 1 は、表 7-4 および Sample7_2.java で説明したものです。構文 2 の第 2 引数を確認してください。java.time.Month は **12 か月を表す列挙型**です。値は JANUARY（1月）～ DECEMBER（12 月）です。次のコードを見てください（**Sample7_3.java**）。

Sample7_3.java（抜粋）：Month の利用例

```
 5.    //LocalDate dateOf = LocalDate.of(2016, 02, 24);
 6.    LocalDate dateOf = LocalDate.of(2016, Month.FEBRUARY, 24);
 7.    System.out.println(dateOf);
 8.    Month m = Month.FEBRUARY;
 9.    //boolean result1 = m == 5;
10.    boolean result2 = m == Month.APRIL;
11.    System.out.println(result2);
12.    System.out.println("getYear() : " + dateOf.getYear());
13.    System.out.println("getMonth() : " + dateOf.getMonth());
14.    System.out.println("getMonthValue() : " + dateOf.getMonthValue());
15.    System.out.println("getDayOfMonth() : " + dateOf.getDayOfMonth());
```

【実行結果】
```
2016-02-24
false
getYear() : 2016
getMonth() : FEBRUARY
getMonthValue() : 2
getDayOfMonth() : 24
```

5 行目は構文 1 の例です。6 行目は構文 2 の例です。第 2 引数では、列挙型名. 列挙値と指定しています。また、9 行目のように Month 列挙型と int は比較できないため、このコードはコンパイルエラーとなります。比較を行う場合は、10 行目のように Month 列挙型で行います。また、12 ～ 15 行目では、LocalDate オブジェクトが保持する年、月、日のデータを getXXX() メソッドで取り出しています。注意する点として、13 行目の getMonth() は戻り値が Month 型です。14 行目の getMonthValue() は int 型となります。

また、of() メソッドは出題頻度が高いため、LocalTime、LocalDateTime の各クラスもサンプルコードで確認します (**Sample7_4.java**)。

Sample7_4.java (抜粋)：LocalTime、LocalDateTime の of() メソッドの利用例

```
5.      //LocalTime の of() メソッドの利用
6.      LocalTime lt1 = LocalTime.of(3, 15);           // ①
7.      LocalTime lt2 = LocalTime.of(3, 15, 30);       // ②
8.      LocalTime lt3 = LocalTime.of(3, 15, 30, 180);  // ③
9.      System.out.println("① " + lt1);
10.     System.out.println("② " + lt2);
11.     System.out.println("③ " + lt3);
12.     //LocalDateTime の of() メソッドの利用
13.     LocalDateTime ldt1 =
14.             LocalDateTime.of(2016, 2, 24, 3, 15);           // ④
15.     LocalDateTime ldt2 =
16.             LocalDateTime.of(2016, 2, 24, 3, 15, 30);       // ⑤
17.     LocalDateTime ldt3 =
18.             LocalDateTime.of(2016, 2, 24, 3, 15, 30, 180); // ⑥
19.     System.out.println("④ " + ldt1);
20.     System.out.println("⑤ " + ldt2);
21.     System.out.println("⑥ " + ldt3);
```

```
22.     LocalDate date = LocalDate.of(2016, 2, 24);
23.     LocalTime time = LocalTime.of(3, 15);
24.     LocalDateTime ldt = LocalDateTime.of(date, time);    // ⑦
25.     System.out.println(" ⑦ " + ldt);
```

【実行結果】

```
① 03:15
② 03:15:30
③ 03:15:30.000000180
④ 2016-02-24T03:15
⑤ 2016-02-24T03:15:30
⑥ 2016-02-24T03:15:30.000000180
⑦ 2016-02-24T03:15
```

①〜③は、LocalTime クラスの of() メソッドです。

①時、分から LocalTime オブジェクトの取得

②時、分、秒から LocalTime オブジェクトの取得

③時、分、秒、ナノ秒から LocalTime オブジェクトの取得

④〜⑦は、LocalDateTime クラスの of() メソッドです。

④秒およびナノ秒をゼロに設定して、年、月、日、時、分から LocalDateTime オブジェクトの取得

⑤ナノ秒をゼロに設定して、年、月、日、時、分、秒から LocalDateTime オブジェクトの取得

⑥年、月、日、時、分、秒、ナノ秒から LocalDateTime オブジェクトの取得

⑦事前に用意した、LocalDate と LocalTime オブジェクトを使用して LocalDateTime オブジェクトの取得

なお、④〜⑥の of() メソッドでは、月の引数が int 型ではなく Month 列挙型を指定可能なメソッドが用意されています。

日付 / 時刻のフォーマット

ここまでのサンプルコードで確認したとおり、日付 / 時刻オブジェクトの参照変数をそのまま出力すると ISO 8601 の表記に従った形式が用いられています。場合によっては表示形式を変えたり、また、コード内では LocalDateTime オブジェクトで処理しているが、表示の際は年、月、日のみとしたい場合などがあります。

日付 / 時刻 API では、予め用意された定義済のフォーマットクラスとして、java.time.format.DateTimeFormatter クラスが提供されています。

DateTimeFormatter クラスの定数で提供されている主なフォーマッタは表 7-5 のとおりです。

表 7-5：DateTimeFormatter クラスの主なフォーマッタ用

DateTimeFormatter クラスの static 定数として提供

定数	説明	例
ISO_DATE	オフセット付きまたはオフセットなしの日付に対し、書式設定や解析を行うフォーマッタ	2011-12-03 2011-12-03+01:00
ISO_TIME	オフセット付きまたはオフセットなしの時刻に対し、書式設定や解析を行うフォーマッタ	10:15 10:15:30 10:15:30+01:00
ISO_DATE_TIME	オフセット付きまたはオフセットなしの日付／時刻に対し、書式設定や解析を行うフォーマッタ	2011-12-03T10:15:30 2011-12-03T10:15:30+01:00

DateTimeFormatter クラスの static メソッドとして提供

メソッド名	説明
static DateTimeFormatter ofLocalizedDate(FormatStyle dateStyle)	ロケール固有の日付フォーマットを返す
static DateTimeFormatter ofLocalizedTime(FormatStyle timeStyle)	ロケール固有の時間フォーマットを返す
static DateTimeFormatter ofLocalizedDateTime(FormatStyle dateTimeStyle)	ロケール固有の日付 / 時間フォーマッタを返す

次のサンプルコードでは、DateTimeFormatter クラスの static 定数で提供されているフォーマッタを使用した例です。(**Sample7_5.java**)。

Sample7_5.java（抜粋）：ISO_DATE フォーマッタの利用例

```
6.    LocalDateTime dateTime = LocalDateTime.now();
7.    DateTimeFormatter fmt = DateTimeFormatter.ISO_DATE;
8.    System.out.println(dateTime);
9.    System.out.println(fmt.format(dateTime));
10.   System.out.println(dateTime.format(fmt));
```

【実行結果】

```
2016-02-25T14:31:23.217
2016-02-25
2016-02-25
```

　7 行目では、DateTimeFormatter クラスの ISO_DATE 定数を指定し、事前定義されたフォーマッタを取得しています。8 行目では、日付 / 時刻をそのまま出力していますが、9 行目では、7 行目で取得したフォーマッタの format() メソッドに LocalDateTime オブジェクトを指定することで、日付のみ表示しています。10 行目では、LocalDateTime オブジェクトの format() メソッドにフォーマッタを指定しています。このように、format() メソッドは、両方のクラスに提供されています。

　なお、static メソッドとして提供されているフォーマッタのサンプルコードは後述します。

DateTimeFormatter による任意のフォーマット

　また、独自のフォーマッタを使用してテキスト文字列から日付 / 時間オブジェクトを取得することも可能です。DateTimeFormatter クラスには指定されたパターンを使用してフォーマッタを作成するための ofPattern() メソッドが提供されています。

表 7-6：DateTimeFormatter クラスの ofPattern() メソッド

メソッド名	説明
static DateTimeFormatter ofPattern(String pattern)	指定されたパターンを使用してフォーマッタを作成する
static DateTimeFormatter ofPattern(String pattern, Locale locale)	指定されたパターンおよびロケールを使用してフォーマッタを作成する

　ofPattern() メソッドの引数はパターン文字列を指定します。たとえば、M は月を表しますが、MMMM とすると地域に従った月を表します。表 7-6 にある引数を 2 つとる ofPattern() メソッドの第 2 引数では、Locale 型を指定しています。これは地域を表すクラスです。ロケールの詳細は第 12 章で説明しますが、ここでは地域が指定されていると解釈してください。

　サンプルコードで確認します（Sample7_6.java）。

Sample7_6.java（抜粋）：ofPattern() メソッドの利用例

```
  7.    DateTimeFormatter fmt1 =
```

```
 8.                DateTimeFormatter.ofPattern("MMMM");
 9.     DateTimeFormatter fmt2 =
10.                DateTimeFormatter.ofPattern("MMMM", Locale.US);
11.     LocalDate date = LocalDate.now();
12.     System.out.println("デフォルトロケール : " + date.format(fmt1));
13.     System.out.println("US ロケール        : " + date.format(fmt2));
14.
15.     DateTimeFormatter fmt3 =
16.                DateTimeFormatter.ofPattern("yyyy/MM/dd HH:mm:ss");
17.     String target = "2016/02/24 21:03:20";
18.     LocalDateTime dateTime = LocalDateTime.parse(target, fmt3);
19.     System.out.println(dateTime);
```

【実行結果】

```
デフォルトロケール : 2月
US ロケール        : February
2016-02-24T21:03:20
```

このサンプルを実行している PC では、地域の設定が日本になっています。まず、8 行目では、引数にパターン文字列として MMMM を指定しており、明示的にロケールを指定していないため、12 行目の実行結果を見るとデフォルトである日本のロケールに従って 2 月と表示されています。10 行目では、第 1 引数にパターン文字列、第 2 引数に米国であるロケールを指定しています。したがって、13 行目の実行結果を見ると、February と表示されています。

また、15、16 行目では、ofPattern() メソッドの引数に「yyyy/MM/dd HH:mm:ss」と指定して、DateTimeFormatter オブジェクトを取得しています。15 行目では、parse() メソッドに解析したい文字列と取得した DateTimeFormatter オブジェクトを指定しています。このように ISO 8601 の書式とは異なる文字列でも、parse() メソッドによる解析を行うことができます。

日付 / 時刻の加減算

Java SE 8 以前にも、日付／時刻の演算処理に最低限必要な API は用意されていましたが、使いやすいものではありませんでした。Date and Time API では、直感的に使用できるメソッドが多数用意されています。

ここでは、LocalDate クラスの加算を行うメソッドを例に説明します (**表 7-7**)。

表 7-7：LocalDate クラスの加算を行うメソッド

メソッド名	説明
LocalDate plusDays(long daysToAdd)	指定された日数を加算した、この LocalDate のコピーを返す
LocalDate plusMonths(long monthsToAdd)	指定された月数を加算した、この LocalDate のコピーを返す
LocalDate plusWeeks(long weeksToAdd)	指定された週数を加算した、この LocalDate のコピーを返す
LocalDate plusYears(long yearsToAdd)	指定された年数を加算した、この LocalDate のコピーを返す

次のサンプルコードは、表 7-7 に掲載したメソッドを使用した例です（Sample7_7.java）。

Sample7_7.java（抜粋）：LocalDate での日付加算例

```
5.    LocalDate date = LocalDate.of(2016, 4, 1);
6.    System.out.println("date      : " + date);
7.    System.out.println("3 日後    : " + date.plusDays(3));
8.    System.out.println("5 ケ月後  : " + date.plusMonths(5));
9.    System.out.println("2 週間後  : " + date.plusWeeks(2));
10.   System.out.println("10 年後   : " + date.plusYears(10));
11.   System.out.println("date      : " + date);
```

【実行結果】

```
date      : 2016-04-01
3 日後    : 2016-04-04
5 ケ月後  : 2016-09-01
2 週間後  : 2016-04-15
10 年後   : 2026-04-01
date      : 2016-04-01
```

7 〜 10 行目では、LocalDate オブジェクトに日、月、週、年の加算を行っています。しかし、6 行目と 11 行目を見ると、加算前と加算後で date 変数が表している日付は同じです。日付 / 時刻 API の各クラスは**不変オブジェクト**であるため、オブジェクトが保持する情報が変化するわけではありません。メソッドを実行すると、処理後の日付時刻を保持した新しいオブジェクトが返ります。したがって、処理後のオブジェクトを取得したい場合は、各メソッドの戻り値を変数に代入してください。たとえば、Sample7_7.

javaの7行目を以下のように修正すると、date変数は、3日後のLocalDateオブジェクトを参照します。

コード例

```
7.    date = date.plusDays(3);
8.    System.out.println("3日後     : " + date);
```

また、減算を行うメソッドとして、minusDays() というように minusXXX() メソッドも同様に提供されています。時刻を扱うクラスでは、plusHours() や plusSeconds() といったメソッドも提供されています（**Sample7_8.java**）。

Sample7_8.java（抜粋）：minusXXX() メソッドを使用した時刻減算例

```
5.    LocalDateTime dateTime =
6.            LocalDateTime.of(2016, 1, 20, 10, 30, 00);
7.    System.out.println(dateTime);           //2016-01-20T10:30
8.    dateTime = dateTime.minusDays(1);       //2016-01-19T10:30
9.    dateTime = dateTime.minusHours(7);      //2016-01-19T03:30
10.   dateTime = dateTime.minusSeconds(15);   //2016-01-19T03:29:45
11.   System.out.println(dateTime);
```

【実行結果】

```
2016-01-20T10:30
2016-01-19T03:29:45
```

5、6行目では 2016-01-20T10:30 を表す LocalDateTime オブジェクトを生成し、8行目で1日減算、9行目で7時間減算、10行目で15秒減算しています。また、8 ～ 10行目を次のようにドットでつなげて呼び出しを行っても同じ結果を得ることができます。

コード例

```
dateTime = dateTime.minusDays(1).minusHours(7).minusSeconds(15);
```

なお、時刻の加減算を行うメソッドは、時刻を扱うクラスのみ使用可能です。以下のように、LocalDate クラスでは時刻を扱わないため、このコードは**コンパイルエラー**となります。

コード例

```
LocalDate date = LocalDate.of(2016, 1, 20);
date = date.plusHours(10);
```

時差とタイムゾーン

　本章の初めに時差について簡単に記載しましたが、時差とは協定世界時(UTC)からの時刻の差を表します(UTC Offset)。たとえば、日本時間は協定世界時から9時間進んでいるため「+09:00」となります。また、米国西海岸は、協定世界時から8時間遅れているので「-08:00」となります。ただし、米国では夏時間があるため、その期間中は7時間の遅れとなり「-07:00」となります。

　では、日本標準時が2016-02-20T20:00の場合、夏時間ではない通常時期の米国西海岸標準時は何時になるでしょうか(図7-1)。

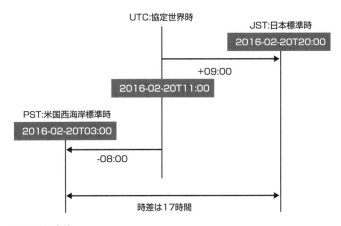

図7-1：時差

　日本標準時が2016-02-20T20:00の場合、協定世界時は9時間を引いた2016-02-20T11:00となります。そして、米国西海岸標準時は協定世界時から8時間を引いた2016-02-20T03:00となります。つまり、日本と米国西海岸では17時間の時差があることがわかります。

　また、タイムゾーンとは、共通の標準時を使う地域や区分です。標準時はUTCとの差で示します。たとえば、日本 (UTC+9) と同じ、タイムゾーンとして、韓国やインドネシア (東部) などがあります。

ZonedDateTime と OffsetDateTime クラス

タイムゾーンを含んだ日付/時刻クラスとして ZonedDateTime が提供されています。また、時差を含んだ日付/時刻クラスとして、OffsetDateTime が提供されています。まず、ZonedDateTime クラスから説明します。

日付/時刻 API では、タイムゾーンである地域を表すクラスとして、java.time.ZoneId クラスを使用します。ZoneId オブジェクトの生成は、文字列で表現されたタイムゾーン ID をもとに行います。表 7-8 は主なタイムゾーン ID です。

表 7-8：主なタイムゾーン ID

地域		タイムゾーン ID
JST	日本標準時	Asia/Tokyo
PST	米国西海岸標準時	America/Los_Angeles

表 7-8 にあるタイムゾーン ID を引数に、表 7-9 にある ZoneId クラスの of() メソッドを使用することで ZoneId オブジェクトを生成します。また、systemDefault() メソッドでデフォルトのタイムゾーンを表す ZoneId オブジェクトを取得できます。

表 7-9：ZoneId クラスの主なメソッド

メソッド名	説明
static ZoneId systemDefault()	システム・デフォルト・タイムゾーンを表す ZoneId オブジェクトを取得する
static ZoneId of(String zoneId)	指定された ID から ZoneId オブジェクトを取得する

また、タイムゾーンを含んだ日付/時刻クラスは、ZonedDateTime として提供されており、of() メソッドで ZonedDateTime オブジェクトの生成が可能です。

表 7-10：ZonedDateTime クラスの主なメソッド

メソッド名	説明
static ZonedDateTime of(　　　　int year, 　　　　int month, 　　　　int dayOfMonth, 　　　　int hour, 　　　　int minute, 　　　　int second, 　　　　int nanoOfSecond, 　　　　ZoneId zone)	年、月、日、時、分、秒、ナノ秒、タイムゾーンから ZonedDatTime オブジェクトを取得する

メソッド名	説明
static ZonedDateTime of(　　LocalDateTime localDateTime, 　　ZoneId zone)	LocalDateTimeとタイムゾーンをもとにZonedDateTimeオブジェクトを取得する

サンプルコードで確認します (**Sample7_9.java**)。

Sample7_9.java (抜粋): ZoneIdとZonedDateTimeクラスの利用

```
5.      ZoneId zone1 = ZoneId.systemDefault();
6.      LocalDateTime lDateTime1 =
7.              LocalDateTime.of(2016, 2, 20,
8.                              10, 30, 45, 200);
9.      ZonedDateTime zDateTime1 =
10.             ZonedDateTime.of(lDateTime1, zone1);
11.     System.out.println(zDateTime1);
12.     ZoneId zone2 = ZoneId.of("America/Los_Angeles");
13.     ZonedDateTime zDateTime2 =
14.             ZonedDateTime.of(2016, 2, 20,      // 日付
15.                             10, 30, 45, 200,   // 時刻
16.                             zone2);            // ゾーン
17.     System.out.println(zDateTime2);
18.     DateTimeFormatter fmt1 =
19.         DateTimeFormatter.ofLocalizedDateTime(FormatStyle.FULL);
20.     System.out.println(fmt1.format(zDateTime1));
```

【実行結果】

```
2016-02-20T10:30:45.000000200+09:00[Asia/Tokyo]
2016-02-20T10:30:45.000000200-08:00[America/Los_Angeles]
2016年2月20日 10時30分45秒 JST
```

5行目でデフォルトのZoneIdオブジェクト、6〜8行目でLocalDateTimeオブジェクトをそれぞれ生成した後、10行目でZonedDateTimeクラスのof()メソッドの引数に指定しています。また、12行目ではタイムゾーンIDとしてAmerica/Los_Angelesを使用してZoneIdオブジェクトを生成しています。14〜16行目では、日付、時刻、ゾーンを指定するof()メソッドを使用しています。なお、実行結果のとおり、9行目のzDateTime1は日本、13行目のzDateTime2は米国西海岸のゾーンであることがわかります。

このサンプルでは、DateTimeFormatterクラスの**表7-5**で紹介した、ofLocalized

DateTime() メソッドを使用しています。ofLocalizedDateTime() メソッドでは、引数に
FormatStyle クラスの列挙値として提供されているスタイルを指定してフォーマットを行
います。19 行目では、FormatStyle.FULL を指定し DateTimeFormatter オブジェクトを
取得します。そして、20 行目では format() メソッドで取得したフォーマッタを指定しま
す。なお、ここでは FULL を使用していますが、FormatStyle クラスには 4 つのスタイ
ルが提供されています。以下は、4 つのスタイルでそれぞれ実行した場合の例です。

FormatStyle.FULL ：2016 年 2 月 20 日 10 時 30 分 45 秒 JST
FormatStyle.LONG ：2016/02/20 10:30:45 JST
FormatStyle.MEDIUM：2016/02/20 10:30:45
FormatStyle.SHORT ：16/02/20 10:30

FormatStyle クラスの FULL と LONG は実行結果からわかるとおり、ゾーン情報（こ
の例では JST）が含まれます。一方、LocalDateTime オブジェクトはゾーンおよび時差
は保持していないため、FULL や LONG を使用すると実行時に **DateTime
Exception 例外が発生**します。MEDIUM と SHORT は問題なく使用可能です。また、
日付、時刻に合わせて ofLocalizedXXX() メソッドが提供されています。第 12 章のフ
ォーマットの節で解説しているため、参照してください。

次に OffsetDateTime クラスの利用を見てみましょう。時差を含んだ日付 / 時刻クラス
は、OffsetDateTime として提供されており、of() メソッドで OffsetDateTime オブジェク
トの生成が可能です。表 7-11 の各メソッドの最後の引数を確認してください。
ZoneOffset は時差を表します。ZoneOffset オブジェクトの取得には of() メソッドを使用
し、引数は String 型で、+hh:mm や -hh:mm といったフォーマットで時差を指定します。

表 7-11：OffsetDateTime クラスの主なメソッド

メソッド名	説明
static OffsetDateTime of(　　　　　int year, 　　　　　int month, 　　　　　int dayOfMonth, 　　　　　int hour, 　　　　　int minute, 　　　　　int second, 　　　　　int nanoOfSecond, 　　　　　ZoneOffset offset)	年、月、日、時、分、秒、ナノ秒、オフセットから OffsetDateTime オブジェクトを取得する
static OffsetDateTime of(　　　　　LocalDateTime dateTime, 　　　　　ZoneOffset offset)	LocalDateTime とオフセットをもとに OffsetDateTime オブジェクトを取得する

サンプルコードで確認します（Sample7_10.java）。

Sample7_10.java（抜粋）：ZoneOffset と OffsetDateTime クラスの利用

```
5.      ZoneOffset offset = ZoneOffset.of("+09:00");
6.      LocalDateTime lDateTime =
7.              LocalDateTime.of(2016, 2, 20,
8.                                10, 30, 45, 200);
9.      OffsetDateTime oDateTime =
10.             OffsetDateTime.of(lDateTime, offset);
11.     System.out.println(oDateTime);
```

【実行結果】

```
2016-02-20T10:30:45.000000200+09:00
```

5 行目では、ZoneOffset クラスの of() メソッドに文字列で時差を指定し、ZoneOffset オブジェクトを生成しています。9、10 行目では、OffsetDateTime クラスの of() メソッドに LocalDateTime と ZoneOffset を指定し OffsetDateTime オブジェクトを生成しています。実行結果をみると、日付 / 時刻の後に +09:00 とあり時差が表示されていることがわかります。

夏時間

いくつかの国や地域では、夏時間（daylight saving time）を取り入れています。明るい時間をより有効に活用するために時間を年に 2 回調整する仕組みです。大まかに言えば、夏の間は時計の時間を進めて、夏が終わったら時間を戻します。

 Gold 試験は、世界の各国で実施されています。そのため、米国の例にした夏時間の問題が出題される可能性が高いです。したがって、以降の説明では、米国を例に記載します。

夏時間を調整する日、時刻、時間は国や地域によって異なりますが、米国では、3 月に 1 時間進めて 11 月に戻します。たとえば、2016 年度の米国では、夏時間の開始、終了は以下のとおりです。

- 2016 年度の夏時間開始日時：2016 年 3 月 13 日（日）2 時 0 分 EST（East Standard Time：東部標準時）
- 2016 年度の夏時間終了日時：2016 年 11 月 6 日（日）2 時 0 分 EDT（East Daylight Time：東部夏時間）

前述のとおり、ZonedDateTime クラスはタイムゾーンを含んだ日付 / 時刻クラスです。そして、この夏時間が考慮されています。したがって、夏時間の切り替え日時や、切り替え日時が含まれる時間の加減処理を行う場合に注意が必要です。

まず、夏時間の切り替え日時を使用した ZonedDateTime オブジェクトのサンプルコードを見てみます（Sample7_11.java）。

Sample7_11.java（抜粋）：夏時間を確認する例 1

```
5.    ZoneId zone = ZoneId.of("America/Los_Angeles");
6.    LocalDate date = LocalDate.of(2016, Month.MARCH, 13);
7.    LocalTime time1 = LocalTime.of(1, 00); // 切り替え前
8.    LocalTime time2 = LocalTime.of(2, 00); // 切り替え中
9.    ZonedDateTime zoneDt1 = ZonedDateTime.of(date, time1, zone);
10.   System.out.println(zoneDt1);
11.   ZonedDateTime zoneDt2 = ZonedDateTime.of(date, time2, zone);
12.   System.out.println(zoneDt2);
```

【実行結果】

```
2016-03-13T01:00-08:00[America/Los_Angeles]
2016-03-13T03:00-07:00[America/Los_Angeles]
```

9 行目では、6 行目の LocalDate、7 行目の LocalTime、5 行目の ZoneId オブジェクトをもとに ZonedDateTime オブジェクトを生成しています。実行結果を見ると想定どおりの結果です。注目したいのは、7 行目の LocalTime は「01:00」であり、実行結果も「01:00」となっています。一方、11 行目では、使用している LocalTime オブジェクトは、8 行目で生成したものです。この LocalTime は「02:00」です。しかし、実行結果を見ると、「03:00」になっていること、および時差が「-08:00」から「-07:00」になっていることを確認してください。13 行目の ZonedDateTime オブジェクトが扱っている日時が夏時間の開始時間と重なるため、暗黙で 1 時間進めています。

次に夏時間の切り替え日時が含まれる時間の加減処理を行う場合を見てみましょう。ここでは加算処理を例に確認します。次の図 7-2 を見てください。

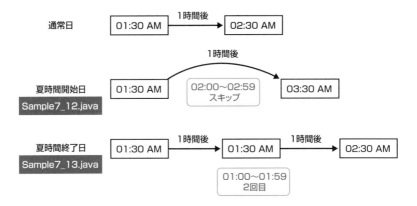

図 7-2：夏時間の切り替え日時が含まれる時間の加算処理

　ZonedDateTime を使用していても、通常であれば「01:30」の 1 時間後は「02:30」です。しかし、夏時間の開始日の「01:30」の 1 時間後は「03:30」となります。これは、「02:00 〜 02:59」がスキップされるからです。では、サンプルコードで確認します（**Sample7_12.java**）。

Sample7_12.java（抜粋）：夏時間を確認する例 2

```
5.    LocalDate date = LocalDate.of(2016, Month.MARCH, 13);
6.    LocalTime time = LocalTime.of(1, 30);
7.    ZoneId zone = ZoneId.of("America/Los_Angeles");
8.    ZonedDateTime zoneDt = ZonedDateTime.of(date, time, zone);
9.    System.out.println(zoneDt);
10.   zoneDt = zoneDt.plusHours(1);
11.   System.out.println(zoneDt);
```

【実行結果】

```
2016-03-13T01:30-08:00[America/Los_Angeles]
2016-03-13T03:30-07:00[America/Los_Angeles]
```

　5 〜 8 行目で、2016 年 3 月 13 日 01 時 30 分の日付オブジェクトと、米国西海岸のゾーンを指定しています。9 行目の実行結果は想定どおりです。10 行目で 1 時間加算した後、11 行目で出力すると、「02:30」ではなく「03:30」となっていること、および時差が「–08:00」から「–07:00」になっていることがわかります。これは夏時間が適用され 1 時間進んでいることを意味します。

では、図 7-2 の夏時間終了日も確認します。夏時間の終了日の「01:30」の 1 時間後は「01:30」となります。これは、夏時間の終了に伴い 1 時間戻すために「01:00 〜 01:59」を 2 周するからです。では、サンプルコードで確認します（Sample7_13.java）。

Sample7_13.java（抜粋）：夏時間を確認する例 3

```
5.     LocalDate date = LocalDate.of(2016, Month.NOVEMBER, 6);
6.     LocalTime time = LocalTime.of(1, 30);
7.     ZoneId zone = ZoneId.of("America/Los_Angeles");
8.     ZonedDateTime zoneDt = ZonedDateTime.of(date, time, zone);
9.     System.out.println(zoneDt);
10.    zoneDt = zoneDt.plusHours(1);
11.    System.out.println(zoneDt);
12.    zoneDt = zoneDt.plusHours(1);
13.    System.out.println(zoneDt);
```

【実行結果】

```
2016-11-06T01:30-07:00[America/Los_Angeles]
2016-11-06T01:30-08:00[America/Los_Angeles]
2016-11-06T02:30-08:00[America/Los_Angeles]
```

5 〜 8 行目で、2016 年 11 月 6 日 01 時 30 分の日付オブジェクトと、米国西海岸のゾーンを指定しています。9 行目の実行結果は想定どおりです。10 行目で 1 時間加算した後、11 行目で出力すると、「02:30」ではなく「01:30」となっていること、および時差が「–07:00」から「–08:00」になっていることがわかります。これは夏時間が適用され 1 時間戻していることを意味します。さらに 12 行目で 1 時間加算すると「02:30」となります。

日や時間の間隔

ここまで紹介した日付・時刻クラスは、ある時点の日付や時刻を表していました。日付 / 時刻 API では、日や時間の間隔を扱うクラスも提供されています（表 7-12）。

表 7-12：間隔を扱うクラス

クラス名	説明
Period	年、月、日単位で間隔を扱う
Duration	時間単位で間隔を扱う

Period クラス

Period クラスは、年、月、日単位で間隔を扱うクラスです。Period クラスのメソッドを紹介する前に Period クラスが表す間隔をサンプルコードで確認します (**Sample7_14.java**)。

Sample7_14.java（抜粋）: Period クラスの例 1

```
5.    LocalDate start = LocalDate.of(2016, Month.JANUARY, 1);
6.    LocalDate end = LocalDate.of(2017, Month.MARCH, 5);
7.    Period period = Period.between(start, end);
8.    System.out.println("period     : " + period);
9.    System.out.println("getYears() : " + period.getYears());
10.   System.out.println("getMonths(): " + period.getMonths());
11.   System.out.println("getDays()  : " + period.getDays());
```

【実行結果】
```
period     : P1Y2M4D
getYears() : 1
getMonths(): 2
getDays()  : 4
```

5、6 行目で 2016 年 1 月 1 日と、2017 年 3 月 5 日の LocalDate オブジェクトを生成しています。7 行目では、Period クラスの between() メソッドを使用して、2 つの日付間を表す Period オブジェクトを取得します。9 〜 11 行目で getXXX() メソッドで年、月、日の間隔を取得しています。年は 1、月は 2、日は 4 とそれぞれの間隔であることがわかります。また、8 行目の Period オブジェクトの参照変数を出力 (Period クラスのtoString() で返される文字列) を見てください。

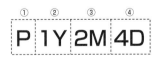

① Period を表す文字
② 年数を表す
③ 月数を表す
④ 日数を表す

図 7-3：Period クラスの toString() で返される文字列

注意する点として、表示内容は、年、月、日のみです。週はありません。では、ここで Period クラスの主なメソッドを紹介したのち (**表 7-13**)、もう少し Period オブジェクトの生成について確認します。

表 7-13：Period クラスの主なメソッド

メソッド名	説明
static Period between(　　　LocalDate startDateInclusive, 　　　LocalDate endDateExclusive)	2 つの日付間の年数、月数、および日数で構成される Period を取得する
int getYears()	この期間の年数を取得する
int getMonths()	この期間の月数を取得する
int getDays()	この期間の日数を取得する
static Period ofYears(int years)	年数を表す Period を取得する
static Period ofMonths(int months)	月数を表す Period を取得する
static Period ofWeeks(int weeks)	週数を表す Period を取得する
static Period ofDays(int days)	日数を表す Period を取得する
static Period of(int years, 　　　　　　int months, 　　　　　　int days)	年数、月数、および日数を表す Period を取得する

次のサンプルコードは、表 7-13 にある ofXXX() メソッドを使用した例です。各出力結果を確認します (**Sample7_15.java**)。

Sample7_15.java（抜粋）：Period クラスの例 2

```
5.    Period period1 = Period.ofYears(2);
6.    Period period2 = Period.ofWeeks(3);
7.    Period period3 = Period.ofYears(1).ofMonths(1);
8.    Period period4 = Period.of(0, 10, 50);
9.    System.out.println("period1 : " + period1);
10.   System.out.println("period2 : " + period2);
11.   System.out.println("period3 : " + period3);
12.   System.out.println("period4 : " + period4);
```

【実行結果】

```
period1 : P2Y
period2 : P21D
period3 : P1M
period4 : P10M50D
```

5 行目は ofYears(2) としているため、9 行目の実行結果は「P2Y」です。6 行目は ofWeeks(3) としているため、10 行目の実行結果は「P21D」です。図 7-3 で確認したとおり、週の表示はありません。したがって、1 週間 =7 日間であり、この例では、3×7

により「21D」の表示となります。7 行目は、不適切なコード例ですがコンパイル、実行ともに成功します。ただし、実行結果のとおり、「P1M」です。これは以下のコードと同等です。

コード例

```
Period period3 = Period.ofYears(1);
period3 = Period.ofMonths(1);
```

したがって、period3 変数には、ofMonths(1) メソッドの戻り値が格納されます。8 行目は、年数、月数、日数を引数に of() メソッドを使用しています。ただし、年数が 0 となっているため、実行結果は「P10M50D」となり年数の表示はされません。

また、Period クラスを使用した加減算処理を確認します。Period クラスには、年数、月数、日数の加算用メソッドが提供されています (**表 7-14**)。また、減算用メソッドとして minusXXX() も提供されています。

表 7-14：Period クラスの加算用メソッド

メソッド名	説明
Period plusYears(long yearsToAdd)	指定された年数を加算して、この期間のコピーを返す
Period plusMonths(long monthsToAdd)	指定された月数を加算して、この期間のコピーを返す
Period plusDays(long daysToAdd)	指定された日数を加算して、この期間のコピーを返す
Period plus(TemporalAmount amountToAdd)	これは、年数、月数、および日数に対して別々に加算を行い、この期間のコピーを返す

加算処理を例にサンプルコードで確認します (**Sample7_16.java**)。

Sample7_16.java（抜粋）：Period クラスの加算処理 1

```
5.    LocalDate start = LocalDate.of(2016, Month.JANUARY, 1);
6.    LocalDate end = LocalDate.of(2016, Month.JANUARY, 15);
7.    Period period = Period.between(start, end);
8.    System.out.println(period.getDays());
9.    period = period. plusDays(6);
10.   System.out.println(period.getDays());
```

【実行結果】

```
14
20
```

5 〜 7 行目では、2016 年 1 月 1 日〜 2016 年 1 月 15 日の間を取得します。8 行目で 14 日間であることを確認します。9 行目では、plusDays() メソッドで 6 日を追加します。10 行目では 20 日間になることを確認します。

また、LocalTime、LocalDate、LocalDateTime クラスには、加減算を行うメソッドが提供されています。以下は、LocalDateTime クラスのメソッドです。

構文

```
LocalDateTime plus(TemporalAmount amountToAdd)
LocalDateTime minus(TemporalAmount amountToSubtract)
```

LocalTime、LocalDate の各クラスでも同じメソッドを提供しています。ただし、戻り値が各クラス名となります。また、各引数は TemporalAmount インタフェースとなっていますが、Period クラスは TemporalAmount 型をもつため引数として指定が可能です。では、LocalTime、LocalDate、LocalDateTime クラスの plus() メソッドを使用して加算を行うサンプルコードを確認します (Sample7_17.java)。

Sample7_17.java（抜粋）：Period クラスの加算処理 2

```java
5.    LocalDate date = LocalDate.of(2016, Month.JANUARY, 10);
6.    LocalTime time = LocalTime.of(7, 30);
7.    LocalDateTime dateTime = LocalDateTime.of(date, time);
8.    Period period = Period.ofMonths(1);
9.    System.out.println(dateTime);
10.   System.out.println(dateTime.plus(period));
11.   System.out.println(date);
12.   System.out.println(date.plus(period));
13.   //System.out.println(time.plus(period));
```

【実行結果】

```
2016-01-10T07:30
2016-02-10T07:30
```

```
2016-01-10
2016-02-10
```

　5 ～ 7 行目で各日付 / 時刻オブジェクトを生成し、8 行目では 1 か月を表す Period オブジェクトを生成します。9 行目は LocalDateTime オブジェクトに対する加算前、10 行目は加算後の出力結果です。11、12 行目は同様に LocalDate に対する加算前、加算後の出力結果です。なお、13 行目を確認してしてください。time 変数は LocalTime クラスのオブジェクトであるため、日付情報はもっていません。日の加算によりこのコードはコンパイルは成功しますが、実行時に UnsupportedTemporalTypeException 例外がスローされます。

■■ Duration クラス

　Duration クラスは、時間単位で間隔を扱うクラスです。このクラスは、秒を表す long 値とナノ秒を表す int 値 (0 と 999,999,999 の間になる) を保持します。使い方は Period クラスと類似しており、また、提供するメソッドも名前から想定されるため、違いを中心にサンプルコードを用いて説明します。まず、Duration オブジェクトを取得する ofXXX() メソッドをサンプルコードで確認します (**Sample7_18.java**)。

Sample7_18.java (抜粋)：Duration クラスの ofXXX() の例 1

```
5.      System.out.println(Duration.ofDays(1));
6.      System.out.println(Duration.ofHours(1));
7.      System.out.println(Duration.ofMinutes(1));
8.      System.out.println(Duration.ofSeconds(1));
9.      System.out.println(Duration.ofMillis(1));
10.     System.out.println(Duration.ofNanos(1));
```

【実行結果】

```
PT24H
PT1H
PT1M
PT1S
PT0.001S
PT0.000000001S
```

　実行結果を見ると、Duration オブジェクトの参照変数を出力 (Duration クラスの

toString()で返される文字列）を見てください。「D」ではありませんが、Period of Time を意味する「PT」であることがわかります。「H」は時間数、「M」は分数、「S」は秒数を表します。

また、次の構文を見てください。

> 構文

構文1：static Duration ofSeconds(long seconds)
構文2：static Duration ofSeconds(long seconds,
　　　　　　　　　　　　　　　　　long nanoAdjustment)
構文3：static Duration of(long amount, TemporalUnit unit)

構文1は、Sample7_18.javaで使用したofSeconds()メソッドです。引数には秒数を指定します。また、構文2は第1引数に秒数、第2引数にナノ秒を指定することで、秒数およびナノ秒数で構成されるDurationオブジェクトを作成することができます。たとえば、次のコードは12.3秒間を表します。

コード例

```
Duration.ofSeconds(12, 300_000_000);
```

構文3は、第2引数で指定された単位での間隔を表すDurationを作成します。TemporalUnitインタフェースの実装として、java.time.temporalパッケージにChronoUnit列挙型が提供されています。主な定数は**表7-15**のとおりです。

表7-15：ChronoUnit列挙型の主な定数

定数名	説明	定数名	説明
DAYS	1日	SECONDS	1秒
HOURS	1時間	MILLIS	1ミリ秒
MINUTES	1分	NANOS	1ナノ秒

では、構文1～構文3のサンプルコードを確認します（**Sample7_19.java**）。

Sample7_19.java（抜粋）：DurationクラスのofXXX()の例2

```
6.    Duration duration1 = Duration.ofSeconds(12);
7.    Duration duration2 = Duration.ofSeconds(12, 300_000_000);
```

```
8.      Duration duration3 = Duration.of(12, ChronoUnit.SECONDS);
9.
10.     System.out.println("duration1 : " + duration1);
11.     System.out.println("duration2 : " + duration2);
12.     System.out.println("duration3 : " + duration3);
```

【実行結果】

```
duration1 : PT12S
duration2 : PT12.3S
duration3 : PT12S
```

6行目の構文1と、8行目の構文3は同じ12秒間を表していることがわかります。また、7行目は12.3秒間を表します。

次に、Durationクラスを使用した加減算処理を確認します。Periodクラスで紹介したSample7_17.javaと類似した処理を、Durationクラスを使用して確認します（Sample7_20.java）。

Sample7_20.java（抜粋）：Duration クラスの加算処理 1

```
5.      LocalDate date = LocalDate.of(2016, Month.JANUARY, 10);
6.      LocalTime time = LocalTime.of(7, 30);
7.      LocalDateTime dateTime = LocalDateTime.of(date, time);
8.      Duration duration = Duration.ofHours(3);
9.      System.out.println(dateTime);
10.     System.out.println(dateTime.plus(duration));
11.     System.out.println(time);
12.     System.out.println(time.plus(duration));
13.     //System.out.println(date.plus(duration));
```

【実行結果】

```
2016-01-10T07:30
2016-01-10T10:30
07:30
10:30
```

5～7行目で各日付/時刻オブジェクトを生成し、8行目では3時間を表すDurationオブジェクトを生成します。9行目はLocalDateTimeオブジェクトに対する加算前、10

行目は加算後の出力結果です。11、12 行目は同様に LocalTime に対する加算前、加算後の出力結果です。なお、13 行目を確認してください。date 変数は LocalDate クラスのオブジェクトであるため、時刻情報は持っていません。コードの文法は正しいためコンパイルは成功しますが、実行時に **UnsupportedTemporalTypeException 例外**がスローされます。

また、Sample7_20.java の 8 行目では、ofHours() メソッドの引数に 3 を指定していますが、23 と指定した場合の結果はどうなりますか？ 以下は 8 行目を ofHours(23) と修正した場合の実行結果です。

【実行結果】
```
2016-01-10T07:30
2016-01-11T06:30
07:30
06:30
```

2016 年 1 月 10 日 07:30 の 23 時間後であるため、実行結果は 2016 年 1 月 11 日 06:30 となっていることがわかります。

Period クラスと Duration クラスを利用する際の注意点をまとめます。**Period クラスは、LocalDate クラス、LocalDateTime クラス（ZonedDateTime クラスも可能）での間隔処理に利用可能ですが、LocalTime は使用できません**。また、**Duration クラスは、LocalTime クラス、LocalDateTime クラス（ZonedDateTime クラスも可能）での間隔処理に利用可能ですが、LocalDate は使用できません**。次のサンプルコードでは、11、12 行目をコメントアウトしていますが、コメントを外してコンパイル、実行すると実行時に **UnsupportedTemporalTypeException 例外**がスローされます（Sample7_21.java）。

Sample7_21.java（抜粋）：Period クラスと Duration クラス

```
5.    LocalDate date = LocalDate.of(2016, Month.JANUARY, 10);
6.    LocalTime time = LocalTime.of(7, 30);
7.    LocalDateTime dateTime = LocalDateTime.of(date, time);
8.    Period period = Period.ofDays(1);
9.    Duration duration = Duration.ofDays(1);
10.   System.out.println(date.plus(period));
11.   //System.out.println(date.plus(duration));
12.   //System.out.println(time.plus(period));
13.   System.out.println(time.plus(duration));
```

```
14.     System.out.println(dateTime.plus(period));
15.     System.out.println(dateTime.plus(duration));
```

【実行結果】
```
2016-01-11
07:30
2016-01-11T07:30
2016-01-11T07:30
```

Instant クラス

Instant クラスは、単一の時点を扱うクラスです。UTC での 1970 年 1 月 1 日 0 時 0 分 0 秒（1970-01-01T00:00:00Z）から測定されるエポック秒を保持します。具体的には、エポック秒を表す long 値とナノ秒を表す int 値（0 と 999,999,999 の間になる）を保持します。なお、エポック後の Instant は正の値を持ち、エポック前の Instant は負の値を持ちます。

たとえば、次のサンプルコードを確認します（**Sample7_22.java**）。

Sample7_22.java（抜粋）：Instant クラスの利用
```
5.      Instant pointA = Instant.now();
6.      Thread.sleep(1000);
7.      Instant pointB = Instant.now();
8.      Duration duration = Duration.between(pointA, pointB);
9.      System.out.println(pointA);
10.     System.out.println(pointB);
11.     System.out.println(duration.toMillis());
```

【実行結果】
```
2016-02-29T03:01:04.348Z
2016-02-29T03:01:05.363Z
1014
```

5 行目でシステム・クロックから現在の Instant オブジェクトを取得します。指定された 1000 ミリ秒数の間、スリープ（一時的に実行を停止）したのち、再度 Instant オブジェクトを取得しています。8 行目～ 11 行目では各 Instant オブジェクトが保持している時点の間隔を表示しています。スリープ状態から実行中の状態になる処理時間がある

ため、1000ミリ秒より多少時間が加算されていますが(この例では1014ミリ秒)、Instantにより時点が取得できていることがわかります。なお、6行目のThreadクラスについては、第10章で説明します。

 Sample7_22.javaで使用した、Instant.now()では、システムUTCクロックを参照して、Instantオブジェクトを作成します。システムUTCクロックとは、UTCタイムゾーンを使ったClockオブジェクトを意味します。

Instantオブジェクトは、now()メソッドの他、エポック秒を指定して作成することも可能です。主なメソッドを表7-16に記載します。

表7-16:Instantオブジェクトの作成メソッド

メソッド名	説明
static Instant now()	システム・クロックから現在のInstantを取得する
static Instant ofEpochSecond(long epochSecond)	エポック1970-01-01T00:00:00Zからの秒数を使用してInstantを取得する

static Instant ofEpochSecond(
    long epochSecond,
    long nanoAdjustment)
	1970-01-01T00:00:00Zからの秒数と秒のナノ秒を使用してInstantを取得する

static Instant ofEpochMilli(long epochMilli)	エポック1970-01-01T00:00:00Zからのミリ秒数を使用してInstantを取得する

ofEpochXXX()メソッドでは、long値を引数に1970-01-01T00:00:00ZからのInstantオブジェクトを作成します。また、従来提供されているjava.util.Dateクラスやjava.util.Calendarクラスには、SE 8よりInstantオブジェクトに変換するtoInstant()メソッドが提供されています。ここでは、ZonedDateTimeオブジェクトをInstantオブジェクトに変換するサンプルコードを見てみます(**Sample7_23.java**)。

Sample7_23.java(抜粋):ZonedDateTimeからInstantへの変換

```
5.      Instant instant1 = Instant.ofEpochSecond(0);
6.      System.out.println(instant1);
7.      LocalDate date = LocalDate.of(2016, Month.JANUARY, 1);
8.      LocalTime time = LocalTime.of(11, 55);
9.      ZoneId zone = ZoneId.of("America/Los_Angeles");
10.     ZonedDateTime zoneDt = ZonedDateTime.of(date, time, zone);
```

```
11.     Instant instant2 = zoneDt.toInstant();
12.     System.out.println(zoneDt);
13.     System.out.println(instant2);
```

【実行結果】
```
1970-01-01T00:00:00Z
2016-01-01T11:55-08:00[America/Los_Angeles]
2016-01-01T19:55:00Z
```

5行目では、ofEpochSecond() メソッドを使用しています。引数は0であるため6行目は1970-01-01T00:00:00Z の出力となります。また、7～10行目でZonedDateTime オブジェクトを用意して、11行目では、ZonedDateTime クラスの toInstant() メソッドにより、Instant オブジェクトに変換しています。したがって、13行目の実行結果を見ると、タイムゾーンである8時間が取り除かれ、ISO 8601 の表記に従って表記されます。また、LocalDateTime クラスから Instant オブジェクトを取得する場合は、引数に ZoneOffset をとる toInstant() メソッドを使用します。以下の構文を確認してください。

構文

default Instant toInstant(ZoneOffset offset)

toInstant(ZoneOffset offset) メソッド自体は、LocalDateTime クラスのスーパーインタフェースである ChronoLocalDateTime で定義されているデフォルトメソッドです。LocalDateTime クラスは、時差、タイムゾーンを持たないため、Instant オブジェクトへの変換には時差の情報が必要になります。そのため、toInstant() メソッドの引数に時差である ZoneOffset オブジェクトを指定します。

次のサンプルでは、Instant への変換例をいくつか掲載しています（**Sample7_24.java**）。

Sample7_24.java（抜粋）：LocalDateTime から Instant への変換
```
5.      LocalDate date = LocalDate.of(2016, Month.JANUARY, 1);
6.      LocalTime time = LocalTime.of(11, 55);
7.      LocalDateTime dateTime = LocalDateTime.of(date, time);
8.      //Instant instant = dateTime.toInstant();   // コンパイルエラー
9.      Instant instant1 = dateTime.toInstant(ZoneOffset.of("+09:00"));
10.     //LocalDateTime → ZonedDateTime → Instant
```

```
11.        ZonedDateTime zoneDt = dateTime.atZone(ZoneId.of("Asia/Tokyo"));
12.        Instant instant2 = zoneDt.toInstant();
13.        //LocalDateTime → OffsetDateTime → Instant
14.        OffsetDateTime offsetDt =
15.                          dateTime.atOffset(ZoneOffset.of("+09:00"));
16.        Instant instant3 = offsetDt.toInstant();
17.        System.out.println(instant1);
18.        System.out.println(instant2);
19.        System.out.println(instant3);
```

【実行結果】

```
2016-01-01T02:55:00Z
2016-01-01T02:55:00Z
2016-01-01T02:55:00Z
```

8 行目は、LocalDateTime に対して toInstant() を呼び出そうとしているためコンパイルエラーです。9 行目のように、LocalDateTime クラスでは、ZoneOffset オブジェクトを引数にもつ toInstant() メソッドを使用することで Instant への変換が可能です。また、11 行目では、LocalDateTime から ZonedDateTime への変換に、atZone() メソッドを使用しています。また、14、15 行目では、LocalDateTime から OffsetDateTime への変換に atOffset() メソッドを使用しています。

各日付 / 時刻クラス間の相互変換は多岐にわたるため、ここでは Gold 試験での範囲に絞り簡単な紹介となりますが、ぜひ API ドキュメントで確認してください。

また、Instant オブジェクトに対して、加減処理を行うことも可能です。加算処理を例にメソッドを記載します (表 7-17)。

表 7-17：Instant クラスの主な加算用メソッド

メソッド名	説明
Instant plusSeconds(long secondsToAdd)	指定された秒を加算したものを返す
Instant plus(long amountToAdd, TemporalUnit unit)	第 1 引数に指定された量 (第 2 引数に単位を指定) を加算したものを返す

plusXXX() メソッドは plusSeconds() や plusNanos() といった単位によってオーバーロードされています。また、表 7-17 の 2 行目に記載されている plus() メソッドを確認してください。引数は 2 つとり、第 1 引数に値、第 2 引数に単位を指定します。このメソッドにより、秒や分といった単位を指定した加算が可能です。なお、前述していますが、第 2 引数の型は、TemporalUnit となっているため、実装である java.time.temporal パッ

ケージにChronoUnit列挙型が使用可能です。しかし、Instantクラスのplus()やminus()メソッドで指定可能な列挙値は表7-18のとおりです(表内の説明はplusXXX()で置き換えた場合です)。

表7-18：Instantクラスのplus()やminus()メソッドで指定可能なChronoUnit列挙値

フィールド名	説明
NANOS	plusNanos(long)と同等
MICROS	1,000倍されたplusNanos(long)と同等
MILLIS	1,000,000倍されたplusNanos(long)と同等
SECONDS	plusSeconds(long)と同等
MINUTES	60倍されたplusSeconds(long)と同等
HOURS	3,600倍されたplusSeconds(long)と同等
HALF_DAYS	43,200(3,600×12時間)倍されたplusSeconds(long)と同等
DAYS	86,400(3,600×24時間)倍されたplusSeconds(long)と同等

表7-18以外の値を指定した場合は、**実行時にUnsupportedTemporalTypeException例外**が発生します。では、サンプルコードで確認します(Sample7_25.java)。

Sample7_25.java(抜粋)：Instantクラスでの加算処理

```
6.      Instant instant1 = Instant.now();
7.      System.out.println("instant1 : " + instant1);
8.      Instant instant2 = instant1.plusSeconds(10);
9.      System.out.println("instant2 : " + instant2);
10.     Instant instant3 = instant1.plus(10, ChronoUnit.SECONDS);
11.     System.out.println("instant3 : " + instant3);
12.     Instant instant4 = instant1.plus(10, ChronoUnit.DAYS);
13.     System.out.println("instant4 : " + instant4);
14.     //Instant instant5 = instant1.plus(10, ChronoUnit.YEARS);
```

【実行結果】

```
instant1 : 2016-02-29T08:41:55.793Z
instant2 : 2016-02-29T08:42:05.793Z
instant3 : 2016-02-29T08:42:05.793Z
instant4 : 2016-03-10T08:41:55.793Z
```

6 行目で実行時時点の Instant オブジェクトを取得し、8 行目では 10 秒後の Instant オブジェクトを取得します。なお、8 行目と 10 行目は同等の処理となるため、instant2 と instant3 の実行結果は同じです。また、12 行目では 10 日後の Instant オブジェクトです。14 行目は使用不可である ChronoUnit の YEARS を指定しているため、コメントを外すと、コンパイルは成功しますが、実行時に UnsupportedTemporalTypeException 例外が発生します。

練習問題

■ 問題 7-1 ■

次のコード（抜粋）があります。

```
LocalDate date = 【  ①  】
```

2016年3月20日のLocalDateオブジェクトを生成するために①に挿入可能なコードとして正しいものは次のどれですか。2つ選択してください。

- ❏ A. LocalDate.of(2016, 2, 20);
- ❏ B. LocalDate.of(2016, 3, 20);
- ❏ C. new LocalDate(2016, 2, 20);
- ❏ D. new LocalDate(2016, 3, 20);
- ❏ E. LocalDate.of(2016, Calendar.MARCH, 20);
- ❏ F. LocalDate.of(2016, Month.MARCH, 20);

■ 問題 7-2 ■

次のコード（抜粋）があります。

```
4. LocalDate date = LocalDate.of(2020, Month.AUGUST, 31);
5. date.plusDays(2);
6. date.minusYears(2);
7. System.out.println(date.getYear() + ":" +
8.                    date.getMonth() + ":" +
9.                    date.getDayOfMonth());
```

コンパイル、実行した結果として正しいものは次のどれですか。1つ選択してください。

- ◯ A. 2020:AUGUST:31
- ◯ B. 2020:AUGUST:2
- ◯ C. 2020:SEPTEMBER:2
- ◯ D. 2018:AUGUST:31
- ◯ E. 2018:AUGUST:2
- ◯ F. 2018:SEPTEMBER:2

■ 問題 7-3 ■

次のコード（抜粋）があります。

```
5. LocalDate date = LocalDate.of(2015, 1, 30);
6. System.out.println(date.format(DateTimeFormatter.ISO_DATE));
```

コンパイル、実行した結果として正しいものは次のどれですか。1つ選択してください。

- ○ A. 2015/01/30
- ○ B. 2015/1/30
- ○ C. 2015-01-30
- ○ D. 2015-1-30
- ○ E. コンパイルエラー
- ○ F. 実行時エラー

■ 問題 7-4 ■

次のコード（抜粋）があります。

```
5. LocalDate date = LocalDate.of(2015, 4, 32);
6. date = date.minusDays(2);
7. System.out.println(date.format(DateTimeFormatter.ISO_DATE));
```

コンパイル、実行した結果として正しいものは次のどれですか。1つ選択してください。

- ○ A. 2015-04-30
- ○ B. 2015-4-30
- ○ C. コンパイルエラー
- ○ D. 実行時エラー

■ 問題 7-5 ■

America/Los_Angeles ゾーンの夏時間が以下のように決められていたとします。

・夏時間
　2016年度の夏時間開始日時：2016年3月13日（日）2時0分 EST
　2016年度の夏時間終了日時：2016年11月6日（日）2時0分 EDT

また、次のコード（抜粋）があります。

```
4. ZoneId zone = ZoneId.of("America/Los_Angeles");
5. LocalDateTime local = 【    ①    】
6. ZonedDateTime zTime = ZonedDateTime.of(local, zone);
7. System.out.println(zTime);
```

実行結果が「2016-03-13T03:00-07:00[America/Los_Angeles]」となるために、

①に挿入可能なコードとして正しいものは次のどれですか。2つ選択してください。

- ☐ A. LocalDateTime.of(2016, 3, 13, 1, 00);
- ☐ B. LocalDateTime.of(2016, 3, 13, 2, 00);
- ☐ C. LocalDateTime.of(2016, 3, 13, 3, 00);
- ☐ D. LocalDateTime.of(2016, 3, 14, 1, 00);
- ☐ E. LocalDateTime.of(2016, 3, 14, 2, 00);
- ☐ F. LocalDateTime.of(2016, 3, 14, 3, 00);

■ 問題 7-6 ■

次のコード（抜粋）があります。

```
 4. LocalDate date = LocalDate.now();
 5. LocalTime time = LocalTime.now();
 6. LocalDateTime datetime = LocalDateTime.now();
 7. ZoneId zone = ZoneId.systemDefault();
 8. ZonedDateTime zDatetime = ZonedDateTime.of(datetime, zone);
 9. long epochSeconds = 0;
10. Instant instant = 【   ①   】
```

コードを正常にコンパイルするために、【　①　】に挿入するコードとして正しいものは次のどれですか。3つ選択してください。

- ☐ A. date.toInstant();
- ☐ B. time.toInstant();
- ☐ C. datetime.toInstant();
- ☐ D. zDatetime.toInstant();
- ☐ E. Instant.now();
- ☐ F. Instant.ofEpochSecond(epochSeconds);

問題 7-7

次のコード（抜粋）があります。

```
5.  LocalDateTime datetime =
6.      LocalDateTime.of(2018, 10, 10, 15, 20, 50);
7.  Period p = Period.of(2, 2, 2);
8.  datetime = datetime.minus(p);
9.  DateTimeFormatter df = DateTimeFormatter.
10.     ofLocalizedTime(FormatStyle.SHORT);
11. System.out.println(datetime.format(df));
```

コンパイル、実行した結果として正しいものは次のどれですか。1つ選択してください。

- ○ A. 2016/08/08 15:20
- ○ B. 2018/10/10 13:18
- ○ C. 2016/08/08
- ○ D. 2018/10/10
- ○ E. 15:20
- ○ F. 13:18

問題 7-8

次のコード（抜粋）があります。

```
5. ZoneId zone = ZoneId.of("America/Los_Angeles");
6. LocalDateTime local = LocalDateTime.of(2016, 3, 13, 6, 00);
7. ZonedDateTime zTime = ZonedDateTime.of(local, zone);
8. zTime = zTime.【   ①   】
9. System.out.println(zTime.getHour());
```

実行結果が「9」となるために、①に挿入可能なコードとして正しいものは次のどれですか。2つ選択してください。

- ❏ A. plus(3);
- ❏ B. plus(ChronoUnit.HOURS, 3);
- ❏ C. plus(3, ChronoUnit.HOURS);
- ❏ D. plusHours(3);
- ❏ E. plusHours(ChronoUnit.HOURS, 3);
- ❏ F. plusHours(3, ChronoUnit.HOURS);

問題 7-9

次のコード（抜粋）があります。

```
5. Duration d1 = Duration.of(1, ChronoUnit.MINUTES);
6. Duration d2 = Duration.of(60, ChronoUnit.SECONDS);
7. System.out.println(d1.toString().equals(d2.toString()));
```

コンパイル、実行した結果として正しいものは次のどれですか。1つ選択してください。

- ○ A. true
- ○ B. false
- ○ C. 5行目でコンパイルエラー
- ○ D. 6行目でコンパイルエラー
- ○ E. 7行目でコンパイルエラー
- ○ F. 実行時エラー

解答・解説

問題 7-1　正解：B、F

日付・時刻の各クラスのコンストラクタは private 修飾子が付与されているため、new によるインスタンス化はできないため選択肢 C、D は誤りです。また、月、日は 1 から始まるため選択肢 A は誤りです。月は int 値で表現するほか、java.time.Month 列挙型を使用することができるため、選択肢 F が正しく選択肢 E は誤りです。

問題 7-2　正解：A

5、6 行目では、加減処理を行った後、date 変数に再代入していません。したがって、7〜9 行目の出力は、4 行目でインスタンス化した時の日付のまま表示されます。もし、5、6 行目で date 変数への再代入を行っていれば実行結果は 2018:SEPTEMBER:2 となります。

問題 7-3　正解：C

of() メソッドに年、月、日をカンマ区切りで指定することで、LocalDate オブジェクトを取得できます。なお、月、日が 1 ケタの場合、0 で埋めても埋めなくても問題ありません。6 行目では format() メソッドの引数に DateTimeFormatter クラスの ISO_DATE 定数を指定しているため、出力結果は 2015-01-30 となります。

問題 7-4　正解：D

5 行目の of() メソッドの引数を見ると、日が 32 とあるため不適切です。コンパイルは成功しますが、実行時に DateTimeException 例外が発生します。

問題 7-5　正解：B、C

夏時間の開始が 2016 年 3 月 13 日 2 時 0 分とあります。選択肢 B は日付、時刻が 3 月 13 日の 2 時 00 分の LocalDateTime オブジェクトです。これをもとに、ZonedDateTime オブジェクトを作成すると 02:00〜02:59 はスキップされます。したがって時刻は 03:00 となります。その他は夏時間の切り替え外の時刻のため、LocalDateTime の of() メソッドで指定された時間のまま ZonedDateTime オブジェクトで扱われます。

問題 7-6　正解：D、E、F

Instant クラスは、単一の時点を扱うクラスです。日付時刻クラスから toInstant() メソ

ッドを使用してInstantへ変換することが可能です。しかし、LocalDateは時刻をもたず、またLocalTimeは日付をもたないため、toInstant()メソッドは提供されていません。また、LocalDateTimeは時差をもたないため、Instantへの変換は、引数にZoneOffsetをもつtoInstant()メソッドを使用します。したがって、選択肢A、B、Cは誤りです。ZonedDateTimeクラスにはtoInstant()メソッドが提供されているため選択肢Dは正しいです。Instantクラスには、システムクロックからInstantを生成するnow()や、引数で指定された秒数からInstantを生成するofEpochSecond()メソッドが提供されているため選択肢E、Fは正しいです。

問題7-7　正解：E

7行目により年数、月数、日数がそれぞれ2を指定したPeriodオブジェクトを取得します。8行目ではLocalDateTimeからPeriodオブジェクトで指定された年、月、日を減算します。したがって、この時点でdatetime変数は2016-08-08T15:20:50となります。10行目で、ofLocalizedTime()メソッドにより時間のみフォーマットを行うDateTimeFormatterを取得します。また、スタイルはSHORTとなっているため実行結果は15:20です。なお、第12章にofLocalizedXXX()メソッドとスタイルの一覧表を掲載していますので参照してください。

問題7-8　正解：C、D

現在のZonedDateTimeオブジェクトが保持する「時」は6であり、9行目でgetHour()メソッドの結果9を取得する必要があります。つまり、3時間加算する必要があります。plus()メソッドでは第1引数に加算する値、第2引数では単位を指定します。また、plusHours()では引数に加算する時間のみ指定可能です。したがって選択肢C、Dが正しいです。

問題7-9　正解：A

5、6行目ではDurationクラスのof()メソッドで、値、単位はそれぞれ異なりますが、1分間を生成しています。したがって、d1、d2変数には同じPT1Mが格納されています。7行目でtoString()メソッドにより文字列に変換して、equals()により比較をしていますがtrueが返ります。

第8章

入出力

本章で学ぶこと

この章では Java 言語における入出力について説明します。入出力を行うためのクラスは多数提供されているため、それぞれの違いを理解しましょう。入出力時の書式化についても説明します。

- File クラス
- ストリーム
- シリアライズ
- コンソール
- ストリームの書式化および解析

File クラス

Java では、ファイルとの読み書きなどの入出力処理を行うために java.io パッケージが提供されています。

java.io.File クラスは、ディスクに保存されているファイルやディレクトリをオブジェクトとして表現するクラスです。具体的には、ファイル名やパス名の獲得、ファイルの有無など、特定のファイルに関する情報を獲得するために使います (図 8-1)。

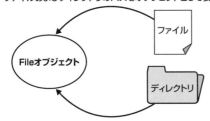

図 8-1：File オブジェクト

ファイルを処理するにあたってはパス名が重要です。パス名は、ファイルシステム内のアドレスにあたるもので、パス名によってファイルやディレクトリは一意に定まります。

UNIX や Linux マシン上のパス名の例として「/java/src/temp」があるとします。最初の「/ (スラッシュ)」は、ルートディレクトリを表しています。また、Windows マシン上のパス名の例として「C:¥java¥src¥temp」があるとします。「C:」という記号は、ハードディスクのドライブ名を表しています。

しかし、これではパス名がシステムに依存しており、システム非依存というJava最大のメリットが損なわれます。そこで、Javaでは**抽象パス名**の概念を導入することにより、システム非依存のパス名を実現しています。ユーザがパス名の代わりにシステムに依存しない方法で文字列を入力したものを、Javaが次の2つの構成要素をもつ抽象パス名に変換します。

・システムに依存する任意指定の接頭辞文字列

　Windowsの「C:」のようなディスクドライブ記号、またはUNIXやLinuxのルートディレクトリを表す「/」。

・「C:」または「/」以降に続くパス文字列

　パスの最後の1つを除くそれぞれの文字列はディレクトリを表し、最後の1つはディレクトリまたはファイル名を表す。なお、それぞれの名前は、システムに依存したセパレータ（Windowsの場合は「¥」、UNIXやLinuxの場合は「/」）によって区切られている。

　Fileクラスを使うには、どのディレクトリの何という名前のファイルを扱いたいのかを表現するために、パス名が必要になります。Fileクラスには、パス名を入力するためのコンストラクタが複数用意されています。また、Fileオブジェクトをもとに、メソッドを使用してファイルシステム内のファイルに対する各種処理を実行できます。

　Fileクラスの主なコンストラクタとメソッドは、**表 8-1**のとおりです。

表 8-1：Fileクラスの主なコンストラクタとメソッド

コンストラクタ名	説明
File(String pathname)	指定されたパス名文字列を抽象パス名に変換して、Fileオブジェクトを生成
File(String parent, String child)	親パス名文字列および子パス名文字列からFileオブジェクトを生成
File(File parent, String child)	親抽象パス名および子パス名文字列からFileオブジェクトを生成

メソッド名	説明
boolean createNewFile() 　　　throws IOException	この抽象パス名が示す空の新しいファイルを作成する
File[] listFiles()	この抽象パス名が示すディレクトリ内のファイル、ディレクトリをFile配列として返す
boolean isFile()	この抽象パス名が示すファイルが普通のファイルかどうかを判定する

メソッド名	説明
boolean isDirectory()	この抽象パス名が示すファイルが普通のディレクトリかどうかを判定する
boolean delete()	この抽象パス名が示すファイルまたはディレクトリを削除する
boolean mkdir()	この抽象パス名が示すディレクトリを生成する
boolean mkdirs()	この抽象パス名が示すディレクトリを生成する。必要な存在していない親ディレクトリがあれば一緒に生成する
boolean renameTo(File dest)	この抽象パス名が示すファイルの名前を変更する
String getAbsolutePath()	この抽象パス名の絶対パス名文字列を返す
String getName()	この抽象パス名が示すファイルまたはディレクトリの名前を返す

　Fileクラスを使用したサンプルコードを確認しましょう（**Sample8_1.java**）。なお、実行はWindows上で行っているとします。

Sample8_1.java（抜粋）：Fileクラスの使用例

```
5.    File f1 = new File("ren/dir");
6.    File f2 = new File("ren", "a.txt");
7.    File f3 = new File(f1, "x.txt");
8.    for(File f : f1.listFiles()) {
9.        if(f.isFile()) {
10.           System.out.println(" ファイル      :" + f.getName());
11.       }else if (f.isDirectory()){
12.           System.out.println(" ディレクトリ :" + f.getName());
13.       }
14.   }
15.   System.out.println("path for f1  :" + f1.getAbsolutePath());
16.   System.out.println("path for f2  :" + f2.getAbsolutePath());
17.   System.out.println("path for f3  :" + f3.getAbsolutePath());
18.   System.out.println(" 使用しているパスの区切り文字 " +
19.                      System.getProperty("file.separator"));
```

【実行結果】

```
ディレクトリ :java
ファイル      :x.txt
ファイル      :y.txt
path for f1  :C:\sample\Chap08\ren\dir
```

```
path for f2  :C:¥sample¥Chap08¥ren¥a.txt
path for f3  :C:¥sample¥Chap08¥ren¥dir¥x.txt
使用しているパスの区切り文字 ¥
```

5～7行目では、表8-1に示したコンストラクタを使用して、Fileクラスをインスタンス化しています。8行目は、listFiles()メソッドを使用し、ren/dir以下にあるファイル、ディレクトリをFile型の配列として取得し、9行目と11行目でファイルの場合とディレクトリの場合で処理を分岐しています。また、15～17行目では、**getAbsolutePath()** メソッドを使用して絶対パスを表示していますが、Windows上で実行しているため、システム依存のディスクドライブ記号（この場合はC:）がパスの先頭に追加され、パスの区切りに¥が使用されています。

もし、Windowsベースのファイルセパレータをプログラム内で明示的に使いたい場合は、C:¥¥sample¥¥chap08¥¥ren¥¥a.txtのように、**エスケープシーケンス (¥)** を使用し、¥をエスケープしてください。

また、19行目にあるとおり、システム依存のファイルセパレータを取得するには、システムプロパティから取得可能です。システムプロパティは、SystemクラスのgetProperty()メソッドを使用します。

コード例

```
System.getProperty("システムプロパティ名");
```

getProperty()メソッドの引数には、プロパティ名を指定します。ここでは、3つのシステムプロパティを紹介します（**表8-2**）。

表8-2：システムプロパティの例

	プロパティ名	Windowsでの値	Linuxでの値
改行コード	line.separator	¥r¥n	¥n
ファイルセパレータ	file.separator	¥¥	/
パスセパレータ	path.separator	;	:

なお、改行コードの取得には、getProperty()メソッドの他、Java SE 7からSystemクラスに **lineSeparator()** メソッドが追加されています。

コード例

```
String linesp = System.lineSeparator();
```

ストリーム

ストリームとは

　第5章でjava.util.streamパッケージが提供するストリームAPIを紹介しましたが、本章で紹介するストリームはまったく別物です。用語が同じですが、本章では入出力処理でのストリームとして読み進めてください。

　私たちが作成するプログラムでは、ネットワーク越しに別のプログラムとデータをやりとりしたり、ハードディスクに保存されているファイルからデータを取得したりすることがあります。言い換えれば、プログラムからファイルへのデータの書き出しや、逆にファイルからプログラムへのデータの読み込みが発生していることになります。このようなデータの送受信を連続的に行うものを**ストリーム**（データの流れという意味）といいます。

　Java言語では、データ入出力のためのストリームを実現するために多くのクラスが提供されています。大別すると4つに分かれます。

入力ストリームと出力ストリーム

　入力ストリームは**データを読み込む**ときに使用します。また出力ストリームは**データを書き出す**ときに使用します。

バイトストリームとキャラクタストリーム

　バイトストリームは**byte単位**でデータを読み書きするストリームで、キャラクタストリームは**char単位**でデータを読み書きするストリームです。
　様々なストリームクラスは、表8-3にあげた抽象クラスを継承して提供されています。

表8-3：ストリームの種類

	バイトストリーム （byte単位で読み書き）	キャラクタストリーム （char単位で読み書き）
出力ストリーム	OutputStream	Writer
入力ストリーム	InputStream	Reader

　表8-4、表8-5は、ストリームの実装クラスです。本書では、これらのクラスについ

て解説します。

表 8-4：主なバイトストリーム

クラス名	説明
FileInputStream	ファイルから byte 単位の読み込みを行うストリーム
FileOutputStream	ファイルから byte 単位の書き出しを行うストリーム
DataInputStream	基本データ型のデータを読み込めるストリーム
DataOutputStream	基本データ型のデータを書き出せるストリーム

表 8-5：主なキャラクタストリーム

クラス名	説明
FileReader	ファイルから char 単位の読み込みを行うストリーム
FileWriter	ファイルから char 単位の書き出しを行うストリーム
BufferedReader	char 単位で、文字、配列、行をバッファリングしながら読み込むストリーム
BufferedWriter	char 単位で、文字、配列、行をバッファリングしながら書き出すストリーム

FileInputStream クラスと FileOutputStream クラス

FileInputStream クラスおよび FileOutputStream クラスは、byte 単位でファイルの入出力を行うストリームを生成するクラスです。File オブジェクトやファイルパス文字列をもとに、ファイル内に記述されたデータを byte 単位で入出力します（図 8-2）。

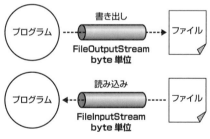

図 8-2：FileInputStream クラスと FileOutputStream クラス

FileInputStream クラスおよび FileOutputStream クラスの主なコンストラクタとメソッドは、表 8-6 のとおりです。

表 8-6：FileInputStream クラスと FileOutputStream クラスの主なコンストラクタとメソッド

コンストラクタ名	説明
FileInputStream(File file) 　　　　throws FileNotFoundException	引数で指定された File オブジェクトからデータを読み込むための、入力ストリームを作成

ストリーム | 295

FileInputStream(String name) throws FileNotFoundException	引数で指定されたファイルからデータを読み込むための、入力ストリームを作成
FileOutputStream(File file) throws FileNotFoundException	引数で指定された File オブジェクトへデータを書き出すための、出力ストリームを作成
FileOutputStream(String name) throws FileNotFoundException	引数で指定されたファイルへデータを書き出すための、出力ストリームを作成

メソッド名	説明
int read() throws IOException	入力ストリームからバイトデータを読み込む。ファイルの終わりに達すると -1 を返す
void close() throws IOException	このストリームを閉じる
void write(int b) throws IOException	引数で指定されたバイトデータをファイル出力ストリームに書き出す
void write(byte[] b) throws IOException	引数で指定されたバイト配列をファイル出力ストリームに書き出す
void close() throws IOException	このストリームを閉じる

※網掛けは FileInputStream クラスのコンストラクタおよびメソッド、それ以外は FileOutputStream クラス。

FileInputStream クラスおよび FileOutputStream クラスを使用したサンプルコードを確認しましょう（**Sample8_2.java**）。

Sample8_2.java（抜粋）：FileInputStream クラスと FileOutputStream クラスの使用例

```
5.      FileOutputStream fos = null;
6.      FileInputStream fis = null;
7.      try {
8.        fos = new FileOutputStream(new File("ren/8_2.txt"));
9.        fos.write(0); fos.write("suzuki".getBytes()); fos.write(99);
10.       fis = new FileInputStream(new File("ren/8_2.txt"));
11.       int data = 0;
12.       while ((data = fis.read()) != -1) {
13.         System.out.print(data + " ");    // 読み込んだデータの表示
14.       }
15.     } catch (FileNotFoundException e){
16.       System.err.println(" ファイルがありません ");
17.     } catch (IOException e) {
18.       System.err.println("IO Error");
19.     } finally {
20.       try { fos.close(); fis.close(); } catch(IOException e){}
21.     }
```

【実行結果】

```
0 115 117 122 117 107 105 99
```

8行目では、FileオブジェクトをFileOutputStreamオブジェクトを作成しています。今回は、renディレクトリにある8_2.txtファイルに書き出します。なお、FileOutputStreamコンストラクタでは、指定したディレクトリに指定したファイルが存在しない場合は、**ファイルを新規作成**します。

9行目では**write()** メソッドを使用して、renディレクトリにある8_2.txtファイルにバイトデータを書き出しています。また、10行目では、FileオブジェクトをFileInputStreamオブジェクトを作成しています。今回は、renディレクトリ以下の8_2.txtファイルを読み込みます。なお、FileInputStreamコンストラクタでは、指定したディレクトリ以下に指定したファイルが存在しない場合は、**FileNotFoundException例外をスロー**します。12行目では**read()** メソッドを使用して読み込みを行っており、このメソッドはファイルの終わりに達すると**-1**を返します。

ただし、このストリームはバイトデータの入出力になるため、「suzuki」という文字列が文字コード（数値）の並びで出力されていることを確認してください。finallyブロックでは**close()** メソッドを呼び出し、各ストリームを閉じています。

また、Sample8_2.javaをtry-with-resources文を使用して書き直した場合のコードを見てみましょう（**Sample8_3.java**）。

Sample8_3.java（抜粋）：try-with-resources文での例

```java
5.    try (FileOutputStream fos =
6.            new FileOutputStream(new File("ren/8_3.txt"));
7.        FileInputStream fis =
8.            new FileInputStream(new File("ren/8_3.txt"))){
9.      fos.write(0); fos.write("suzuki".getBytes()); fos.write(99);
10.     int data = 0;
11.     while ((data = fis.read()) != -1) {
12.       // 読み込んだデータの表示
13.       System.out.print(data + " ");
14.     }
15.   } catch (FileNotFoundException e){
16.     System.err.println("ファイルがありません");
17.   } catch (IOException e) {
18.     System.err.println("IO Error");
19.   }
```

【実行結果】

```
0 115 117 122 117 107 105 99
```

ストリームは try() の中で生成されています。また、finally ブロックにストリームを閉じるための close() メソッドを記述する必要がないことも確認してください。

また、Sample8_2.java、Sample8_3.java では、FileOutputStream クラスのコンストラクタとして FileInputStream(File file) を使用していました。このコンストラクタは実行するたびに指定されたファイルの先頭から書き込みます。もしすでにファイルにデータが存在しており、追記で書き込みを行いたい場合は以下のコンストラクタを使用します。

（構文）

構文1：FileOutputStream(File file, boolean append)
　　　　　　　　　throws FileNotFoundException
構文2：FileOutputStream(String name, boolean append)
　　　　　　　　　throws FileNotFoundException

各コンストラクタの第 2 引数には boolean 値を指定します。**true** を指定すると追記となります。**false** を指定すると先頭から書き込みが行われます。

■■ DataInputStream クラスと DataOutputStream クラス

DataInputStream クラスおよび DataOutputStream クラスは、int 型や float 型などの基本データ型および String 型のデータを読み書きできるストリームです。そのため、基本データ型および String 型に対応した読み書き用のメソッドが用意されています。

また、このストリームは**単体では使用できない**ので、他のストリームと連結して使用する必要があります。具体的には他のストリームをコンストラクタの引数に指定して生成する必要があります（図 8-3）。

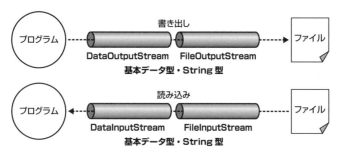

図 8-3：DataInputStream クラスと DataOutputStream クラス

DataInputStream クラスおよび DataOutputStream クラスの主なコンストラクタとメソッドは、表 8-7 のとおりです。

表 8-7：DataInputStream クラスと DataOutputStream クラスの主なコンストラクタとメソッド

コンストラクタ名	説明
DataInputStream(InputStream in)	引数で指定された InputStream オブジェクトを使用する DataInputStream を作成
DataOutputStream(OutputStream out)	引数で指定された OutputStream オブジェクトを使用する DataOutputStream を作成

メソッド名	説明
final int readInt() throws IOException	4 バイトの入力データを読み込む。入力の途中で、予想外のファイルの終了または予想外のストリームの終了があった場合は EOFException がスローされる
final String readUTF() throws IOException	UTF-8 形式でエンコードされた文字列を読み込む。予想外のファイルの終了または予想外のストリームの終了があった場合は EOFException がスローされる
final void writeByte(int v) throws IOException	byte 値を 1 バイト値として出力ストリームに書き出す。例外がスローされない場合、バイト数は 1 増加する
final void writeInt(int v) throws IOException	int 値を 4 バイト値として出力ストリームに書き出す。例外がスローされない場合、バイト数は 4 増加する
final void writeUTF(String str) throws IOException	引数で指定されたデータを UTF-8 エンコーディングを使った形式にして出力ストリームに書き出す

※網掛けは DataInputStream クラスのコンストラクタおよびメソッド、それ以外は DataOutputStream クラス。

それでは、DataInputStream クラスおよび DataOutputStream クラスを使用したサンプルコードを確認しましょう（**Sample8_4.java**）。

Sample8_4.java（抜粋）：DataInputStream クラスと DataOutputStream クラスの使用例

```
5.     try (DataOutputStream dos =
6.         new DataOutputStream(new FileOutputStream("ren/8_4.txt"));
7.         DataInputStream dis =
8.         new DataInputStream(new FileInputStream("ren/8_4.txt"))) {
9.       dos.writeInt(100); dos.writeUTF("tanaka"); dos.writeUTF("田中");
10.      System.out.println(dis.readInt());
11.      System.out.println(dis.readUTF());
```

```
12.         System.out.println(dis.readUTF());
13.     } catch (IOException e) { e.printStackTrace(); }
```

【実行結果】

```
100
tanaka
田中
```

　Sample8_4.java では **writeInt()**、**writeUTF()** メソッドを使用して、ren ディレクトリにある 8_4.txt ファイルに数値データ、文字列データを書き出しています。そして **readInt()**、**readUTF()** メソッドで読み込んでいます。実行結果からは、基本データ型および String 型のデータを、そのままファイルとプログラム間でやりとりができていることが確認できます。

　なお、文字列データは UTF-8 でエンコーディングされているため、UTF-8 以外のエンコーディングをデフォルトとしているテキストエディタでそのまま開いた場合、文字化けの状態で表示されます（図 8-4）。

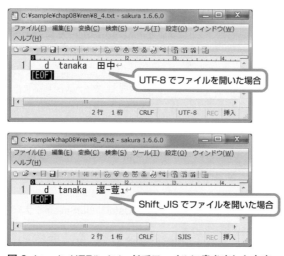

図 8-4：writeUTF() メソッドでファイルに書き出した内容

FileReader クラスと FileWriter クラス

　FileReader クラスおよび FileWriter クラスは、キャラクタストリームに属するクラス

で、char 単位で読み書きを行い、入出力データの文字コードは自動的に変換されます。Java 言語は、1 文字を Unicode（16 ビットデータ）として扱っています。キャラクタストリームを使用すると、Java のプログラムからファイルが保存されている OS の文字コードを意識することなく入出力を行えます。

FileReader クラスおよび FileWriter クラスの主なコンストラクタとメソッドは、**表 8-8** のとおりです。

表 8-8：FileReader クラスと FileWriter クラスの主なコンストラクタとメソッド

コンストラクタ名	説明
FileReader(File file) 　　throws FileNotFoundException	引数で指定された File オブジェクトからデータを読み込むための、FileReader オブジェクトを作成
FileReader(String fileName) 　　throws FileNotFoundException	引数で指定されたファイルからデータを読み込むための、FileReader オブジェクトを作成
FileWriter(File file)　throws IOException	引数で指定された File オブジェクトへデータを書き出すための、FileWriter オブジェクトを作成
FileWriter(String fileName) 　　throws IOException	引数で指定されたファイルへデータを書き出すための、FileWriter オブジェクトを作成

メソッド名	説明
int read()　throws IOException	ストリームから 単一文字を読み込む。ファイルの終わりに達すると -1 を返す。 （このメソッドはスーパークラスである InputStreamReader クラスのメソッド）
void write(String str)　throws IOException	引数で指定された文字列を書き出す （このメソッドはスーパークラスである Writer クラスのメソッド）
void flush()　throws IOException	目的の送信先に、ただちに文字を書き出す （このメソッドはスーパークラスである OutputStreamWriter クラスのメソッド）

※網掛けは FileReader クラスのコンストラクタおよびメソッド、それ以外は FileWriter クラス。

FileReader クラスおよび FileWriter クラスを使用したサンプルコードを確認しましょう（**Sample8_5.java**）。

Sample8_5.java（抜粋）：FileReader クラスと FileWriter クラスの使用例

```
5.     try (FileWriter fw = new FileWriter(new File("ren/8_5.txt"));
6.         FileReader fr = new FileReader(new File("ren/8_5.txt"))){
7.       fw.write("田中");
```

```
8.         fw.flush();
9.         int i = 0;
10.        while ((i = fr.read()) != -1) {
11.          System.out.print((char)i);
12.        }
13.      } catch (IOException e) { e.printStackTrace(); }
```

【実行結果】

田中

　今までのサンプルコードと同様に、ファイルに文字列を書き出した後、読み込んでいます。FileWriter クラスも FileOutputStream クラスと同様に、指定したディレクトリ以下に指定したファイルが存在しない場合は、ファイルを新規作成します。図 8-5 は、Shift_JIS をデフォルトのエンコーディングとするテキストエディタで、文字列を書き出したファイルを開いた様子です。文字化けしていません。

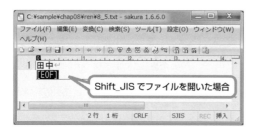

図 8-5：write() メソッドでファイルに書き出した内容

　また、Sample8_5.java では、FileWriter クラスのコンストラクタとして FileWriter(File file) を使用していました。このコンストラクタは FileOutputStream クラスのコンストラクタと同様に、実行するたびに指定されたファイルの先頭から書き込みます。もしすでにファイルにデータが存在しており、追記で書き込みを行いたい場合は以下のコンストラクタを使用します。

構文

構文1:FileWriter(File file, boolean append)
             throws IOException
構文2:FileWriter(String fileName, boolean append)
             throws IOException

各コンストラクタの第 2 引数に true を指定すると追記となります。false を指定すると先頭から書き込みが行われます。

■ BufferedReader クラスと BufferedWriter クラス

BufferedReader クラスおよび BufferedWriter クラスは、文字列をブロック単位で読み書きするためのストリームを生成します。クラス名の一部にある Buffered とはバッファを表しており、データを一時的にためておくという意味です。つまり 1 文字ずつ入出力するのではなくバッファに文字列をためていき、たまった文字列をまとめて読み込んだり、書き出したりすることができます。このため、このストリームを使用することで、入出力を効率よく行えます。

BufferedReader クラスおよび BufferedWriter クラスの主なコンストラクタとメソッドは、表 8-9 のとおりです。

表 8-9：BufferedReader クラスと BufferedWriter クラスの主なコンストラクタとメソッド

コンストラクタ名	説明
BufferedReader(Reader in)	引数で指定された入力ストリームからデータを読み込むための、BufferedReader オブジェクトを作成。デフォルトサイズのバッファでバッファリングする
BufferedReader(Reader in, int sz)	引数で指定された入力ストリームからデータを読み込むための、BufferedReader オブジェクトを作成。引数で指定されたバッファサイズでバッファリングする
BufferedWriter(Writer out)	引数で指定された出力ストリームへデータを書き出すための、BufferedWriter オブジェクトを作成。デフォルトサイズのバッファでバッファリングする
BufferedWriter(Writer out, int sz)	引数で指定された出力ストリームへデータを書き出すための、BufferedWriter オブジェクトを作成。引数で指定されたバッファサイズでバッファリングする

メソッド名	説明
int read() throws IOException	ストリームから単一文字を読み込む。ファイルの終わりに達すると -1 を返す
String readLine() throws IOException	1 行のテキストを読み込む。1 行の終わりは、改行 (「￥n」) か、復帰 (「￥r」)、または復帰とそれに続く改行のどれかで認識される。終わりに達すると null を返す
void mark(int readAheadLimit) throws IOException	ストリームの現在位置にマークを設定する。引数にはマークを保持しながら読み込むことができる文字数の上限を指定する

メソッド名	説明
void reset() throws IOException	ストリームを、mark() によりマークされた位置にリセットする
long skip(long n) throws IOException	引数で指定された文字数をスキップする
void write(String str) throws IOException	引数で指定された文字列を書き出す（このメソッドはスーパークラスである Writer クラスのメソッド）
void newLine() throws IOException	改行文字を書き出す。改行文字は、システムの line.separator プロパティにより定義
void flush() throws IOException	目的の書き出し先に、ただちに文字を書き出す

※網掛けは BufferedReader クラスのコンストラクタおよびメソッド、それ以外は BufferedWriter クラス。

BufferedReader クラスおよび BufferedWriter クラスを使用したサンプルコードを確認しましょう（**Sample8_6.java**）。

Sample8_6.java（抜粋）：BufferedReader クラスと BufferedWriter クラスの使用例

```
5.      try(BufferedWriter bw =
6.          new BufferedWriter(new FileWriter("ren/8_6.txt")));
7.          BufferedReader br =
8.          new BufferedReader(new FileReader("ren/8_6.txt"))) {
9.        bw.write("おはよう"); bw.newLine(); bw.write("こんにちは");
10.       bw.flush();
11.       String data = null;
12.       while ((data = br.readLine()) != null) {
13.         System.out.println(data);
14.       }
15.     } catch (IOException e) { e.printStackTrace(); }
```

【実行結果】

```
おはよう
こんにちは
```

6 行目では、FileWriter オブジェクトを引数に BufferedWriter オブジェクトを作成しています。9 行目では「おはよう」という文字列を書き出した後、**newLine()** メソッドを使用して改行コードを書き出し、さらに「こんにちは」という文字列を書き出しています。また 8 行目では、FileReader オブジェクトを引数に BufferedReader オブジェクトを作成しています。12 行目では **readLine()** メソッドを使用して 1 行単位で読み込んでいます。

なお、readLine() メソッドは、ファイルの最後まで達すると null を返します。

BufferedReader クラスを使用したサンプルをもう 1 つ見てみましょう (**Sample8_7.java**)。なお、ren/8_7.txt ファイルには、以下のテキストデータが保存されているものとします。

ファイルの内容：8_7.txt

```
apple
orange
banana
```

Sample8_7.java（抜粋）：BufferedReader クラスの使用例

```
5.      try(BufferedReader br =
6.          new BufferedReader(new FileReader("ren/8_7.txt"))) {
7.        System.out.println(br.readLine());
8.        br.mark(256);
9.        System.out.println(br.readLine());
10.       System.out.println(br.readLine());
11.       br.reset();
12.       System.out.println(br.readLine());
13.       br.skip(2);
14.       System.out.println(br.readLine());
15.     } catch (IOException e) { e.printStackTrace(); }
```

【実行結果】

```
apple
orange
banana
orange
nana
```

7 行目により、ren/8_7.txt ファイルの 1 行目が読み込まれます。8 行目で mark() メソッドの引数に、マークを保持しながら読み込むことができる文字数の上限として 256 バイトを指定します。9、10 行目により、ren/8_7.txt ファイルの 2、3 行目が読み込まれます。その後、11 行目の reset() メソッドにより、マークされた位置にリセットされるため、12 行目では 2 行目の「orange」が読み込まれます。13 行目では、skip() により引数で指定された 2 文字をスキップします。したがって 14 行目では banana の前 2 文字をスキップ

したnanaのみ読み込まれます。なお、mark()、reset()のサポートの有無は入力ストリームの種類ごとに異なります。例として、**FileInputStream** クラスはサポートしていません。そのため、InputStreamクラスでは、**markSupported()** メソッドが提供されており、サポートしている場合はtrue、それ以外の場合はfalseを返します。

System クラスの定数

プログラムでコンソールに何か出力を行う場合、「System.out.println()」と記述してきました。System.outはSystemクラスのout定数という意味で、保持しているのはjava.io.PrintStreamクラスのオブジェクトです。つまり、println()メソッドは、PrintStreamクラスで提供されているということになります。Systemクラスではout定数のほか、表8-10の定数が提供されています。

表8-10：Systemクラスの定数

定数	説明
public static final InputStream in	標準入力ストリーム
public static final PrintStream out	標準出力ストリーム
public static final PrintStream err	標準エラー出力ストリーム

通常、in定数はキーボード入力、out、err定数はディスプレイ出力と一致します。したがって、次のコード例のようにin定数を使用すると、コンソールからデータを読み込むことが可能です。

コード例

```
BufferedReader br =
    new BufferedReader(new InputStreamReader(System.in));
String s = br.readLine();
System.out.println("input : " + s);
```

また、出力ストリームとしてjava.io.PrintWriterクラスがあります。このクラスは出力時に書式化を行うことができるメソッドを提供しています。ストリームの書式化については、本章の後半で説明します。ここでは、PrintWriterクラスの使用例を見てみましょう。以下のコード例はFileOutputStreamオブジェクトを引数にPrintWriterオブジェクトを生成しています。

コード例

```
 5.    FileOutputStream out = new FileOutputStream("my.txt");
 6.    PrintWriter writer = new PrintWriter(out);
 7.    writer.write("Gold");
 8.    writer.append("Silver");
 9.    writer.print("Bronze");
10.    writer.println(100.0);
11.    writer.flush();
12.    writer.close();
```

　PrintWriter クラスでは、7 行目にあるとおり write() メソッドが提供されています。write() メソッドはオーバーロードされていますが、基本的には文字列もしくは単一文字の書き込み用として提供されています。8 行目の append() メソッドは write() メソッドと同様の処理を行います。また、9、10 行目にあるとおり、基本データ型を引数にとる print() や println() メソッドが提供されています。

write()、append()、print()、println() の各メソッドは、すべて書き込み処理を行います。違いは暗黙で flush() が呼ばれるか否かです。PrintWriter のインスタンス化を行う際、コンストラクタで自動フラッシュを行うよう boolean 値で指定 (true) すると、println()、printf()、format() の各メソッドは、処理後、暗黙で flush() メソッドが実行されます。

 シリアライズ

シリアライズとは

　ここまで説明してきた入出力では、文字列や数値データなどを読み書きしていました。Java 言語では、私たちが独自に定義したクラスから生成したオブジェクト（たとえば Employee オブジェクトなど）を、オブジェクトのまま入出力できます。オブジェクトを出力ストリームに書き出すことを**シリアライズ**または**直列化**と呼びます。また、シリアライズされたオブジェクトを読み込んで、メモリ上に復元することを**デシリアライズ**または**直列化復元**と呼びます。

　ただし、シリアライズしたいオブジェクトはクラス定義の際に注意が必要です。通常のクラス定義ではなく、シリアライズ可能なオブジェクトとなるようにクラス定義しなくてはいけません（図 8-6）。

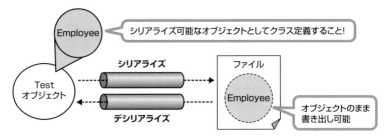

図 8-6：シリアライズ可能なオブジェクト

通常のクラスをシリアライズ可能にするには **java.io.Serializable** インタフェースを実装します。Serializable インタフェースはメソッドや定数をもたないインタフェースであるため、オーバーライドするメソッドはありません。次のサンプルコードは、Serializable インタフェースを実装した Employee クラスです（**Employee.java**）。

Employee.java：Serializable インタフェースの実装例

```
 1. import java.io.Serializable;
 2.
 3. // クラス定義時に implements Serializable と記述
 4. public class Employee implements Serializable{
 5.   private int id;
 6.   private String name;
 7.   public Employee(int id, String name) {
 8.     this.id = id; this.name = name;
 9.   }
10.   //Serializable インタフェースはメソッドをもたないため
11.   // オーバーライドしなければならないメソッドはない
12.   public int getId() {
13.     return this.id;
14.   }
15.   public String getName() {
16.     return this.name;
17.   }
18. }
```

Employee.java では、クラス宣言時に Serializable インタフェースを実装しています。Serializable インタフェースを implements するだけで、この Employee クラスのオブジェクトは出力ストリームへの書き込み、入力ストリームからの読み込みができるようになり

ます。

なお、オブジェクトのシリアライズは、オブジェクトが保持する固有データ、つまり**インスタンス変数**がシリアライズ対象データとなります。シリアライズ可能なデータは、基本データ型、配列、他のオブジェクトへの参照です。**static 変数はシリアライズ対象外**です。また、明示的にシリアライズ対象外にしたいインスタンス変数がある場合には変数に transient 修飾子を指定します。

ObjectInputStream クラスと ObjectOutputStream クラス

ObjectInputStream クラスおよび ObjectOutputStream クラスは、オブジェクトを入出力するためのストリームを生成します。つまり、シリアライズ可能なオブジェクトの入出力には、ObjectInputStream クラス、ObjectOutputStream クラスを使用します。

ObjectInputStream クラスおよび ObjectOutputStream クラスの主なコンストラクタとメソッドは、表 8-11 のとおりです。

表 8-11：ObjectInputStream クラスと ObjectOutputStream クラスの主なコンストラクタとメソッド

コンストラクタ名	説明
ObjectInputStream(InputStream in) throws IOException	引数で指定された InputStream から読み込む ObjectInputStream を作成
ObjectOutputStream(OutputStream out) throws IOException	引数で指定された OutputStream に書き出す ObjectOutputStream を作成

メソッド名	説明
final Object readObject() throws IOException, ClassNotFoundException	ObjectInputStream からオブジェクトを読み込む。戻り値は Object 型
final void writeObject(Object obj) throws IOException	引数で指定されたオブジェクトを ObjectOutputStream に書き出す。引数のオブジェクトはシリアライズ可能なオブジェクトである必要がある

※網掛けは ObjectInputStream クラスのコンストラクタおよびメソッド、それ以外は ObjectOutputStream クラス。

ObjectInputStream クラスおよび ObjectOutputStream クラスの動作をサンプルコードで確認しましょう（**Sample8_8.java**）。

Sample8_8.java（抜粋）：ObjectInputStream クラスと ObjectOutputStream クラスの使用例

```
5.      Employee writeEmp = new Employee(100, "tanaka");
6.      try (ObjectOutputStream oos =  new ObjectOutputStream(
7.                     new FileOutputStream("ren/8_8.txt"));
8.         ObjectInputStream ois = new ObjectInputStream(
9.                     new FileInputStream("ren/8_8.txt")))){
10.       oos.writeObject(writeEmp);   // 書き出し
11.       Employee readEmp = (Employee)ois.readObject();// 読み込み
12.       System.out.println("ID   : " + readEmp.getId());
13.       System.out.println("Name: " + readEmp.getName());
14.    } catch (ClassNotFoundException | IOException e){
15.       e.printStackTrace();
16.    }
```

【実行結果】

```
ID   : 100
Name: tanaka
```

　このサンプルコードでは、先ほど Employee.java でシリアライズできるように定義した Employee クラスのオブジェクトをファイルへ書き出し、読み込みを行っています。5 行目で 100、tanaka のメンバをもつ Employee オブジェクトを作成した後、10 行目でファイルに書き出しています。そして、11 行目では ObjectInputStream クラスの **readObject()** メソッドを使用してファイルからオブジェクトを読み込んでいます。

　ただし、readObject() メソッドの戻り値は Object 型であるため、目的の型である Employee 型にキャストしています。

　また、例外処理の catch ブロックを確認すると、IOException 例外の他、**ClassNotFoundException 例外**もキャッチしています。これは、readObject() メソッドがシリアライズされたオブジェクトを復元する際に、クラスファイルが見つからない場合にスローされるためです。

▪▪ シリアライズの継承

　あるクラスのオブジェクトをシリアライズする場合、そのクラスが直接 Serializable インタフェースを実装していなくても、スーパークラスが Serializable インタフェースを実装していればシリアライズ可能です。

　次のサンプルコードを見てください（**Sample8_9.java**）。

Sample8_9.java：シリアライズの継承例1

```java
1. import java.io.*;
2.
3. class Foo implements Serializable {
4.   Foo() { System.out.println("Foo()"); }
5. }
6. class Bar extends Foo {
7.   Bar() { System.out.println("Bar()"); }
8. }
9. public class Sample8_9 {
10.   public static void main(String[] args) {
11.     Bar obj = new Bar();
12.     System.out.println("----- インスタンス化完了 ");
13.     try (ObjectOutputStream oos =  new ObjectOutputStream(
14.               new FileOutputStream("ren/8_9.txt"));
15.          ObjectInputStream ois = new ObjectInputStream(
16.               new FileInputStream("ren/8_9.txt"))){
17.       oos.writeObject(obj);
18.       System.out.println("----- シリアライズ完了 ");
19.       Bar readObj = (Bar)ois.readObject();
20.       System.out.println("----- デシリアライズ完了 ");
21.     } catch (ClassNotFoundException | IOException e){
22.       e.printStackTrace();
23.     }
24.   }
25. }
```

【実行結果】

```
Foo()
Bar()
----- インスタンス化完了
----- シリアライズ完了
----- デシリアライズ完了
```

BarクラスはSerializableインタフェースを実装していませんが、スーパークラスであるFooクラスがSerializableインタフェースを実装しているため、Barオブジェクトもシリアライズ可能になっています。実行結果からは、11行目でBarクラスをインスタンス化した際、各クラスのコンストラクタが呼び出されていることがわかります。

また、17行目でファイルにオブジェクトを書き出した後、19行目でreadObject()メソッドによりデシリアライズしていますが、ファイルからデータを読み込んでオブジェクトの復元を行っているため、コンストラクタが呼び出されていません。この点に注意してください。

次のサンプルコードでは、FooクラスとBarクラスのクラス宣言を変更しています（Sample8_10.java）。ストリーム関連部分のコードはSample8_9.javaと同じであるため、掲載を割愛します。

Sample8_10.java（抜粋）：シリアライズの継承例2

```
3. class Foo  {
4.   Foo() { System.out.println("Foo()"); }
5. }
6. class Bar extends Foo implements Serializable{
7.   Bar() { System.out.println("Bar()"); }
8. }
```

先ほどの例では、FooクラスがSerializableインタフェースを実装していましたが、この例では、BarクラスがSerializableインタフェースを実装しています。このサンプルコードを実行すると、次のような実行結果が得られます。

【実行結果】

```
Foo()
Bar()
----- インスタンス化完了
----- シリアライズ完了
Foo()
----- デシリアライズ完了
```

実行結果を見ると、デシリアライズする際に、スーパークラスのコンストラクタが呼び出されていることがわかります。このようにスーパークラスがSerializableインタフェースを実装していない場合は、デシリアライズの際に引数を取らないコンストラクタを呼び出しインスタンス化します。

シリアライズ処理については、次の点に注意してください。

- 配列（またはその他のコレクション）をシリアライズする場合は、その要素のそれぞれがシリアライズ可能でなければならない

- シリアライズされたオブジェクトがオブジェクト参照変数によって参照するすべてのオブジェクト（参照先のオブジェクト）はシリアライズ可能でなければならない
- static 変数および transient 指定された変数はシリアライズ対象外となる
- あるクラスがシリアライズ可能であれば、そのクラスをスーパークラスとするすべてのサブクラスは、たとえ明示的に Serializable インタフェースを実装していなくても、暗黙的にシリアライズ可能である
- サブクラスが Serializable インタフェースを実装している場合、スーパークラスはデシリアライズの際にインスタンス化される

コンソール

Java SE 6 から java.io.Console クラスが提供されています。Console オブジェクトを使用することで、コンソール上での入力（標準入力）、出力（標準出力）を扱えます。Console クラスの**コンストラクタは private 指定**されているため、**new によるインスタンス化はできません**。Console オブジェクトは System クラスの console() メソッドで取得します。

コード例
```
Console console = System.console();
```

なお、Console クラスはシングルトンパターンが適用されており、console() メソッドが呼ばれると、実行中は一意の Console オブジェクトが返ります。ただし、入出力が可能な端末かどうかは、使用する端末に依存します。したがって、コンソール・デバイスが利用できない場合、console() メソッドは null を返します。

Console オブジェクトに対し、表 8-12 のメソッドを呼び出すことで、コンソールのストリームに読み書きできます。

表 8-12：Console クラスの主なメソッド

メソッド名	説明
PrintWriter writer()	PrintWriter オブジェクトを取得する
Console format(String fmt, Object... args)	指定された書式文字列および引数を使用して、書式付き文字列をこのコンソールの出力ストリームに書き出す

メソッド名	説明
Console printf(String format, Object... args)	指定された書式文字列および引数を使用して、書式付き文字列をこのコンソールの出力ストリームに書き出す
String readLine()	コンソールから単一行のテキストを読み込む
String readLine(String fmt, Object... args)	書式設定されたプロンプトを提供し、次にコンソールから単一行のテキストを読み込む
char[] readPassword()	エコーを無効にしたコンソールからパスワードまたはパスフレーズを読み込む
char[] readPassword(String fmt, Object... args)	書式設定されたプロンプトを提供し、次にエコーを無効にしたコンソールからパスワードまたはパスフレーズを読み込む

まず、writer() メソッドと readLine() メソッドを使用したサンプルコードを確認しましょう (Sample8_11.java)。

Sample8_11.java (抜粋)：writer() メソッドと readLine() メソッドの使用例

```
5.    Console console = System.console();
6.    PrintWriter pw = console.writer();
7.    while (true) {
8.      String str = console.readLine();
9.      if (str.equals("")) { break; }
10.     pw.append(" 入力されたデータ : " + str + '¥n');
11.     //pw.write(" 入力されたデータ : " + str + '¥n');
12.     pw.flush();
13.   }
```

【実行結果】

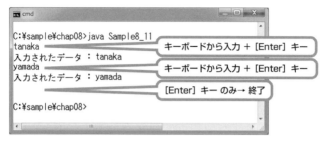

このプログラムは対話形式で実行されます。最後に何も入力せずに [Enter] キーを押すとプログラムが終了します。5 行目では、System クラスの console() メソッドを使用

し、Consoleオブジェクトを取得します。コンソール上で何かしらの文字列（この実行例では「tanaka」や「yamada」）を入力し、[Enter]キーを押すと、8行目のreadLine()メソッドによって文字列が読み込まれます。なお、6行目でConsoleクラスのwriter()メソッドで予め取得しておいたPrintWriterオブジェクトを使用して、10行目ではappend()メソッドで文字列を書き出しています。このメソッドは、11行目にあるとおり、write()メソッドと同様に動作します。また10～12行目を以下のように置き換えても同様です。

コード例

```
System.out.println(" 入力されたデータ : " + str);
```

ただし、このような単純な標準入力であれば、以前から提供されているSystem.inを使用した場合とあまり違いはありません。このConsoleクラスの一番の特長は、入力文字のエコーバックを抑制できる点にあり、パスワードなどを入力させるプログラムで効果を発揮します。次は、**readPassword()** メソッドを使用してエコーバックを抑制するサンプルコードを確認しましょう（**Sample8_12.java**）。

Sample8_12.java（抜粋）：readPassword() メソッドの使用例

```
 5.     Console console = System.console();
 6.     String name = console.readLine("%s", "name : ");
 7.     System.out.println("You are "+ name);
 8.     char[] pw = console.readPassword("%s", "pw: ");
 9.     System.out.print("Your password : ");
10.     for(char c : pw)
11.        System.out.print(c);
```

【実行結果】

6行目ではreadLine()メソッドで名前の入力を促し、読み込んでいますが、実行結

果を見ると入力した「tanaka」がそのまま出力されています。一方、8 行目では readPassword() メソッドを使用してパスワードの入力を促し、読み込んでいますが、今度は入力したパスワードが画面に表示されていません。

なお、この readLine() メソッドおよび readPassword() メソッドでは、入力を促すために書式設定されたプロンプトを表示しています。

Sample8_12.java の 6 行目と 8 行目から抜粋
```
console.readLine("%s", "name : ");
console.readPassword("%s", "pw: ");
```

書式化については次節で説明します。

 ## ストリームの書式化および解析

ストリームの書式化

何かしらのデータを出力する際に書式を整えたい場合があります。たとえば、「桁数を 10 桁に合わせたい。その際足りない桁は 0 で埋めたい」という場合や「出力用のテンプレートのみ用意しておいて、実際の値は後から挿入したい」といった場合です。

Java 言語では入出力ストリームのフォーマットを行うための API が提供されています。java.util.Formatter、java.io.PrintWriter、java.lang.String の各クラスの **format()** メソッドを使えば、数値や文字列を書式化できます。このメソッドはこれら 3 つのクラスで同じように機能します。format() メソッドを使って入力データを書式化した後は、書式化された出力を Formatter クラスや PrintWriter クラスを使って、ファイルなどの入出力デバイスに流すことができます。

Formatter クラスは、数値、文字列、一般的なデータ型、日付や時刻のデータなどを書式化する**フォーマッタ**を生成します。このフォーマッタはロケール固有の出力もサポートしています。

Formatter クラスの主なコンストラクタとメソッドは、表 8-13 のとおりです。

表 8-13：Formatter クラスの主なコンストラクタとメソッド

コンストラクタ名	説明
Formatter()	新しいフォーマッタを生成する
Formatter(Locale l)	指定されたロケールをもつ新しいフォーマッタを生成する

Formatter(File file) 　　　throws FileNotFoundException	指定されたファイルをもつ新しいフォーマッタを生成する
Formatter(PrintStream ps)	指定された出力ストリームをもつ新しいフォーマッタを生成する
Formatter(OutputStream os)	指定された出力ストリームをもつ新しいフォーマッタを生成する

メソッド名	説明
void flush()	このフォーマッタをフラッシュする
void close()	このフォーマッタを閉じる
Formatter format(String format, 　　　Object... args)	第1引数に書式化パターンを指定し、書式化したい値を第2引数で指定し、フォーマッタに書き出す
String toString()	フォーマッタの中身を String オブジェクトで返す

なお、PrintStream クラスや PrintWriter クラスに用意されている format() メソッドや printf() メソッドは、Formatter クラスの format() メソッドと同じ振る舞いをします。

PrintWriter クラスの format() および printf() メソッドは、**表 8-14** のとおりです。

表 8-14：PrintWriter クラスの format() メソッドと printf() メソッドの主なメソッド

メソッド名	説明
PrintWriter format(String format, 　　　Object... args)	第1引数に書式化パターンを指定し、書式化したい値を第2引数で指定し、このライターに書き出す
PrintWriter printf(String format, 　　　Object... args)	上と同じ

各メソッドの第1引数には、書式情報を含んだ文字列を指定します。第2引数以下で変換される値を指定します。ここでは format() メソッドを使用し、構文を確認します。

構文

format(<フォーマット指示子>, <引数>)

第1引数である<フォーマット指示子>は書式化を行うための指示を与え、第2引数である<引数>は書式化されるデータを指定します。

<フォーマット指示子>の構文は、**図 8-7** のようになっています。

フォーマット指示子の構文([] は省略可能)

インデックス	% の後に、**数字 $** を記述すると置換引数を明示的に指定可能
フラグ	＋ 符号を出力
	0 空きを 0 で埋める
	， 数値を桁ごとに「,」で区切る。ロケールに依存
幅	出力時の最小文字数
.精度	精度。出力に書き込まれる最大文字数
変換の種類	**b**（Boolean 値）、**c**（文字）、**d**（整数）、**f**（浮動小数点数）、**s**（文字列）、**n**（行区切り文字）

※フォーマット指示子の一部を掲載

図 8-7：＜フォーマット指示子＞の構文

フォーマット指示子を使用した例を見てみましょう。たとえば、次のような変数が宣言されていたとします。

コード例

```
String compName = "SE社";
String name = "tanaka";
int age = 20;
```

各変数を使用した format() メソッドおよび、メソッド内で使用しているフォーマット指示子を見てみます（図 8-8）。

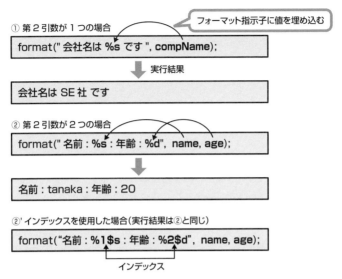

図 8-8：format() メソッドの使用例

①の例では、第1引数に %s を含めたフォーマットを指定し、第1引数で compName 変数を指定します。実行結果は、%s に compName 変数の値が埋め込まれます。また、②にあるように、第1引数に複数の型（変換の種類）の種類を指定することも可能です。その場合、左から指定された順に、第2引数値、第3引数値が埋め込まれます。

なお、②'のように、引数リストにおける引数の位置を、インデックスを使用して指定することも可能です。引数インデックスは、引数リスト内での引数の位置を示します。最初の引数は「1$」、2番目の引数は「2$」で参照されます。

次のサンプルコードは図 8-8 をプログラムにしたものです（Sample8_13.java）。

Sample8_13.java：format() メソッドの使用

```
5.      String compName = "SE社";
6.      String name = "tanaka";
7.      int age = 20;
8.      Formatter fm = new Formatter();
9.      fm.format("会社名は %s です。¥n", compName);
10.     fm.format("名前 : %2$s : 年齢 : %1$d ¥n", age, name);
11.     System.out.println(fm);
12.     System.out.format("会社名は %s です。¥n", compName);
13.     System.out.printf("名前 : %2$s : 年齢 : %1$d ¥n", age, name);
```

【実行結果】

```
会社名は SE 社 です。
名前 : tanaka : 年齢 : 20

会社名は SE 社 です。
名前 : tanaka : 年齢 : 20
```

　8 〜 10 行目で Formatter オブジェクトにより書式化した文字列を、11 行目で出力しています。同様の出力は、12 〜 13 行目にある PrintStream オブジェクト（System.out 定数の内容）の format() メソッドや printf() メソッドでもできています。

 練習問題

■ 問題 8-1 ■

説明として正しいものは次のどれですか。2 つ選択してください。

- ❏ A. Console オブジェクトは System.console() の呼び出しごとに新しいオブジェクトを生成して返す
- ❏ B. Console オブジェクトはシングルトンパターンが適用されている
- ❏ C. Console オブジェクトはユーザからの入力の読み込みは行うが、端末への出力は行わない
- ❏ D. System.console() の呼び出しで null が返ることはない
- ❏ E. System.console() の呼び出しで null が返ることはある

■ 問題 8-2 ■

次のコードがあります。

```
1.  import java.io.*;
2.
3.  class Test {
4.    public static void main(String[] args) {
5.      Console console = System.console();
6.      【   ①   】
7.      【   ②   】
8.      str = console.readLine();
9.      pw = console.readPassword();
10.   }
11. }
```

コードを正常にコンパイルするために、①と②に挿入するコードとして正しいものは次のどれですか。1つ選択してください。

- ○ A.　String str = null;
    String pw = null;
- ○ B.　char[] str = null;
    char[] pw = null;
- ○ C.　char[] str = null;
    String pw = null;
- ○ D.　String str = null;
    char[] pw = null;

■ 問題 8-3 ■

次のコード（抜粋）があります。

```
5. Console console = System.console();
6. PrintWriter pw = console.writer();
7. String str = console.readLine();
8. if (str != null) pw.append(str);
9. pw.flush();
```

説明として正しいものは次のどれですか。1つ選択してください。

- ○ A.　コンパイルエラー
- ○ B.　IOException 例外が発生
- ○ C.　ArrayIndexOutOfBoundsException 例外が発生
- ○ D.　コンパイル、実行ともに成功するが何も出力せずにプログラムは終了する
- ○ E.　ユーザが入力したものを表示する

問題 8-4

次のコード（抜粋）があります。

```
 8. static void foo(File file) {
 9.   if(!file.isFile()) {
10.     File[] files = file.listFiles();
11.     for(int i = 0; i < files.length; i ++) {
12.       foo(files[i]);
13.     }
14.   } else { file.delete();}
15. }
```

説明として正しいものは次のどれですか。2つ選択してください。

- ❏ A. ファイルが格納されたディレクトリを削除する
- ❏ B. ディレクトリのみ削除する
- ❏ C. ファイルのみ削除する
- ❏ D. 9行目でコンパイルエラー
- ❏ E. 10行目でコンパイルエラー
- ❏ F. 実行時例外が発生する可能性がある

問題 8-5

java.io.File クラスで提供されているメソッドとして正しいものは次のどれですか。3つ選択してください。

- ❏ A. mkdir
- ❏ B. copy
- ❏ C. renameTo
- ❏ D. move
- ❏ E. mkdirs
- ❏ F. createDirectory
- ❏ G. mv

問題 8-6

説明として正しいものは次のどれですか。2つ選択してください。

- ❏ A. System クラスの in 定数は、InputStream 型である
- ❏ B. System クラスの in 定数は、FileReader 型である
- ❏ C. System クラスの out 定数は、OutputStream 型である
- ❏ D. System クラスの out 定数は、PrintStream 型である
- ❏ E. System クラスの err 定数は、OutputStream 型である
- ❏ F. System クラスの err 定数は、ErrorStream 型である

問題 8-7

java.io パッケージで提供されていないクラスは次のどれですか。1つ選択してください。

- ○ A. PrintWriter
- ○ B. PrintReader
- ○ C. FileWriter
- ○ D. FileReader
- ○ E. BufferedWriter
- ○ F. BufferedReader

問題 8-8

次のコード（抜粋）があります。

```
 8. static void bar() throws IOException {
 9.   try(BufferedReader br =
10.       new BufferedReader(new FileReader("memo.txt"))) {
11.     System.out.println(br.readLine());
12.   }
13. }
```

memo.txt ファイルには、10行の文章が記載されています。コンパイル、実行した結果として正しいものは次のどれですか。1つ選択してください。

- ○ A. memo.txt ファイル内の1行目のみ表示される
- ○ B. memo.txt ファイル内のすべての行が表示される
- ○ C. BufferedReader の close() メソッドを呼び出していないためコンパイルエラー
- ○ D. BufferedReader の close() メソッドを呼び出していないため実行時エラー
- ○ E. C以外の要因でコンパイルエラー

■問題 8-9 ■

説明として正しいものは次のどれですか。2つ選択してください。

- ❑ A. 継承関係のあるクラスにおいて、Serializable インタフェースの実装はスーパークラスで行ってもサブクラスで行っても挙動に違いはない
- ❑ B. final クラスは Serializable インタフェースを実装できない
- ❑ C. すでに他のインタフェースを実装しているクラスは、Serializable インタフェースの実装はできない
- ❑ D. static 変数はシリアライズの対象外となる
- ❑ E. 抽象クラスに Serializable インタフェースの実装は可能である
- ❑ F. Serializable インタフェースは、java.lang パッケージで提供されている

■問題 8-10 ■

次のコード（抜粋）があります。

```
3.  public class Foo implements Serializable{
4.      private static final long serialUID = 1L;
5.      private transient String val1 = "abc";
6.      private static String val2 = "xyz";
7.      private transient Integer val3 = null;
8.      private List<String> val4 = new ArrayList<>();
9.      private Object val5 = null;
10.     { val3 = 100; }
11.     public Foo() { this.val1 = "other"; }
12.     // 以降に各メンバ変数の public な setter/getter が定義されているものとする
13. }
```

Foo クラスを使用したアプリケーションがあります。シリアライズ後、デシリアライズした際に、常に null となる変数は次のどれですか。2つ選択してください。

- ❑ A. val1
- ❑ B. val2
- ❑ C. val3
- ❑ D. val4
- ❑ E. val5

解答・解説

問題 8-1　正解：B、E

　System.console() メソッドの呼び出しで取得可能な Console オブジェクトは、コンソール上での入力、出力を扱います。System クラスではシングルトンパターンに基づいて Console オブジェクトを提供しています。したがって、選択肢 A、C は誤りで選択肢 B は正しいです。また、コンソール・デバイスが利用できない場合等は、System.console() メソッドは null を返します。

問題 8-2　正解：D

　Console クラスの readLine() メソッドは、String を返し、readPassword() メソッドは、char[] を返します。

問題 8-3　正解：E

　このコードはコンパイル、実行ともに成功します。5 行目で Console オブジェクトを取得し、6 行目で Console クラスの writer() メソッドで PrintWriter オブジェクト取得します。7 行目で readLine() メソッドによりユーザからの入力値を読み込み、8 行目で append() メソッドで文字列を書き出しています。

問題 8-4　正解：C、F

　9 行目では foo() メソッドの引数で受け取った File オブジェクトがファイルであれば、14 行目に制御が移りファイルを削除します。もし、ファイルではなくディレクトリの場合、10 行目の listFiles() によりディレクトリ内のファイル / ディレクトリを示す抽象パスを File の配列として取得し、11 ～ 13 行目で再び foo() メソッドの呼び出しを行います。したがって選択肢 C は正しいです。

　また、8 行目で foo() メソッドの引数で受け取った File オブジェクトに対するパスが存在しない場合、10 行目の listFiles() は null を返します。その結果、11 行目の files.length で NullPointerException 例外が発生します。したがって選択肢 F は正しいです。

問題 8-5　正解：A、C、E

　mkdir() メソッドはディレクトリを生成します。mkdirs() メソッドは、存在していないが必要な親ディレクトリがあればそれも一緒に生成します。renameTo() メソッドはファイルの名前を変更します。その他の選択肢のメソッドは提供されていません。

問題 8-6　正解：A、D

System クラスの in 定数は InputStream 型です。out 定数と err 定数は PrintStream 型です。各定数は System クラスで宣言されています。

問題 8-7　正解：B

Print は出力であり、出力に書き出す PrintWriter クラスは提供されていますが、PrintReader クラスは提供されていません。

問題 8-8　正解：A

try-with-resources 文を使用しているため、close() は暗黙で行われます。また、try ブロックに対する catch、finally は任意のため try 文のみで問題ありません。したがって選択肢 C、D、E は誤りです。11 行目では繰り返し文を使用せずに readLine() メソッドを 1 度だけ呼び出しているため、memo.txt ファイルの 1 行目のみ読み込まれます。

問題 8-9　正解：D、E

Serializable インタフェースは、java.io パッケージで提供されており、抽象クラス、具象クラス他、final クラスでも実装可能です。したがって、選択肢 E は正しく、選択肢 B、F は誤りです。通常、クラスは複数のインタフェースの実装が可能であるため、選択肢 C は誤りです。本章でも説明しましたが、継承関係のあるクラスで、Serializable インタフェースをスーパークラスで実装している場合と、サブクラスで実装している場合では、デシリアライズ時の挙動に違いがあります。したがって選択肢 A は誤りです。static 変数、transient 指定された変数はシリアライズ対象外のため、選択肢 D は正しいです。

問題 8-10　正解：A、C

static 変数、transient 指定された変数はシリアライズ対象外となりますが、static 変数である val2 は初期化されているため null にはなりません。val1 は初期化されており、かつ、コンストラクタで代入処理を行っていますが、transient であるためデシリアライズ後は null です。val3 は、10 行目の初期化ブロックで初期化していますが、コンストラクタ同様、初期化ブロックはデシリアライズ時は呼び出されません。かつ、transient であるため null です。val4、val5 は、transient でないインスタンス変数であるため、シリアライズ前に setter メソッドで値が格納されていれば null になることはありません。

第 9 章

NIO.2

本章で学ぶこと

この章では、Java SE 7 から追加された機能である、NIO.2 について説明します。以前から提供されている java.io.File クラスでは実現できなかった機能を補うために追加された java.nio.file パッケージ、java.nio.file.attribute パッケージの各クラス、メソッドを中心に説明します。またストリーム API の導入により SE 8 で追加されたメソッドも説明します。

- ファイル操作
- ディレクトリ操作

ファイル操作

NIO.2 の概要

第 8 章で説明したように、これまでも Java 言語にはファイル入出力に関する API が数多く提供されてきました。しかし、それらはファイル、ディレクトリの扱いが中心で、機能的にも不十分でした。そこで、Java SE 7 では、ファイルの属性(ファイルの所有者、アクセス権限)の取得・設定や、任意のディレクトリの変更・監視などを行うことのできる新しいファイルシステム API が追加されました。それが **NIO.2** です。またストリーム API の導入により、SE 8 では NIO.2 のためのメソッドも追加されています。

本書では、出題範囲となる API を中心に説明しますが、NIO.2 の関連パッケージには次のものがあります。

java.nio.file

ファイル、ファイル属性、およびファイルシステムにアクセスするためのインタフェースとクラスを提供。

java.nio.file.attribute

ファイルおよびファイルシステム属性へのアクセスを提供するインタフェースとクラスを提供。

Path インタフェース

java.nio.file.Path インタフェースは、ファイルシステム内のファイルを特定するために使用される、システムに依存するファイルパスを表します。

Pathオブジェクトは、そのパスを構成するために使用されるファイル名とディレクトリ名を含んでおり、ファイルの調査、場所の特定、操作に使用されます。
　Pathオブジェクトを取得するにあたり、java.nio.fileパッケージの主なインタフェースおよびクラスを**表9-1**に示します。

表9-1：java.nio.file パッケージの主なインタフェース・クラス

インタフェース / クラス名	説明
Path インタフェース	ファイルシステム内のファイルを特定するために使用される、システムに依存するファイルパスを表す
Paths クラス	パス文字列またはURIを変換してPathオブジェクトを返すstaticメソッドを提供する
FileSystems クラス	ファイルシステム用のファクトリクラス。デフォルトのファイルシステムおよびファクトリメソッドを取得して他の種類のファイルシステムを構築する
FileSystem クラス	ファイルシステムへのインタフェースを提供し、ファイルシステム内のファイルやその他のオブジェクトにアクセスするため手段を提供する

　まず、**Paths**クラスのstaticメソッドである**get()**メソッドを使用して、Pathオブジェクトの取得を確認します。メソッドの詳細は、**表9-2**のとおりです。

表9-2：Paths クラスの get() メソッド

メソッド名	説明
static Path get(String first, String... more)	1つのパス文字列、もしくは第2引数以降で指定されたパス文字列をもとにPathオブジェクトに変換する
static Path get(URI uri)	指定されたURIをPathオブジェクトに変換する

　Pathsクラスのget()メソッドを使用したサンプルコードを確認します（**Sample9_1.java**）。

Sample9_1.java（抜粋）：Paths クラスの get() メソッド利用例

```
5.      Path path1 = Paths.get("ren/9_1.txt");
6.      Path path2 = Paths.get("C:¥¥sample¥¥Chap09¥¥ren¥¥9_1.txt");
7.      Path path3 =
8.          Paths.get("C:", "sample", "Chap09", "ren", "9_1.txt");
9.      System.out.println(path1);
10.     System.out.println(path2);
11.     System.out.println(path3);
```

【実行結果】

```
ren¥9_1.txt
C:¥sample¥Chap09¥ren¥9_1.txt
C:¥sample¥Chap09¥ren¥9_1.txt
```

　5行目は相対パスを引数にget()メソッドを使用しています。6行目はWindows環境の絶対パスを指定しています。なお、6行目のようにWindowsベースのファイルセパレータを明示的に使用する場合は、**エスケープシーケンス(¥)** を使用します。また、7、8行目では可変長引数をもつget()メソッドを使用しています。このようにString型でディレクトリ名、ファイル名を指定すると、自動的にセパレータを追加したPathオブジェクトを返します。
　次にFileSystemsクラスとFileSystemクラスを使用してPathオブジェクトを取得するコードを確認します。
　FileSystemsクラスのgetDefault()メソッドによりデフォルトのFileSystemオブジェクトを取得した後、FileSystemクラスのgetPath()メソッドを使用して、Pathオブジェクトを取得します (Sample9_2.java)。

Sample9_2.java (抜粋)：FileSystemsクラスとFileSystemクラスの利用

```
5.     FileSystem fs = FileSystems.getDefault();
6.     Path path1 = fs.getPath("ren/9_1.txt");
7.     Path path2 = fs.getPath("C:¥¥sample¥¥Chap09¥¥ren¥¥9_1.txt");
8.     Path path3 =
9.         fs.getPath("C:", "sample", "Chap09", "ren", "9_1.txt");
10.    System.out.println(path1);
11.    System.out.println(path2);
12.    System.out.println(path3);
```

【実行結果】

```
ren¥9_1.txt
C:¥sample¥Chap09¥ren¥9_1.txt
C:¥sample¥Chap09¥ren¥9_1.txt
```

　Sample9_1.javaと同じ出力結果となります。
　取得したPathオブジェクトを通じて、パスの様々な情報を取得できます。Pathインタフェースの主なメソッドは、**表9-3** のとおりです。

表 9-3：Path インタフェースの主なメソッド

メソッド名	説明
String toString()	このパスの文字列表現を返す
Path getFileName()	名前要素シーケンスの最後の要素を返す
Path getName(int index)	指定したインデックスに対応するパス要素が返る。0 番目の要素はルートに最も近いパス要素
int getNameCount()	パス内の要素数を返す
Path subpath(int beginIndex, int endIndex)	開始インデックスから、終了インデックス -1 の要素までで構成されたパス（ルート要素は含まない）を返す
Path getParent()	親ディレクトリのパスを返す
Path getRoot()	パスのルートを返す
Path normalize()	このパスから冗長な名前要素を削除したパスを返す
URI toUri()	このパスを表す URI を返す
boolean isAbsolute()	このパスが絶対である場合にのみ true を返す
Path toAbsolutePath()	このパスの絶対パスを返す
Path toRealPath(LinkOption... options) throws IOException	既存のファイルの実際のパスを返す
Path resolve(String other)	ルート要素を含まない部分パスを引数に指定すると、既存パスに部分パスが追加された Path オブジェクトを返す。絶対パスの場合は、引数の other をそのまま返す
Path relativize(Path other)	このパスと指定されたパスとの間の相対パスを返す
Iterator<Path> iterator()	ディレクトリ階層の要素を返すイテレータを取得。イテレータでは、ルートコンポーネント(存在する場合)は返さない
boolean endsWith(String other)	引数で指定したパス文字列で終わっていると true が返る

Path インタフェースを使用したサンプルコードを見てみましょう（**Sample9_3.java**）。

Sample9_3.java（抜粋）：Path インタフェースの使用例 1

```
5.      // Windows の場合
6.      Path path = Paths.get("C:¥¥sample¥¥Chap09¥¥ren¥¥9_1.txt");
7.      // Linux の場合
8.      //Path path = Paths.get("/sample/Chap09/ren/9_1.txt");
9.      System.out.format("toString     : %s%n", path.toString());
10.     System.out.format("getFileName  : %s%n", path.getFileName());
11.     System.out.format("getName(0)   : %s%n", path.getName(0));
12.     System.out.format("getNameCount: %d%n", path.getNameCount());
13.     System.out.format("getRoot      : %s%n", path.getRoot());
14.     while((path = path.getParent()) != null) {
```

```
15.            System.out.format("    getParent     : %s%n", path);
16.        }
17.        Path p = Paths.get("ren¥¥9_1.txt");
18.        System.out.format("getRoot        : %s%n", p.getRoot());
```

【実行結果】

```
toString       : C:¥sample¥Chap09¥ren¥9_1.txt
getFileName    : 9_1.txt
getName(0)     : sample
getNameCount: 4
getRoot        : C:¥
   getParent     : C:¥sample¥Chap09¥ren
   getParent     : C:¥sample¥Chap09
   getParent     : C:¥sample
   getParent     : C:¥
getRoot        : null
```

10 行目の getFileName() メソッドは、パスの最後の要素を返すため 9_1.txt となります。11 行目の getName() メソッドはルートに一番近い要素番号を 0 とし、指定された要素の名前を返すため、この例では sample ディレクトリとなります。12 行目の getNameCount() メソッドはルート（この例では C ドライブ、Linux の場合であれば /）を除いた要素数を返すため結果は 4 となります。13 行目の getRoot() メソッドはパスのルートを返します。なお、17 行目のように相対パスの場合はルートがないため、18 行目では null が返ります。

また、14 〜 16 行目では getParent() メソッドを使用しています。ルートからもっとも遠い要素は、9_1.txt となるため、9_1.txt の親は C:¥sample¥Chap09¥ren となります。また、C:¥sample¥Chap09¥ren の親は C:¥sample¥Chap09 となります。なお、ルートは親がないため、null が返ります。

また、Sample9_3.java の 6 行目をコメントアウトし、8 行目のコメントを外して、Linux 上でコンパイル、実行した場合、結果は次のようになります。

【実行結果】

```
toString       : /sample/Chap09/ren/9_1.txt
getFileName    : 9_1.txt
getName(0)     : sample
getNameCount: 4
```

```
getRoot     : /
  getParent : /sample/Chap09/ren
  getParent : /sample/Chap09
  getParent : /sample
  getParent : /
getRoot     : null
```

次に subpath() メソッドを確認します。subpath() メソッドはインデックスで指定された要素で構成されたパスを返します（**Sample9_4.java**）。

Sample9_4.java（抜粋）：subpath() メソッドの利用
```
5.    Path path = Paths.get("C:¥¥sample¥¥Chap09¥¥ren¥¥9_1.txt");
6.    System.out.format("1-4       : %s%n", path.subpath(1,4));
7.    System.out.format("0-2       : %s%n", path.subpath(0,2));
8.    //System.out.format("0-5      : %s%n", path.subpath(0,5));
9.    //System.out.format("2-2      : %s%n", path.subpath(2,2));
```

【実行結果】
```
1-4       : Chap09¥ren¥9_1.txt
0-2       : sample¥Chap09
```

subpath() メソッドの引数で指定された開始インデックスから、終了インデックス -1 の要素までで構成されたパスを返します。ルート要素は含まないため、5 行目の Path オブジェクトの例であればインデックスの 0 番目が sample、1 番目が Chap09、2 番目が ren、3 番目が 9_1.txt となります。したがって 6、7 行目は実行結果のとおりです。また 8 行目のように最大要素数を超えている場合や、9 行目のように開始インデックスと終了インデックスが同じ番号の場合は、**実行時に IllegalArgumentException 例外**がスローされます。

次のサンプルコードは、パスの変換など、パスを操作している例です（**Sample9_5.java**）。

Sample9_5.java（抜粋）：Path インタフェースの使用例 2
```
5.    Path path1 = Paths.get("./ren");
6.    System.out.format("normalize()   : %s%n", path1.normalize());
7.    System.out.format("toUri()       : %s%n", path1.toUri());
```

```
8.      System.out.format("isAbsolute     : %s%n", path1.isAbsolute());
9.      System.out.format(
10.              "toAbsolutePath : %s%n", path1.toAbsolutePath());
11.     Path path2 = null;
12.     try {
13.         path2 = path1.toRealPath();
14.         System.out.format("toRealPath() : %s%n", path2);
15.     } catch(java.io.IOException e){ e.printStackTrace(); }
```

【実行結果】

```
normalize()     : ren
toUri()         : file:///C:/sample/Chap09/./ren/
isAbsolute      : false
toAbsolutePath  : C:¥sample¥Chap09¥.¥ren
toRealPath() : C:¥sample¥Chap09¥ren
```

5行目では、./ren（カレントディレクトリにあるrenディレクトリ）というパス情報でPathオブジェクトを作成しています。6行目ではnormalize()メソッドによって冗長部分が削除されています。7行目ではtoUri()メソッドによりfile:///から始まるURIオブジェクトが返ります。8行目のisAbsolute()メソッドは絶対パスの場合にのみtrueが返るため、この例ではfalseが返ります。10行目のtoAbsolutePath()メソッドは、現在のPathオブジェクトをもとに絶対パスを返します。また13行目では、toRealPath()メソッドで現在のPathオブジェクトをもとに実際のパスを絶対パスで返します。なおtoRealPath()メソッドはIOException例外がthrows指定されているため、例外処理が必須です。

では、次にパスの結合を行うresolve()メソッドを確認します（**Sample9_6.java**）。

Sample9_6.java（抜粋）：resolve()メソッドの利用

```
5.   Path path1 = Paths.get("ren/../Chap09");
6.   Path path2 = Paths.get("X");
7.   System.out.format("resolve : %s%n", path1.resolve(path2));
8.   Path path3 = Paths.get("C:¥¥sample");
9.   System.out.format("resolve : %s%n", path1.resolve(path3));
10.  Path path = Paths.get("C:¥¥sample¥¥Chap09");
```

【実行結果】

```
resolve : ren¥..¥Chap09¥X
```

```
resolve : C:¥sample
```

　7行目では resolve() メソッドの引数に path2（X）を指定し、既存パスである path1（ren/../Chap09）に結合しています。したがって実行結果は ren¥..¥Chap09¥X となります。また、resolve() メソッドは引数に**絶対パス**が指定された場合、結合処理は行わず**引数で指定されたパスをそのまま返します**。9行目では resolve() メソッドの引数に path3（C:¥¥sample）が指定されていますが実行結果をみると結合処理は行われず、C:¥sample がそのまま返されていることが確認できます。

　また、イテレータを使用して、ルート以下にある各要素を取得することも可能です。たとえば、次のコード例は「sample」「Chap09」と出力します。

コード例

```
Path path = Paths.get("C:¥¥sample¥¥Chap09");
Iterator<Path> iter = path.iterator();
while(iter.hasNext()){
  System.out.println(iter.next());
}
```

　次は、**図 9-1** の X ディレクトリから Y ディレクトリへ移動するときに指定する「相対パス」を取得してみます。

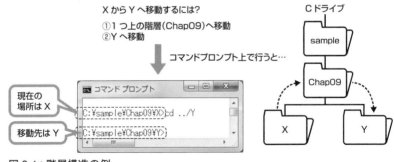

図 9-1：階層構造の例

　コマンドプロンプトであれば、このときの相対パスは「../Y」です。この相対パスを取得できる Path インタフェースのメソッドが **relativize()** です。サンプルコードを見てみましょう（**Sample9_7.java**）。

Sample9_7.java（抜粋）：relativize() メソッドの使用例

```
5.      Path p1 = Paths.get("X");
6.      Path p2 = Paths.get("Y");
7.      System.out.println("X → Y 相対パス : " + p1.relativize(p2));
8.      System.out.println("Y → X 相対パス : " + p2.relativize(p1));
```

【実行結果】

```
X → Y 相対パス : ..¥Y
Y → X 相対パス : ..¥X
```

実行結果からもわかるとおり、relativize() メソッドは、もととなるパスと引数で指定されたパスとの間の相対パスを返します。

Files クラス

Files クラスは、ファイル、ディレクトリなどを操作するためのクラスで、static メソッドだけで構成されています。Files クラスの主なメソッドは、表 9-4、表 9-5 のとおりです。

表 9-4：Files クラスの主なメソッド

メソッド名	説明
static boolean exists(Path path, LinkOption... options)	このパスが示すファイルが存在するかどうかをテストする
static boolean notExists(Path path, LinkOption... options)	このパスが示すファイルが存在しないかどうかをテストする
static boolean isSameFile(Path path, Path path2) throws IOException	2 つのパスが同じファイルを検出するかどうかをテストする
static boolean isDirectory(Path path, LinkOption... options)	このパスがディレクトリかどうかをテストする
static boolean isRegularFile(Path path, LinkOption... options)	通常ファイルかどうかをテストする
static boolean isReadable(Path path)	ファイルが読み取り可能かどうかをテストする
static boolean isWritable(Path path)	ファイルが書き込み可能かどうかをテストする
static boolean isExecutable(Path path)	ファイルが実行可能かどうかをテストする
static Path createDirectory(Path dir, FileAttribute<?>... attrs) throws IOException	新しいディレクトリを作成する

メソッド名	説明
static Path createDirectories(　　　　Path dir, 　　　　FileAttribute<?>... attrs) 　　　　　throws IOException	必要な存在していない親ディレクトリがあれば一緒に生成する
static Path copy(Path source, Path target, CopyOption... options) 　　　　　throws IOException	ファイルをコピーする。第3引数には、コピーオプションを指定可能。オプションの種類は表 9-5 を参照
static Path move(Path source, Path target, CopyOption... options) 　　　　　throws IOException	ファイルを移動するか、そのファイル名を変更する。第3引数には、移動オプションを指定可能。オプションの種類は表 9-5 を参照
static long size(Path path) 　　　　　throws IOException	ファイルのサイズをバイトで返す
static void delete(Path path) 　　　　　throws IOException	引数で指定されたパスのファイルを削除する
static boolean deleteIfExists(　　　　Path path) 　　　　　throws IOException	ファイルが存在する場合は削除する
static List<String> readAllLines(　　　　Path path) 　　　　　throws IOException	ファイルからすべての行を読み取る
static UserPrincipal getOwner(Path path, 　　　　LinkOption... options) 　　　　　throws IOException	ファイルの所有者を返す
static Object getAttribute(Path path, String attribute, LinkOption... options) throws IOException	ファイル属性の値を読み取る
static Path setAttribute(Path path, String attribute, Object value, LinkOption... options) 　　throws IOException	ファイル属性の値を設定する
static Map<String,Object> readAttributes(Path path, String attributes, LinkOption... options) throws IOException	ファイルの複数の属性を一括操作で読み取る。読み取る属性を String パラメータに指定する
static <A extends BasicFileAttributes> A readAttributes(Path path, Class<A> type, LinkOption... options) throws IOException	ファイルの複数の属性を一括操作で読み取る。Class<A> パラメータは取得する属性のクラスとする。
static DirectoryStream<Path> 　　　　newDirectoryStream(Path dir) 　　　　　throws IOException	ディレクトリ内のすべてのエントリを反復するための DirectoryStream を返す

表 9-5：copy() および move() メソッドのオプション

copy() メソッドの第 3 引数に指定できる StandardCopyOption 列挙型と LinkOption 列挙型

定数名	説明
REPLACE_EXISTING	コピー先ファイルがすでに存在する場合でもコピーを実行する
COPY_ATTRIBUTES	ファイルに関連づけられたファイル属性をコピー先ファイルにコピーする
NOFOLLOW_LINKS	シンボリックリンクをたどらないことを指定する。つまり、コピー元のファイルがシンボリックリンクの場合は、リンク自体がコピーされ、リンク先はコピーされない

move() メソッドの第 3 引数に指定できる StandardCopyOption 列挙型

定数名	説明
REPLACE_EXISTING	移動先ファイルがすでに存在する場合でも移動を実行する
ATOMIC_MOVE	移動をアトミックなファイル操作として実行する。ファイルの移動中に問題が発生した場合には移動処理が完全に取り消されるため、ファイルに破損のないことが保証される

では、各メソッドをサンプルコードとあわせて確認します。

ファイルの属性を調べる

Files クラスを使用してファイルの読み取り、書き込み、実行は可能かどうかなど、ファイルやディレクトリを調べる例を見てみましょう（Sample9_8.java）。

Sample9_8.java（抜粋）：Files クラスの使用例 1

```
5.      Path p1 = Paths.get("ren");
6.      Path p2 = Paths.get("C:¥¥sample¥¥Chap09¥¥ren");
7.      System.out.format("exists       : %s%n", Files.exists(p1));
8.      try {
9.        System.out.format(
10.             "isSameFile   : %s%n", Files.isSameFile(p1, p2));
11.     }catch(java.io.IOException e){ }
12.     System.out.format("isDirectory  : %s%n", Files.isDirectory(p1));
13.     System.out.format("isRegularFile: %s%n", Files.isRegularFile(p1));
14.     System.out.format("isReadable   : %s%n", Files.isReadable(p1));
15.     System.out.format("isExecutable : %s%n", Files.isExecutable(p1));
```

【実行結果】

```
exists       : true
isSameFile   : true
isDirectory  : true
isRegularFile: false
isReadable   : true
isExecutable : true
```

10 行目の isSameFile() メソッドは、相対パスでも絶対パスでも、指定された 2 つのパスが同じファイルまたはディレクトリを示していれば true を返します。なお、Sample9_8.java 内で使用しているメソッドのうち、isSameFile() は IOException 例外が発生する可能性があるため、throws による例外処理を行っています。

Path インタフェースは SE 7 から導入されたクラスですが、従来の java.io パッケージで提供されている File クラスと相互運用ができるように変換用のメソッドが提供されています。

【コード例】

```
Path path1 = Paths.get("mydata.txt");
File file = path1.toFile();
Path path2 = file.toPath();
System.out.println(Files.isSameFile(path1, path2));
```

上記のコード例では、Path インタフェースの toFile() メソッドで Path → File の変換を行い、File クラスの toPath() メソッドで File → Path の変換を行っています。Files クラスの isSameFile() メソッドで 2 つの Path オブジェクトを比較していますが true を返します。

ディレクトリの作成と削除

次に、ディレクトリの作成と削除を行う例を見てみましょう (**Sample9_9.java**)。このコードには出力はないため、実行結果は割愛します。

Sample9_9.java (抜粋)：ディレクトリの作成と削除

```
4.   public static void main(String[] args) throws java.io.IOException{
5.     Path p1 = Paths.get("ren/tmp");
```

```
6.      Files.createDirectory(p1);
7.      Path p2 = Paths.get("ren/tmp/x/y");
8.      Files.createDirectories(p2);
9.      Files.delete(p2);
10.     Files.deleteIfExists(Paths.get("ren/9_9"));
11. }
```

　6行目のcreateDirectory()メソッドは単一のディレクトリを作成します。また8行目のcreateDirectories()メソッドは指定されたパスに、存在していない親ディレクトリがあれば一緒に作成します。9行目のdelete()メソッドは指定されたパスのファイルもしくはディレクトリを削除します。なお、delete()メソッドは指定されたパスが物理的に存在しない場合、java.nio.file.NoSuchFileException例外をスローします。一方、deleteIfExists()メソッドは、物理的に存在しているか確認を行い、存在している場合のみ削除を行います。したがってもし指定されたパスが物理的に存在しない場合でもNoSuchFileException例外はスローしません。さらに、削除対象がディレクトリの場合は**空のときのみ削除**します。もし、ディレクトリにファイル等が格納されていると実行時に **DirectoryNotEmptyException 例外が発生**します。

ファイルとディレクトリのコピーと移動

　次に、ファイルやディレクトリのコピーと移動を行う例を見てみましょう（**Sample9_10.java**）。

Sample9_10.java（抜粋）：ファイルとディレクトリのコピーと移動

```
4.  public static void main(String[] args) throws java.io.IOException{
5.      Path p1 = Paths.get("ren/9_10.txt");
6.      Path p2 = Paths.get("ren/9_10_cp.txt");
7.      Path p3 = Paths.get("ren/9_10_org.txt");
8.      Path p4 = Paths.get("ren/9_10_mv.txt");
9.      Files.copy(p1, p2, StandardCopyOption.REPLACE_EXISTING);
10.     Files.move(p3, p4, StandardCopyOption.REPLACE_EXISTING);
11.     Files.delete(p1);
12. }
```

　Sample9_10.javaでは画面出力はありません。Chap09¥renディレクトリに9_10.txtと9_10_org.txtファイルが存在することを前提として、Sample9_10.javaをコンパイル、実行すると**図9-2**のようなファイルのコピー、移動、削除が行われます。

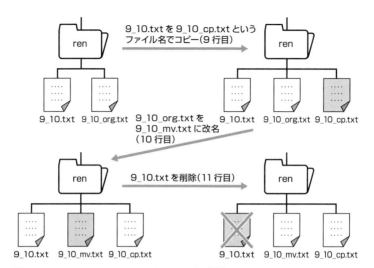

図 9-2：Sample9_10.java によるファイル操作

　なお、9 行目の copy() メソッド、10 行目の move() メソッドの第 3 引数には REPLACE_EXISTING オプション（**表 9-5** を参照）が指定されています。このオプション指定がない場合に、コピー先や移動先に同名のファイルが存在すると **FileAlreadyExistsException 例外**が発生します。

　また、Linux 等ではファイルシステムの機能として**シンボリックリンク**があります。これは、ある**ファイル**（もしくは**ディレクトリ**）を指し示すショートカットのようなファイルです。つまりファイルの実体は 1 つで、シンボリックリンクからその実体を参照する仕組みです。

　たとえば、以下は Linux 上でファイルやディレクトリの情報を表示する ls コマンドを実行した例です。

【実行結果】

```
# ls -la mydata.txt
lrwxrwxrwx. 1 michiko michiko 21  3月  4 13:07 2016 mydata.txt -> /usr/local/mydata.txt
```

　mydata.txt ファイルは、シンボリックリンクファイルです。この実行結果の一番左にある「lrwxrwxrwx」を見ると先頭に「l」と表示されています。これはシンボリックリンクであることを表します。また、実行結果の右側を見てください。「mydata.txt -> /usr/

local/mydata.txt」とあります。これは、mydata.txtファイルの実体は/usr/local/mydata.txtであることを表します。

このようなシンボリックリンクファイルをFilesクラスのcopy()メソッドでコピーする際には注意が必要です。

たとえば、以下のようなコードがあったとします。

コード例

```
Path p1 = Paths.get("mydata.txt");      // コピー元：シンボリックリンクファイル
Path p2 = Paths.get("/tmp/mydata.txt"); // コピー先
Files.copy(p1, p2);
```

このコードを実行すると、/tmp以下にmydata.txtファイルがコピーされますが、mydata.txtのリンク先をたどって実体のファイルのコピーが行われます。以下、実行結果を見ると、/tmp/mydata.txtファイルはリンク情報は持たず、独立したファイルであることがわかります。

【実行結果】

```
# ls -la /tmp/mydata.txt
-rw-r--r--. 1 michiko michiko 0  3月  4 13:29 2016 /tmp/mydata.txt
```

もし、リンク先をたどらずリンク情報のコピー（つまりリンクファイルとしてコピー）を行う場合は、copy()メソッドの第3引数にオプションを指定します。

コード例

```
Path p1 = Paths.get("mydata.txt");      // コピー元：シンボリックリンクファイル
Path p2 = Paths.get("/tmp/mydata.txt"); // コピー先
//Files.copy(p1, p2);
Files.copy(p1, p2, LinkOption.NOFOLLOW_LINKS); // オプションを指定する
```

上記のように、第3引数にNOFOLLOW_LINKSオプションを指定します。オプションを指定し実行した場合のファイルを確認します。

以下のとおり/tmp/mydata.txtはシンボリックリンクファイルであることがわかります。

コード例
```
# ls -la /tmp/mydata.txt
lrwxrwxrwx. 1 michiko michiko 21  3月  4 13:31 2016 /tmp/mydata.txt -> /
usr/local/mydata.txt
```

なお、ディレクトリへのシンボリックを作成することも可能です。つまり、copy() メソッドでディレクトリをコピーする際、NOFOLLOW_LINKS オプションを使用することが可能です。

ファイルデータの読み込み

Files クラスには、取得した Path オブジェクトから InputStream/OutputStream や BufferedReader/BufferedWriter を作成するメソッドも提供されています。本書では、さらに簡単に読み込みを行う readAllLines() メソッドを確認します。次のサンプルでは 9_11.txt ファイルから readAllLines() メソッドを使用して行の読み取りを行います (Sample9_11.java)。

9_11.txt ファイルの中身
```
Read all lines from a file.
Bytes from the file are decoded into characters using the UTF-8 charset.
```

Sample9_11.java (抜粋)：readAllLines() メソッドの利用
```
5.    public static void main(String[] args) throws java.io.IOException{
6.      Path path = Paths.get("ren/9_11.txt");
7.      List<String> lines = Files.readAllLines(path);
8.      for(String line : lines) {
9.        System.out.println(line);
10.     }
11.   }
```

【実行結果】
```
Read all lines from a file.
Bytes from the file are decoded into characters using the UTF-8 charset.
```

Sample9_11.java のコードを見ると、BufferedReader 等のストリームクラスは利用していません。7 行目にあるとおり Path オブジェクトを引数に readAllLines() メソッドを呼

ぶだけで、1行ごとの要素をもつ List オブジェクトを取得することができます。なお、readAllLines() メソッドのデフォルトでは、UTF_8 として読み込みを行うため、他の文字コードを指定して読み込みを行う場合は、第2引数に文字コードを指定する readAllLines() メソッドを使用します。

構文

```
static List<String> readAllLines(Path path, Charset cs)
                    throws IOException
```

ファイルのメタデータを調べる

前述の「ファイルの属性を調べる (Sample9_8.java)」では、Files クラスの isXXX() メソッドで簡単な属性を確認しました。ここではさらにファイル情報となるメタデータの管理に使用されるメソッドを確認しましょう。メタデータとはファイルやディレクトリに含まれる属性情報です。メタデータには、種類（通常のファイル、ディレクトリ、リンク）、サイズ、作成日、最終更新日、ファイル所有者、アクセス権限などがあります。ファイルシステムのメタデータは通常、ファイル属性とも呼ばれます。

ファイルおよびファイルシステム属性へのアクセスを提供するインタフェースとクラス群は、**java.nio.file.attribute** パッケージで提供されています。その主なインタフェースおよびクラスを、**表 9-6** に示します。

表 9-6：java.nio.file.attribute パッケージの主なインタフェース・クラス

インタフェース / クラス名	説明
FileTime クラス	ファイルのタイムスタンプ属性の値を表す。たとえば、ファイルが最後に変更、アクセス、または作成された時間を表す
FileAttribute<T> インタフェース	新しいファイルまたはディレクトリを作成するときに、自動的に設定できるファイル属性を表すオブジェクト
BasicFileAttributes インタフェース	すべてのファイルシステム実装で必要となる基本的な属性を表すオブジェクト
DosFileAttributes インタフェース	属性を表すオブジェクト。BasicFileAttributes に、DOS 属性をサポートするファイルシステムで使用される属性が追加されている
PosixFileAttributes インタフェース	属性を表すオブジェクト。BasicFileAttributes に、UNIX など、POSIX 標準ファミリをサポートするファイルシステムで使用される属性が追加されている

まず、FilesクラスのgetAttribute()メソッドを使用して、ファイルのメタデータを取得する例を見てみましょう（Sample9_12.java）。

Sample9_12.java（抜粋）：getAttribute()メソッドの使用例

```
4.     public static void main(String[] args) throws java.io.IOException{
5.         Path path = Paths.get("ren/9_12.txt");
6.         Object obj1 = Files.getAttribute(path, "creationTime");
7.         Object obj2 = Files.getAttribute(path, "lastModifiedTime");
8.         Object obj3 = Files.getAttribute(path, "size");
9.         System.out.format("creationTime    : %s%n", obj1);
10.        System.out.format("lastModifiedTime : %s%n", obj2);
11.        System.out.format("size            : %s%n", obj3);
12.    }
```

【実行結果】

```
creationTime     : 2016-03-04T05:37:05.237822Z
lastModifiedTime : 2016-03-04T05:37:22.345494Z
size             : 31
```

getAttribute()メソッドの引数に属性名を指定すると、属性値を取得できます。主な属性名と戻り値の型は、**表 9-7** のとおりです。

表 9-7：ファイルやディレクトリの主な属性名と戻り値の型

属性名	戻り値の型
lastModifiedTime	java.nio.file.attribute.FileTime
lastAccessTime	java.nio.file.attribute.FileTime
creationTime	java.nio.file.attribute.FileTime
size	java.lang.Long
isRegularFile	java.lang.Boolean
isDirectory	java.lang.Boolean
isSymbolicLink	java.lang.Boolean

属性の取得には、getAttribute() メソッドの他、**readAttributes()** メソッドを使用すると、1回のメソッド呼び出しで複数の属性を取得できます。

では、readAttributes() メソッドでファイルのメタデータを取得し、表示してみましょう（Sample9_13.java）。

Sample9_13.java(抜粋):readAttributes() メソッドの使用例

```
5.    public static void main(String[] args) throws java.io.IOException{
6.      Path p1 = Paths.get("ren/9_13.txt");
7.      BasicFileAttributes attr =
8.            Files.readAttributes(p1, BasicFileAttributes.class);
9.      System.out.format("creationTime     : %s%n", attr.creationTime());
10.     System.out.format("lastModifiedTime : %s%n",
11.                                             attr.lastModifiedTime());
12.     System.out.format("size             : %s%n", attr.size());
13.    }
```

【実行結果】

```
creationTime     : 2016-03-04T05:44:24.035042Z
lastModifiedTime : 2016-03-04T05:44:34.395357Z
size             : 31
```

7、8行目では readAttributes() を使用し、基本的なメタデータを参照できる BasicFileAttributes オブジェクトを取得しています。BasicFileAttributes オブジェクトに対し、9〜12行目では、属性に対応したメソッドを使用することで、Sample9_12.java と同じメタデータを取得できています。

また、DosFileAttributes インタフェースは、BasicFileAttributes の標準属性に、DOS 属性をサポートするファイルシステムで使用される標準的な4つの属性を加えたものです(表9-8)。

表9-8:DosFileAttributes インタフェースのメソッド

メソッド名	説明
boolean isArchive()	アーカイブ属性の値を返す
boolean isHidden()	隠し属性の値を返す
boolean isReadOnly()	読み取り専用属性の値を返す
boolean isSystem()	システム属性の値を返す

DosFileAttributes インタフェースを使用した DOS ファイル属性の取得コードを確認してみましょう(Sample9_14.java)。なお、このサンプルコードで属性を取得する9_8.txt には、読み取り専用と隠しファイルの属性が付与されています(図9-3)。

Sample9_14.java（抜粋）：DosFileAttributes インタフェースの使用例

```
5.    public static void main(String[] args) throws java.io.IOException{
6.        Path p1 = Paths.get("ren/9_14.txt");
7.        DosFileAttributes attr =
8.            Files.readAttributes(p1, DosFileAttributes.class);
9.        System.out.format("isArchive    : %s%n", attr.isArchive());
10.       System.out.format("isHidden     : %s%n", attr.isHidden());
11.       System.out.format("isReadOnly   : %s%n", attr.isReadOnly());
12.       System.out.format("isSystem     : %s%n", attr.isSystem());
13.   }
```

【実行結果】

```
isArchive    : true
isHidden     : true
isReadOnly   : true
isSystem     : false
```

　実行結果を見ると、ファイルの属性が**図 9-3** のコマンドプロンプト上で確認した結果と同じであることがわかります。

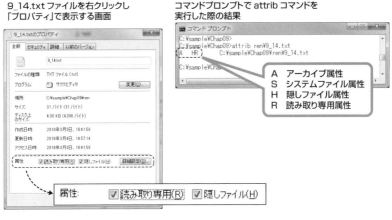

図 9-3：9_14.txt のファイル属性

ディレクトリ操作

ディレクトリへのアクセス

　FileSystem クラスには、ルートディレクトリを取得する **getRootDirectories()** メソッドが提供されています。また、Files クラスの **newDirectoryStream()** メソッド（**表 9-4** を参照）を使用すると、ディレクトリの内容リストを取得できます。

　次のサンプルコードはこれら 2 つのメソッドを使用し、ルートディレクトリの取得と、ren¥9_15 ディレクトリの内容リストの表示を行っています（**Sample9_15.java**）。

Sample9_15.java（抜粋）：getRootDirectories() と newDirectoryStream() メソッドの使用例

```
6.      FileSystem fs = FileSystems.getDefault();
7.      Iterable<Path> dirs = fs.getRootDirectories();
8.      for (Path name: dirs) {
9.        System.out.println("RootDirectories : " + name);
10.     }
11.     Path path = Paths.get("ren/9_15");
12.     try (DirectoryStream<Path> stream =
13.                 Files.newDirectoryStream(path)){
14.       for (Path file: stream) {
15.         System.out.println(file.getFileName());
16.       }
17.     } catch (IOException e) { e.printStackTrace(); }
```

【実行結果】

```
RootDirectories : C:¥
RootDirectories : Z:¥
X.txt
Y
```

　7 行目の getRootDirectories() メソッドの戻り値は **java.lang.Iterable** オブジェクトです。実行例のように Windows 上に複数のドライブがある環境では、取得した Iterable オブジェクト（イテレータ）によりルートディレクトリをすべて取得できます。また 12、13 行目の newDirectoryStream() メソッドの戻り値である DirectoryStream オブジェクトは Iterable インタフェースを継承しているため、14 ～ 16 行目のように拡張 for 文を使用し

てディレクトリ内のエントリを取得することができます。

ファイルツリーの探索

　Sample9_15.java では SE 7 から提供されたメソッドを使用してディレクトリへアクセスしました。ファイルツリー内のすべてのファイルに再帰的にアクセスするには、いくつかの方法があります。たとえば、SE 7 では、Files クラスの walkFileTree() メソッドが提供されています。また、SE 8 ではストリーム API の導入により java.nio.file パッケージで提供しているクラスにも多くのメソッドが追加されています。本書では SE 8 で Files クラスに追加された、ストリームとして処理を行うメソッドを中心に確認します（**表9-9**）。

表 9-9：Files クラスに追加されたメソッド

メソッド名	説明
static Stream\<Path\> walk(Path start, FileVisitOption... options) throws IOException	引数で指定された開始ファイルをルートとしたファイル・ツリーを参照する Stream を返す
static Stream\<Path\> walk(Path start, int maxDepth, FileVisitOption... options) throws IOException	引数で指定された開始ファイルをルートとし、指定された最大階層まで探索を行うファイル・ツリーを参照する Stream を返す
static Stream\<Path\> find(Path start, int maxDepth, BiPredicate\<Path,BasicFileAttributes\> matcher, FileVisitOption... options) throws IOException	引数で指定された開始ファイルをルートとし、条件にあったパスを持ち、かつ、指定された最大階層まで探索を行うファイル・ツリーを参照する Stream を返す
static Stream\<Path\> list(Path dir) throws IOException	ディレクトリ内のエントリを要素に持つ Stream を返す
static Stream\<String\> lines(Path path) throws IOException	ファイル内のすべての行を Stream として読み取る

walk() メソッドと list() メソッド

　まず、**表 9-9** にある walk() メソッドを使用して指定したディレクトリ以下の探索を行います（**Sample9_16.java**）。ここでは、ren¥9_XX ディレクトリを探索します。ren¥9_XX ディレクトリの階層は**図 9-4** のとおりであるとします。

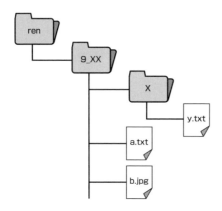

図 9-4：ren¥9_XX ディレクトリの階層

Sample9_16.java（抜粋）：walk() メソッドの利用
```
6.      Path path = Paths.get("ren/9_XX");
7.      try {
8.          Files.walk(path).forEach(System.out::println);
9.      } catch (IOException e) { e.printStackTrace(); }
```

【実行結果】
```
ren¥9_XX
ren¥9_XX¥a.txt
ren¥9_XX¥b.jpg
ren¥9_XX¥X
ren¥9_XX¥X¥y.txt
```

　8 行目の walk() メソッドの引数に、探索対象のルートとなる Path オブジェクトを指定します。またこの例では探索対象となる階層の深さを指定していないため、デフォルトで Integer.MAX_VALUE まで探索を行います。もし、階層の深さを指定する場合は、第 2 引数に int 型で階層数を指定します。また、walk() メソッドでは任意で FileVisitOption 列挙型を引数で指定可能です。FileVisitOption には、FOLLOW_LINKS 定数が定義されているため、シンボリックリンクをたどる場合は指定します。
　では、walk() メソッドの後に中間操作として filter() メソッドを使用した例を確認します（Sample9_17.java）。

Sample9_17.java（抜粋）：walk() と filter() メソッドの利用

```
6.      Path path = Paths.get("ren/9_XX");
7.      try {
8.          Files.walk(path)
9.              .filter(s -> s.toString().endsWith(".jpg"))
10.             .forEach(System.out::println);
11.     } catch (IOException e) { e.printStackTrace(); }
```

【実行結果】

```
ren¥9_XX¥b.jpg
```

8行目では、Sample9_16.javaと同様に ren¥¥9_XX をルートとして、探索を行います。9行目では filter() メソッドを使用し、.jpg で終わる要素のみで構成されるストリームを生成します。実行結果を見ると ren¥9_XX¥b.jpg のみ表示されています。

次に list() メソッドを確認します。walk() メソッドでは、あるディレクトリ内を探索する際、サブディレクトリ以下も再帰的に探索しますが、list() メソッドは対象となるディレクトリのみ探索を行います。サンプルコードで確認します（**Sample9_18.java**）。

Sample9_18.java（抜粋）：list() メソッドの利用

```
6.      Path path = Paths.get("ren/9_XX");
7.      try {
8.          Files.list(path).forEach(System.out::println);
9.          System.out.println();
10.         Files.list(path)
11.             .filter(s -> !Files.isDirectory(s))
12.             .forEach(System.out::println);
13.     } catch (IOException e) { e.printStackTrace(); }
```

【実行結果】

```
ren¥9_XX¥a.txt
ren¥9_XX¥b.jpg
ren¥9_XX¥X

ren¥9_XX¥a.txt
ren¥9_XX¥b.jpg
```

8行目ではlist()メソッドの引数にren/9_XXのPathオブジェクトを指定しています。実行結果を見るとXディレクトリとa.txt、b.jpgのみ表示しており、Xディレクトリ以下は探索していないことがわかります。なお、10～12行目は、list()メソッドの後にfilter()メソッドを使用してディレクトリを排除している例です。

find() メソッド

　find()メソッドは、パスに対して条件を指定して合致するパスのみで構成されるストリームを返します。表9-9にあるfind()メソッドの引数を確認してください。第1引数は探索対象のルートとなるPathオブジェクト、第2引数は探索対象となる階層の深さです。そして第3引数では、BiPredicateインタフェース（メソッドは「boolean test(T t, U u)」）です。test()メソッドの第1引数にはPathオブジェクト、第2引数にはBasicFileAttributesオブジェクトとなるため、絞り込む条件として、ファイルパス名の他、ファイル属性を指定することが可能です。サンプルコードで確認します（**Sample9_19.java**）。

Sample9_19.java（抜粋）：find() メソッドの利用
```
6.      Path p = Paths.get("ren/9_XX");
7.      long dateF = 1457325000000L;
8.      try {
9.        Files.find(p,
10.                  10,
11.                  (path, attr) ->
12.                      path.toString().endsWith(".jpg") &&
13.                      attr.creationTime().toMillis() > dateF)
14.          .forEach(System.out::println);
15.     } catch (IOException e) { e.printStackTrace(); }
```

【実行結果】
```
ren¥9_XX¥b.jpg
```

　この例では、探索対象となる階層の深さを10とし、絞り込む条件はパスの最後が.jpgであり、かつファイル作成日が1457325000000ミリ秒以降としています。9～13行目のfind()メソッドの引数でその条件を指定しています。

lines() メソッド

　lines() メソッドはファイル内のすべての行を読み取ります。readAllLines() メソッドについては前述しましたが、readAllLines() メソッドは引数に Path オブジェクトを指定し、読み取った行を List<String> 型で返しました。一方、lines() は、読み取った行を Stream<String> 型で返すメソッドです。lines() メソッドを使用して、9_20.txt ファイルを読み取るサンプルコードを確認します（**Sample9_20.java**）。

9_20.txt ファイルの中身
```
FileSystem
LinkPermission
Paths
Files
SimpleFileVisitor
StandardWatchEventKinds
Files
```

Sample9_20.java（抜粋）：lines() メソッドの利用
```
7.      Path path = Paths.get("ren/9_20.txt");
8.      try {
9.        System.out.println(
10.             Files.lines(path)
11.                 .filter(s -> s.startsWith("File"))
12.                 .map(word -> word.length())
13.                 .collect(Collectors.toList()));
14.     } catch (IOException e) { e.printStackTrace(); }
```

【実行結果】
```
[10, 5, 5]
```

　10 行目では、Path オブジェクトを引数に lines() メソッドを呼び出します。戻り値は Stream<String> であるため、filter() メソッドで「File」文字列から始まる要素をもつストリームを取得し、map() メソッドで要素を各文字列の文字数に変換します。そして、collect() メソッドでリストへ変換しています。

　なお、lines() メソッドも readAllLines() メソッドと同様に UTF_8 として読み込みを行うため、他の文字コードを指定して読み込みを行う場合は、**第 2 引数に文字コードを指定する lines() メソッドを使用**します。

練習問題

【注意】
本章の章末問題は、すべて Linux 上でコンパイル、実行している前提としています。

■ 問題 9-1 ■

Path オブジェクトを取得するコードとして正しいものは次のどれですか。3 つ選択してください。

- ❏ A. FileSystems.getDefault().getPath("a.txt");
- ❏ B. new FileSystem().getPath("a.txt");
- ❏ C. Paths.get("foo", "a.txt");　❏ D. Paths.getPath("a.txt");
- ❏ E. new java.io.File("a.txt").toPath();　❏ F. new Path("a.txt");

■ 問題 9-2 ■

java.io.File クラスの listFiles() メソッドと近い機能を提供するメソッドとして正しいものは次のどれですか。1 つ選択してください。

- ○ A. Path インタフェースの listFiles()
- ○ B. Path インタフェースの list()
- ○ C. Path インタフェースの find()　○ D. Files クラスの listFiles()
- ○ E. Files クラスの list()　○ F. Files クラスの find()

■ 問題 9-3 ■

java.io.File クラスと比較して、NIO.2 の優位な点として正しいものは次のどれですか。3 つ選択してください。

- ❏ A. シンボリックリンクファイルをサポートしている
- ❏ B. ファイルが更新された時間を取得できる
- ❏ C. NIO.2 は、単一のメソッドでディレクトリツリー内を横断することができる
- ❏ D. ファイルや、ディレクトリを削除できる
- ❏ E. NIO.2 は、システムに依存した属性をサポートする
- ❏ F. NIO.2 は、ディレクトリ内にあるすべてのファイルを表示できる

■ 問題 9-4 ■

次のコードがあります。

```
4. Path path1 = Paths.get("/tmp/../././home", "../my.txt");
5. System.out.println(path1.normalize());
```

コンパイル、実行した結果として正しいものは次のどれですか。1つ選択してください。

- A. /tmp/../.¥home/../my.txt
- B. /tmp/my.txt
- C. /my.txt
- D. my.txt
- E. コンパイルエラー

■ 問題 9-5 ■

次のコードがあります。

```
4. Path path1 = Paths.get(".").normalize();
5. System.out.println(path1.getNameCount());
```

このプログラムを保存しているディレクトリ（カレントディレクトリ）は、/home/miko/pg です。コンパイル、実行した結果として正しいものは次のどれですか。1つ選択してください。

- A. 0
- B. 1
- C. 2
- D. 3
- E. 4
- F. コンパイルエラー

■ 問題 9-6 ■

次のコードがあります。

```
4. Path path = 【   ①   】
5. if(Files.isDirectory(path)) {
6.    String s = Files.deleteIfExists(path) ? "OK" : "NG";
7.    System.out.println(s);
8. }
```

コンパイル、実行した結果、OKと出力するために、①に入るコードの説明として正しいものは次のどれですか。2つ選択してください。

- ❏ A. 通常のファイルを表している Path オブジェクト
- ❏ B. シンボリックリンクを表している Path オブジェクト
- ❏ C. 空のディレクトリを表している Path オブジェクト
- ❏ D. ファイルが保存されたディレクトリを表している Path オブジェクト
- ❏ E. ファイルシステム内に物理的に存在しないパスを表している Path オブジェクト

■ 問題 9-7 ■

次のコードがあります。

```
4. try {
5.   Path path = Paths.get("card/clover");
6.   if(Files.isSameFile(path, Paths.get("/sample/card/clover"))){
7.     System.out.println(path.resolve("bar"));
8.   }
9. }catch(java.io.IOException e) { }
```

このプログラムを保存しているディレクトリ (カレントディレクトリ) は、/sample です。また、/sample/ の下には /card/clover 階層のディレクトリが存在します。コンパイル、実行した結果として正しいものは次のどれですか。1つ選択してください。

- ○ A. card/clover/bar と表示される。bar ディレクトリは作成されない
- ○ B. /sample/card/clover/bar と表示される。bar ディレクトリは作成されない
- ○ C. clover 以下に bar ディレクトリが作成されて、card/clover/bar と表示される
- ○ D. clover 以下に bar ディレクトリが作成されて、/sample/card/clover/bar と表示される
- ○ E. コンパイルエラー
- ○ F. 実行時エラー

■ 問題 9-8 ■

次のコード (抜粋) があります。

```
4. Path a = Paths.get("/food/../orange.txt");
5. Path b = Paths.get("./lemon.txt");
6. System.out.println(a.resolve(b));
7. System.out.println(b.resolve(a));
```

コンパイル、実行した結果として正しいものは次のどれですか。1つ選択してください。

- ○ A.　/orange.txt
  　　　/lemon.txt
- ○ B.　/orange.txt/lemon.txt
  　　　/orange.txt
- ○ C.　/food/../orange.txt/./lemon.txt
  　　　/food/../orange.txt
- ○ D.　/food/../orange.txt/./lemon.txt
  　　　./lemon.txt/food/../orange.txt
- ○ E.　コンパイルエラー
- ○ F.　実行時エラー

■ 問題 9-9 ■

次のコードがあります。

```
5.  try {
6.    Path p1 = Paths.get("something.txt");
7.    BasicFileAttributes at =
8.        Files.readAttributes(p1, BasicFileAttributes.class);
9.    if(at.lastModifiedTime().toMillis() > 0 && at.size() > 0) {
10.     at.setLastModifiedTime(0);
11.   }
12. }catch(java.io.IOException e) { }
```

このプログラムを保存しているディレクトリ(カレントディレクトリ)には、数行の文字列が書かれたsomething.txtファイルが存在します。コンパイル、実行した結果として正しいものは次のどれですか。1つ選択してください。

- ○ A.　8行目でコンパイルエラー
- ○ B.　9行目でコンパイルエラー
- ○ C.　10行目でコンパイルエラー
- ○ D.　実行時エラー
- ○ E.　コンパイル、実行ともに成功するが何も出力されない

■ 問題 9-10 ■

次のコードがあります。

```
4. Path p1 = Paths.get("foo.txt");
5. Path p2 = Paths.get("mydata");
6. Files.move(p1, p2, StandardCopyOption.ATOMIC_MOVE
7.                  , LinkOption.NOFOLLOW_LINKS);
```

このプログラムを保存しているディレクトリ（カレントディレクトリ）には、foo.txt ファイルが存在します。説明として正しいものは次のどれですか。2 つ選択してください。

- ❏ A. カレントディレクトリに mydata ディレクトリが存在しない場合、実行時エラーとなる
- ❏ B. カレントディレクトリに mydata ディレクトリが存在する場合、実行時エラーとなる
- ❏ C. カレントディレクトリに mydata ディレクトリが存在しない場合、foo.txt は mydata という名前に置き換わる
- ❏ D. カレントディレクトリに mydata ディレクトリが存在する場合、mydata ディレクトリ以下に foo.txt が配置される
- ❏ E. foo.txt がシンボリックリンクファイルの場合、実行時エラーとなる
- ❏ F. foo.txt がシンボリックリンクファイルであり、カレントディレクトリに mydata ディレクトリが存在する場合、mydata ディレクトリ以下に foo.txt がシンボリックリンクファイルとして配置される

■ 問題 9-11 ■

次のコード（抜粋）があります。

```
6.  Path path = Paths.get("./foo");
7.  try {
8.    boolean result = Files.walk(path)
9.                       .filter(p -> p.isDirectory())
10.                      .findFirst().isPresent();
11.   System.out.println(result);
12. } catch (IOException e) { e.printStackTrace(); }
```

このプログラムを保存しているディレクトリ（カレントディレクトリ）には、foo ディレクトリが存在します。コンパイル、実行した結果として正しいものは次のどれですか。1 つ

選択してください。

- ○ A. true
- ○ B. false
- ○ C. 8行目でコンパイルエラー
- ○ D. 9行目でコンパイルエラー
- ○ E. 10行目でコンパイルエラー
- ○ F. 実行時エラー

■ 問題 9-12 ■

次のコードがあります。

```
 6. try {
 7.    Path path = Paths.get("./foo/memo.txt");
 8.    Files.lines(path)
 9.       .flatMap(p -> Stream.of(p.split(",")))
10.       .map(word -> word.length())
11.       .forEach(System.out::print);
12. }catch(java.io.IOException e) { }
```

memo.txt ファイルの中身

java,linux,gold

このプログラムを保存しているディレクトリ（カレントディレクトリ）には、/foo/memo.txt ファイルが存在します。コンパイル、実行した結果として正しいものは次のどれですか。1つ選択してください。

- ○ A. 8行目でコンパイルエラー
- ○ B. 9行目でコンパイルエラー
- ○ C. 10行目でコンパイルエラー
- ○ D. コンパイル、実行ともに成功するが何も出力されない
- ○ E. コンパイル、実行ともに成功し、出力内容にカンマは含まれていない
- ○ F. コンパイル、実行ともに成功し、出力内容にカンマは含まれる

解答・解説

問題9-1　正解：A、C、E

　FileSystem は抽象クラスであり、Path はインタフェースのため、new によるインスタンス化はできません。したがって選択肢 B、F は誤りです。また、Paths クラスでは、Path オブジェクトの取得には get() メソッドを使用するため、選択肢 D は誤りです。

問題9-2　正解：E

　File クラスの listFiles() メソッドはディレクトリ内の抽象パス名を File 型の配列で返します。Files クラスの list() メソッドは、ディレクトリ内のエントリを要素にもつ Stream を返します。なお、list() メソッドの戻り値は型パラメータとして Path をもつ Stream 型です。

問題9-3　正解：A、C、E

　すべての選択肢は、NIO.2 で提供されています。選択肢 B、D、F は、java.io.File クラスでも提供されています。なお、選択肢 B のファイルのタイムスタンプを取得する場合、java.io.File クラスでは、lastModified() メソッドを使用します。

問題9-4　正解：C

　4 行目の get() メソッドでは引数を 2 つ指定しているため、連結した 1 つのパス文字列を作成します。つまり、「/tmp/../././home/../my.txt」です。5 行目で normalize() メソッドにより冗長部分が削除されます。「/tmp/../」により /tmp の 1 つ上で「/」になります。「./」はカレント、「home/」により、現在の場所（つまり /）の下の「/home」になります。「../my.txt」により、1 つ上（つまり /）の下の「/my.txt」になります。

問題9-5　正解：B

　プログラムを実行しているディレクトリパスは、/home/miko/pg ですが、4 行目の Path オブジェクトはドットを指定しているだけであるため、getNameCount() は 1 を返します。normalize() メソッドは冗長部分は削除しますが、相対パスを絶対パスに変換することはありません。絶対パスを取得する場合は、Path インタフェースの toAbsolutePath() メソッドを使用します。

問題9-6　正解：B、C

　5 行目で isDirectory() メソッドを使用し、ディレクトリのときのみ実行するよう制御し

ているため選択肢 A は誤りです。なお、シンボリックリンクは、ファイルおよびディレクトリに対して作成できるため、選択肢 B は正しいです。deleteIfExists() メソッドは、ファイルおよびディレクトリが存在する場合は削除しますが、ディレクトリの場合は空のときのみ削除します。もし、削除対象のディレクトリにファイル等が格納されていると、実行時に DirectoryNotEmptyException 例外が発生します。したがって、選択肢 C は正しく、選択肢 D、E は誤りです。

問題 9-7　正解：A

6 行目ではパスを isSameFile() メソッドにより比較していますが、問題文により各パスは物理的に存在しており、相対パスと絶対パスでも同じパスを示しているため、true が返ります。なお、isSameFile() メソッドは、パスが物理的に存在しないと、IOException のサブクラスである NoSuchFileException 例外が発生します。7 行目では resolve() メソッドによりパスの結合を行います。なお、resolve() メソッドは物理的にディレクトリを作成するわけではないため、選択肢 A が正しいです。

問題 9-8　正解：C

6 行目は、a に b を結合するため /food/../orange.txt/./lemon.txt となります。7 行目は b に a を結合しますが、a は絶対パスです。resolve() メソッドは引数に絶対パスが指定された場合、結合処理は行わず引数で指定されたパスをそのまま返します。したがって実行結果は /food/../orange.txt です。

問題 9-9　正解：C

8 行目で readAttributes() メソッドにより something.txt の属性情報を格納した BasicFileAttributes を取得しています。9 行目のように最終更新時間やファイルのサイズなどを取得することは可能ですが、属性情報を変更することはできません。したがって 10 行目のような setXXX() メソッドは提供されていないため、10 行目でコンパイルエラーとなります。

問題 9-10　正解：B、C

6 行目では StandardCopyOption.ATOMIC_MOVE オプションを指定して move() メソッドを実行しています。したがって、カレントディレクトリに foo.txt を mydata にリネームして配置します。もし、カレントディレクトリに mydata という名前のファイルがあった場合、上書きされます。しかし、mydata という名前のディレクトリがあった場合は、実行時エラーとなります。したがって、選択肢 B、C は正しく、選択肢 A、D は誤りです。

なお、foo.txt ファイルがシンボリックリンクファイルの場合も、挙動は同じです。また、この問題文ではコピーではなく移動であるため、7 行目の NOFOLLOW_LINKS の指定有無に関係なく、シンボリックリンクファイルであれば、シンボリックリンクファイルとして移動します。

問題 9-11　正解：D

9 行目で filter メソッドで isDirectory() メソッドでディレクトリかどうかを確認し、その結果（boolean 値）の要素で構成されるストリームを生成しようと試みています。しかし、p.isDirectory() によりコンパイルエラーです。Files.isDirectory(p) であれば目的の処理が可能であり、実行結果として true となります。

問題 9-12　正解：E

8 行目の lines() メソッドは、読み取った行を Stream<String> 型で返します。9 行目によりカンマを区切り文字とし、要素を取り出しています。10 行目で各要素の文字数を取り出し、11 行目で出力します。したがって、実行結果は「454」です。

第10章
スレッドと並列処理

本章で学ぶこと

この章では、Java 言語で並列処理を実現するスレッドについて解説します。マルチスレッドプログラミングの基本的な実装方法、および並列処理に使用する主なAPI を説明します。また、SE 8 から追加されたパラレルストリームを説明します。

- スレッド
- スレッドの制御
- 排他制御と同期制御
- 並列コレクション
- Executor フレームワーク
- アトミック
- パラレルストリーム
- Fork/Join フレームワーク

スレッド

スレッドとは

　スレッドとは、プログラムを実行した場合の処理の最小単位のことです。今までのプログラムを考えてみましょう。あるプログラムを作成し java コマンドを使用して実行すると、Java 実行環境は新しいスレッドを作成し、そのスレッドによって指定したクラスの main() メソッドを実行しています。

　Java 言語は、このような 1 つのスレッド（シングルスレッド）だけでなく、複数のスレッドを使用したプログラムを作成できます。プログラムの実行単位を複数のスレッドに分割して実行することを**マルチスレッド**といいます。

　CPU を 1 つしか搭載していないマシンでは、同時に 2 つの処理を実行することはできません。そこで、マルチスレッドでは通常、時分割処理という方法が用いられています。時分割処理とは、短い時間間隔で実行する処理を切り替える方法です。複数の処理を頻繁に切り替えて実行することで、仮想的に複数の処理を同時に実行しているように見せています（図 10-1）。

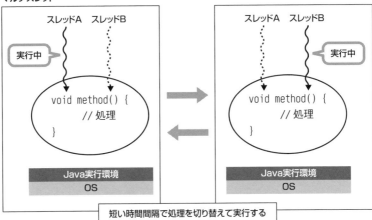

図 10-1：マルチスレッド

スレッドの作成と開始

Javaでは、プログラムの中でスレッドを作成する方法は 2 通りあります。各作成方法を確認していきましょう。

① Thread クラスのサブクラスを定義する

Thread クラスを継承してサブクラスを定義する場合は、Thread クラスの run() メソッドをオーバーライドしてスレッドとして行いたい処理を記述します。定義後、Thread オブジェクトを生成しますが、そのままではスレッドは実行されません。スレッドを開始するには、Thread クラスの **start()** メソッドを使用します。start() メソッドを呼び出すことで、Java 実行環境が run() メソッドを呼び出し、スレッドが開始されます（**図 10-2**）。

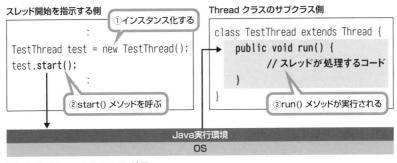

図 10-2：Thread クラスの利用

では、この方法に従ったサンプルコードを見てみましょう（**Sample10_1.java**）。

Sample10_1.java：Thread クラスの使用例

```
 1. public class Sample10_1 {
 2.   public static void main(String[] args) {
 3.     // スレッドの作成
 4.     ThreadA a = new ThreadA();
 5.     ThreadB b = new ThreadB();
 6.     // スレッドの実行開始
 7.     a.start();
 8.     b.start();
 9.   }
10. }
11. class ThreadA extends Thread {// スレッドクラス
12.   public void run() {     // スレッドが実行する処理
13.     for(int i = 0; i < 10; i++) {
14.       System.out.print("A:" + i + " ");
15.     }
16.   }
17. }
18. class ThreadB extends Thread {// スレッドクラス
19.   public void run() {     // スレッドが実行する処理
20.     for(int i = 0; i < 10; i++) {
21.       System.out.print("B:" + i + " ");
22.     }
23.   }
24. }
```

【実行結果】

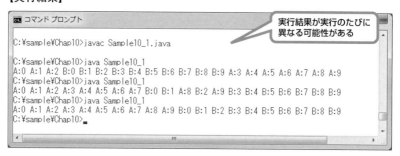

Sample10_1.java を何回か実行すると、実行結果が異なる場合があります。これは各

スレッドの実行を切り替えるタイミングは、OSが管理しているためです。時分割処理においては、CPUにどのスレッドを割り当てるかはOSが管理しています。今、実行できるスレッドは何かをOSがJava実行環境に通知することで、私たちが作成したプログラムがマルチスレッドで動くことを実現しています。したがって、OSの割り当てのタイミングによって出力結果が異なる場合があります。

② Runnableインタフェースを実装する

Runnableインタフェースの抽象メソッドであるrun()メソッドをオーバーライドして、スレッドの処理を記述します。次にRunnableインタフェースを実装したクラスのオブジェクトをThreadクラスのコンストラクタの引数に渡します。その後、start()メソッドを呼び出すと、開始時にRunnableインタフェースを実装したクラスのオブジェクトのrun()メソッドが呼び出され、スレッドが開始されます（図10-3）。

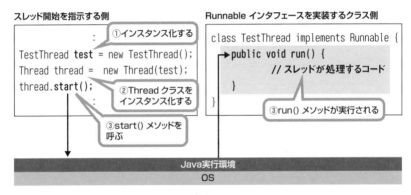

図10-3：Runnableインタフェースの利用

では、この方法に従ったサンプルコードを見てみましょう（Sample10_2.java）。

Sample10_2.java：Runnableインタフェースの使用例

```
1.  public class Sample10_2 {
2.    public static void main(String[] args) {
3.      // スレッドの作成
4.      ThreadA threadA = new ThreadA();
5.      ThreadB threadB = new ThreadB();
6.      Thread a = new Thread(threadA);
7.      Thread b = new Thread(threadB);
```

```
8.      // スレッドの実行開始
9.      a.start();
10.     b.start();
11.   }
12. }
13. //Runnable インタフェースの実装クラス
14. class ThreadA implements Runnable {
15.   public void run() {    // スレッドが実行する処理
16.     for(int i = 0; i < 10; i++) {
17.       System.out.print("A:" + i + " ");
18.     }
19.   }
20. }
21. // Runnable インタフェースの実装クラス
22. class ThreadB implements Runnable {
23.   public void run() {    // スレッドが実行する処理
24.     for(int i = 0; i < 10; i++) {
25.       System.out.print("B:" + i + " ");
26.     }
27.   }
28. }
```

【実行結果】

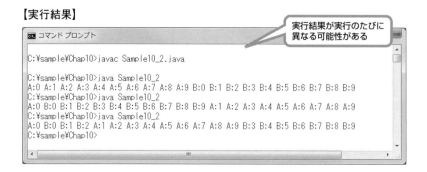

実行結果が実行のたびに異なる可能性がある

```
C:\sample\Chap10>javac Sample10_2.java

C:\sample\Chap10>java Sample10_2
A:0 A:1 A:2 A:3 A:4 A:5 A:6 A:7 A:8 A:9 B:0 B:1 B:2 B:3 B:4 B:5 B:6 B:7 B:8 B:9
C:\sample\Chap10>java Sample10_2
A:0 B:0 B:1 B:2 B:3 B:4 B:5 B:6 B:7 B:8 B:9 A:1 A:2 A:3 A:4 A:5 A:6 A:7 A:8 A:9
C:\sample\Chap10>java Sample10_2
A:0 B:0 B:1 B:2 A:1 A:2 A:3 A:4 A:5 A:6 A:7 A:8 A:9 B:3 B:4 B:5 B:6 B:7 B:8 B:9
C:\sample\Chap10>
```

　Sample10_2.javaも何回か実行すると、実行結果が異なる場合があります。4行目～10行目にあるとおり、スレッドの作成にRunnableインタフェースを使用する場合は、インタフェースの実装クラスのオブジェクトを引数としてThreadクラスのコンストラクタを呼び出します。そして、Threadクラスのstart()メソッドを呼び出してスレッドを開始します。

　また、Sample10_1.java、Sample10_2.javaは従来の実装方法ですが、SE 8では関

数型インタフェースの導入により簡素に実装できるようになっています。前述した Runnable インタフェースは、抽象メソッドである run() メソッドのみを持つインタフェースであるため、SE 8 から以下のように関数型インタフェースとして定義されています。

コード例

```java
@FunctionalInterface
public interface Runnable {
  public abstract void run();
}
```

したがってラムダ式での実装が可能となっています。サンプルコードを確認します（**Sample10_3.java**）。

Sample10_3：ラムダ式での実装

```java
1. public class Sample10_3 {
2.   public static void main(String[] args) {
3.     new Thread(new Runnable() {
4.       public void run() {
5.         System.out.println("hello");
6.       }
7.     }).start();
8.
9.     new Thread(() -> {
10.       System.out.println("hello");
11.     }).start();
12.  }
13. }
```

ラムダ式で実装した場合

【実行結果】

```
hello
hello
```

3 ～ 7 行目は匿名クラスを使用した実装例です。一方、9 ～ 11 行目はラムダ式で実装した場合です。run() メソッドは引数を持たないため、-> の左辺は () のみとなります。

スレッドの状態

スレッドは、start() メソッドが呼び出された時点から始まります。その後、スレッドは

様々な状態に遷移してタスクを完了すると、終了したと見なされます。

また start() メソッドを呼び出した時点で、スレッドが即座に実行を開始するわけではありません。start() メソッドは、スレッドを**実行可能状態**にします。スレッドは、スケジューラによって実行状態にされるまで実行可能状態を維持します。そしてスレッドが**実行状態**に移ったときに、run() メソッドが呼び出されます。なお、終了したスレッドは、再び実行することはできません。終了したスレッドを再度実行しようとする（たとえば、1つのスレッドオブジェクトに対し 2 回 start() メソッドを呼び出す）と、**IllegalThreadStateException 例外が発生**します。

スレッドが生成されてから終了するまでの状態は**図 10-4** のとおりです。

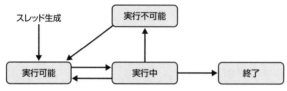

実行可能	スレッドが生成され、実行の機会が与えられるのを待っている状態
実行中	スレッドが実行され、処理を行っている状態
実行不可能	ディスクの入出力操作や、スレッドの排他制御や同期処理などにより、スレッドの動作が一時的に休止している状態
終了	run() メソッドの処理が終わり、スレッドが終了した状態

※排他制御や同期処理については後述

図 10-4：スレッドの状態

 参考 java.lang パッケージで提供されている Thread.State は、スレッドの状態を表す列挙型です。図 10-4 で紹介した状態より細かく分けて、6 つの状態を列挙しています。

▊▊ スレッドの優先度

各スレッドには優先度が設定されています。実行可能状態のスレッドが競合した場合、一般的に高い優先度をもつスレッドが優先的に実行されます。ただし、スレッドの実行は OS からの実行の割り当てに依存するため、優先度の高いものが優先度の低いスレッドより必ず先に実行されることが保証されているわけではありません。

スレッドの優先度は getPriority() メソッドで取得できます。また、優先度の設定は，setPriority() メソッドで行えます。また、優先度を表す定数も Thread クラスで提供されています（次ページの**表 10-1**）。

表 10-1：Thread クラスの優先度に関するメソッドと定数

優先度を取得・設定するメソッド

クラス名	メソッド名	説明
Thread	static Thread currentThread()	現在実行中のスレッドオブジェクトを取得する
Thread	final String getName()	スレッドの名前を返す
Thread	final int getPriority()	スレッドの優先度を返す
Thread	final void setPriority(int newPriority)	スレッドの優先度を変更する。引数で指定できるのは、1～10まで、デフォルトで5に設定されている

優先度を表す定数

クラス名	定数名	説明
Thread	public static final int MAX_PRIORITY	最大の優先度。10 を表す
Thread	public static final int NORM_PRIORITY	デフォルトの優先度。5 を表す
Thread	public static final int MIN_PRIORITY	最小の優先度。1 を表す

スレッドの制御

スレッドを制御するメソッド

スレッドを制御するメソッドとして、Thread クラスからいくつかのメソッドが提供されています。ここでは代表的なメソッドを説明します（**表 10-2**）。

表 10-2：Thread クラスの制御用メソッド

クラス名	メソッド名	説明
Thread	static void sleep(long millis) throws InterruptedException	このメソッドを呼び出したスレッドが、millis ミリ秒休止する
Thread	final void join() throws InterruptedException	実行中のスレッドが終了するまで待機する
Thread	static void yield()	現在実行しているスレッドを一時的に休止し、他のスレッドに実行の機会を与える
Thread	void interrupt()	休止中のスレッドに割り込みを入れる。割り込みを入れられたスレッドは、java.lang.InterruptedException 例外をJava 実行環境から受け取り、処理を再開する

では、sleep() メソッド、interrupt() メソッドを使用したサンプルコードを見てみましょう (Sample10_4.java)。図 10-5 といっしょに見てください。

Sample10_4.java：sleep() メソッドと interrupt() メソッドの使用例

```
1.  public class Sample10_4{
2.    public static void main(String[] args) {
3.      Thread threadA = new Thread(() -> {
4.        System.out.println("threadA : sleep 開始 ");
5.        try {
6.          Thread.sleep(5000);   //ThreadA スレッドの sleep
7.        } catch (InterruptedException e) {
8.          System.out.println("threadA : 割り込みをキャッチしました ");
9.        }
10.       System.out.println("threadA : 処理再開 ");
11.     });
12.     threadA.start();
13.
14.     try {
15.       System.out.println("main : sleep 開始 ");
16.       Thread.sleep(2000);   // main スレッドの sleep
17.       System.out.println("main : sleep 終了 ");
18.       threadA.interrupt();  // スレッドへ割り込み
19.     } catch (InterruptedException e) {
20.       System.out.println("main : 割り込みをキャッチしました ");
21.     }
22.   }
23. }
```

【実行結果】

```
main : sleep 開始
threadA : sleep 開始
main : sleep 終了
threadA : 割り込みをキャッチしました
threadA : 処理再開
```

図 10-5：実行時の流れ

　3 〜 12 行目により main スレッドが threadA スレッドを開始します。threadA スレッドは、「sleep 開始」の文字列を出力した後、5 秒間 sleep します（6 行目）。main スレッドは、threadA スレッドを開始した後、2 秒間 sleep した後に（16 行目）、threadA スレッドに対して、interrupt() メソッドを呼び出しています。その結果、sleep 中であった threadA スレッドは割り込まれたことを InterruptedException 例外を受け取ることで認識し、sleep を解除して処理を再開していることがわかります。

　なお、sleep 時間を経過しても、スレッドは即座に実行状態に移行しません。スレッドは実行可能状態に移行して、最終的にスケジューラによって実行状態になります。つまり、sleep() メソッドを呼び出すときに指定する時間は、スレッドが実行を再開するまでの最短時間ということになります。

排他制御と同期制御

排他制御と同期制御とは

　複数のスレッドが同じオブジェクトを操作している場合には、スレッド間の相互作用に注意しなければいけません。たとえば、図 10-6 を例に考えてみましょう。

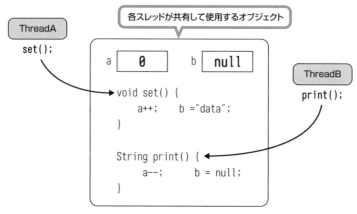

図 10-6：マルチスレッド環境で使用されるオブジェクト

　set() メソッドは、a 変数をインクリメントし、b 変数に data 文字列を格納しています。また、print() メソッドは、a 変数をデクリメントし、b 変数に null を代入しています。そして、このオブジェクトは、ThreadA スレッドと ThreadB スレッドが使用します。

　このとき注意しなければならないのは、今までのサンプルからもわかるとおり、スレッドの実行順序は毎回同じではないことです。また、set() メソッド内の a++ が実行された直後、b 変数に data 文字列を格納する前に、print() メソッドに処理が移行してしまう可能性もあります。

　共有して使用しているオブジェクトに対し、あるスレッドが処理を行っている間、他のスレッドに邪魔されないように独占して実行したい場合は、**排他制御**を考慮する必要があります。また、スレッド同士で実行のタイミングを合わせる場合は**同期制御**を考慮する必要があります（図 10-7）。

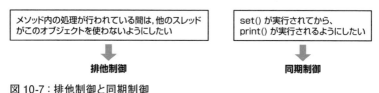

図 10-7：排他制御と同期制御

　図 10-6 の実装例として 2 つのスレッドが 1 つのオブジェクトを共有して使用している場合のサンプルを見てみましょう（**Sample10_5.java**）。このサンプルでは、各クラスの役割を把握しやすいように、4 つのクラスに分けて説明します。

Sample10_5 クラス：各スレッドクラスを生成し開始の指示を行うクラス
Share クラス：各スレッドが共有して使用するクラス
ThreadA クラス：スレッドクラス。Share クラスの set() メソッドを呼ぶ
ThreadB クラス：スレッドクラス。Share クラスの print() メソッドを呼ぶ

Sample10_5.java：複数スレッドの共有オブジェクト使用例

```java
1. public class Sample10_5 {
2.   public static void main(String[] args) {
3.     Share share = new Share();
4.     ThreadA threadA = new ThreadA(share);
5.     ThreadB threadB = new ThreadB(share);
6.     threadA.start(); threadB.start();
7.   }
8. }
9. class Share { // 共有して使用されるオブジェクト
10.   private int a = 0;
11.   private String b;
12.   public void set() {
13.     a++; b = "data";
14.     System.out.println("set() a : " + a + " b: " + b);
15.   }
16.   public void print() {
17.     a--; b = null;
18.     System.out.println(" print() a : " + a + " b: " + b);
19.   }
20. }
21. class ThreadA extends Thread {
22.   private Share share;
23.   public ThreadA(Share share) { this.share = share; }
24.   public void run() {
25.     for (int i = 0; i < 5; i++) { share.set(); }
26.   }
27. }
28. class ThreadB extends Thread {
29.   private Share share;
30.   public ThreadB(Share share) { this.share = share; }
31.   public void run() {
32.     for (int i = 0; i < 5; i++) { share.print(); }
33.   }
34. }
```

【実行結果】

この実行結果から、print() メソッドが2回続けて呼び出されていることがわかる

9〜20 行目で定義した Share クラスを、各スレッドが共有して使用します。また、21〜27 行目の ThreadA クラスは Share オブジェクトの set() メソッドを呼び出します。また、28〜34 行目の ThreadB クラスは Share オブジェクトの print() メソッドを呼び出します。

スレッドの開始をしている Sample10_5 クラスを見てみましょう。3 行目で Share クラスをインスタンス化し、4、5 行目でスレッドクラスのインスタンス化時にコンストラクタの引数に Share オブジェクトを渡しています。そして、6 行目で各スレッドを開始しています。実行結果を見ると、print() メソッドが続けて呼び出されるなど、図 10-7 で想定した動きをしていません。

以降では、排他制御と同期制御を適用し、スレッドを制御します。

synchronized による排他制御

共有して使用されるオブジェクトの中で、複数のスレッドで同時に実行したくない箇所に synchronized キーワードを指定すると、排他制御を実現できます。synchronized を使用することにより、**同時に 1 つのスレッドからしか実行されないことが保証**されます。

synchronized が指定された箇所をあるスレッドが実行している間、共有のオブジェクトはロックがかかった状態になります。ロック（lock）は直訳の「施錠」のとおり、オブジェクトに鍵をかけます。したがって、ロックがかかっている状態のときに別のスレッドに制御が移り、そのスレッドが共有オブジェクトの synchronized が指定された箇所を実行しようとしても、そのスレッドは待たされることになります。そして、synchronized が指定された箇所の処理が終了するとロックは解放されます。

synchronized はメソッドのほか、部分的にブロックで指定することも可能です。

> **構文**

・メソッドに指定
```
synchronized void add(int a) {…}
```

・部分的にブロックで指定
```
void add(int a) {
  ……
  synchronized(ロック対象のオブジェクト) {…}
  ……
}
```

　メソッドが実行している間中、ロックの取得が必要であれば、メソッド自体にsynchronizedを指定します。また、メソッドの中で、ある処理を行っている間だけロックが必要であれば、上記構文の「部分的にブロックで指定」を使用します。なお、synchronizedの()にはロック対象のオブジェクトとなるため、自オブジェクトを指定する場合は以下のようにします。

```
synchronized (this) {  // 処理 }
```

　なお、ロックは、オブジェクトごとに存在します。つまり、1つのクラスから3つのオブジェクトを生成した場合、それぞれのオブジェクトにロックは存在します。
　また、staticメソッドに対してもsynchronizedを使用できます。では、どのオブジェクトをロックするのでしょうか？ クラスファイルがロードされると、java.lang.Classクラス型をもつオブジェクトがJava実行環境によって用意されます。そして、staticなsynchronizedメソッドを実行すると、クラスに対応するClassオブジェクトのロックを取得します。staticメソッドにsynchronizedを適用したコード例は次のとおりです。

コード例

```
public synchronized static void methodA() { }
public static void methodB() {
  synchronized(Share.class) { }
}
```

　Sample10_5.javaに排他制御を考慮しsynchronizedを使用した例は次のとおりです

(Sample10_6.java)。なお、Sample10_5.java クラス、ThreadA クラス、ThreadB クラスは変更がないため、Share クラスのみ抜粋します。

Sample10_6.java：synchronized メソッドの適用例 (一部抜粋)

```
 9. class Share { // 共有して使用されるオブジェクト
10.    private int a = 0;
11.    private String b;
12.    public synchronized void set() {
13.       a++; b = "data";
14.       System.out.println("set() a : " + a + " b: " + b);
15.    }
16.    public synchronized void print() {
17.       a--; b = null;
18.       System.out.println("  print() a : " + a + " b: " + b);
19.    }
20. }
```

set() および print() メソッドに synchronized を使用したことで、これらのメソッドの処理中に他のスレッドが実行されることはなくなります。しかし、同期制御は行っていないため、set() メソッドが立て続けに呼び出されるなどの問題があります。

wait()、notify()、notifyAll() による同期制御

synchronized を使用したサンプルでは、排他制御は実現できていますが、set() メソッドと print() メソッドの順番が制御できていません。そこで、Object クラスで提供されている wait()、notify()、notifyAll() メソッドを使用して同期制御を行います (表10-3)。

表 10-3：Object クラスの制御用メソッド

クラス名	メソッド名	説明
Object	final void wait() 　　　　throws InterruptedException	他のスレッドがこのオブジェクトの notify() メソッドまたは notifyAll() メソッドを呼び出すまで、現在のスレッドを待機させる
Object	final void wait(long timeout) 　　　　throws InterruptedException	他のスレッドがこのオブジェクトの notify() メソッドまたは notifyAll() メソッドを呼び出すか、指定された時間が経過するまで、現在のスレッドを待機させる

Object	final void notify()	このオブジェクトの待機中のスレッドを1つ再開する。再開するスレッドを指定することはできない
Object	final void notifyAll()	このオブジェクトの待機中のすべてのスレッドを再開する

スレッドは wait() メソッドを実行すると、待機状態になります。スレッドは次のいずれかが発生すると待機状態を解除、つまり実行可能状態となります。

- 待ち時間を指定した wait() メソッドの場合はタイムアウトしたとき
- 他のスレッドが notify() メソッドを呼んだとき
- 他のスレッドが notifyAll () メソッドを呼んだとき
- 他のスレッドが interrupt() メソッドを呼んだとき

notify() を呼び出すことで、スレッドは待機状態から復帰できますが、複数のスレッドが待機している場合に、特定のスレッドを指定することはできません。

また、ロックを保持していないときにオブジェクトに対してこれらのメソッドを呼び出すと、IllegalMonitorStateException 例外が発生します。つまり、synchronized 指定されていないメソッドやブロック（ロックの取得、解放がない）で使用した場合、IllegalMonitorStateException 例外が発生します。

では、Sample10_6.java に同期制御を考慮したコードを追加した例を見てみましょう（Sample10_7.java）。

Sample10_7.java（抜粋）：wait()、notify() の適用例

```
9.  class Share { // 共有して使用されるオブジェクト
10.     private int a = 0;
11.     private String b;
12.     public synchronized void set() {
13.         while ( a != 0) {
14.             try {
15.                 wait();
16.             } catch(InterruptedException e) {}
17.         }
18.         notify();
19.         a++; b = "data";
20.         System.out.println("set() a : " + a + " b: " + b);
21.     }
```

```
22.    public synchronized void print() {
23.      while (b == null) {
24.        try {
25.          wait();
26.        } catch(InterruptedException e) {}
27.      }
28.      notify();
29.      a--; b = null;
30.      System.out.println("  print() a : " + a + " b: " + b);
31.    }
32.  }
```

【実行結果】

まず、set() メソッド内では、a 変数が 0 でない場合は、wait() メソッドを呼び出します (15 行目)。もし待機状態のスレッドがあれば 18 行目により解除されます。また、print() メソッド内では、b 変数が null の場合は wait() メソッドを呼び出します (25 行目)。もし待機状態のスレッドがあれば 28 行目により解除されます。実行結果を見ると、set() メソッドと print() メソッドが交互に呼び出されています。

このように、synchronized によりメソッド内の処理が行われている間は、他のスレッドで処理が行われないように制御ができ、wait()、notify()、notifyAll() メソッドにより、状況に応じて明示的にスレッドを待機させたり、待機を解除したりできます。

▉▉ 資源の競合

同期制御を行っている場合、すべてのスレッドが待機状態になってしまい、notify() メソッドを呼ぶスレッドがないという状況は避けなければなりません。すべてのスレッドがロックの解放を同時に待ってしまい、ロックが永久に解けなくなる状況を**デッドロック**

と呼びます。また、複数のスレッドが共有資源の獲得と解放を行ってはいるが、獲得が必要な時には他のスレッドにロックされ、進まない処理を繰り返し続ける状況が発生することがあります。このように実質的に処理が進まない状態を**ライブロック**と呼びます。

当然のことながら、デッドロックやライブロックになる可能性のあるコードをコンパイルのタイミングで検出することはできません。また、実行時にデッドロックやライブロックが発生しても、例外などで通知してくれることはありません。したがって、プログラムで制御する必要があります。

たとえば、処理の効率は下がりますがロックの順番を予め決定しておいたり、一定時間が経過したら強制的に待機状態が解除されるようにタイムアウト時間を指定したwait() メソッドを使用したりするなどの方法があります。

また、複数のスレッドが同時実行しているとき、共有オブジェクトをなかなか解放しないスレッドがあると、その共有オブジェクトを使用する他のスレッドが実行を長時間待たされてしまいます。このような状態を**スレッドスタベーション**と呼びます。スタベーション（Starvation）は「飢餓」を意味し、スレッドが共有オブジェクトにアクセスできず、飢餓状態になるという意味です。この原因は、スレッドのスケジューリングがうまくいっていないことが考えられるため、優先度を見直したり、ロックの粒度を小さくしたり、ロックする回数を減らすなどして、他のスレッドに実行の機会を与える対応が必要です。

並列コレクション

コレクションの変更の検出

あるスレッドがコレクションオブジェクトで反復処理を行っている間に、別のスレッドがそのコレクションオブジェクトを変更することは一般に許可されません。したがって、そのコレクションにアクセスするメソッドに synchronized を指定するなどの対処が必要になります。しかし、問題はそれだけではありません。以下のコードを確認します（Sample10_8.java）。

Sample10_8.java（抜粋）：HashMap クラスの利用

```
5.      Map<Integer, String> map = new HashMap<>();
6.      map.put(1, "tanaka"); map.put(2, "urai");
7.      //map.remove(1);      map.remove(2);
8.      for(Integer key : map.keySet()) { map.remove(key); }
```

Sample10_8.java では main スレッドのみで実行しています。5、6 行目で HashMap をインスタンス化し、要素を格納しています。また、7 行目はコメントアウトしていますが、もし、7 行目のようにそれぞれ remove() メソッドで削除すればこのコードは問題なく実行可能です。しかし、8 行目のように拡張 for 文を使用して remove() メソッドを実行すると、以下の実行結果のとおり、実行時に ConcurrentModificationException 例外がスローされます。

【実行結果】

```
Exception in thread "main" java.util.ConcurrentModificationException
        at java.util.HashMap$HashIterator.nextNode(HashMap.java:1429)
        at java.util.HashMap$KeyIterator.next(HashMap.java:1453)
        at Sample10_8.main(Sample10_8.java:8)
```

このコードでは、イテレータの取得等は行っていませんが、拡張 for 文で繰り返し処理を行うために実行環境上ではイテレータが使用されています。そして、このイテレータはフェイルファスト・イテレータと呼ばれており、このイテレータの反復処理中にコレクションに変更の可能性があるならば**即座に例外を発生して処理を中断する仕様**になっています。したがって、8 行目の keySet() メソッドにより内部ではイテレータを取得したものの、後続する処理によってマップに変更の可能性があるため即座に ConcurrentModificationException 例外をスローしています。

Sample10_8.java は、単一スレッドでの使用例でしたが、内部イテレータによるコレクションの変更を行う場合や、複数のスレッドで 1 つのコレクションオブジェクトを使用する場合は、後述するスレッドセーフなコレクションクラスを使用する必要があります。

■■ 並列処理機能を提供するパッケージ

ここまでのマルチスレッドアプリケーションで使用した API は、Java 言語のリリース当初からある API でした。本節では、高レベルの並列処理を実現する API を見ていきます。

主な API として、表 10-4 のパッケージを扱います。

表 10-4：並列処理のための主なパッケージ

java.util.concurrent パッケージ	並列プログラミングでよく使用されるユーティリティクラスを提供。マルチスレッドアプリケーションで活用されるコレクションフレームワークのクラス群や、スレッドプールなど
java.util.concurrent.atomic パッケージ	Javaでアトミック操作を行うクラス群を提供（アトミックについては後述）

これらのパッケージが提供する機能を総称して、Concurrency Utilities といいます。Concurrency Utilities では、非同期処理、スレッドプール、Concurrency コレクション、アトミック変数など多くの機能を提供しています。

並列コレクションの使用

java.util.concurrent パッケージには、マルチスレッド環境下で安全に使用できるコレクションクラスが提供されています。第 3 章で扱った多くのコレクションクラスは、同期化をサポートしていません。したがって、マルチスレッドアプリケーションでリストやマップを使用する場合、synchronized メソッドや、Collections クラスの synchronizedList() メソッド、synchronizedMap() メソッドなどを使用して並列処理を制御する必要があります。

表 10-5 は、Collections クラスで提供されている、スレッドセーフなオブジェクトを返す static メソッドです。

表 10-5：Collections クラスのスレッドセーフなオブジェクトを返すメソッド

メソッド名	説明
static \<T\> Collection\<T\> synchronizedCollection(Collection\<T\> c)	スレッドセーフなコレクションオブジェクトを返す
static \<T\> Set\<T\> synchronizedSet(Set\<T\> s)	スレッドセーフなセットオブジェクトを返す
static \<T\> SortedSet\<T\> synchronizedSortedSet(SortedSet\<T\> s)	スレッドセーフなソート・セットオブジェクトを返す
static \<T\> NavigableSet\<T\> synchronizedNavigableSet(NavigableSet\<T\> s)	スレッドセーフなナビゲート可能セットオブジェクトを返す
static \<T\> List\<T\> synchronizedList(List\<T\> list)	スレッドセーフなリストオブジェクトを返す
static \<K,V\> Map\<K,V\> synchronizedMap(Map\<K,V\> m)	スレッドセーフなマップオブジェクトを返す
static \<K,V\> SortedMap\<K,V\> synchronizedSortedMap(SortedMap\<K,V\> m)	スレッドセーフなソート・マップオブジェクトを返す
static \<K,V\> NavigableMap\<K,V\> synchronizedNavigableMap(NavigableMap\<K,V\> m)	スレッドセーフなナビゲート可能マップオブジェクトを返す

ただし、synchronizedXXX() メソッドを使用してスレッドセーフなオブジェクトを取得しても、イテレータを使用する場合は明示的に同期化を行う実装をしなければ、ConcurrentModificationException 例外がスローされます。以下のコードは、リストとマップの実装例です。

コード例（リストの場合）

```
List list = Collections.synchronizedList(new ArrayList());
synchronized (list) {
  Iterator iter = list.iterator();
  while (iter.hasNext()) foo(iter.next());
}
```

コード例（マップの場合）

```
Map m = Collections.synchronizedMap(new HashMap());
Set s = m.keySet();
synchronized (m) {
  Iterator i = s.iterator();
  while (i.hasNext()) foo(i.next());
}
```

SE 5 より以前では、上記のような実装を行いマルチスレッドへの対応を行っていました。現在では、従来のコレクションを改良しマルチスレッドに対応したインタフェース、クラス、メソッドが数多く追加されています。以降ではサンプルコードとあわせて解説します。

Queue インタフェースの拡張

第 3 章で紹介した Queue インタフェースの同期化拡張として、java.util.concurrent パッケージは、表 10-6 のようなインタフェースおよび実装クラスを提供しています。

表 10-6：同期化をサポートしたキューの主なインタフェースとクラス

インタフェース／クラス名	説明
BlockingQueue インタフェース	要素を取り出すときに、キューを空にしないために待機するよう Queue インタフェースを拡張
SynchronousQueue クラス	BlockingQueue インタフェースを実装した基本的なブロッキングキュー
LinkedBlockingQueue クラス	リンクノードに基づいた FIFO ブロッキングキュー
ArrayBlockingQueue クラス	配列に基づいた FIFO ブロッキングキュー

インタフェース/クラス名	説明
PriorityBlockingQueue クラス	キュー内の要素を指定された順序でソートするブロッキングキュー
DelayQueue クラス	遅延時間が経過後にのみ、要素を取得できるブロッキングキュー

表 10-6 にある BlockingQueue は、Queue インタフェースを継承したインタフェースです。BlockingQueue インタフェースの名前にあるブロッキングとは、要素の取得時にキューが空であれば要素が追加されるまで待機したり、要素の格納時にキュー内が一杯であれば空が生じるまで待機したりする機能が施されていることを意味します。なお、表 10-6 に掲載したクラスは、すべて BlockingQueue インタフェースの実装クラスです。

また、BlockingQueue の実装クラスではありませんが、スレッドセーフな Queue インタフェースの実装クラスとして、ConcurrentLinkedQueue クラスも提供されています。

ConcurrentLinkedQueue クラスは、LinkedBlockingQueue クラスと同様にリンクノードに基づいたキューを提供しています。違いとして、ブロッキングを使用していないため、高速に処理が行われます。

BlockingQueue インタフェースのメソッドには 4 つの形式があります。本節ではメソッド名のみ簡易的にまとめて表 10-7 に示します。

表 10-7：BlockingQueue インタフェースの主なメソッド

	例外のスロー	特殊な値	ブロック	タイムアウト
挿入	add(e)	offer(e)	put(e)	offer(e, time, unit)
削除	remove()	poll()	take()	poll(time, unit)
検査	element()	peek()	適用外	適用外

表 10-7 の「ブロック」は操作が正常に完了するまで現在のスレッドを無期限にブロックし、「タイムアウト」は処理を中止するまで指定された制限時間内のみブロックします。

BlockingQueue インタフェースの実装クラスである LinkedBlockingQueue クラスを使用したサンプルコードを確認します（**Sample10_9.java**）。なお、この実装は無限ループにしているため、終了時は［Ctrl+C］キーで強制終了してください。

Sample10_9.java（抜粋）：LinkedBlockingQueue クラスの利用

```
5.     BlockingQueue<Double> queue = new LinkedBlockingQueue<>(3);
6.     new Thread(() -> { // キューに要素を追加するスレッド
7.       while(true) {
8.         try {
9.           queue.offer(Math.random(), 2, TimeUnit.SECONDS);
10.          System.out.println("offer() : " + queue.size());
11.        } catch (InterruptedException e) { e.printStackTrace(); }
12.      }
13.    }).start();
14.
15.    new Thread(() -> { // キューから要素を取得および削除するスレッド
16.      while(true) {
17.        try {
18.          double pNum = queue.poll(2, TimeUnit.SECONDS);
19.          System.out.println("poll() : " + pNum);
20.        } catch (InterruptedException e) { e.printStackTrace(); }
21.      }
22.    }).start();
```

【実行結果】

```
offer() : 1
offer() : 2
offer() : 3
poll() : 0.24829714919143642
poll() : 0.9951008257323133
offer() : 3
poll() : 0.2502551360660312
poll() : 0.931467810599396
poll() : 0.08339082618949567
offer() : 2
＜以降は割愛＞
```

5 行目では LinkedBlockingQueue をインスタンス化する際に、コンストラクタの引数に 3 を指定しています。これにより、容量が 3 に固定された LinkedBlockingQueue オブジェクトが作成されます。6 ～ 13 行目が offer() メソッド（キューに要素を追加）を実行するスレッドです。15 ～ 22 行目が poll() メソッド（キューから取得および削除）を実行するスレッドです。この例で使用した offer() と poll() メソッドは、キューに要素が入

っていない場合や、逆にキューに空きがない場合は待機するためにタイムアウト情報を引数に指定しています。したがって、実行結果を見ると、キューは最大 3 つまで要素を収容し、かつ、wait() や notify() といったコードは記述していませんが、2 つのスレッドで待機しながらキューへの出し入れを行っていることが確認できます。

また、Deque インタフェースのブロッキングをサポートしたインタフェースとして BlockingDeque も提供されています。BlockingDeque インタフェースの主なメソッドを**表 10-8** に示します。

表 10-8：BlockingDeque インタフェースの主なメソッド

	最初の要素 (先頭)			
	例外のスロー	特殊な値	ブロック	タイムアウト
挿入	addFirst(e)	offerFirst(e)	putFirst(e)	offerFirst(e, time, unit)
削除	removeFirst()	pollFirst()	takeFirst()	pollFirst(time, unit)
検査	getFirst()	peekFirst()	適用外	適用外

	最後の要素 (末尾)			
	例外のスロー	特殊な値	ブロック	タイムアウト
挿入	addLast(e)	offerLast(e)	putLast(e)	offerLast(e, time, unit)
削除	removeLast()	pollLast()	takeLast()	pollLast(time, unit)
検査	getLast()	peekLast()	適用外	適用外

BlockingDeque の実装クラスは LinkedBlockingDeque クラスのみです。次のコードは、LinkedBlockingDeque クラスを使用した例です。

コード例

```
try {
  BlockingDeque<String> dqueue = new LinkedBlockingDeque<>();
  dqueue.offer("a");
  dqueue.offer("b", 10, TimeUnit.NANOSECONDS);
  dqueue.offerFirst("c", 20, TimeUnit.SECONDS);
  dqueue.offerLast("d", 30, TimeUnit.MILLISECONDS);
  dqueue.poll();
  dqueue.poll(7, TimeUnit.NANOSECONDS);
  dqueue.pollFirst(7, TimeUnit.SECONDS);
  dqueue.pollLast(7, TimeUnit.MILLISECONDS);
} catch (InterruptedException e) {  e.printStackTrace();  }
```

LinkedBlockingDeque クラスは、BlockingDeque インタフェースの実装クラスですが、BlockingDeque インタフェースは、BlockingQueue、Deque インタフェースを継承しています。そして Deque インタフェースは、Queue インタフェースを継承しています。したがって、LinkedBlockingDeque クラスは、各インタフェースで宣言されているメソッドが使用可能です。

Map インタフェースの拡張

Map インタフェースの同期化拡張を見てみましょう。java.util.concurrent パッケージは、表 10-9 のようなインタフェースおよび実装クラスを提供しています。

表 10-9：同期化をサポートしたマップの主なインタフェースとクラス

インタフェース／クラス名	説明
ConcurrentMap インタフェース	アトミックな putIfAbsent()、remove() および replace() メソッドを提供するマップ
ConcurrentHashMap クラス	ConcurrentMap インタフェースを実装した同期をサポートしたマップクラス

各インタフェース、クラスではマルチスレッド環境化で利用するためのメソッドが追加されています。ConcurrentMap インタフェースのメソッドを、表 10-10 に示します。

表 10-10：ConcurrentMap インタフェースのメソッド

メソッド名	説明
V putIfAbsent(K key, V value)	指定されたキーがまだ値と関連づけられていない場合は、指定された値に関連づける
boolean remove(Object key, Object value)	キー（およびそれに対応する値）をこのマップから削除する。そのキーがマップにない場合は、何もしない
V replace(K key, V value)	キーが値に現在マッピングされている場合にのみ、そのキーのエントリを置換する
boolean replace(K key, V oldValue, V newValue)	キーに指定された値で現在マッピングされている場合にのみ、そのキーのエントリを置換する

通常、マップにおいてキーと値のセットを格納する際、まず containsKey() や get() メソッドを使用して指定されたキーが存在するかを確認します。

しかし、複数のスレッドから利用されるマップを同期化したとしても、キーの確認や格納処理の間に他のスレッドが入り、不整合が発生する可能性があります。これは、containsKey() や get() メソッド呼び出し時にロックを確保しても、処理が終わればロッ

クは解放され、put() メソッド呼び出し時に再度ロックを取得するためです。

したがって、表 10-8 に示した ConcurrentMap インタフェースで提供されているメソッドは、1 回のロックで 2 つの処理 (containsKey() で確認してから put() メソッドで格納するなど) を実行するよう制御されています。そのため、次のコード例において、ConcurrentMap インタフェースの **putIfAbsent()** メソッドは 1 回のロック内で処理を実行し、別スレッドからの割り込みが入らないことを保証します。

コード例

```
if (!map.containsKey(key))
    return map.put(key, value);
else
    return map.get(key);
```

また、次のサンプルコードは、ConcurrentModificationException 例外について説明をした Sample10_8.java を、ConcurrentHashMap クラスを使用した例に変更したものです (**Sample10_10.java**)。出力はないため、実行結果は割愛しますが、コンパイル、実行ともに成功します。

Sample10_10.java (抜粋): ConcurrentHashMap クラスの利用

```
6.      Map<Integer, String> map = new ConcurrentHashMap<>();
7.      map.put(1, "tanaka");
8.      map.put(2, "urai");
9.      for(Integer key : map.keySet()) { map.remove(key); }
```

ArrayList クラスと Set インタフェースの拡張

次に、ArrayList クラスおよび Set インタフェースの同期化拡張クラスを見てみましょう。java.util.concurrent パッケージは、表 10-11 のようなインタフェースおよび実装クラスを提供しています。

表 10-11:ArrayList クラスおよび Set インタフェースを同期化拡張した主なクラス

クラス名	説明
CopyOnWriteArrayList	もとになる配列の新しいコピーを作成することにより、スレッドセーフを実現する ArrayList を拡張
CopyOnWriteArraySet	内部で CopyOnWriteArrayList オブジェクトを使用して、スレッドセーフを実現する Set インタフェースの拡張

まず、ArrayList クラスを 2 つのスレッドで利用した例を見てみましょう(Sample10_11.java)。

Sample10_11.java（抜粋）：ArrayList クラスの使用例

```java
5.      ArrayList<String> list = new ArrayList<String>();
6.      list.add("A"); list.add("B"); list.add("C"); list.add("D");
7.      new Thread(() -> {
8.        Iterator itr = list.iterator();
9.        while(itr.hasNext()){
10.         System.out.println("ThreadA : " + itr.next());
11.         try {
12.           Thread.sleep(5000);
13.         } catch (InterruptedException e) { e.printStackTrace(); }
14.       }
15.     }).start();
16.     try {
17.       Thread.sleep(1000);
18.     } catch (InterruptedException e) { e.printStackTrace(); }
19.     list.add("E"); System.out.println("main : add()");
20.     list.remove(2); System.out.println("main : remove()");
```

【実行結果】

```
ThreadA : A
main : add()
main : remove()
Exception in thread "Thread-0" java.util.ConcurrentModificationException
        at java.util.ArrayList$Itr.checkForComodification(ArrayList.
        java:901)
        at java.util.ArrayList$Itr.next(ArrayList.java:851)
        at Sample10_11.lambda$main$0(Sample10_11.java:10)
        at java.lang.Thread.run(Thread.java:745)
```

プログラムの途中で、**ConcurrentModificationException 例外**が発生していることがわかります。

Sample10_11.javaでは、main() スレッドで作成した ArrayList オブジェクトを、7～15 行目で作成したスレッドが使用しています。また、並行して main スレッドでは、19 行目の add() や 20 行目の remove() メソッドでリストに変更を加えています。その結果、

ConcurrentModificationException 例外が発生しています。

表 10-11 にある CopyOnWriteArrayList クラスを使用すると、マルチスレッド環境でも繰り返し処理を安全に行うことができます。サンプルコードで確認します（Sample10_12.java）。

Sample10_12.java（抜粋）：CopyOnWriteArrayList クラスの使用例

```
6.      List<String> list = new CopyOnWriteArrayList<String>();
7.      list.add("A"); list.add("B"); list.add("C"); list.add("D");
```

【実行結果】

```
ThreadA : A
main : add()
main : remove()
ThreadA : B
ThreadA : C
ThreadA : D
```

Sample10_11.java の 5、6 行目を、Sample10_12.java では 6、7 行目に置き換えています。他の処理は同様のため省略します。Sample10_12.java では CopyOnWriteArrayList クラスを使用しており、例外が起きることなく処理が行われています。ただし、main スレッドではリストに変更を加えていますが、ThreadA の実行結果を見ると**変更が反映されていないことに注意してください。**

これは、main スレッド側では、スレッドの生成、および start() メソッドの呼び出し後、sleep() により休止しています。その間に、iterator() メソッドの呼び出しによりイテレータが作成されています。CopyOnWriteArrayList では、イテレータを作成した時点の状態を参照するため、イテレータ取得後の、元のリストへ追加、削除、または変更があっても反映されません。

SE 6 より NavigableMap インタフェースが提供されています。NavigableMap インタフェースは、SortedMap インタフェースのサブインタフェースで、指定されたキーに対し、もっとも近い要素を返すというナビゲーションメソッドをもつインタフェースです。これにより、キーをもとに検索する場合、指定したキーに一致するものがない場合、指定したキーに近い要素を返します。この NavigableMap の実装クラスとして TreeMap があります。しかし、TreeMap クラスは同期性はサポートしていません。そこで、同席性をサポートしたクラスとして ConcurrentSkipListMap クラスが提供されています。また、同

じように、ナビゲーションメソッドをもつセットとして NavigableSet インタフェースがあり、同期性をサポートしていない実装クラスとして TreeSet、同期性をサポートしている実装クラスとして ConcurrentSkipListSet クラスが提供されています。

Executor フレームワーク

ExecutorService を使用したタスクの実行

今までのマルチスレッドプログラミングでは、Thread クラスや Runnable インタフェースを使用していました。java.util.concurrent パッケージで提供されている Executor フレームワークを使用すると、スレッドの再利用やスケジューリングを行うスレッドコードを簡単に実装できます。

Executor フレームワークで提供されている主なインタフェースとクラスは、表 10-12 のとおりです。

表 10-12：Executor フレームワークの主なインタフェースとクラス

インタフェース / クラス名	説明
Executor インタフェース	送信された Runnable タスク（1 つの処理）を実行するオブジェクト
ExecutorService インタフェース	終了を管理するメソッド、および非同期タスクの進行状況を追跡する Future を生成するメソッドを提供する
Future インタフェース	非同期計算の結果を表す。計算が完了したかどうかのチェック、完了までの待機、計算結果の取得などを行うためのメソッドを提供
Callable インタフェース	タスクを行うクラス。結果を返し、例外をスローすることがある
Executors クラス	Executor、ExecutorService、ScheduledExecutorService、ThreadFactory、Callable オブジェクト用のファクトリおよびユーティリティメソッドを提供

通常、Executor オブジェクトは、明示的にスレッドを作成する代わりに使用されます。つまり、new Thread(new(RunnableTask())).start() を呼び出す代わりに、Executor オブジェクトの execute() メソッドを呼びます。

コード例
```
Executor executor = //Executor オブジェクト
executor.execute(new RunnableTask());
```

Executor インタフェースの実装クラスは多数あります。目的に応じた Executor オブジェクトの取得には、**Executors クラス**のメソッドを使用します。主なメソッドは、表 10-13 のとおりです。

表 10-13：Executors クラスの主なメソッド

メソッド名	説明
static ExecutorService newSingleThreadExecutor()	1つのスレッドでタスクの処理する ExecutorService オブジェクトを返す
static ExecutorService newFixedThreadPool(int nThreads)	固定数のスレッドを再利用するスレッドプールを提供する ExecutorService オブジェクトを返す
static ExecutorService newCachedThreadPool()	新規スレッドを作成するスレッドプールを作成するが、利用可能な場合には以前に構築されたスレッドを再利用する ExecutorService オブジェクトを返す
static ScheduledExecutorService newSingleThreadScheduledExecutor()	指定された遅延時間後、または周期的にコマンドの実行をスケジュールでき、1つのスレッドでタスクの処理する ExecutorService オブジェクトを返す
static ScheduledExecutorService newScheduledThreadPool(int corePoolSize)	指定された遅延時間後、または周期的にコマンドの実行をスケジュールできる、スレッドプールを作成する ScheduledExecutorService オブジェクトを返す
static Callable<Object> callable(Runnable task)	呼び出し時に、指定されたタスクを実行し、null を返す Callable オブジェクトを返す
static <T> Callable<T> callable(Runnable task, T result)	呼び出し時に、指定されたタスクを実行し、指定された結果を返す Callable オブジェクトを返す

表 10-13 のいくつかのメソッドの戻り値は、**ExecutorService** オブジェクトです。そのスーパーインタフェースが Executor インタフェースです。Executor インタフェースは、単に処理を実行するメソッドのみ提供されていますが、サブインタフェースである ExecutorService インタフェースには終了を管理するメソッドも提供されているので、タスク終了後、不要なタスクを受け付けないようにすることも可能です。

ExecutorService インタフェースの主なメソッドは次のとおりです（**表 10-14**）。

表 10-14：ExecutorService インタフェースの主なメソッド

メソッド名	説明
boolean awaitTermination(long timeout, TimeUnit unit) throws InterruptedException	シャットダウン要求後にすべてのタスクが実行を完了していたか、タイムアウトが発生するか、現在のスレッドで割り込みが発生するか、そのいずれかが最初に発生するまでブロックする
boolean isShutdown()	この Executor がシャットダウンしていた場合、true を返す
boolean isTerminated()	シャットダウンに続いてすべてのタスクが完了していた場合、true を返す
void shutdown()	順序正しくシャットダウンをする。以前に送信されたタスクは実行されるが、新規タスクは受け入れられない
List<Runnable> shutdownNow()	実行中のアクティブなタスクおよび、待機中のタスクの処理を停止し、実行を待機していたタスクのリストを返す
<T> Future<T> submit(Callable <T> task)	値を返す実行用タスクを送信して、保留状態のタスク結果を表す Future オブジェクトを返す
Future<?> submit(Runnable task)	実行用の Runnable タスクを送信して、そのタスクを表す Future を返す
void execute(Runnable command)	指定されたタスクを実行する

※網掛けは Executor インタフェースのメソッド、それ以外は ExecutorService インタフェースのメソッド

表 10-13 にある **newSingleThreadExecutor()** メソッドを使用したサンプルを見てみましょう（**Sample10_13.java**）。

Sample10_13.java（抜粋）：newSingleThreadExecutor() の使用例

```
6.      ExecutorService service = null;
7.      try {
8.        service = Executors.newSingleThreadExecutor();
9.        System.out.println("service.execute()");
10.       String s = "*";
11.       for(int i = 0; i < 3; i++){
12.         service.execute(() -> {
13.           System.out.print("thread task");
14.           for(int a = 0; a < 5; a++) {
15.             try {
16.               Thread.sleep(500);
17.               System.out.print(" * ");
18.             } catch (InterruptedException e) { e.printStackTrace(); }
19.           }
```

```
20.            System.out.println();
21.          });
22.        }
23.      } finally {
24.        service.shutdown(); // ExecutorService の終了
25.        System.out.println("ex.shutdown()");
26.      }
```

【実行結果】

```
service.execute()
ex.shutdown()
thread task * * * * *
thread task * * * * *
thread task * * * * *
```

Sample10_13.java の 8 行目では、newSingleThreadExecutor() メソッドを使用して、ExecutorService オブジェクトを取得します。ExecutorService インタフェースは、Executor を継承しているため、execute() メソッドを使用してタスクの実行が可能です。11、12 行目で、execute() メソッドが 3 回実行されることがわかります。なお、execute() メソッドは引数が Runnable 型であるため、ここではラムダ式で実装しています。12 〜 21 行目では、スレッドの処理として thread task 文字列を出力後、500 ミリ秒スリープしながら、* を出力しています。このサンプルの注意点として、9 行目や 25 行目の出力は main スレッドが実行するため、出力の順序は上記の実行結果どおりにはならない可能性があります。しかし、1 回目の execute() のよるタスクの処理が完了しなければ、2 回目の execute() のよるタスクは実行されません。これは、newSingleThreadExecutor() メソッドにより、1 つのスレッドでタスク処理を行う ExecutorService オブジェクトを使用しているからです。また、24 行目では、shutdown() メソッドを実行しています。これにより ExecutorService の終了となり、新しいタスクの受け入れは行いません。しかし、すでに実行中のタスクや待機しているタスクがあれば実行されます。

なお、ExecutorService インタフェースには、検証用メソッドとして isShutdown() が提供されています。ExecutorService がシャットダウンしていた場合 true を返します。また、ExecutorService から実行されたすべてのタスクが完了しているか検証するメソッドとして isTerminated() メソッドも提供されています（図 10-8）。

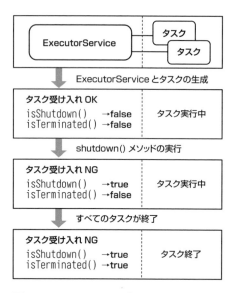

図 10-8：isShutdown() と isTerminated() メソッド

　また、実行中のタスクおよび、待機中のタスクの処理をシャットダウンする場合は、shutdownNow() メソッドを使用します。shutdownNow() メソッドは、戻り値として実行を待機していたタスクのリストを返します。
　では、次に submit() メソッドを確認します。submit() メソッドはそのタスクを表す Future を返します。Future オブジェクトはタスクが完了したかどうかのチェック、完了までの待機、タスク結果の取得などを行うためのメソッドが用意されています。

表 10-15：Future インタフェースの主なメソッド

メソッド名	説明
boolean cancel(boolean mayInterruptIfRunning)	このタスクの実行の取り消しを試みる
boolean isCancelled()	このタスクが正常に完了する前に取り消された場合は true を返す
boolean isDone()	このタスクが完了した場合は true を返す
V get() throws InterruptedException, ExecutionException	必要に応じてタスクが完了するまで待機し、その後、タスク結果を取得する
V get(long timeout, TimeUnit unit) throws InterruptedException, ExecutionException, TimeoutException	必要に応じて、最大で指定された時間および計算が完了するまで待機し、その後タスク結果を取得する

submit() メソッドを使用したサンプルコードを確認します（**Sample10_14.java**）。

Sample10_14.java（抜粋）：submit() メソッドの利用 1

```
5.      ExecutorService service = null;
6.      try {
7.        service = Executors.newSingleThreadExecutor();
8.        Future<?> result1 =
9.          service.submit(() -> System.out.println("hello"));
10.       System.out.println(result1.get());
11.       Future<Boolean> result2 =
12.         service.submit(() -> System.out.println("hello"), true);
13.       System.out.println(result2.get());
14.     } catch(InterruptedException | ExecutionException e ) {
15.       e.printStackTrace();
16.     } finally {
17.       if(service != null) service.shutdown();
18.     }
```

【実行結果】

```
hello
null
hello
true
```

9 行目では、タスクとして hello を出力するだけです。その後、10 行目では get() メソッドでタスクの完了結果を取得していますが null となっています。Runnable オブジェクトを引数に submit() メソッドを実行した場合、戻り値として Future オブジェクトが返ります。そして、正常にタスクが完了した場合、Future の get() メソッドは null を返します。また、12 行目のように、Runnable オブジェクトと第 2 引数を指定した場合、正常にタスクが完了すると第 2 引数の値（この例では true）を返します。なお、表 10-15 にある引数をもつ get() メソッドは、待機する最長時間を指定することができます。第 1 引数に時間、第 2 引数で単位を指定します。単位は TimeUnit 列挙型で定義されています（**表 10-16**）。

表 10-16：TimeUnit 列挙型の列挙値

列挙値	説明
NANOSECONDS	ナノ秒
MICROSECONDS	マイクロ秒
MILLISECONDS	ミリ秒
SECONDS	秒

列挙値	説明
MINUTES	分
HOURS	時
DAYS	日

　このように get() メソッドは**必要に応じて計算が完了するまで待機し、その後、計算結果を取得**します。つまり、処理の長い場合は、get() で待ちが生じる可能性があります。

　しかし、タスクが正常に完了したか、否かではなく、タスクが処理した結果（たとえば計算した合計値など）を取得したい場合があります。その場合は、Callable インタフェースを使用します。

Callable インタフェース

　Runnable インタフェースの run() メソッドは、戻り値が void であるため、処理結果をスレッド開始元に返すことはできません。これに対し、java.util.concurrent.Callable インタフェースを利用すると処理結果をオブジェクトで返すことが可能です。
　Callable インタフェースでは call() メソッドにタスクを実装します（**表 10-17**）。

表 10-17：Callable インタフェースのメソッド

メソッド名	説明
V call() throws Exception	タスクを実行し結果を返す。タスクが実行できない場合は例外をスローする

　Callable インタフェースは、抽象メソッドである call() メソッドのみをもつインタフェースであるため、SE 8 から以下のように定義されています。したがってラムダ式での実装が可能となっています。

コード例

```
@FunctionalInterface
public interface Callable<V> {
    V call() throws Exception;
}
```

Callable インタフェースを使用したサンプルを見てみましょう (Sample10_15.java)。

Sample10_15.java (抜粋):submit() メソッドの利用 2

```
6.      ExecutorService service = null;
7.      try {
8.        service = Executors.newSingleThreadExecutor();
9.        Future<Date> result =
10.         service.submit(() -> new Date());
11.       System.out.println(result.get());
12.     } catch(InterruptedException | ExecutionException e ) {
13.       e.printStackTrace();
14.     } finally {
15.       if(service != null) service.shutdown();
16.     }
```

【実行結果】

```
Mon Mar 14 15:18:17 JST 2016
```

Sample10_15.java は、Sample10_14.java と変わりがないように見えますが、10 行目の submit() メソッドの実装は、引数に Callable インタフェースの実装を指定していることを意味します。したがって、new Date() が戻り値として返されます。また、9 行目の result 変数宣言が Future<Date> となっていることも注意してください。

■ タスクのスケジュール

ここまでのサンプルでは、execute() や submit() により、タスクが即時に実行されていましたが、スケジューリングすることも可能です。たとえば、指定時間後の実行や、定期的な実行などの制御が可能です。そのためには、ExecutorService インタフェースを継承した ScheduledExecutorService インタフェースを使用します。ScheduledExecutorService インタフェースが提供する主なメソッドを**表 10-18** に記載します。

表 10-18:ScheduledExecutorService インタフェースの主なメソッド

メソッド名	説明
<V> ScheduledFuture<V> schedule(Callable<V> callable, long delay, TimeUnit unit)	指定された遅延時間後に有効になる単発的なアクションを作成して Callable を実行する

メソッド名	説明
ScheduledFuture<?> schedule(　　Runnable command, 　　long delay, TimeUnit unit)	指定された遅延時間後に有効になる単発的なアクションを作成して Runnable を実行する
ScheduledFuture<?> scheduleAtFixedRate 　　(Runnable command, 　　long initialDelay, 　　long period, 　　TimeUnit unit)	指定された初期遅延の経過後にはじめて有効になり、その後は指定された期間ごとに有効になる定期的なアクションを作成して実行する
ScheduledFuture<?> scheduleWithFixedDelay 　　(Runnable command, 　　long initialDelay, 　　long delay, 　　TimeUnit unit)	指定された初期遅延の経過後にはじめて有効になり、その後は実行の終了後から次の開始までの指定の遅延時間ごとに有効になる定期的なアクションを作成して実行する

ScheduledExecutorService を使用したサンプルコードを確認します（Sample10_16.java）。

Sample10_16.java（抜粋）：ScheduledExecutorService の利用

```
6.      ScheduledExecutorService service = null;
7.      try {
8.        service = Executors.newSingleThreadScheduledExecutor();
9.        Runnable task1 = () -> System.out.println("task1");
10.       Callable<Date> task2 = () -> new Date();
11.
12.       ScheduledFuture<?> result1 =
13.             service.schedule(task1, 3,TimeUnit.SECONDS);
14.       ScheduledFuture<Date> result2 =
15.             service.schedule(task2, 1,TimeUnit.MILLISECONDS);
16.     } finally {
17.       if(service != null) service.shutdown();
18.     }
```

【実行結果】

```
task1
```

　8 行目で Executors クラスの newSingleThreadScheduledExecutor() メソッドで ScheduledExecutorService オブジェクトを取得した後、タスク処理を行うオブジェクトを準備します。9 行目では Runnable の実装として task1 文字列の出力、10 行目では

Callableの実装としてDateオブジェクトを戻り値として返します。12〜15行目では、schedule()メソッドの引数に実行するタスクと、どのくらいの時間の後に実行するのか遅延時間を指定しています。

また、ScheduledExecutorServiceインタフェースには、タスクを定期的に実行するscheduleAtFixedRate()とscheduleWithFixedDelay()メソッドが提供されています。いずれのメソッドも定期的にタスクを実行しますが、scheduleAtFixedRate()は、第3引数で指定された時間ごとにタスクを実行しますが、scheduleWithFixedDelay()メソッドは、タスクの実行が終了した後、第3引数で指定された時間に従って遅延した後、タスクを実行します（図10-9）。

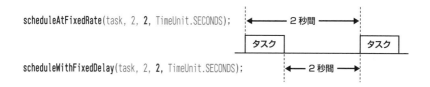

図10-9：scheduleAtFixedRate()とscheduleWithFixedDelay()メソッド

次のサンプルは、scheduleWithFixedDelay()メソッドを使用した例です（Sample10_17.java）。

Sample10_17.java（抜粋）：scheduleWithFixedDelay()メソッドの利用

```
6.    ScheduledExecutorService service = null;
7.    try {
8.      service = Executors.newSingleThreadScheduledExecutor();
9.      Runnable task = () -> System.out.println(new Date());
10.     service.scheduleWithFixedDelay(task, 2, 2, TimeUnit.SECONDS);
11.     Thread.sleep(10000);
12.   } catch(InterruptedException e) {
13.     e.printStackTrace();
14.   } finally {
15.     if(service != null) service.shutdown();
16.   }
```

【実行結果】

```
Mon Mar 14 16:37:44 JST 2016
Mon Mar 14 16:37:46 JST 2016
```

```
Mon Mar 14 16:37:48 JST 2016
Mon Mar 14 16:37:50 JST 2016
```

　このサンプルでは、main スレッドを 10 秒間スリープし、その間に scheduleWithFixedDelay() メソッドを使用してタスクの定期実行を行っています。
　注意する点として、scheduleAtFixedRate() と scheduleWithFixedDelay() メソッドの**第 1 引数は Runnable 型**です。Callable 型を指定するとコンパイルエラーとなります。

スレッドプール

　ここまでのサンプルでは、newSingleThreadExecutor() メソッドや newSingleThreadScheduledExecutor() メソッドを使用してスレッド処理であるタスクを実行してきました。しかし、メソッド名からもわかるとおり、これらのメソッドで取得した ExecutorService では、単一スレッドでタスクを実行します。複数のスレッドを用意しておき（プールしておく）、タスクを順次実施させるスレッドプールを利用した ExecutorService を利用することも可能です。表 10-13 に掲載しておりますが、Executors クラスの以下のメソッドを使用します。

構文

構文1：static ExecutorService newCachedThreadPool()
構文2：static ExecutorService newFixedThreadPool(int nThreads)
構文3：static ScheduledExecutorService newScheduledThreadPool(int ➡
　　　　corePoolSize)

　構文 1 は、新規スレッドを作成するスレッドプールを作成しますが、以前に作成されたスレッドが利用可能であれば再利用します。
　構文 2 は、固定数のスレッドを再利用するスレッドプールを作成します。引数で指定した数のスレッドがすべてアクティブ（タスクを実行中）であると、それらのタスクはスレッドが使用可能になるまで待機します。
　構文 3 は、構文 2 と同様に引数で指定したプールサイズのスレッドプールを作成します。ただし、定期的なコマンド実行のスケジュールが可能です。

　newCachedThreadPool() と newFixedThreadPool() メソッドを使用したサンプルコードを確認します（**Sample10_18.java**）。

Sample10_18.java（抜粋）：newCachedThreadPool()とnewFixedThreadPool() メソッドの利用

```
5.      ExecutorService service = null;
6.      try {
7.        service = Executors.newCachedThreadPool();
8.        //service = Executors.newFixedThreadPool(2);
9.        Runnable task = () -> {
10.         String name = Thread.currentThread().getName();
11.         System.out.println(name + " : start");
12.         try {
13.           Thread.sleep(3000);
14.         } catch (InterruptedException e) {
15.           e.printStackTrace();
16.         }
17.         System.out.println(name + " : end");
18.       };
19.       for (int i = 0; i < 5; i++) {
20.         service.execute(task);
21.       }
22.     } finally {
23.       if(service != null) service.shutdown();
24.     }
```

【実行結果】

```
pool-1-thread-1 : start
pool-1-thread-4 : start
pool-1-thread-2 : start
pool-1-thread-5 : start
pool-1-thread-3 : start
pool-1-thread-5 : end
pool-1-thread-1 : end
pool-1-thread-2 : end
pool-1-thread-3 : end
pool-1-thread-4 : end
```

この実行結果は、7行目にあるnewCachedThreadPool()メソッドを使用した例です。9〜18行目では、タスクとしては、スレッド名とstart文字列を出力し、3秒間スリープした後、end文字列を出力します。19〜21行目にあるとおり、タスクを5回実行して

います。その際、実行結果を見ると、5 つのスレッドが生成されそれぞれタスクが実行されていることがわかります。また、Sample10_18.java の 7 行目をコメントアウトし、8 行目のコメントを外して newFixedThreadPool() メソッドを使用した実行例を見てみましょう。

【実行結果】

```
pool-1-thread-1 : start
pool-1-thread-2 : start
pool-1-thread-2 : end
pool-1-thread-2 : start
pool-1-thread-1 : end
pool-1-thread-1 : start
pool-1-thread-2 : end
pool-1-thread-1 : end
pool-1-thread-2 : start
pool-1-thread-2 : end
```

8 行目で newFixedThreadPool(2) としているため、2 つのスレッドですべてのタスクを実行していることがわかります。

また、同期処理を提供するクラスに java.util.concurrent.CyclicBarrier があります。複数のスレッドで処理を行っている際に、バリアポイント（待機する箇所）を設定しておくと、すべてのスレッドがその箇所に到達するまで待機します。CyclicBarrier クラスを使用したサンプルコードを確認します（**Sample10_19.java**）。

Sample10_19.java：CyclicBarrier クラスの利用

```
1. import java.util.concurrent.*;
2. public class Sample10_19 {
3.   void a() { System.out.print("a "); }
4.   void b() { System.out.print("b "); }
5.   void c() { System.out.print("c "); }
6.   void exec(CyclicBarrier c1, CyclicBarrier c2){
7.     //try {
8.       a();
9.       //c1.await();
10.      b();
11.      //c2.await();
12.      c();
```

```
13.        //} catch(BrokenBarrierException | InterruptedException e) { }
14.     }
15.     public static void main(String[] args) {
16.        ExecutorService service = null;
17.        try {
18.           service = Executors.newFixedThreadPool(3);
19.           CyclicBarrier c1 = new CyclicBarrier(3);
20.           CyclicBarrier c2 = new CyclicBarrier(3,
21.                                  () -> System.out.print("task "));
22.           for (int i = 0; i < 3; i++) {
23.              service.execute(() -> new Sample10_19().exec(c1, c2));
24.           }
25.        } finally {
26.           if(service != null) service.shutdown();
27.        }
28.     }
29. }
```

【実行結果】

```
a b c a b c a b c
```

CyclicBarrierコンストラクタの第1引数には、待機状態にするスレッドの数を指定します。19、20行目では3つとしています。18、23行目により、exec()メソッドが3本のスレッドを使用して3回実行されることがわかります。上記の実行例では、7、9、11、13行目はコメントアウトしているため、パラレルにa()、b()、c()のメソッドが実行されていることがわかります。次の実行結果は7、9、11、13行目のコメントアウトを外して実行した例です。

【実行結果】

```
a a a b b b task c c c
```

各スレッドが8行目のa()メソッドを実装した後、9行目のCyclicBarrierクラスであるc1オブジェクトのawait()メソッドにより3本のスレッドがそろうまで待機していることがわかります。また、b()メソッドを実行した後、11行目ではc2オブジェクトのawait()メソッドにより、再度待機しますが、20、21行目にあるとおり、c2では、コン

ストラクタの第2引数にRunnableオブジェクトを指定しています。これは、最後にバリアポイントを通過したスレッドによって実行されるタスクを指定することができます。このようにCyclicBarrierクラスを使用するとスレッドの待ち合わせ処理を実装することができます。

アトミック

java.util.concurrent.atomic パッケージ

前節でsynchronizedメソッド（およびsynchronizedブロック）を紹介しましたが、これらの処理中は1つのスレッドで実行されることが保証されています。つまり、マルチスレッド環境化において、synchronizedメソッドが行っている操作は「分割不可能な操作」ということになります。このような分割不可能な操作のことを一般に**アトミック（atomic）**操作と呼びます。アトミックを保証しているメソッドとして、前述したConcurrentMapインタフェースのputIfAbsent()メソッドがあります。

また、java.util.concurrent.atomicパッケージはアトミック操作を簡単に実装するため、アトミックに操作できる値（boolean型、int型、long型、参照型など）を表すクラスを提供しています（**表10-19**）。これらのクラスは、ロックを制御するコーディングを行うことなく、整数の取得、格納、加算、減算などを行うことができます。

表10-19：java.util.concurrent.atomicパッケージの主なクラス

クラス名	説明
AtomicBoolean	アトミックに操作するboolean型の値を扱うクラス
AtomicInteger	アトミックに操作するint型の値を扱うクラス
AtomicLong	アトミックに操作するlong型の値を扱うクラス
AtomicReference	アトミックに操作する参照型のデータを扱うクラス

では、**AtomicInteger**クラスを使用した例を見てみましょう（**Sample10_20.java**）。この例では、最大で100本のスレッドを生成し、実行するタスクとして、int値を10000回インクリメントしています。

Sample10_20.java（抜粋）：AtomicIntegerクラスの使用例

```
4. class IntegerTest {
5.     private Integer syncInteger;
```

```
 6.     private final AtomicInteger atomicInteger;
 7.     public IntegerTest(){
 8.         syncInteger = 0;
 9.         atomicInteger = new AtomicInteger(0);
10.     }
11.     synchronized public void addSyncInteger(){
12.         syncInteger++;
13.     }
14.     public void addAtomicInteger(){
15.         atomicInteger.getAndIncrement();
16.     }
17.     public void showData() {
18.       System.out.println("syncInt   : " + syncInteger);
19.       System.out.println("atomicInt : " + atomicInteger.get());
20.     }
21. }
22. public class Sample10_20 {
23.   public static void main(String[] args)
24.                           throws InterruptedException{
25.     IntegerTest obj = new IntegerTest();
26.     exec(()->obj.addSyncInteger());
27.     exec(()->obj.addAtomicInteger());
28.     obj.showData();
29.   }
30.   private static void exec(Runnable task)
31.                           throws InterruptedException{
32.     ExecutorService service = null;
33.     try {
34.       service = Executors.newFixedThreadPool(100);
35.       for (int i = 0; i < 10000; i++) {
36.           service.submit(task);
37.       }
38.       service.awaitTermination(10, TimeUnit.SECONDS);
39.     } finally {
40.       if(service != null) service.shutdown();
41.     }
42.   }
43. }
```

【実行結果】

```
syncInt   : 10000
atomicInt : 10000
```

4〜21 行目の IntegerTest クラスは、synchronized な addSyncInteger() メソッドがあり、syncInteger 変数の値をインクリメントします。また、addAtomicInteger() メソッドは、AtomicInteger クラスのメソッドで、AtomicInteger オブジェクトが保持する int 値をアトミックにインクリメントします。

Sample10_20 クラスでは、これらのメソッドを複数のスレッドで実行しています。実行結果を見ると、ともに処理結果は 10000 となっていることがわかります。

AtomicInteger クラスで提供される主なメソッドは、**表 10-20** のとおりです。

表 10-20：AtomicInteger クラスの主なメソッド

メソッド名	説明
final int addAndGet(int delta)	アトミックに指定された値を現在の値に追加する。戻り値は、増分後の値
final boolean compareAndSet(int expect, int update)	現在の値が第 1 引数と等しい場合、アトミックに第 2 引数で指定された値に更新する
final int incrementAndGet()	アトミックにインクリメントし、更新値を返す
final int get()	現在の値を取得する
final int getAndIncrement()	アトミックにインクリメントし、更新前の値を返す

incrementAndGet() と getAndIncrement() はともにインクリメントしますが、**戻り値が異なる**点に注意してください。また、デクリメント用メソッドも提供されていますが、本書では割愛します。

パラレルストリーム

SE 8 では、ストリーム API の導入により並列処理も機能強化が行われています。本章前半で紹介したとおり、以前から並列処理の機能は提供されていましたが、SE 8 より並列処理を行うストリームが導入されています。これを**パラレルストリーム**と呼びます。ここまで扱ってきたストリーム API は逐次処理（シーケンシャル）でしたが、パラレルストリームも使い方はほとんど変わりません。

パラレルストリームの生成

パラレルストリームの生成には、**表 10-21** の各メソッドを使用します。Collection イン

タフェースの parallelStream() メソッドは、リストなどのコレクションをもとにパラレルストリームを生成します。また、BaseStream インタフェースの parallel() メソッドは、ストリームをもとにパラレルストリームを生成します。

表 10-21：パラレルストリームの生成

メソッド名	説明
default Stream<E> parallelStream()	Collection インタフェースで提供 コレクションをソースとして、パラレルストリームを返す
S parallel()	BaseStream インタフェースで提供 ストリームをソースとしてパラレルストリームを返す
boolean isParallel()	BaseStream インタフェースで提供 このストリームがパラレルストリームであれば true を返す
S sequential()	BaseStream インタフェースで提供 ストリームをソースとして、シーケンシャルストリームを返す

では、パラレルストリームの生成をサンプルコードで確認します（Sample10_21.java）。

Sample10_21.java（抜粋）：パラレルストリームの生成

```
6.      List<String> data = Arrays.asList("aaa", "bb", "c");
7.      Stream<String> pStream1 = data.parallelStream();
8.      Stream<String> sStream2 = data.stream();
9.      System.out.println("sStream2 : " + sStream2.isParallel());
10.     Stream<String> pStream2 = sStream2.parallel();
11.     System.out.println("pStream2 : " + pStream2.isParallel());
12.     IntStream pStream3 = IntStream.range(0, 10).parallel();
```

【実行結果】

```
sStream2 : false
pStream2 : true
```

7 行目は、リストをもとに parallelStream() メソッドを使用してパラレルストリームを取得しています。7 行目の変数宣言を確認してください。パラレルストリームといっても、専用のインタフェースが提供されているのではなく、いままでと同じ Stream インタフェー

スを使用します。また、8行目では、リストをもとにシーケンシャルなストリームを取得した後、9行目ではisParallel()メソッドでパラレルストリームか確認していますが、これはfalseが返ります。しかし、10行目でストリームをもとにparallel()メソッドを使用してパラレルストームを取得後、11行目でisParallel()メソッドによる確認を行うとtrueが返っていることがわかります。12行目ではIntStreamのrange()メソッドで0〜9（終値10は含まない）を扱うIntStreamを取得後、parallel()メソッドによりパラレルストリームを取得しています。

なお、パラレルストリームによる処理は、要素を並列に処理を行うため、どの要素から処理されるかは実行時によって異なります。たとえば、次のコードを確認します（Sample10_22.java）。

Sample10_22.java（抜粋）：パラレルストリームの生成

```
5.      Arrays.asList("a", "b", "c", "d", "e")
6.          .stream()
7.          .forEach(s -> System.out.print(s + " "));
8.      System.out.println();
9.      Arrays.asList("a", "b", "c", "d", "e")
10.         .parallelStream()
11.         .forEach(s -> System.out.print(s + " "));
```

【実行結果】

```
C:\sample\Chap10>java Sample10_22
a b c d e
c b d a e
C:\sample\Chap10>java Sample10_22
a b c d e
c b e d a
```

5〜8行目はシーケンシャルなストリームによる処理であるため、実行ごとに同じ結果となります。しかし、9〜11行目はパラレルストリームによる処理であるため、実行ごとに異なる結果となります。

しかし、多くのリソースに対して、パラレル処理を行うことによって実行時間が短縮される傾向にあります。たとえば次のサンプルコードを確認します（Sample10_23.java）。

Sample10_23.java（抜粋）：シーケンシャルとパラレル

```
5.    public static void main(String[] args) {
6.      IntStream stream = IntStream.rangeClosed(1, 3000);
7.      List<Integer> list = stream.boxed()
8.                      .collect(Collectors.toList());
9.      long start = System.nanoTime();
10.     new Sample10_23().foo(list);
11.     System.out.println(System.nanoTime() - start);
12.   }
13.   void foo(List<Integer> list) {
14.     long count = list.stream().map(a -> task(a)).count();
15.     //long count = list.parallelStream().map(a -> task(a)).count();
16.     System.out.println(count);
17.   }
18.   int task(int num) {
19.     try {
20.       Thread.sleep(5);
21.     } catch(InterruptedException e) {
22.       e.printStackTrace();
23.     }
24.     return ++num;
25.   }
```

【実行結果】

```
// 実行結果①
3000
15222404729  // 約 15.2 秒

// 実行結果②
3000
3800679919   // 約 3.8 秒
```

　このサンプルは 1 〜 3000 の要素を格納したリストに対して処理を行っています。処理自体は、5 ミリ秒ずつスリープしながら、要素に 1 を加算し、ストリームからその要素数を取得しています。また、9 〜 11 行目で処理にかかる時間を計測しています。

　実行結果①は、14 行目の stream() メソッドでシーケンシャル処理を行った場合です。一方、実行結果②は、15 行目の parallelStream() メソッドでパラレル処理を行った場合です。この例では、明らかにパラレル処理により実行時間が短縮されていることがわか

ります。パラレル処理はPCのプロセッサ数に比例するため、CPU等、より多くのリソースを追加することで実行速度が改善される傾向にあります。しかし、すべてのストリーム処理をパラレルで行うことがベストではありません。ストリーム内の要素の数が極端に多い場合、改善される傾向にありますが、要素の数が少ない場合、ほとんど改善は見込めません。これは、**パラレル処理はシーケンシャル処理より分散に伴うオーバーヘッドが発生**するためです。

パラレル処理でのパイプライン

次にパラレル処理でのパイプラインを確認します。このサンプルは、リストをもとにストリームを取得し、map()メソッドで要素を大文字に変換し表示している例です（Sample10_24.java）。

Sample10_24.java（抜粋）：シーケンシャルとパラレル

```
 6.     Arrays.asList("hana", "ken", "mika")
 7.         .stream()
 8.         .map( s -> s.toUpperCase())
 9.         .forEach(s -> System.out.print(s + " "));
10.     System.out.println();
11.     Arrays.asList("hana", "ken", "mika")
12.         .parallelStream()
13.         .map(
14.           s -> { System.out.print(s + " ");
15.                  return s.toUpperCase();})
16.         .forEach(s -> System.out.print(s + " "));
```

【実行結果】

```
HANA KEN MIKA
ken hana HANA KEN mika MIKA
```

6～10行目はシーケンシャルに処理を行っているため、リストにあるhanaをHANAに変換し、kenをKENに変換し…と逐次処理が行われます。一方11～16行目ではパラレル処理で行っています。この例では、13～15行目のmap()内で、確認のため要素を出力しています。実行結果から、どの要素が最初に処理されるかは実行ごとに異なり、また、map()の実行と並行してforEach()が実行されていることがわかります。このように、map()、forEach()、またfilter()など、それぞれ独立した処理であるため、それらが処理される順番は実行ごとに異なる可能性があります。

独立した処理であることを確認するサンプルをもう1つ見てみましょう（Sample10_25. java）。

Sample10_25.java（抜粋）：シーケンシャルとパラレル

```
6.      Arrays.asList("a", "b", "c", "d", "e")
7.          .parallelStream()
8.          .forEachOrdered(s -> System.out.print(s + " "));
9.      System.out.println();
10.     List<String> list = new CopyOnWriteArrayList<String>();
11.     Arrays.asList("a", "b", "c", "d", "e")
12.         .parallelStream()
13.         .map( s -> { list.add(s); return s.toUpperCase();})
14.         .forEachOrdered(s -> System.out.print(s + " "));
15.     System.out.println();
16.     for(String s : list) { System.out.print(s + " ");}
```

【実行結果】

```
a b c d e
A B C D E
c a b e d
```

まず、6〜8行目を確認します。7行目によりこのストリームはパラレル処理を行います。Sample10_22.javaで実行結果の確認をしましたが、forEach()による処理の場合、どの要素から行われるか順序は保証されません。しかし、8行目ではforEachOrdered()メソッドを使用しています。このメソッドは、各要素が検出順に処理されることを保証するメソッドです。したがって、実行結果にあるように、a、b、c …の順で表示されています。また、11〜14行目では中間操作にmap()を実行後、forEachOrdered()を実行していますが、実行結果を見るとA、B、C …の順で処理が行われています。このように、forEachOrdered()メソッドは、パラレル処理でも処理の順序を保証しますが、パフォーマンスが低下する可能性があるため、状況に応じて使用してください。そして、13行目でmap()の中で、大文字に変換する前に、10行目で予め作成しているリストに要素を追加（list.add(s);）していることも確認してください。16行目でリストの要素を出力していますが、表示順序は14行目と異なっています。このことからも、map()、forEachOrdered()がそれぞれ独立した処理であることがわかります。

findAny() と findFirst() の利用

第 5 章で IntStream インタフェースのメソッドである findAny() と findFirst() メソッドを扱いました。findAny() メソッドは、ストリームが保持する要素のうち、いずれかの要素を返します。また、findFirst() メソッドは最初の要素を返します。この挙動はパラレスストリームも同じです。注意する点として、パラレスストリームでは、最初に処理される要素は不定であるため、findFirst() メソッドが呼ばれても、最初の要素が処理されるまで時間を要します（Sample10_26.java）。

Sample10_26.java（抜粋）：findAny() と findFirst() の利用

```
6.      List<String> data = Arrays.asList("c", "a", "d", "b");
7.      Optional<String> rerult1 = data.parallelStream().findFirst();
8.      Optional<String> rerult2 = data.parallelStream().findAny();
9.      System.out.println(rerult1.get() + " " + rerult2.get());
```

【実行結果】

```
C:\sample\Chap10>java Sample10_26
c a

C:\sample\Chap10>java Sample10_26
c d
```

上記の実行結果からもわかるとおり、パラレルストリームであっても findFirst() メソッドは最初の要素を返します。なお、同じように順序に依存する中間処理として、limit() や skip() があります。これらは先頭からの順序に従って処理を行うため、パラレルストリームでは時間を要する処理です。しかし、同時にこれらのメソッドはパラレルでもシーケンシャルでも同じ結果を返します。

reduce() メソッドと collect() メソッドの利用

reduce() メソッドと collect() は第 5 章で扱いました。第 5 章ではシーケンシャルストリームでの利用を紹介しました。本章では、この 2 つのメソッドをパラレルストリームで扱う例を確認します。

まず、reduce() メソッドから確認します。reduce() はオーバーロードされており、集約処理を行うメソッドです。本章では 5 章では扱わなかった構文 3 について確認します。

構文

構文1：T reduce(T identity, BinaryOperator<T> accumulator)
構文2：Optional<T> reduce(BinaryOperator<T> accumulator)
構文3：<U> U reduce(U identity,
              BiFunction<U,? super T,U> accumulator,
              BinaryOperator<U> combiner)

　構文3の第1引数は初期値、第2引数は集約処理を指定します。そして第3引数はパラレルストリームの場合のみ適用されます。パラレル処理で集約処理を行っている場合、複数の場所で部分的な途中の集約処理が必要になります。この途中の集約結果のマージ処理に使用するのが第3引数です。
　次のサンプルコードは、reduce()の構文3を使用した例です（**Sample10_27.java**）。

Sample10_27.java（抜粋）：reduce()の利用

```
 6.     Integer total = Arrays.asList(10, 20, 30, 40, 50)
 7.             .parallelStream()
 8.             .reduce(0,
 9.                 (sum, a) -> {
10.                     System.out.println("sum:" + sum + " a:" + a);
11.                     return sum += a;
12.                 },
13.                 (b, c) -> {
14.                     System.out.println("b:" + b + " c:" + c);
15.                     return b + c;
16.                 });
17.     System.out.println("total : " + total);
```

【実行結果】

```
>java Sample10_27
sum:0 a:20    // ①
sum:0 a:10    // ②
sum:0 a:30    // ③
b:10 c:20     // ④
sum:0 a:40    // ⑤
sum:0 a:50    // ⑥
b:40 c:50     // ⑦
b:30 c:90     // ⑧
b:30 c:120    // ⑨
total : 150   // ⑩
```

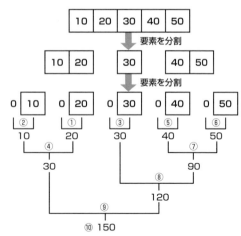

図 10-10：reduce() メソッドの実装内容

このサンプルコードでは、第 2 引数と第 3 引数で使用されている要素を出力しています。また、実行結果と図 10-10 とあわせて確認してください。reduce() では、部分ごとに集約処理を行いながら全体の計算を行います。実行結果からもわかるとおり、単一要素まで分割し、それぞれの要素は、初期値を用いて指定された処理が行われます。その部分的な途中の集約結果を用いて、第 3 引数で指定された処理を行います。

次に、collect() メソッドを確認します。collect() もオーバーロードされており、ストリームから要素をまとめて 1 つのオブジェクトを取得するメソッドです。本章では 5 章では扱わなかった構文 2 について確認します。

構文

構文1：<R,A> R collect(Collector<? super T,A,R> collector)
構文2：<R> R collect(Supplier<R> supplier,
           BiConsumer<R,? super T> accumulator,
           BiConsumer<R,R> combiner)

まず第 1 引数は、結果を格納するオブジェクトの生成を指定します。第 2 引数は要素ごとに行う処理を指定します。そして第 3 引数はパラレルストリームの場合のみ適用され、reduce() と同様に途中の集約結果のマージに使用する処理を指定します。次のサンプルコードは、collect() の構文 2 を使用した例です（Sample10_28.java）。

Sample10_28.java（抜粋）：collect() の利用

```
7.     List<String> data = Arrays.asList("orange", "banana", "lemon");
8.     List<String> list =
9.             data.parallelStream()
10.             .collect(() -> new CopyOnWriteArrayList<>(),
11.                     (plist, s) -> plist.add(s.toUpperCase()),
12.                     (alist, blist) -> alist.addAll(blist));
13.    for(String s : list) { System.out.print(s + " "); }
14.
15.    System.out.println();
16.    Set<String> set =
17.            data.parallelStream()
18.            .collect(CopyOnWriteArraySet::new,
19.                    Set::add,
20.                    Set::addAll);
21.    for(String e : set) { System.out.print(e + " "); }
```

【実行結果】

```
ORANGE BANANA LEMON
orange banana lemon
```

8～13行目は collect() メソッドの第1引数に CopyOnWriteArrayList をインスタンス化し、結果を格納するオブジェクトとして指定しています。第2引数は要素ごとに行う処理、第3引数は集約結果のマージ処理として addAll() メソッドを使用して複数の要素をまとめて格納する処理です。また、16～21行目は、メソッド参照を使用した例です。19行目では特に処理を行わずセットに格納していますが、19行目を11行目のように記述すれば、大文字に変換した要素がセットに格納されます。

groupingByConcurrent() メソッドと toConcurrentMap() メソッドの利用

Collectors クラスには、パラレルストリームのみで使用されるメソッドとして以下が提供されています。各メソッドはオーバーロードされていますが、ここでは1つずつのみ掲載します。

表 10-22：groupingByConcurrent() メソッドと toConcurrentMap() メソッド

メソッド名	説明
static <T,K> Collector<T,?, ConcurrentMap<K,List<T>>> groupingByConcurrent(Function<? super T,? extends K> classifier)	指定した関数に従って要素をグループ化し、結果を ConcurrentMap に格納して返す並行 Collector を返す
static <T,K,U> Collector< T,?,ConcurrentMap<K,U>> toConcurrentMap(Function<? super T,? extends K> keyMapper, Function<? super T,? extends U> valueMapper, BinaryOperator<U> mergeFunction)	Map に蓄積する並行 Collector を返す

groupingByConcurrent() メソッドは、名前から想定できますが、groupingBy() メソッドと同等の処理（要素のグループ化）を行います。また、toConcurrentMap() メソッドは、toMap() メソッドと同等の処理（要素をもとにマップに変換）を行います。ただし、groupingBy() メソッドと toMap() メソッドは、戻り値が Map であるのに対し、groupingByConcurrent() メソッドと toConcurrentMap() メソッドの戻り値は ConcurrentMap となります。したがってマルチスレッド環境下でスレッドセーフに Map 処理を行う場合、これらのメソッドを使用します。次のサンプルコードで確認します（Sample10_29.java）。

Sample10_29.java（抜粋）：groupingByConcurrent() メソッドと toConcurrentMap() メソッドの利用

```
6.      Stream<String> stream1 =
7.        Stream.of("belle", "akko", "ami", "bob", "nao").parallel();
8.      Map<String, List<String>> map1=
9.          stream1.collect(Collectors.groupingByConcurrent(
10.                                  s -> s.substring(0, 1)));
11.     System.out.println(map1);
12.     System.out.println("map1 のクラス名 :" + map1.getClass());
13.
14.     Stream<String> stream2 =
15.        Stream.of("nao", "akko", "ami").parallel();
16.     Map<Integer, String> map2 =
17.             stream2.collect(Collectors.toConcurrentMap(
18.                               String::length,
19.                               s -> s,
20.                               (s1, s2) -> s1 + " : " + s2));
21.     System.out.println(map2);
22.     System.out.println("map2 のクラス名 :" + map2.getClass());
```

【実行結果】
```
{a=[ami, akko], b=[bob, belle], n=[nao]}
map1のクラス名 :class java.util.concurrent.ConcurrentHashMap
{3=nao : ami, 4=akko}
map2のクラス名 :class java.util.concurrent.ConcurrentHashMap
```

 6〜12行目はgroupingByConcurrent()の例です。7行目でparallel()メソッドを使用してパラレルストリームを取得し、9行目ではgroupingByConcurrent()メソッドの引数に頭文字でグルーピングするよう指定しています。もし、グループ化したマップに対して行いたい処理があれば、collect()メソッドの第2引数以降で指定します。

 また、14〜22行目はtoConcurrentMap()の例です。18行目は第1引数であるキー、19行目は第2引数である値を指定しています。そして、20行目では第3引数としてマージ処理を指定しています。ここでは、キーでマージした場合、値をコロン（:）で区切りながら結合するようにしています。実行結果を見ると、キーが3の場合の値がnao : amiとなっています。なお、12、22行目を確認するとそれぞれConcurrentHashMapオブジェクトに要素が格納されていることがわかります。

Fork/Join フレームワーク

 Java SE 7で追加された**Fork/Joinフレームワーク**は、ExecutorServiceインタフェースの実装です。このフレームワークは、重い計算を小さなタスクに分割し、複数のスレッドによって並列実行することで、高速に処理することを目的としています。

 Fork/Joinフレームワークではスレッドプール内のスレッドにタスクを分散します。そしてwork-stealingアルゴリズムにより、処理が終わったスレッドは、ビジー状態の他のスレッドからタスクをスティールする（盗む）ことができます。

 Fork/Joinフレームワークに関するクラス群は、java.util.concurrentパッケージで提供されています。主なインタフェースとクラスは、**表10-23**のとおりです。

表10-23：Fork/Joinフレームワークの主なインタフェースとクラス

インタフェース／クラス名	説明
ForkJoinPoolクラス	Fork/Joinタスクを実行するためのExecutorServiceインタフェースの実装クラス
ForkJoinTaskクラス	ForkJoinPool内で実行する抽象基底クラス
RecursiveActionクラス	結果を返さない再帰的なForkJoinTaskのサブクラス
RecursiveTaskクラス	結果を生成する再帰的なForkJoinTaskのサブクラス

通常は、ForkJoinTask クラスを直接継承したサブクラスを定義するのではなく、RecursiveAction クラスもしくは RecursiveTask をサブクラス化します。2 つのクラスの使い分けは、結果を返さない処理の場合は RecursiveAction クラスを使用し、結果を返す処理の場合は RecursiveTask クラスを使用します。

スーパークラスである ForkJoinTask クラスには、分岐／結合処理を行うためのメソッドが用意されています。主なメソッドは、表 10-24 のとおりです。

表 10-24：ForkJoinTask クラスの主なメソッド

メソッド名	説明
final ForkJoinTask<V> fork()	このタスクを非同期で実行するための調整を行う
static void invokeAll(　ForkJoinTask<?> t1, 　ForkJoinTask<?> t2)	指定されたタスクをフォークしてパラレルに処理を実行する
final V join()	計算が完了した後、計算の結果を返す

RecursiveAction クラスおよび RecursiveTask クラスには、計算処理を行うためのメソッドとして compute() メソッドが提供されています (表 10-25)。

表 10-25：RecursiveAction クラスと RecursiveTask クラスの compute() メソッド

RecursiveAction クラスの主なメソッド

メソッド名	説明
protected abstract void compute()	このタスクによって実行される計算処理を実装する。戻り値はない

RecursiveTask クラスの主なメソッド

メソッド名	説明
protected abstract V compute()	このタスクによって実行される計算処理を実装する。戻り値は任意のオブジェクト

各 compute() メソッドは抽象メソッドであるため、オーバーライドしてタスク処理を実装します。

では、Fork/Join フレームワークを使用したパラレル処理を行うクラスを確認します。Sample10_30.java の ExamRecursiveAction クラスは RecursiveAction を継承したクラスです。処理として Double 型の配列にランダムな値を格納します (**Sample10_30.java** の ExamRecursiveAction クラス定義)。

Sample10_30.java(抜粋):パラレル処理を行うクラス

```java
 4. class ExamRecursiveAction extends RecursiveAction {
 5.    private Double[] nums;
 6.    private int start;
 7.    private int end;
 8.    public ExamRecursiveAction(String name, Double[] nums,
 9.                               int start, int end) {
10.      System.out.println("name : " + name + " " +
11.                         start + " " +  end);
12.      this.nums = nums;
13.      this.start = start;
14.      this.end = end;
15.    }
16.    protected void compute() {
17.      if(end - start <= 3) {
18.        for(int i = start; i < end; i++) {
19.          nums[i] = Math.random() * 100;
20.          System.out.println("nums[" + i + "] " + nums[i] );
21.        }
22.      } else {
23.        int middle = start + (end -start)/2;
24.        System.out.println("start:" + start +
25.                           " middle:" + middle +
26.                           " end:" + end);
27.        invokeAll(new ExamRecursiveAction("f1", nums, start, middle),
28.                  new ExamRecursiveAction("f2", nums, middle, end));
29.      }
30.    }
31. }
```

　8行目のコンストラクタでは、ランダムな値を格納する配列と、配列への格納を開始するインデックス、終端のインデックスを受け取ります。また、16〜30行目がcompute()メソッドの実装です。17行目でif分岐をしていますが、まず23行目以降を見てください。Fork/Joinフレームワークでは、タスクの分割手法として分割統治法を用いています。分割の割合はどちらかに偏りがないよう、半分で分割します。したがって、23行目では、開始/終端インデックスをもとに半分に分割し、27行目で分割したタスクを生成し、invokeAll()メソッドで実行しています。なお、17行目のif文より、開始/終端のインデックスの差が3以下になるまで、この分割処理を行います。そして、もし3以下になったら、18〜21行目でランダムな値を作成し、配列に値を格納します。

Fork/Joinフレームワーク **421**

では、ExamRecursiveAction クラスの呼び出し側を確認します（**Sample10_30.java** の Sample10_30 クラス定義）。

Sample10_30.java（抜粋）：ExamRecursiveAction クラスの呼び出し側
```
32. public class Sample10_30 {
33.   public static void main(String[] args) {
34.     Double[] nums = new Double[10];
35.     ForkJoinTask<?> task =
36.             new ExamRecursiveAction("main", nums, 0, 10);
37.     ForkJoinPool pool = new ForkJoinPool();
38.     pool.invoke(task);
39.   }
40. }
```

34 行目でランダムな値を格納する配列を準備し、35〜36 行目で配列、開始インデックス、終端インデックスをもとに ExamRecursiveAction をインスタンス化します。タスクの実行には ForkJoinPool クラスを使用するため、37 行目でインスタンス化し、38 行目で ExamRecursiveAction オブジェクトを引数に invoke() メソッドを呼び出します。以下は実行結果です。

【実行結果】
```
name : main 0 10   //①
start:0 middle:5 end:10   //②
name : f1 0 5
name : f2 5 10
start:0 middle:2 end:5   //②
start:5 middle:7 end:10   //②
name : f1 0 2
name : f1 5 7
name : f2 7 10
name : f2 2 5
nums[0] 78.19059737403869   //③
nums[5] 76.86478897885667
nums[6] 88.38110968445008
nums[7] 78.47708452713161
nums[2] 7.7395059356128115
nums[3] 9.866747671166143
nums[4] 5.1893986462797965
```

```
nums[8] 44.67597000678882
nums[1] 73.50907202404561
nums[9] 17.10071478418057
```

①は、36 行目のコンストラクタの呼び出しによる 10 行目の出力結果です。その後、②（24 〜 26 行目）が何回か実行されていますが、処理が分割していることがわかります。そして、③以降ではパラレルにランダムな値の作成と格納が行われています。

では、次に RecursiveTask クラスの使用例を確認します。RecursiveAction クラスとの違いは、**処理結果を受け取ることが**可能なことです。Sample10_31.java の ExamRecursiveTask クラスは RecursiveTask を継承したクラスです。処理として Double 型の配列にランダムな値を格納し、その合計値を処理結果として返します（**Sample10_31.java** の ExamRecursiveTask クラス定義）。

Sample10_31.java（抜粋）：パラレル処理を行うクラス

```
4.  class ExamRecursiveTask extends RecursiveTask<Double> {
5.    private Double[] nums;
6.    private int start;
7.    private int end;
8.    public ExamRecursiveTask(String name, Double[] nums,
9.                             int start, int end) {
10.     System.out.println("name : " + name + " " +
11.                        start + " " + end);
12.     this.nums = nums;
13.     this.start = start;
14.     this.end = end;
15.   }
16.   protected Double compute() {
17.     if(end - start <= 3) {
18.       double sum = 0.0;
19.       for(int i = start; i < end; i++) {
20.         nums[i] = Math.random() * 100;
21.         System.out.println("nums[" + i + "] " + nums[i] );
22.         sum += nums[i];
23.       }
24.       return sum;
25.     } else {
26.       int middle = start + (end -start)/2;
27.       System.out.println("start:" + start +
```

```
28.                     " middle:" + middle +
29.                     " end:" + end);
30.         ExamRecursiveTask task1 =
31.             new ExamRecursiveTask("f1", nums, start, middle);
32.         ExamRecursiveTask task2 =
33.             new ExamRecursiveTask("f2", nums, middle, end);
34.         task1.fork();
35.         Double sum1 = task2.compute();
36.         Double sum2 = task1.join();
37.         return sum1 + sum2;
38.     }
39. }
40. }
```

Sample10_30.java と類似しているため、差分のみ確認します。4 行目では Recursive Task を継承したクラスとして宣言しています。なお、RecursiveTask の型パラメータでは処理結果の型を指定します。この例では計算結果を double 値で扱うため「Recursive Task<Double>」としています。compute() メソッドの 20 〜 22 行目ではそれぞれのタスクがランダムな値を作成後、18 行目で宣言した合計値を格納する変数に加算代入を行っています。30 〜 33 行目では、それぞれタスクを生成した後、34 行目で 1 つのタスクをフォークしパラレルに実行します。35 行目は compute() メソッドでタスクを処理します。36 行目ではフォークした処理結果を join() メソッドで受け取り、37 行目でそれぞれの結果を統合して戻り値として返しています。

では、ExamRecursiveTask クラスの呼び出し側を確認します（**Sample10_31.java** の Sample10_31 クラス定義）。

Sample10_31.java（抜粋）：ExamRecursiveTask クラスの呼び出し側

```
41. public class Sample10_31 {
42.     public static void main(String[] args) {
43.         Double[] nums = new Double[10];
44.         ForkJoinTask<Double> task =
45.                     new ExamRecursiveTask("main", nums, 0, 10);
46.         ForkJoinPool pool = new ForkJoinPool();
47.         Double sum = pool.invoke(task);
48.         System.out.println("sum : " + sum);
49.     }
50. }
```

Sample10_30.java からの変更点は、47 行目の invoke() メソッドの呼び出しに対し、戻り値を受けとっています。なお、以下の実行結果は、48 行目の出力のみ抜粋したものです。

【実行結果】
```
sum : 526.7618419046184
```

　Fork/Join フレームワークを使用することで、タスクの分割や、結果の取得など簡単に行うことができます。ただし、前述しましたが、パラレル処理は分割に伴うオーバーヘッドが発生するため、扱う要素数が大きくないとパフォーマンスの改善は見込めません。また、分割の割合を適切に行わないと、同じように改善されないため留意してください。

練習問題

■ 問題 10-1 ■

次のコードがあります。

```
1.  public class Foo {
2.    private int num;
3.    public int getNum() { return this.num; }
4.    public void increase(int val) { num += val; }
5.    public void decrease(int val) {
6.      synchronized (this) { num -= val; }
7.    }
8.    private Foo() {}
9.    private static Foo obj;
10.   public static synchronized Foo getFoo() {
11.     if(obj == null) obj = new Foo();
12.     return obj;
13.   }
14. }
```

説明として正しいものは次のどれですか。2つ選択してください。

- ❏ A. コンパイルは成功する
- ❏ B. 6行目でコンパイルエラー
- ❏ C. 10行目でコンパイルエラー
- ❏ D. getFoo() メソッドと decrease() メソッドが実行された際、同じオブジェクトに対してロックの取得が行われる
- ❏ E. Foo クラスを使用したアプリケーションが稼働している間、生成される Foo オブジェクトは1つである
- ❏ F. 複数のスレッドが Foo クラスを利用しても問題はない

■ 問題 10-2 ■

次のコード（抜粋）があります。

```
4.  try {
5.    BlockingDeque<String> dqueue = new LinkedBlockingDeque<>();
6.    dqueue.offer("a");
7.    dqueue.offerFirst("b", 2, TimeUnit.SECONDS);
8.    dqueue.offerLast("c", 5, TimeUnit.MILLISECONDS);
9.    System.out.print(dqueue.pollFirst(7, TimeUnit.NANOSECONDS));
10.   System.out.print(dqueue.pollLast(1, TimeUnit.MILLISECONDS));
11. }catch(InterruptedException e) {}
```

コンパイル、実行した結果として正しいものは次のどれですか。1つ選択してください。

○ A. 実行結果は実行ごとに異なる可能性がある
○ B. ab
○ C. ac
○ D. bc
○ E. コンパイルエラー
○ F. 実行時エラー

■ 問題 10-3 ■

パラレルストリームを生成するコードとして正しいものは次のどれですか。2つ選択してください。なお、col 変数は Collection 型、bs 変数は BaseStream 型とします。

❏ A. new ParallelStream(col)
❏ B. col.parallelStream()
❏ C. col. parallel()
❏ D. new ParallelStream(bs)
❏ E. bs.parallelStream()
❏ F. bs. parallel()

■ 問題 10-4 ■

次のコード (抜粋) があります。

```
 6. AtomicInteger num1 = new AtomicInteger(0);
 7. int[] num2 = {0};
 8. IntStream.iterate(1, i -> 1).limit(100).parallel()
 9.         .forEach(i -> num1.incrementAndGet());
10. IntStream.iterate(1, i -> 1).limit(100)
11.         .parallel().forEach(i -> ++num2[0]);
12. System.out.println(num1 + " " + num2[0]);
```

コンパイル、実行した結果として正しいものは次のどれですか。1つ選択してください。

- ○ A.　100 100
- ○ B.　100 99
- ○ C.　99 99
- ○ D.　実行結果は実行ごとに異なる可能性がある
- ○ E.　実行時エラー
- ○ F.　無限ループとなる

■ 問題 10-5 ■

次のコード (抜粋) があります。

```
5. int count = Arrays.asList("java", "linux", "gold")
6.              .parallelStream().parallel()
7.              .reduce(0, (s1, s2) -> s1.length() + s2.length());
8. System.out.println(count);
```

コンパイル、実行した結果として正しいものは次のどれですか。1つ選択してください。

- ○ A.　6行目でコンパイルエラー
- ○ B.　7行目でコンパイルエラー
- ○ C.　13
- ○ D.　実行結果は実行ごとに異なる可能性がある
- ○ E.　実行時エラー

■ 問題 10-6 ■

次のコード (抜粋) があります。

```
 5.  Stream<Integer> s1 = Stream.of(10, 20, 30, 40).parallel();
 6.  Stream<Integer> s2 = Stream.of(50, 60, 70).parallel();
 7.  Stream<Stream<Integer>> stream = Stream.of(s1,s2);
 8.  Map<Boolean, List<Integer>> map=
 9.       stream.flatMap(i -> i)
10.         .collect(Collectors.groupingByConcurrent(
11.                           i -> i < 35));
12.  System.out.println(map.get(true).size() + " " +
13.                     map.get(false).size() );
```

コンパイル、実行した結果として正しいものは次のどれですか。2つ選択してください。

- ❏ A. 7 行目でコンパイルエラー
- ❏ B. 9 行目でコンパイルエラー
- ❏ C. 10、11 行目でコンパイルエラー
- ❏ D. 3 4
- ❏ E. 4 3
- ❏ F. マルチスレッド環境下でもスレッドセーフに Map の処理が行われる

■ 問題 10-7 ■

Runnable インタフェースの run() メソッドと、Callable インタフェースの call() メソッドの説明として正しいものは次のどれですか。4つ選択してください。

- ❏ A. 各メソッドともに戻り値は void である
- ❏ B. call() メソッドは戻り値がジェネリックスタイプである
- ❏ C. call() メソッドは引数がジェネリックスタイプである
- ❏ D. run() メソッドは戻り値がジェネリックスタイプである
- ❏ E. 各メソッドともにラムダ式で実装が可能である
- ❏ F. call() メソッドは checked 例外をスローできる
- ❏ G. 各メソッドともに unchecked 例外をスローできる

■ 問題 10-8 ■

コンパイルが成功するコードは次のどれですか。3つ選択してください。

- ☐ A. Callable o = () -> { System.out.println("wo"); return 10; };
- ☐ B. Callable o = (int c) -> c++;
- ☐ C. Callable o = () -> "hello" + "bye";
- ☐ D. Callable o = () -> { return 10 };
- ☐ E. Callable o = () -> 5;
- ☐ F. Callable o = () -> { boolean b = true; };
- ☐ G. Callable o = a -> {return "java"; };

■ 問題 10-9 ■

ExecutorServiceでは、利用可能なスレッドの数を超えて実行すべきタスクがあった場合の説明として正しいものは次のどれですか。1つ選択してください。

- ○ A. 任意のタスクは破棄される
- ○ B. 実行時例外がスローされる
- ○ C. タスクはスレッドが使用可能になるまで待機する
- ○ D. 実行できなかったタスク情報をログファイルに書き出す
- ○ E. 利用可能なスレッド数は、実行すべきタスクの数より常に多くなるよう、予め設計しておく

■ 問題 10-10 ■

次のコード（抜粋）があります。

```
4.    private static AtomicInteger val1 = new AtomicInteger();
5.    private static int val2 = 0;
6.    public static void main(String[] args)
7.                     throws InterruptedException {
8.      ExecutorService service = null;
9.      try {
10.       service = Executors.newSingleThreadExecutor();
11.       for(int i = 0; i < 100; i++){
12.         service.execute(() -> {
13.           val1.getAndIncrement();   val2++; });
14.       }
```

```
15.        Thread.sleep(500);
16.        System.out.println(val1 + " " + val2);
17.      } finally {
18.        service.shutdown();
19.      }
20.    }
```

コンパイル、実行した結果として正しいものは次のどれですか。1つ選択してください。

- ○ A. 100 100
- ○ B. 実行結果は実行ごとに異なる可能性がある
- ○ C. 13行目で実行時エラー
- ○ D. 18行目で実行時エラー
- ○ E. コンパイルエラー

■ 問題 10-11 ■

次のコード（抜粋）があります。

```
 4.  public static void main(String[] args) {
 5.    ExecutorService service =
 6.          Executors.newScheduledThreadPool(5);
 7.    DoubleStream.of(10.9, 2.3)
 8.          .forEach(s -> service.submit(() -> {
 9.              System.out.print(s + " "); }));
10.    service.execute(() -> System.out.print(" end "));
11.  }
```

コンパイル、実行した結果として正しいものは次のどれですか。2つ選択してください。

- ❏ A. 8行目でコンパイルエラー
- ❏ B. 9行目でコンパイルエラー
- ❏ C. 10行目でコンパイルエラー
- ❏ D. 10.9 2.3 end
- ❏ E. 実行結果は実行ごとに異なる可能性がある
- ❏ F. 実行結果の出力後、プログラムは終了しない

■ 問題 10-12 ■

次のコード (抜粋) があります。

```
6.  ExecutorService service = null;
7.  try {
8.      service = Executors.newSingleThreadScheduledExecutor();
9.      Callable task = () -> System.out.println(new Date());
10.     service.scheduleWithFixedDelay(task, 1, 2, TimeUnit.SECONDS);
11. } finally {
12.     if(service != null) service.shutdown();
13. }
```

コンパイル、実行した結果として正しいものは次のどれですか。2つ選択してください。

- ☐ A. 6行目でコンパイルエラー
- ☐ B. 8行目でコンパイルエラー
- ☐ C. 9行目でコンパイルエラー
- ☐ D. 10行目でコンパイルエラー
- ☐ E. 実行時エラー
- ☐ F. コンパイル、実行は成功する

■ 問題 10-13 ■

次のコード (抜粋) があります。

```
5.  public static void main(String[] args) {
6.      ExecutorService service = Executors.newSingleThreadExecutor();
7.      try {
8.          List<Future<?>> list = new ArrayList<>();
9.          IntStream.range(0,10)
10.                 .forEach(i -> list.add(
11.                         service.submit(() -> foo(i))));
12.         list.stream().forEach(f -> show(f));
13.     } finally {
14.         service.shutdown();
15.     }
16. }
17. static Integer foo(int num) {
18.     // 何かしらの処理
19. }
20. static void show(Future<?> f) {
21.     try {
22.         System.out.print(f.get() + " ");
23.     }catch(Exception e) { System.out.print("error "); }
24. }
```

18行目にコードが挿入された場合、コンパイル、実行した結果として正しいものは次のどれですか。2つ選択してください。

- ❏ A. 0以上のint値を返した場合、実行結果はint値が10回表示される
- ❏ B. nullを返した場合、実行結果はnullが1回表示される
- ❏ C. 実行時例外をスローした場合、errorが1回表示される
- ❏ D. 実装内容が時間のかかる処理だった場合、22行目のget()は、処理が完了するまで待機する
- ❏ E. 現状のコードは、10、11行目でコンパイルエラー
- ❏ F. 現状のコードは、22行目でコンパイルエラー

■ 問題 10-14 ■

次のコードがあります。

```
1.  import java.util.concurrent.*;
2.  class Foo extends RecursiveAction {
3.    private int a;
4.    private int b;
5.    public Foo(int a, int b) {
6.      this.a = a; this.b = b;
7.    }
8.    protected void compute() {
9.      if(a < 0) return;
10.     else {
11.       int c = a + (b - a)/2;
12.       invokeAll(new Foo(a, c),  new Foo(c, b));
13.     }
14.   }
15. }
16. public class Test {
17.   public static void main(String[] args) {
18.     ForkJoinTask<?> task = new Foo(0, 10);
19.     ForkJoinPool pool = new ForkJoinPool();
20.     pool.invoke(task);
21.   }
22. }
```

コンパイル、実行した結果として正しいものは次のどれですか。1つ選択してください。

- A. コンパイル、実行は成功する
- B. 12行目でコンパイルエラー
- C. 18行目でコンパイルエラー
- D. 20行目でコンパイルエラー
- E. 実行時エラー

解答・解説

問題 10-1　正解：A、E

　問題文のコードはコンパイルは成功します。5 行目の decrease() メソッド内では、num 変数にアクセスする際 synchronized ブロックがされています。このとき、ロックは this（インスタンス）から取得します。一方、10 行目の getFoo() メソッドには synchronized が付与されていますが、static な obj 変数にアクセスしています。このとき、ロックは Foo のクラスオブジェクトから取得します。したがって、選択肢 D は誤りです。8 ～ 13 行目により Foo クラスはシングルトンパターンを採用しているため、選択肢 E は正しいです。インスタンス変数の値を変更しているメソッドは、5 行目の decrease() の他、4 行目の increase() もありますが、increase() メソッドは synchronized 等の制御を行っていないため、マルチスレッド環境化では、意図した挙動にならない可能性があります。

問題 10-2　正解：D

　7 ～ 10 行目では offerXXX() や pollXXX() メソッドにタイムアウト情報を引数に指定しています。また、offerXXX() で第 1 引数の要素を格納しますが、8 行目の終了時点で BlockingDeque オブジェクトには [b, a, c] が格納されています。したがって実行結果は、bc となります。

問題 10-3　正解：B、F

　ParallelStream というクラスは提供されていないため、選択肢 A、D は誤りです。Collection インタフェースでは parallelStream() メソッド、BaseStream インタフェースでは、parallel() メソッドを提供しています。

問題 10-4　正解：D

　8 ～ 11 行目は、1 を 100 回インクリメントする処理をパラレルストリームで行っています。8、9 行目は AtomicInteger オブジェクトおよび incrementAndGet() メソッドを使用しているため、常に結果は 100 となります。しかし、10、11 行目は、int 型の要素（つまり int）に対して ++ を使用しています。これにより、複数のスレッドがお互いの処理を上書きする可能性があるため、実行結果は実行ごとに異なる可能性があります。

問題 10-5　正解：B

　6 行目では、parallelStream() の後に parallel() メソッドを呼び出しています。冗長な

コードではありますが問題はありません。なお、ストリームのソースがリストであるため、.parallel().parallelStream() としていたら、コンパイルエラーです。7 行目では、reduce() を使用して文字数の合計を求めようとしていますが、引数となる s1、s2 は文字列、戻り値となる s1.length()+s2.length は int 型であり、引数と戻り値の型が異なるためコンパイルエラーとなります。map() メソッドで要素を文字列から文字数に変換してから reduce() を行う等の修正が必要になります。

問題 10-6　正解：D、F

問題文のコードはコンパイル、実行ともに成功します。10 行目では groupingByConcurrent() メソッドを使用しているため、マルチスレッド環境下でもスレッドセーフにグルーピングが行われます。11 行目では要素が 35 より小さい場合は、true のグループに属し、その他は false のグループに属します。したがって、実行結果は選択肢 D の３４です。

問題 10-7　正解：B、E、F、G

各メソッドの構文は以下のとおりです。注意する点として、各メソッドはともに引数を取りませんが、call() メソッドは戻り値を返すことが可能です。また、throws Exception としているため、unchecked 例外の他、checked 例外もスロー可能です。run() メソッドは throws 指定をしていないため、unchecked 例外は任意でスロー可能です。また、各メソッドともにラムダ式で実装が可能です。

　　Callable インタフェース：V call() throws Exception
　　Runnable インタフェース：void run()

問題 10-8　正解：A、C、E

call() メソッドは引数を取らないため、選択肢 B、G は誤りです。選択肢 D は 10 の後にセミコロンがないため誤りです。選択肢 F は変数宣言はしていますが、戻り値を返していないため誤りです。

問題 10-9　正解：C

Executors クラスには、スレッドプールを利用するメソッドが提供されており、タスク数に応じて自動的にスレッド数を増やすものもあれば、固定のスレッド数で処理を行うものもあります。いずれも、利用可能なスレッドがタスクを実行中の場合、処理しきれないタスクはスレッドが使用可能になるまで待機します。

問題 10-10　正解：A

　問題文のコードはコンパイル、実行ともに成功します。10 行目では、newSingleThreadExecutor() メソッドにより単一のスレッドでタスクが実行されることになります。したがって、実行結果は常に 100 100 となります。2 つ以上のスレッドで処理する場合であれば、val2++ の処理はアトミックではないため、実行結果は実行ごとに異なる可能性があります。

問題 10-11　正解：E、F

　問題文のコードはコンパイル、実行ともに成功します。7 行目では、double 値の要素を持つストリームを用意し、8 行目で要素 1 つを取り出して、submit() の処理に渡します。その結果、10.9、2.3 を出力します。また、10 行目では、execute() メソッドの処理に end の出力を渡します。その結果、end を出力します。しかし、実行結果は実行ごとに異なる可能性があります。また、service.shutdown() メソッドを記述していないため、待機状態となりプログラムは終了しません。

問題 10-12　正解：C、D

　newSingleThreadScheduledExecutor() メソッドで取得すべきオブジェクトは ScheduledExecutorService です。ScheduledExecutorService と ExecutorService は継承関係があるため、8 行目ではコンパイルエラーになりませんが、ExecutorService には、scheduleWithFixedDelay() メソッドが提供されていないため、10 行目でコンパイルエラーになります。また、10 行目で実行すべきタスクは Runnable の実装ですが、9 行目で Callable オブジェクトで用意をしており、かつ、戻り値を返していないためコンパイルエラーです。なお、もし、戻り値を返すコードに修正しても、Callable オブジェクトは scheduleWithFixedDelay() の第 1 引数に指定できないため、コンパイルエラーです。必ず Runnable オブジェクトを指定してください。

問題 10-13　正解：A、D

　17 行目で Integer 型のオブジェクトを返すことで、このコードはコンパイル、実行ともに成功します。10、11 行目では、0 ～ 10 の要素をもとに、foo() メソッドを呼び出し、戻り値を list に格納しています。ただし、service.submit() 内で実行しているため戻り値は、Future 型です。したがって、12 行目によりリストに格納された Future オブジェクトを引数に show() メソッドが実行され、22 行目の get() により値を取り出します。get() メソッドは、処理が完了するまで待機するため、選択肢 A、D は正しいです。なお、8 行目、20 行目では Future<Integer> ではなく、Future<?> としています。つまり、17 行

目の foo() メソッドの戻り値が null でもリストに格納でき、さらに、実行時例外がスローされても、例外オブジェクトを格納することができます。したがって、選択肢 B、C の説明ではそれぞれが 1 回表示とあるため誤りですが、10 回表示される可能性はあります。

問題 10-14　正解：E

　Foo クラスは、RecursiveAction を継承したクラスであり、compute() メソッドの構文は問題ありません。また、Foo を利用する Test クラスでは、ForkJoinPool クラスの invoke() メソッドに Foo オブジェクトを指定しており、このコードも問題ありません。したがって、コンパイルは成功します。しかし、8 〜 14 行目の compute() メソッドでは、常に a 変数に 0 以上の値が格納されるため、12 行目の invokeAll() メソッドが実行され続けます。その結果、StackOverflowError 例外が発生しプログラムは終了します。補足ですが、何回か実行すると、StackOverflowError 例外の前にロック例外を生成することがあります。しかし、いずれの状況でもプログラムは実行時例外をスロー後、強制終了します。

第11章

JDBC

本章で学ぶこと

本章では、データベースにアクセスするJavaのアプリケーションを開発するために必要なJDBC APIについて説明します。基本的なデータベースアクセスの他、結果セットの拡張機能について確認します。

- JDBCを使用したデータベース接続
- SQLステートメントの実行
- ResultSetの拡張

JDBCを使用したデータベース接続

JDBCとは

JDBCとは、Javaプログラムから様々なデータベースにアクセスするための共通インタフェースです。使用する主なパッケージは次のとおりです。

java.sql

データベースに格納されたデータにアクセスして処理する基本APIを提供。

javax.sql

データベースにアクセスする際、サーバ側での処理（接続プールや分散トランザクションなど）を行う場合に使用するAPIを提供。

図11-1にあるとおり、JDBC APIを使用するクライアントには、Javaアプリケーションのほか、サーバサイドテクノロジであるServletやJSPなどがあります。

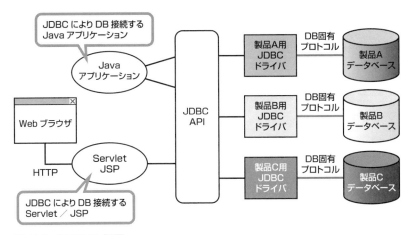

図 11-1：JDBC の 概要

データベースにアクセスするクラスは、共通インタフェースとして提供されている JDBC API を使用することで、接続するデータベース製品の違いを意識することなく実装できます。つまり、JDBC API により、データベース製品に依存しない Java プログラムを作成できます。

JDBC ドライバ

JDBC ドライバは、Java プログラムとデータベースを結びつけるのに必要な JDBC インタフェースを実装したクラスです。図 11-1 にもあるとおり、JDBC API を使用してデータベースにアクセスするためには、接続するデータベース製品向けの JDBC ドライバが必要になります。

JDBC ドライバはデータベースベンダやソフトウェアサードベンダから提供されています。また、JDBC ドライバは 4 種類に分類されます（**表 11-1**）。

表 11-1：JDBC ドライバの種類

タイプ	説明
タイプ 1 JDBC-ODBC ブリッジドライバ	ODBC ドライバを利用できるデータベースに JDBC からのアクセスを可能にするためのドライバ
タイプ 2 ネイティブブリッジドライバ	JDBC API に対する呼び出しを、データベースに付属するネイティブ API の呼び出しへと変換するタイプのドライバ
タイプ 3 ネットドライバ	JDBC API の呼び出しを、ネットワークを介して中間層のサーバに転送する、3 階層のアプローチで構成されるドライバ

JDBC を使用したデータベース接続

タイプ	説明
タイプ4 ダイレクトドライバ	すべてJava言語で作られているドライバ

本章でのデータベース環境

本章の解説は、接続するデータベース製品を「MySQL Community Server 5.6」として進めます。MySQLソフトウェアのダウンロード、インストールは次のWebサイトを参考にしてください。

URL http://dev.mysql.com/downloads/mysql/#downloads

JDBCドライバ

MySQL-Connector-J 5.1（タイプ4ドライバ）

ファイル：mysql-connector-java-5.1.26-bin.jar

※本書のサンプルファイルのsample¥Chap11ディレクトリに上記JARファイルを同梱しています。サンプルコードを実行する際には、CLASSPATH環境変数にこのJARファイルを登録してください。

本章で使用するデータベースの接続情報

ユーザ名	root
パスワード	training
ホスト名	localhost
ポート番号	3306（デフォルトのまま）
データベース名	golddb

本章で使用するテーブル

テーブルの定義とプロシージャの名前は表11-2のとおりです。

※本書のサンプルファイルのsample¥Chap11ディレクトリに同梱したSQLファイル「chap11_db.sql」を実行することで、表11-2のテーブルを作成できます。実行方法はMySQLのマニュアルなどをご覧ください。

表11-2:本章で使用するテーブル

テーブル名:department

列名	データ型・制約
dept_code	INT(11) NOT NULL, PRIMARY KEY
dept_name	VARCHAR(20) NOT NULL
dept_address	VARCHAR(40) NOT NULL
pilot_number	VARCHAR(20)

テーブル名:mytableA

列名	データ型・制約
field1	DATE NOT NULL
field2	TIME NOT NULL
field3	TIMESTAMP NOT NULL

テーブル名:mytableB

列名	データ型・制約
field1	INT(10) NOT NULL
field2	INT(20) NOT NULL
field3	VARCHAR(20) NOT NULL

基本的なJDBCアプリケーションの作成

JDBCを使用するときの一般的な処理の流れは、図11-2のとおりです。

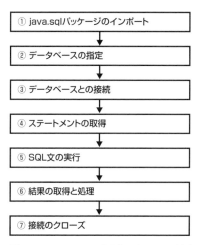

図11-2:JDBCアプリケーションの流れ

JDBCを使用したデータベース接続

また、java.sql パッケージで提供されている主なクラス、インタフェースは**表 11-3** のとおりです。

表 11-3：java.sql パッケージの主なクラス・インタフェース

インタフェース / クラス名	説明
DriverManager クラス	データベースのドライバを管理し、データベースとの接続を支援する
Connection インタフェース	特定のデータベースとの接続 (セッション) を表現する
Statement インタフェース	静的 SQL 文を実行し、作成された結果を返すために使用されるオブジェクト
ResultSet インタフェース	データベースの結果セットを表すデータオブジェクト

各インタフェースの実装クラスは、JDBC ドライバとして提供されています。

では、簡単なサンプルコードを使用し、JDBC アプリケーションの流れを確認しましょう (**Sample11_1.java**)。この例では、データベースに格納された department テーブルの全レコードを検索します。department テーブルに格納されているレコードは**図 11-3** のとおりです。

```
cmd - mysql -u root -p
mysql> select * from department;
+-----------+-------------+--------------+--------------+
| dept_code | dept_name   | dept_address | pilot_number |
+-----------+-------------+--------------+--------------+
|         1 | Sales       | Tokyo        | 03-3333-xxxx |
|         2 | Engineering | Yokohama     | 045-444-xxxx |
|         3 | Development | Osaka        | NULL         |
|         4 | Marketing   | Fukuoka      | 092-222-xxxx |
|         5 | Education   | Tokyo        | NULL         |
+-----------+-------------+--------------+--------------+
5 rows in set (0.00 sec)

mysql>
```

図 11-3：department テーブルに格納されているデータ

Sample11_1.java：JDBC の使用例

```
1. // ① java.sql パッケージのインポート
2. import java.sql.*;
3.
4. public class Sample11_1 {
5.   public static void main(String[] args) {
6.     Connection con = null;
7.     Statement stmt = null;
```

```
8.     ResultSet rs = null;
9.     try {
10.      // ② データベースの指定
11.      String url = "jdbc:mysql://localhost/golddb";
12.      // ③ データベースとの接続
13.      con = DriverManager.getConnection(url,"root", "training");
14.      // ④ ステートメントの取得
15.      stmt = con.createStatement();
16.      // ⑤ SQL 文の実行
17.      String sql = "SELECT dept_code, dept_name FROM department";
18.      rs = stmt.executeQuery(sql);
19.      // ⑥ 結果の取得と処理
20.      while (rs.next()) {
21.        System.out.println("dept_code : " + rs.getInt(1));
22.        System.out.println("dept_name : " + rs.getString(2));
23.      }
24.     } catch (SQLException e) {
25.       e.printStackTrace();
26.     // ⑦ 接続のクローズ
27.     } finally {
28.       try {
29.         if (rs != null) rs.close();
30.         if (stmt != null) stmt.close();
31.         if (con != null) con.close();
32.       } catch (SQLException e) { e.printStackTrace(); }
33.     }
34.   }
35. }
```

【実行結果】

```
dept_code : 1
dept_name : Sales
dept_code : 2
dept_name : Engineering
dept_code : 3
dept_name : Development
dept_code : 4
dept_name : Marketing
dept_code : 5
dept_name : Education
```

① 1行目で、java.sqlパッケージをインポートしています。6～8行目では、9行目以降で必要になる各インタフェースの変数宣言を行っています。

② 11行目では、通信先のデータベースを特定するためのJDBC URLを文字列で準備しています。URLの構文は次のとおりです。プロトコル、サブプロトコル、サブネーム名を含み、コロン（:）で区切ります。

構文

jdbc:<subprotocol>:<subname>

（例）　jdbc:mysql://localhost/golddb

jdbc:プロトコル。JDBC URLのプロトコルは常にjdbcとなる
<subprotocol>:データベースに接続するためのドライバ独自のプロトコル名。ドライバごとに異なる
<subname>:データベースを特定するための情報。ホスト名やポート番号、データベース名など。subprotocolに準じて異なる

JDBC URLは、使用するデータベースによって異なるため、各データベースのマニュアルを確認してください。

なお、本書で使用するJDBC URLは、構文の（例）にあるものです。ポート番号はデフォルトである3306を使用しているため、省略しています。

③ データベースに接続するには、**DriverManager** クラスの **getConnection()** メソッドを呼び出し、**Connection** オブジェクトを取得します。表11-4にあるとおり、データベースの接続時にユーザ名、パスワードが不要な場合は、URL文字列のみを引数にとるgetConnection()メソッドを使用します。また、Sample11_1.javaのように、ユーザ名、パスワードが必要な場合は、URL文字列、ユーザ名、パスワードを引数にとるgetConnection()メソッドを使用します。

Connectionオブジェクトを取得できなかった場合は、**SQLException 例外**がスローされます。

表 11-4：DriverManager クラスの主な接続用メソッド

メソッド名	説明
static Connection getConnection(String url) throws SQLException	指定されたデータベースの URL への接続を試みる
static Connection getConnection(String url, String user, String password) throws SQLException	指定されたデータベースの URL へ、ユーザ名、パスワードを使用して接続を試みる

従来の JDBC では、Class.forName() メソッドによるドライバクラスのロードが必要でしたが、**JDBC4.0 よりドライバの自動ロード機能で CLASSPATH に含まれるドライバクラスを自動的に検出しロードするようになりました。したがって JDBC4.0 以降のドライバを使用する場合は、Class.forName() メソッドの呼び出しは不要です。**

次のコード例は、従来（JDBC3.0 までのバージョン）のコードで Connection オブジェクトを取得する例です。

コード例

```
10. Connection con = null;
11. try {
12.    String url = "jdbc:mysql://localhost/golddb";
13.    Class.forName("com.mysql.jdbc.Driver");
14.    con = DriverManager.getConnection(url,"root", "training");
15. } catch (ClassNotFoundException e) { e.printStackTrace();
16. } catch (SQLException e) { e.printStackTrace(); }
17. //more code
```

14 行目で getConnection() メソッドを実行する前に、JDBC ドライバのロード処理を行うため、13 行目で Class.forName() メソッドを実行しています。引数はドライバのクラス名（ベンダ固有の JDBC ドライバクラス名）を文字列で指定します。前述の「本章でのデータベース環境」の項で、JDBC ドライバである JAR ファイルを CLASSPATH 環境変数に登録する旨の記載がありますが、JDBC3.0 までも CLASSPATH 環境変数への登録は必要であり、かつ、この Class.forName() メソッドの実行が必須でした。また、ドライバクラスが見つからなかった場合、forName() メソッドは ClassNotFoundException 例外をスローするため、15 行目にあるとおり例外処理が必要でした。

しかし、JDBC4.0 からは、DriverManager.getConnection() メソッドが実行

されると、JDBC ドライバクラス自身が DriverManager クラスへの登録まで行うようになっています。

なお、各 JDBC ドライバの JAR ファイル内には、META-INF¥services¥java.sql.Driver が用意されており、java.sql.Driver ファイル内には、ベンダ固有の JDBC ドライバクラス名が記載されています。

以下の実行例では、本書で使用している mysql-connector-java-5.1.26-bin.jar ファイルを確認しています。

【実行結果】
```
C:¥sample¥Chap11>jar -tf mysql-connector-java-5.1.26-bin.jar | findstr ⇒
java.sql.Driver
META-INF/services/java.sql.Driver

C:¥sample¥Chap11>jar -xf mysql-connector-java-5.1.26-bin.jar META-INF/ ⇒
services/java.sql.Driver

C:¥sample¥Chap11>type META-INF¥services¥java.sql.Driver
com.mysql.jdbc.Driver    //JDBC ドライバークラス名
```

上記の実行結果からわかるとおり、META-INF¥services¥java.sql.Driver には、「com.mysql.jdbc.Driver」と記載されており、これが今回使用している MySQL の JDBC ドライバクラス名です。そして、Class.forName() メソッドを実行する際は、このクラス名を文字列で指定します。

④ 標準的な問い合わせを実行するには、**Statement** オブジェクトを使用します。Statement オブジェクトにより SQL コマンドを実行します。Statement オブジェクトは、Connection インタフェースの **createStatement()** メソッドで取得します。JDBC API では、3 種類のステートメントを使用できます。詳細は後述します。

⑤ SQL 文を文字列で用意します。そして、Statement インタフェースのメソッドを使用し、SQL 文を実行します。この例で実行するのは SELECT 文です。つまり、検索結果はレコードの集合であるため、**executeQuery()** メソッドを使用しています。Statement インタフェースでは、実行する SQL 文の違いによりいくつかのメソッドが提供されています。詳細は後述します。

⑥ executeQuery() メソッドの実行により、**ResultSet** オブジェクトとして検索結果が返ります。ResultSet オブジェクトは問い合わせにより返されたデータを表し、その結果を 1 行ずつ処理できます。ResultSet オブジェクトから値を取り出すには、次の手順で行および列へアクセスします。

● **行へのアクセス**

next() メソッドにより、1 行分ずつデータを取り込みます。next() メソッドは、1 行ずつアクセスし、次に行が存在する場合には true を返します。次に行が存在しない場合は false を返します。

なお、ResultSet オブジェクトの生成時には、カーソルは**先頭行の"前"**に置かれているため、**必ず 1 回は next() メソッドを実行**しなければ行を取り込めません。next() メソッドを 1 回も呼び出さずにデータの取り出しを試みると **SQLException 例外が発生**します。

● **列へのアクセス**

getter メソッドで引数に列番号を指定することによりデータを取り出せます。列番号は ResultSet オブジェクト内の左から右へ順に振られた番号で、最初の列番号は 1 です。また、列名を指定してデータを取り出すこともできます。

getter メソッドは、**getXXX(列名)** または **getXXX(列番号)** というメソッド名で定義されており、XXX の部分には Java のデータ型名が入ります（**図 11-4**）。

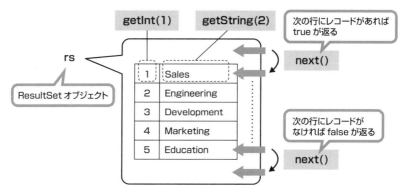

図 11-4：ResultSet オブジェクトへのアクセス

Sample11_1.javaでは、departmentテーブルからdept_code列とdept_name列のレコードを取り出しています。そして、図11-3で確認したとおり、dept_code列はINT型であるためgetInt()メソッドを使用し、dept_name列はVARCHAR型であるためgetString()メソッドを使用しています。

ResultSetインタフェースには、各データに合わせたgetterメソッドが用意されています。主なメソッドは、**表11-5**のとおりです。

表11-5：各データ型に合わせたgetterメソッド

SQL型	Java型	メソッド名
CHAR	java.lang.String	getString()
VARCHAR	java.lang.String	getString()
NUMBER	java.math.BigDecimal	getBigDecimal()
INTEGER	int	getInt()
INT	int	getInt()
DOUBLE	double	getDouble()
DATE	java.sql.Date	getDate()
TIME	java.sql.Time	getTime()
TIMESTAMP	java.sql.Timestamp	getTimestamp()

どのgetXXX()メソッドを使用するかは、データベースでのデータ型に依存します。しかし、ドライバによっては、データ型に対応したメソッド以外のメソッドでも取り出すことが可能です。データ型に対して、どのgetterメソッドが使用可能かは、各データベースのドキュメントを参照してください。

表11-5には記載していませんが、ResultSetインタフェースには、指定された列の値をjava.lang.Object型として取り出す**getObject()**メソッドも提供されています。VARCHARやINTEGERで格納されている値を対応したgetString()やgetInt()メソッドではなく、getObject()で取り出しが可能です。以下のコード例は、Sample11_1.javaの21、22行目をgetObject()に置き換えた例です。

コード例

```
21. Object o_dept_code = rs.getObject("dept_code");
```

```
22. Object o_dept_name = rs.getObject("dept_name");
23. if(o_dept_code instanceof Integer) {
24.   int i_dept_code = (Integer)o_dept_code;
25.   System.out.println(i_dept_code);
26. }
27. if(o_dept_name instanceof String) {
28.   String i_dept_name = (String)o_dept_name;
29.   System.out.println(i_dept_name);
30. }
```

21、22行目では、getObject() メソッドを使用し、java.lang.Object 型として取り出しています。なお、この例では列名を使用していますが、以下のように列番号でも問題ありません。

コード例

```
21. Object o_dept_code = rs.getObject(1);
22. Object o_dept_name = rs.getObject(2);
```

そして23行目、27行目では取り出したデータを instanceof 演算子で確認した後、24、28行目でキャストして目的の型の変数に格納しています。

また、SE 8から、日付/時刻 API の導入により、java.sql.Date、java.sql.Time、java.sql.Timestamp の各クラスに日付/時刻 API への変換用メソッドが追加されています。以下は、SQL 型から日付/時刻型への変換を行っています（Sample11_2.java）。

Sample11_2.java（抜粋）：SQL 型から日付 / 時刻型への変換

```
15. java.sql.Date sqlDate = rs.getDate(1);
16. java.time.LocalDate localDate= sqlDate.toLocalDate();
17. System.out.println("localDate : " + localDate);
18.
19. java.sql.Time sqlTime = rs.getTime(2);
20. java.time.LocalTime localTime= sqlTime.toLocalTime();
21. System.out.println("localTime : " + localTime);
22.
23. java.sql.Timestamp timestamp = rs.getTimestamp(3);
24. java.time.LocalDateTime localDateTime =
25.                       timestamp.toLocalDateTime();
26. System.out.println("localDateTime : " + localDateTime);
```

【実行結果】

```
localDate : 2016-03-30
localTime : 12:40
localDateTime : 2016-03-30T12:40
```

15 〜 16 行目：java.sql.Date → java.time.LocalDate
java.sql.Date クラスの toLocalDate() メソッドを使用します。

19 〜 20 行目：java.sql.Time → java.time.LocalTime
java.sql.Time クラスの toLocalTime() メソッドを使用します。

23 〜 25 行目：java.sql.Timestamp → java.time.LocalDateTime
java.sql.Timestamp クラスの toLocalDateTime() メソッドを使用します。

⑦ すべての処理が終了したら、リソースを解放します。Connection インタフェース、Statement インタフェース、ResultSet インタフェースは使用したリソースを解放するための **close()** メソッドを提供しています。

なお、Java SE 7 から、try-with-resources 文が導入されているため、これらのコードを省略できます。次のサンプルコードからは try-with-resources 文を使用します。

例外

Java アプリケーションがデータベースと通信したときに発生したエラーは、データベースからアプリケーションへ通知されます。エラーの通知には、**SQLException** オブジェクトが使用されます。SQLException 例外が発生する要因は様々です。

- ネットワークケーブルの物理的な問題などにより通信が切断した
- SQL コマンドのフォーマットが不適切である
- サポートされていない機能を使用した
- 存在しない列を参照した

SQLException クラスのメソッドを使用して、エラーメッセージを取得することができます。SQLException クラスの主なメソッドは、**表 11-6** のとおりです。

表 11-6：SQLException クラスの主なメソッド

メソッド名	説明
int getErrorCode()	ベンダ固有の例外コードを取得する
String getSQLState()	SQLState を取得する

SQL ステートメントの実行

JDBC では、3 種類のステートメントを使用できます。各ステートメントは、インタフェースとして提供されています（**表 11-7**）。

表 11-7：ステートメントの種類

インタフェース名	説明
Statement	標準的な SQL 文を実行
PreparedStatement	プリコンパイルされた SQL 文を実行
CallableStatement	ストアドプロシージャを実行

本書では、Statement について紹介します。

Statement インタフェース

標準的な問い合わせを実行するには、Connection インタフェースの **createStatement()** メソッドから Statement オブジェクトを取得します。

Statement インタフェースは、様々な SQL 文を実行するためのメソッドが定義されています。Statement インタフェースの主なメソッドは、**表 11-8** のとおりです。

表 11-8：Statement インタフェースの主なメソッド

メソッド名	説明
ResultSet executeQuery(String sql) 　　　　throws SQLException	単一の ResultSet オブジェクトを返す、指定された SQL 文を実行する。該当するレコードがない場合でも、null にはならない
int executeUpdate(String sql) 　　　　throws SQLException	指定された SQL 文を実行する。SQL 文は、INSERT 文、UPDATE 文、DELETE 文のような SQL データ操作言語（DML）文、あるいは DDL 文のような何も返さない SQL 文を指定する。戻り値は、引数が DML 文の場合は行数を返し、何も返さない SQL 文の場合は 0 を返す
boolean execute(String sql) 　　　　throws SQLException	SQL 文の実行結果が ResultSet オブジェクトの場合は true を、更新行数または結果がない場合は false を返す

executeQuery() メソッドで問い合わせ (SELECT)

まず、executeQuery() メソッドを使用してデータを問い合わせるサンプルコードを見てみましょう (**Sample11_3.java**)。このサンプルコードは、department テーブルから where 条件で任意の dept_code を指定して検索します。

なお、これ以降のサンプルコードでは、独自クラスとして DbConnector クラスを使用します (**DbConnector.java**)。DbConnector クラスは、Connection オブジェクトの取得メソッドである getConnect() メソッドを定義しています。また、このサンプルコードは、try-with-resources 文を使用しています。

Connection、Statement、ResultSet の各インタフェースは、AutoCloseable インタフェースを継承しているため、try でリソースの取得を行っています。また、finally ブロックでの close() 呼び出しは実装していませんが、暗黙で close() メソッドが呼ばれ、リソースの解放処理が行われます。

Sample11_3.java (抜粋):executeQuery() メソッドの使用例

```java
5.      String sql = "SELECT dept_name FROM department " +
6.              "WHERE dept_code = " + args[0];
7.      try(Connection con = DbConnector.getConnect();
8.          Statement stmt = con.createStatement();
9.          ResultSet rs = stmt.executeQuery(sql)) {
10.         if(rs != null) System.out.println("rs != null");
11.         if(rs.next()) {
12.             System.out.println("dept_name : " + rs.getString(1));
13.         }
14.     } catch (SQLException e) { e.printStackTrace(); }
```

DbConnector.java:接続専用クラス

```java
1. import java.sql.*;
2.
3. public class DbConnector {
4.   public static Connection getConnect() throws SQLException{
5.     String url    = "jdbc:mysql://localhost/golddb";
6.     String user   = "root";
7.     String passwd = "training";
8.     Connection con = DriverManager.getConnection(url,user,passwd);
9.     return con;
10.  }
11. }
```

【実行結果】

```
C:\sample\Chap11>java Sample11_3 3     ①
rs != null
dept_name : Development

C:\sample\Chap11>java Sample11_3 9     ②
rs != null
```

①の実行例では、dept_code の値として 3 をコマンドライン引数に渡しています。Sample11_3.java の 10 行目では ResultSet オブジェクトが null でないことを確認し、11 ～ 13 行目では dept_name の値を取り出し、出力しています。

また②では、dept_code の値として 9 をコマンドライン引数に渡していますが、department テーブルには、dept_code に 9 をもつレコードが存在しません。そのため、11 行目の next() メソッドは false を返すことになり、12 行目の出力はありません。しかし、10 行目の null チェックを見ると、null でないことがわかります。

この実行結果からもわかるとおり、executeQuery() メソッドは、該当するレコードがない場合は、空の ResultSet オブジェクトを返し、**null は返しません**。

executeUpdate() メソッドで挿入処理 (INSERT)

では、次に executeUpdate() メソッドを使用したレコードの挿入処理を見てみましょう (**Sample11_4.java**)。この例では、**表 11-9** のレコードを挿入します。

表 11-9：挿入するレコード

dept_code	dept_name	dept_address	pilot_number
6	Planning	Yokohama	045-333-xxxx

Sample11_4.java (抜粋)：executeUpdate() メソッドによる INSERT 処理

```
 5.    String sql = "INSERT INTO department VALUES " +
 6.             "(6,'Planning','Yokohama', '045-333-xxxx')";
 7.    try(Connection con = DbConnector.getConnect();
 8.        Statement stmt = con.createStatement()) {
 9.        int col = stmt.executeUpdate(sql);
10.        System.out.println("col : " + col);
11.    } catch (SQLException e) {
12.        System.out.println(e.getMessage());
13.    }
```

【実行結果】

```
col : 1
```

　5、6行目でレコードの挿入処理を行うためのSQL文（INSERT文）を準備し、9行目でexecuteUpdate()メソッドを使用してSQL文を実行しています。executeUpdate()メソッドの戻り値は更新行数です。実行結果を見ると1が返されていることがわかります。また、このサンプルコードを何も変更せずにもう一度実行すると次のような結果になります。

【実行結果】

```
Duplicate entry '6' for key 'PRIMARY'
```

　dept_codeは主キーであるため、同じ番号（この例では6）を使用して挿入処理を試みると、主キー制約によりSQLException例外が発生します。したがって、12行目のgetMessage()によりエラーメッセージが出力されます。

executeUpdate() メソッドで更新処理 (UPDATE)

　次に、executeUpdate()メソッドを使用したレコードの更新処理を見てみましょう（Sample11_5.java）。この例では、表11-10に示すようにレコードを更新します。

表 11-10：更新するレコード

更新前

dept_code	dept_name	dept_address	pilot_number
6	Planning	Yokohama	045-333-xxxx

更新後

dept_code	dept_name	dept_address	pilot_number
6	Planning	Tokyo	03-6666-xxxx

Sample11_5.java（抜粋）：executeUpdate() メソッドによる UPDATE 処理

```
5.      String sql = "UPDATE department set " +
6.                   "dept_address='Tokyo', pilot_number='03-6666-xxxx' " +
7.                   "where dept_code = " + args[0];
8.      try(Connection con = DbConnector.getConnect();
9.         Statement stmt = con.createStatement()) {
10.        int col = stmt.executeUpdate(sql);
```

```
11.         System.out.println("col : " + col);
12.     } catch (SQLException e) {
13.         System.out.println(e.getMessage());
14.     }
```

【実行結果】
```
C:¥sample¥Chap11>java Sample11_5 6    ──① 
col : 1

C:¥sample¥Chap11>java Sample11_5 9    ──②
col : 0
```

5〜7行目でレコードの更新処理を行うためのSQL文（UPDATE文）を準備し、10行目でexecuteUpdate()メソッドを使用してSQL文を実行しています。更新対象のdept_codeはコマンドライン引数で指定しています。

①の実行例では、コマンドライン引数に6を指定しています。その結果、dept_codeが6のレコードに対し更新処理が行われるため、executeUpdate()メソッドの戻り値は1になります。また②では、コマンドライン引数に9を指定しています。しかし、departmentテーブルにはdept_codeに9をもつレコードが存在しないため、更新はできません。したがって、executeUpdate()メソッドの戻り値は0になります。

executeUpdate() メソッドで削除処理（DELETE）

次に、executeUpdate()メソッドを使用したレコードの削除処理を見てみましょう（**Sample11_6.java**）。この例では、dept_codeが6のレコードを削除します。

Sample11_6.java（抜粋）：executeUpdate() メソッドによる DELETE 処理
```
5.      String sql = "DELETE FROM department " +
6.                   "where dept_code = " + args[0];
7.      try(Connection con = DbConnector.getConnect();
8.          Statement stmt = con.createStatement()) {
9.          int col = stmt.executeUpdate(sql);
10.         System.out.println("col : " + col);
11.     } catch (SQLException e) {
12.         System.out.println(e.getMessage());
13.     }
```

【実行結果】

```
C:\sample\Chap11>java Sample11_6 6    ①
col : 1

C:\sample\Chap11>java Sample11_6 9    ②
col : 0
```

5、6行目でレコードの削除処理を行うためのSQL文（DELETE文）を準備し、9行目でexecuteUpdate()メソッドを使用してSQL文を実行しています。この例でも、削除対象のdept_codeをコマンドライン引数で指定しています。

①の実行例では、コマンドライン引数に6を指定しています。その結果、dept_codeが6のレコードに対し削除が行われて、executeUpdate()メソッドの戻り値は1になります。また②では、コマンドライン引数に9を指定しています。しかし、departmentテーブルにはdept_codeに9をもつレコードが存在しないため、削除はできません。したがって、executeUpdate()メソッドの戻り値は0になります。

execute()メソッドでSQL文の実行

前述のとおり、一般的には**検索処理文の実行にはexecuteQuery()メソッド、更新処理文の実行にはexecuteUpdate()**メソッドを使用しますが、いずれの処理文でも実行可能なメソッドとしてexecute()メソッドが提供されています。引数には検索／更新のいずれの処理文も指定が可能です。ただし、処理内容によって戻り値は異なるため、**execute()メソッドの戻り値はboolean値**です。ResultSetオブジェクトが返ってきている場合はtrue、更新行数もしくは結果がない場合はfalseを返します。そして、ResultSetもしくは更新行数を取り出すには、Statementインタフェースで提供されている**表11-11**のメソッドを使用します。

表11-11：Statementインタフェースのメソッド

メソッド名	説明
ResultSet getResultSet() 　　　　throws SQLException	ResultSetオブジェクトを取得する
int getUpdateCount() 　　　　throws SQLException	更新行数を取得する

ではexecute()メソッドを使用したサンプルコードを確認します（**Sample11_7.java**）。

Sample11_7.java（抜粋）：execute() メソッドの利用

```
5.      String[] sqls = {
6.          "INSERT INTO department VALUES " +
7.          "(7,'Planning','Yokohama', '045-333-xxxx')",
8.          "SELECT dept_name FROM department " +
9.          "WHERE dept_code = 2"};
10.     try(Connection con = DbConnector.getConnect();
11.         Statement stmt = con.createStatement()) {
12.       for(String sql : sqls) {
13.         boolean isResultSet = stmt.execute(sql);
14.         if(isResultSet) {
15.           ResultSet rs = stmt.getResultSet();
16.           rs.next();
17.           System.out.println(rs.getString(1));
18.         } else {
19.           int count = stmt.getUpdateCount();
20.           System.out.println(count);
21.         }
22.       }
23.     } catch (SQLException e) { e.printStackTrace(); }
```

【実行結果】

```
1
Engineering
```

　6、7行目で INSERT 文、8、9行目で SELECT 文の準備をします。なお各文はString の配列 sqls に格納しています。12行目以降では配列を使用した for 文を準備し、13行目で各 SQL 文を execute() メソッドで実行します。このとき、ResultSet オブジェクトが返ってきている場合は true、更新行数の場合は false が返るため、14～21行目で結果処理を分岐しています。また、15行目では ResultSet オブジェクトの取得に getResultSet() メソッド、19行目では更新行数の取得に getUpdateCount() メソッドを使用しています。

　以下の**表 11-12** は、executeXXX() メソッドの特徴をまとめたものです。

表 11-12：executeXXX() メソッドの特徴

メソッド名	戻り値	説明
execute(String sql)	boolean	true：ResultSet オブジェクトの取得が可能 false：更新行数の取得が可能もしくは、結果がない
executeQuery(String sql)	ResultSet	結果の取得には、1 回は next() を呼ぶ。該当レコードがない場合でも、ResultSet は null にならない
executeUpdate(String sql)	int	更新行数が返る。更新した行がなかった場合は 0 が返る

プレースフォルダを使用した SQL 文の実行には、PreparedStatement インタフェースを使用します。

ResultSet の拡張

ResultSet オブジェクトの高度な機能

ここまでのサンプルコードでは、ResultSet オブジェクトを順方向モードおよび読み込み専用で使用していました。実は、ResultSet オブジェクトではその他にも次のような機能を使用できます。

- 問い合わせ結果のスクロール、絶対／相対位置指定
- ResultSet オブジェクト上でデータの挿入・更新

スクロール機能や更新処理が可能な ResultSet オブジェクトを取得するには、**各ステートメントの取得時に、ResultSet インタフェースで提供されている定数を指定**します。主な定数は、**表 11-13** のとおりです。

表 11-13：ResultSet インタフェースの定数

定数名	説明
CONCUR_READ_ONLY	更新できない ResultSet オブジェクトの並行処理モードを示す
CONCUR_UPDATABLE	更新できる ResultSet オブジェクトの並行処理モードを示す

定数名	説明
TYPE_FORWARD_ONLY	カーソルが順方向にしか移動しない ResultSet オブジェクトのタイプを示す
TYPE_SCROLL_INSENSITIVE	スクロール可能だが、データベースのデータに対して行われた変更を反映しない ResultSet オブジェクトのタイプを示す
TYPE_SCROLL_SENSITIVE	スクロール可能で、データベースの最新の内容を反映する ResultSet オブジェクトのタイプを示す

なお、これらの ResultSet 機能の実装有無は、JDBC ドライバごとに異なります。実装有無を確認するには、DatabaseMetaData オブジェクトを使用します。DatabaseMetaData オブジェクトは、Connection インタフェースの getMetaData() メソッドで取得可能です。

問い合わせ結果のスクロール、絶対／相対位置指定

Statement オブジェクトを使用して、スクロール可能な ResultSet オブジェクトを取得します。

次のコード例は、Statement オブジェクトを取得する際に、ResultSet インタフェースの定数を指定しています。

コード例

```
Statement stmt = con.createStatement(
    ResultSet.TYPE_SCROLL_SENSITIVE,ResultSet.CONCUR_READ_ONLY);
```

createStatement() メソッドの第 1 引数に、TYPE_SCROLL_INSENSITIVE もしくは TYPE_SCROLL_SENSITIVE を指定することで、ResultSet オブジェクト内を順方向または逆方向に移動できます。第 2 引数には、CONCUR_UPDATABLE を指定することで、取得した ResultSet オブジェクトを通じてレコードの挿入や更新、削除を行うことができます。

スクロール可能な ResultSet オブジェクトでは、next() メソッド以外にもカーソルを任意に移動するメソッドを使用できます。主なメソッドは、**表 11-14** のとおりです。

表 11-14：ResultSet インタフェースのカーソル移動用メソッド

メソッド名	説明
boolean absolute(int row) throws SQLException	カーソルをこの ResultSet オブジェクト内の指定された行番号に移動する

メソッド名	説明
boolean relative(int rows) 　　　　throws SQLException	カーソルを正または負の相対行数だけ移動する
boolean next() 　　　　throws SQLException	カーソルを現在の位置から1行順方向に移動する
boolean previous() 　　　　throws SQLException	カーソルをこのResultSetオブジェクト内の前の行に移動する
boolean first() 　　　　throws SQLException	カーソルをこのResultSetオブジェクト内の先頭行に移動する
boolean last() 　　　　throws SQLException	カーソルをこのResultSetオブジェクト内の最終行に移動する
void afterLast() 　　　　throws SQLException	カーソルをこのResultSetオブジェクトの最終行の直後に移動する
void beforeFirst() 　　　　throws SQLException	カーソルをこのResultSetオブジェクトの先頭行の直前に移動する
int getRow() 　　　　throws SQLException	現在の行の番号を取得する。最初の行は1となる

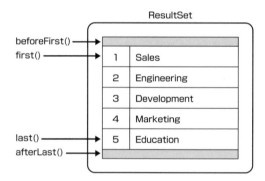

図 11-5：カーソル移動用メソッド

図 11-5 にあるように、先頭行は first()、先頭行の直前は beforeFirst() メソッドで移動可能です。

それでは、スクロール可能な ResultSet オブジェクトを使用した例を見てみましょう（Sample11_8.java）

Sample11_8.java（抜粋）：スクロール可能な ResultSet オブジェクトの使用例

```
5.      String sql = "SELECT dept_name FROM department " +
6.              "ORDER BY dept_code";
7.      try(Connection con = DbConnector.getConnect();
```

```
8.         Statement stmt = con.createStatement(
9.               ResultSet.TYPE_SCROLL_INSENSITIVE,
10.              ResultSet.CONCUR_UPDATABLE);
11.        ResultSet rs = stmt.executeQuery(sql)) {
12.        DatabaseMetaData m = con.getMetaData();
13.        System.out.format("[TYPE_FORWARD_ONLY] %s%n",
14.            m.supportsResultSetType(ResultSet.TYPE_FORWARD_ONLY));
15.        System.out.format("[TYPE_SCROLL_INSENSITIVE] %s%n",
16.            m.supportsResultSetType(ResultSet.TYPE_SCROLL_INSENSITIVE));
17.        System.out.format("[TYPE_SCROLL_SENSITIVE] %s%n",
18.            m.supportsResultSetType(ResultSet.TYPE_SCROLL_SENSITIVE));
19.        rs.last();   // 最終行に移動
20.        System.out.println("最後の行番号 : " + rs.getRow());
21.        rs.afterLast(); // 最終行の次の行に移動
22.        while (rs.previous()) { // 逆方向にスクロール
23.          System.out.println("dept_name : " + rs.getString(1));
24.        }
25.    } catch (SQLException e) { e.printStackTrace(); }
```

【実行結果】

```
[TYPE_FORWARD_ONLY] false
[TYPE_SCROLL_INSENSITIVE] true
[TYPE_SCROLL_SENSITIVE] false
最後の行番号 : 6
dept_name : Planning
dept_name : Education
dept_name : Marketing
dept_name : Development
dept_name : Engineering
dept_name : Sales
```

　この実行結果は、現在の department テーブルには 6 レコードが格納されていることを前提としています。9 行目では、createStatement() メソッドの第 1 引数に TYPE_SCROLL_INSENSITIVE を指定しています。19 行目の **last()** メソッドにより ResultSet オブジェクトの最後の行にカーソルが移動するため、20 行目で **getRow()** メソッドを呼び出すと 6 が返ります。また、21 行目の **afterLast()** により最終行の直後にカーソルが移動するため、22 〜 24 行目では、**previous()** メソッドを使用して、1 行ずつ前にカーソルを移動させています。

Sample11_8.javaの12行目～18行目では、DatabaseMetaDataを使用して、ResultSetタイプのサポート有無を出力しています。実行結果のとおり、今回使用しているMySQLのJDBCドライバ（MySQL-Connector-J 5.1）は、TYPE_SCROLL_INSENSITIVEのみサポートしています。したがって、createStatement()メソッドに引数を指定せずにStatementオブジェクトを取得しても、暗黙でスクロール可能なResultSetオブジェクトが返ります。

表11-14のメソッドについて、もう少し確認します。
たとえば、以下のようなコード例(1)があったとします。

コード例(1)

```
10. String sql = "SELECT dept_name FROM department";
11. ResultSet rs = stmt.executeQuery(sql);
12. rs.beforeFirst();
13. System.out.println(rs.getString(1)); //SQLException 例外
```

このコードは、13行目でSQLException例外が発生します。12行目でbeforeFirst()メソッドにより、ResultSetオブジェクトの先頭行の直前に移動するため、13行目でgetString()によるデータの取り出しはできません。

次のコード例(2)を確認します。なお、10、11行目で実行されるSQL文に対し、departmentテーブルには、dept_codeが99のレコードはないことを前提とします。

コード例(2)

```
10. String sql2 = "SELECT dept_name FROM department " +
11.                "where dept_code = 99";
12. ResultSet rs = stmt.executeQuery(sql2);
13. System.out.println(rs.first());   //false
14. System.out.println(rs.last());    //false
15. //System.out.println(rs.beforeFirst());   // コンパイルエラー
```

12行目でexecuteQuery()が実行されますが、検索条件に合致したレコードがない場合、ResultSetはnullではなく検索結果をもたないResultSetオブジェクトが返ります。したがって、13、14行目はともにfalseを返します。また、15行目のコードはコンパイルエラーになるため注意してください。表11-14で掲載しているメソッドのうち、

```
 8.         Statement stmt = con.createStatement(
 9.             ResultSet.TYPE_SCROLL_INSENSITIVE,
10.             ResultSet.CONCUR_UPDATABLE);
11.       ResultSet rs = stmt.executeQuery(sql)) {
12.       DatabaseMetaData m = con.getMetaData();
13.       System.out.format("[TYPE_FORWARD_ONLY] %s%n",
14.           m.supportsResultSetType(ResultSet.TYPE_FORWARD_ONLY));
15.       System.out.format("[TYPE_SCROLL_INSENSITIVE] %s%n",
16.           m.supportsResultSetType(ResultSet.TYPE_SCROLL_INSENSITIVE));
17.       System.out.format("[TYPE_SCROLL_SENSITIVE] %s%n",
18.           m.supportsResultSetType(ResultSet.TYPE_SCROLL_SENSITIVE));
19.       rs.last();   // 最終行に移動
20.       System.out.println("最後の行番号 : " + rs.getRow());
21.       rs.afterLast(); // 最終行の次の行に移動
22.       while (rs.previous()) { // 逆方向にスクロール
23.         System.out.println("dept_name : " + rs.getString(1));
24.       }
25.     } catch (SQLException e) { e.printStackTrace(); }
```

【実行結果】

```
[TYPE_FORWARD_ONLY] false
[TYPE_SCROLL_INSENSITIVE] true
[TYPE_SCROLL_SENSITIVE] false
最後の行番号 : 6
dept_name : Planning
dept_name : Education
dept_name : Marketing
dept_name : Development
dept_name : Engineering
dept_name : Sales
```

この実行結果は、現在の department テーブルには 6 レコードが格納されていることを前提としています。9 行目では、createStatement() メソッドの第 1 引数に TYPE_SCROLL_INSENSITIVE を指定しています。19 行目の **last()** メソッドにより ResultSet オブジェクトの最後の行にカーソルが移動するため、20 行目で **getRow()** メソッドを呼び出すと 6 が返ります。また、21 行目の **afterLast()** により最終行の直後にカーソルが移動するため、22 ～ 24 行目では、**previous()** メソッドを使用して、1 行ずつ前にカーソルを移動させています。

Sample11_8.javaの12行目～18行目では、DatabaseMetaDataを使用して、ResultSetタイプのサポート有無を出力しています。実行結果のとおり、今回使用しているMySQLのJDBCドライバ（MySQL-Connector-J 5.1）は、TYPE_SCROLL_INSENSITIVEのみサポートしています。したがって、createStatement()メソッドに引数を指定せずにStatementオブジェクトを取得しても、暗黙でスクロール可能なResultSetオブジェクトが返ります。

表11-14のメソッドについて、もう少し確認します。
たとえば、以下のようなコード例（1）があったとします。

コード例（1）

```
10. String sql = "SELECT dept_name FROM department";
11. ResultSet rs = stmt.executeQuery(sql);
12. rs.beforeFirst();
13. System.out.println(rs.getString(1)); //SQLException 例外
```

このコードは、13行目でSQLException例外が発生します。12行目でbeforeFirst()メソッドにより、ResultSetオブジェクトの先頭行の直前に移動するため、13行目でgetString()によるデータの取り出しはできません。

次のコード例（2）を確認します。なお、10、11行目で実行されるSQL文に対し、departmentテーブルには、dept_codeが99のレコードはないことを前提とします。

コード例（2）

```
10. String sql2 = "SELECT dept_name FROM department " +
11.                  "where dept_code = 99";
12. ResultSet rs = stmt.executeQuery(sql2);
13. System.out.println(rs.first());   //false
14. System.out.println(rs.last());    //false
15. //System.out.println(rs.beforeFirst());   // コンパイルエラー
```

12行目でexecuteQuery()が実行されますが、検索条件に合致したレコードがない場合、ResultSetはnullではなく検索結果をもたないResultSetオブジェクトが返ります。したがって、13、14行目はともにfalseを返します。また、15行目のコードはコンパイルエラーになるため注意してください。表11-14で掲載しているメソッドのうち、

beforeFirst() と afterLast() メソッドは戻り値は void です。したがって、15 行目のように System.out.println() 引数には指定できません。

次に absolute() メソッドを確認します。absolute() メソッドは、引数で指定された行番号に移動します。したがって引数には、最初の行へ移動する場合は 1、2 行目に移動する場合は 2 となります。また、指定された行番号が負の値の場合は、カーソルは結果セットの終端に対する絶対行位置に移動します。たとえば、absolute(-1) とすると、カーソルは最終行に移動し、absolute(-2) とすると最終行の前の行に移動します。

サンプルコードで確認します（**Sample11_9.java**）。Sample11_9.java の 5、6 行目で実行される SQL 文により、実行結果は図 **11-6** となります。

Sample11_9.java（抜粋）：absolute() メソッドの利用

```
5.      String sql = "SELECT dept_code FROM department " +
6.              "ORDER BY dept_code";
7.      try(Connection con = DbConnector.getConnect();
8.          Statement stmt = con.createStatement(
9.              ResultSet.TYPE_SCROLL_INSENSITIVE,
10.             ResultSet.CONCUR_UPDATABLE);
11.         ResultSet rs = stmt.executeQuery(sql)) {
12.         rs.absolute(1);
13.         System.out.print(rs.getString(1) + " ");
14.         rs.absolute(-1);
15.         System.out.print(rs.getString(1) + " ");
16.         rs.absolute(-2);
17.         System.out.println(rs.getString(1));
18.     } catch (SQLException e) { e.printStackTrace(); }
```

【実行結果】

```
1 7 5
```

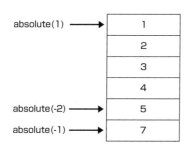

図 11-6：
absolute() メソッドによるカーソルの移動

ResultSet の拡張 | **465**

12行目ではabsolute(1)としているため、1行目に移動します。また、14行目はabsolute(-1)としているため最終行に移動し、16行目はabsolute(-2)としているため最終行の前の行に移動します。なお、この例では、ResultSetの結果レコード数は6行であるため、absolute(7)やabsolute(-7)とすると、getString(1)等でデータの取り出し時にSQLException例外がスローされます。

ResultSetオブジェクト上でデータの挿入・更新

更新可能なResultSetオブジェクトでは、問い合わせ結果を使用してレコードの挿入や更新、削除を行うことができます。次のコード例は、Statementオブジェクトを取得する際に、ResultSetインタフェースの定数を指定しています。

コード例

```
Statement stmt = con.createStatement(
    ResultSet.TYPE_SCROLL_SENSITIVE,ResultSet.CONCUR_UPDATABLE);
```

createStatement()メソッドの第2引数に、CONCUR_UPDATABLE（表11-13を参照）を指定すると、更新可能なResultSetオブジェクトを作成できます。

更新処理で使用するResultSetインタフェースの主なメソッドは、**表11-15**のとおりです。

表11-15：ResultSetインタフェースの更新処理用メソッド

メソッド名	説明
void updateString(int columnIndex, String x)　throws SQLException	第1引数で指定された列を、第2引数で指定したString値で更新する
void updateInt(int columnIndex, int x)　　　throws SQLException	第1引数で指定された列を、第2引数で指定したint値で更新する
void updateRow()　　　throws SQLException	変更内容をデータベースに反映する
void moveToInsertRow()　　　throws SQLException	カーソルを挿入行に移動する
void insertRow()　　　throws SQLException	挿入行の内容をデータベースに挿入する
void deleteRow()　　　throws SQLException	データベースから、現在の行を削除する

更新処理を行うResultSetオブジェクトを使用した例を見てみましょう（**Sample11_10.java**）。

Sample11_10.java：更新処理を行う ResultSet オブジェクトの使用例

```
5.      String sql = "SELECT dept_code, dept_address FROM department " +
6.                   "WHERE dept_code = 4";
7.      try(Connection con = DbConnector.getConnect();
8.          Statement stmt = con.createStatement(
9.              ResultSet.TYPE_SCROLL_INSENSITIVE,
10.             ResultSet.CONCUR_UPDATABLE);
11.         ResultSet rs = stmt.executeQuery(sql)) {
12.         if(rs.next()) System.out.println(rs.getString(2));
13.         rs.updateString(2, "Chiba");
14.         rs.updateRow();
15.     } catch (SQLException e) { e.printStackTrace(); }
```

【実行結果】

実行結果の①では、MySQL の SQL コマンドラインで、department テーブルの dept_code が 4 のレコードを表示しています。このときの dept_address は「Fukuoka」です。そして、Sample11_10.java を実行（②）した後、再度、SQL コマンドラインで dept_code が 4 のレコードを確認すると、dept_address が「Chiba」に更新（③）されていることがわかります。

では、Sample11_10.java のコードを見てみましょう。10 行目では、createStatement() メソッドの第 2 引数に CONCUR_UPDATABLE が指定されています。

13 行目の **updateString()** メソッドは、2 列目のフィールド（dept_address）を「Chiba」に更新しています。そして、14 行目の **updateRow()** メソッドにより更新がデータベースに反映されます。

なお、ResultSet オブジェクトを通じて行を挿入するには、**moveToInsertRow()** メソッドを呼び出して、挿入専用の行に移動する必要があります。その後、**updateXXX()** メ

ソッドを使ってデータを設定した後、**insertRow()** メソッドを呼び出して行を挿入します。

コード例

```
rs.moveToInsertRow();
rs.updateString(1, "sales");
rs.updateInt(2, 9800);
rs.insertRow();
```

また行を削除するには、削除したい行にカーソルを移動し、**deleteRow()** メソッドを呼び出します。

練習問題

■ 問題 11-1 ■

JDBC URL に含まれる必須の要素として正しいものは次のどれですか。2 つ選択してください。

- ☐ A. ログイン時のユーザ名
- ☐ B. ログイン時のパスワード
- ☐ C. ログイン時のロール
- ☐ D. jdbc プロトコル名
- ☐ E. データベース名
- ☐ F. ポート番号

■ 問題 11-2 ■

JDBC4.0 以降の JDBC ドライバの JAR ファイル内に必要なファイルとして正しいものは次のどれですか。1 つ選択してください。

- ○ A. META-INF/java.sql.Driver
- ○ B. META-INF/database/java.sql.Driver
- ○ C. META-INF/jdbc/java.sql.Driver
- ○ D. META-INF/driver/java.sql.Driver
- ○ E. META-INF/services/java.sql.Driver

■ 問題 11-3 ■

次のコード（抜粋）があります。

```
 9. Connection con = new Connection(url, user, pass);
10. Statement stmt = con.createStatement();
11. String sql = "SELECT count(*) FROM department";
12. ResultSet rs = stmt.executeQuery(sql);
13. if (rs.next()) System.out.println(rs.getInt(1));
```

department テーブルには 3 レコード格納されているとします。コンパイル、実行した結果として正しいものは次のどれですか。1 つ選択してください。

- ○ A. 0
- ○ B. 3
- ○ C. 9 行目でコンパイルエラー
- ○ D. 13 行目でコンパイルエラー
- ○ E. 実行時エラー

■ 問題 11-4 ■

次のコード（抜粋）があります。

```
Statement stmt = con.createStatement( 【  ①  】, // 第2引数は実装済
とする );
```

①に挿入可能な定数として正しいものは次のどれですか。3つ選択してください。

- ❏ A. ResultSet.TYPE_FORWARD_ONLY
- ❏ B. ResultSet.TYPE_REVERSE_ONLY
- ❏ C. ResultSet.TYPE_SCROLL_INSENSITIVE
- ❏ D. ResultSet.TYPE_SCROLL_SENSITIVE
- ❏ E. ResultSet.CONCUR_READ_ONLY
- ❏ F. ResultSet.CONCUR_UPDATABLE

■ 問題 11-5 ■

次のコード（抜粋）があります。

```
 9. boolean result1   = stmt. 【  ①  】 (sql1);
10. int result2       = stmt. 【  ②  】 (sql2);
11. ResultSet result3 = stmt. 【  ③  】 (sql3);
```

①、②、③に入るメソッド名として正しいものは次のどれですか。1つ選択してください。

- ○ A. ① executeUpdate　② execute　　　　③ executeQuery
- ○ B. ① executeUpdate　② executeQuery　③ execute
- ○ C. ① execute　　　　② executeQuery　③ executeUpdate
- ○ D. ① execute　　　　② executeUpdate　③ executeQuery
- ○ E. ① executeQuery　② executeQuery　③ execute
- ○ F. ① executeQuery　② execute　　　　③ executeQuery

■ 問題 11-6 ■

次のコードがあります。

```
1. import java.sql.*;
2.
3. public class Test {
4.   public static void main(String[] args)  {
5.     String sql = "UPDATE department set " +
6.                 "dept_address='Tokyo' where dept_code = 5 ";
7.     try(Connection con = DbConnector.getConnect();
8.        Statement stmt = con.createStatement()) {
9.       int col = stmt.executeUpdate(sql);
10.   }
11.  }
12. }
```

前提

- DbConnector クラスの getConnect() メソッドから接続が確立された Connection オブジェクトは取得できているとします
- department テーブルには dept_code が 1 〜 5 までの 5 レコードが格納されているとします

コンパイル、実行した結果として正しいものは次のどれですか。1 つ選択してください。

- ○ A.　col 変数には 5 が格納される
- ○ B.　col 変数には 1 が格納される
- ○ C.　col 変数には 0 が格納される
- ○ D.　実行時エラー
- ○ E.　コンパイルエラー

■ 問題 11-7 ■

次のコード（抜粋）があります。

```
5.  String sql1 = "SELECT count(*) FROM department";
6.  String sql2 = "INSERT INTO department " +
7.                "VALUES (13,'a','b', 'c')";
8.  try(Connection con = DbConnector.getConnect();
9.      Statement stmt = con.createStatement()){
10.     ResultSet rs = stmt.executeQuery(sql1);
11.     int num = stmt.executeUpdate(sql2);
12.     System.out.print(num + " ");
13.     if(rs.next()) System.out.println(rs.getString(1));
14. } catch (SQLException e) { e.printStackTrace(); }
```

前提

・DbConnector クラスの getConnect() メソッドから接続が確立された Connection オブジェクトは取得できているとします
・department テーブルには 10 レコードが格納されているとします
・department テーブルには dept_code が 13 のレコードはありません

コンパイル、実行した結果として正しいものは次のどれですか。1 つ選択してください。

○ A.　1 10
○ B.　1 11
○ C.　11 行目でコンパイルエラー
○ D.　13 行目でコンパイルエラー
○ E.　実行時エラー

■ 問題 11-8 ■

ResultSet インタフェースのメソッドで日付時刻が格納された列から、日付時刻を取り出すメソッド名として正しいものは次のどれですか。1つ選択してください。

- ○ A. getDate
- ○ B. getLocalDate
- ○ C. getTime
- ○ D. getLocalTime
- ○ E. getTimestamp
- ○ F. getLocalDateTime

■ 問題 11-9 ■

ResultSet インタフェースのメソッドで boolean 値を返さないメソッドは次のどれですか。2つ選択してください。

- ❏ A. absolute
- ❏ B. first
- ❏ C. last
- ❏ D. beforeFirst
- ❏ E. afterLast
- ❏ F. relative

■ 問題 11-10 ■

次のコード（抜粋）があります。

```
5.  String sql = "SELECT dept_code FROM department " +
6.              "where dept_code = 5 ";
7.  try(Connection con = DbConnector.getConnect();
8.      Statement stmt = con.createStatement(
9.              ResultSet.TYPE_SCROLL_INSENSITIVE,
10.             ResultSet.CONCUR_UPDATABLE);
11.     ResultSet rs = stmt.executeQuery(sql)) {
12.    System.out.println(rs.getString(1));
13. } catch (SQLException e) { e.printStackTrace(); }
```

前提

- DbConnector クラスの getConnect() メソッドから接続が確立された Connection オブジェクトは取得できているとします
- department テーブルには dept_code が 1 〜 5 までの 5 レコードが格納されているとします

コンパイル、実行した結果として正しいものは次のどれですか。1つ選択してください。

- ◯ A. 1
- ◯ B. 5
- ◯ C. 11 行目でコンパイルエラー
- ◯ D. 12 行目でコンパイルエラー
- ◯ E. 11 行目で実行時エラー
- ◯ F. 12 行目で実行時エラー

解答・解説

問題 11-1　正解：D、E

本章で紹介した「jdbc:mysql://localhost/golddb」というように、jdbcプロトコルは必須です。また、データベースサーバ内のどのデータベースにアクセスするのかを特定するためデータベース名も必須です。ポート番号は使用している製品のデフォルトを使用している場合、省略可能です。選択肢 A、B、C は JDBC URL には不要です。

問題 11-2　正解：E

JDBC4.0 以降では、Class.forName() メソッドによる JDBC ドライバのロード処理は省略可能となっています。そのため、各 JDBC ドライバの JAR ファイル内には、META-INF¥services¥java.sql.Driver ファイルを配置し、java.sql.Driver ファイル内に、ベンダ固有の JDBC ドライバクラス名を記載するようになっています。

問題 11-3　正解：C

Connection クラスは抽象クラスであるため、new によるインスタンス化はできません。Connection オブジェクトの取得には DriverManager.getConnection() メソッドを使用します。

問題 11-4　正解：A、C、D

createStatement() メソッドの第1引数に指定可能な定数は、選択肢 A、C、D です。選択肢 C、D を指定すると、スクロール可能な ResultSet オブジェクトを取得できます。選択肢 B のような定数はありません。なお、選択肢 E、F は createStatement() メソッドの第2引数に指定可能な定数です。

問題 11-5　正解：D

boolean 値を返すメソッドは execute() です。execute() メソッドは ResultSet オブジェクトのが返ってきている場合は true、更新行数もしくは結果がない場合は false を返します。int 値を返すメソッドは更新処理を行う executeUpdate() です。ResultSet を返すメソッドは検索処理を行う executeQuery() です。

問題 11-6　正解：E

main() メソッド内で例外処理を行っていないためコンパイルエラーです。SQLException

の catch ブロックもしくは main() メソッドに throws SQLException を付与するとコンパイル、実行ともに成功します。その場合、UPDATE 文では where 条件に dept_code = 5 としているため、col 変数には 1 が格納されます。

問題 11-7　正解：E

このコードはコンパイルは成功します。しかし、10 行目で executeQuery() を実行した後、同じ Statement オブジェクトを使用して executeUpdate() メソッドを実行しています。そのため、いったん ResultSet オブジェクトはクローズします。13 行目で ResultSet から取り出しを試みてもクローズ後は取り出しができません。したがって実行時に 13 行目で SQLException 例外が発生します。

問題 11-8　正解：E

選択肢 B、D、F は ResultSet インタフェースで提供されていません。選択肢 A は java.sql.Date を返し、日付のみ扱います。選択肢 C は java.sql.Time を返し、時刻のみ扱います。選択肢 E は java.sql.Timestamp を返し、日付時刻を扱います。

問題 11-9　正解：D、E

beforeFirst() メソッドは、先頭行の直前に移動し、afterLast() メソッドは最終行の直後に移動します。ともに戻り値はなく void です。他の選択肢のメソッドはすべて boolean 値を返します。

問題 11-10　正解：F

コンパイルは成功しますが、11 行目で executeQuery() を実行後、rs.next () 等のどこかの行を指すメソッドを呼び出すことなく、12 行目で getString() の呼び出しを行っています。したがって、実行時に 12 行目で SQLException 例外が発生します。

第12章

ローカライズとフォーマット

本章で学ぶこと

この章では、国際化対応のプログラムを作成するために必要となるロケールについて解説します。ロケールごとに表示文字列などを切り替える際に使用するリソースバンドルについても解説します。また、数値や日付のフォーマットについて解説します。

- ロケール
- リソースバンドル
- フォーマット

ロケール

　第 7 章の日付 / 時刻 API ですでにロケールを使用したプログラムを使用しましたが、ここでは、ロケールについて詳しく確認します。

　ロケールとは、国や言語などで分けた「地域」を表す情報です。プログラムを実行する地域によって表示を変えたい場合などに使用します。

　ロケールは、**java.util.Locale** クラスのオブジェクト（ロケールオブジェクト）で表します。ロケールオブジェクトは new を使用してインスタンス化する以外に、Locale クラスの定数や getDefault() メソッドからも取得できます。

　Locale クラスの主なコンストラクタ、メソッド、定数は **表 12-1** のとおりです。

表 12-1：Locale クラスの主なコンストラクタ・メソッド・定数

コンストラクタ	説明
Locale(String language)	引数で指定された言語コードからロケールオブジェクトを生成する
Locale(String language, String country)	引数で指定された言語コード、国コードからロケールオブジェクトを生成する

メソッド名	説明
static Locale getDefault()	実行中の Java 実行環境のデフォルトロケールを返す
static void setDefault(Locale newLocale)	引数で指定したロケールをデフォルトロケールとして設定する
final String getDisplayCountry()	ロケールオブジェクトがもつ国名を返す
String getDisplayCountry(Locale inLocale)	引数で指定したロケールの表示で国名を返す
String getCountry()	ロケールオブジェクトがもつ国コードを返す

メソッド名	説明
final String getDisplayLanguage()	ロケールオブジェクトがもつ言語名を返す
String getDisplayLanguage(Locale inLocale)	引数で指定したロケールの表示で言語名を返す
String getLanguage()	ロケールオブジェクトがもつ言語コードを返す

定数	説明
static final Locale US	米国を表すロケールオブジェクト
static final Locale JAPAN	日本国を表すロケールオブジェクト
static final Locale FRANCE	フランスを表すロケールオブジェクト

表 12-1 にあるとおり、コンストラクタを使用して Locale オブジェクトを作成するほか、定数を使用して目的の地域の Locale オブジェクトを取得することができます。また、Locale クラスのコンストラクタの引数に指定できる主な言語コードと国コードを**表 12-2** に示します。

表 12-2：主な言語コードと国コード

言語	言語コード（ISO 639）	国	国コード（ISO 3166）
日本語	ja	日本	JP
英語	en	米国	US
イタリア語	it	イタリア	IT
フランス語	fr	フランス	FR

また、**Locale.Builder** クラスの **build()** メソッドを使用することも可能です。コンストラクタを使用する Locale クラスとは異なり、setter メソッドによって Locale オブジェクトを構成します。

コード例

```
Locale locale = new Locale.Builder().setLanguage("ja")
                                    .setScript("Jpan")
                                    .setRegion("JP").build();
```

setLanguage() は言語、setScript() は ISO 15924 で定義されている 4 文字の文字体系、setRegion() は地域を設定します。そして build() により、設定された値から作成された Locale オブジェクトを取得します。

ロケールオブジェクトを取得するサンプルコードを確認してみましょう（**Sample12_1.**

java)。

Sample12_1.java（抜粋）：ロケールオブジェクトの取得例

```
5.      Locale japan = Locale.getDefault(); // 日本
6.      System.out.println(japan.getDisplayCountry() + " : " +
7.                         japan.getDisplayLanguage());
8.      Locale us = new Locale("en", "US"); // 米国
9.      //Locale us = Locale.US; // 米国
10.     System.out.println(us.getDisplayCountry() + " : " +
11.                        us.getDisplayLanguage());
12.     System.out.println(us.getDisplayCountry(us) + " : " +
13.                        us.getDisplayLanguage(us));
14.     System.out.println(us.getCountry() + " : " +
15.                        us.getLanguage());
16.     Locale lb = new Locale.Builder().setLanguage("ja")
17.                           .setScript("Jpan")
18.                           .setRegion("JP").build();
19.     System.out.println(lb.getCountry() + " : " +
20.                        lb.getLanguage());
```

【実行結果】

```
日本 : 日本語
アメリカ合衆国 : 英語
United States : English
US : en
JP : ja
```

　5行目では、デフォルトのLocaleオブジェクトを取得しています。筆者がこのサンプルコードを実行しているOSの地域設定が日本であるため、6、7行目の実行結果として「日本：日本語」と出力されています。

　また、8行目では、言語コードとして「en」、国コードとして「US」を指定して米国のロケールオブジェクトを取得しています。なお、9行目のように、Localeクラスの定数を使用して取得することも可能です。10、11行目の実行結果では「アメリカ合衆国：英語」と出力されています。なお、12、13行目のように引数にロケールオブジェクトを渡すとそのロケールに従った表示（「United States：English」）になります。14行目は国コード、15行目は言語コードを出力しています。また、16〜18行目は、Locale.Builderクラス

の build() メソッドを使用した例です。各セッターメソッドにより、言語、地域他が設定されています。

リソースバンドル

リソースバンドルとは

アプリケーションのユーザインタフェースにおいて、ロケールが US の場合は英語で、JP の場合は日本語で、と自動的に表示を切り替えたい場合があります。このようなアプリケーションの国際化を実現するには、**リソースバンドル**を使用します。リソースバンドルはロケール固有のリソース（メニューに表示する文字列など）の集合です。アプリケーションはユーザのロケールに合致するリソースを、リソースバンドルから取得します。

リソースバンドルは、java.util.ResourceBundle クラスのサブクラスである **ListResourceBundle** クラスや **PropertyResourceBundle** クラスを使って扱います。両クラスの概要は**表 12-3** のとおりです。1 つのリソースは**キー**と**値**のペアで構成されます。

表 12-3：ListResourceBundle クラスと PropertyResourceBundle クラス

クラス名	説明
ListResourceBundle	リソースバンドルをリソースのリストとして管理するクラス
PropertyResourceBundle	リソースバンドルをプロパティファイルで管理するクラス

ListResourceBundle クラスの利用

ListResourceBundle クラスは、リソースバンドルをクラスとして定義します。定義のルールは次のとおりです。

- ListResourceBundle クラスを継承した public なクラスを作成する
- getContents() メソッドをオーバーライドし、配列でリソースのリストを作成する
- リソースは、キーと値を要素とする配列として作成する

getContents() メソッドの構文は**表 12-4** に示したとおりです。戻り値の型が Object 型の 2 次元配列になっているのは、getContents() メソッドが内部でリソースバンドルを配列（キーと値のペア＝リソース）の配列（リソースのリスト）として保持し、それを戻り値としているためです。

表12-4：getContents() メソッド

メソッド名	説明
protected abstract Object[][] getContents()	各リソース（キーと値のペア）をObject型の配列にして返す

リソースバンドルとその利用クラスの実装①

それでは、デフォルトロケール用と米国用にボタン名を登録した2つのリソースバンドルを作成し、ボタン名がロケールに応じて切り替わることを確認してみましょう。デフォルトロケール用と米国用の各リソースバンドルの内容は図 12-1 のとおりとします。

図 12-1：デフォルトロケール用と米国用のリソースバンドル

次のサンプルコードは、デフォルトロケール用のリソースバンドルとして定義したMyResources クラスです（**MyResources.java**）。

MyResources.java（抜粋）：デフォルトロケール用のリソースバンドル

```
4. public class MyResources extends ListResourceBundle {
5.   protected Object[][] getContents() {
6.     Object[][] contents = {{"send"," 送信 "},
7.                            {"cancel"," 取消 "}};
8.     return contents;
9.   }
10. }
```

次のサンプルコードは、米国用のリソースバンドルとして定義した MyResources_en_US クラスです（**MyResources_en_US.java**）。

MyResources_en_US.java（抜粋）：米国用のリソースバンドル

```
4. public class MyResources_en_US extends ListResourceBundle {
5.   protected Object[][] getContents() {
6.     Object[][] contents = {{"send",   "send"},
7.                            {"cancel", "cancel"}};
```

```
8.      return contents;
9.   }
10. }
```

各ファイルは前述したルールに従って定義しています。ファイル名は任意ですが、この例からもわかるとおり、2 つのファイルは MyResources という共通の名前を使用しています。これを**基底名**と言います。基底名、言語コード、国コードを組み合わせてリソースバンドルのファイルを命名します。なお、パッケージ化は任意です。

命名の例

・MyResources
基底名のみの場合は、デフォルトロケールの場合に読み込まれる

・MyResources_en
基底名と言語コードを _ でつなぐ。言語コードを指定したロケールの場合に読み込まれる

・MyResources_en_US
基底名と言語コード、国コードを _ でつなぐ。言語コードおよび国コードを指定したロケールの場合に読み込まれる

次に、2 つのファイルをコンパイルします。このサンプルではパッケージ化されているため、コンパイルが成功すると、カレントディレクトリ以下に、com¥se¥MyResources.class ファイルと com¥se¥MyResources_en_US.class ファイルが生成されます。

コンパイル例

```
C:¥sample¥Chap12>javac -d . MyResources.java

C:¥sample¥Chap12>javac -d . MyResources_en_US.java
```

このように作成したリソースバンドルの読み込みには、ResourceBundle クラスの static メソッドである **getBundle()** を使用します（**表 12-5**）。

表 12-5：getBundle() メソッド

メソッド名	説明
static final ResourceBundle getBundle(String baseName)	引数で指定された名前、デフォルトのロケール、および呼び出し側のクラスローダーを使用して、リソースバンドルを取得する
static final ResourceBundle getBundle(String baseName, Locale locale)	引数で指定された名前と、引数で指定されたロケール、および呼び出し側のクラスローダーを使用して、リソースバンドルを取得する

引数の baseName は、リソースバンドルの**基底名**を文字列で指定します。リソースバンドルをパッケージ化している場合は「**パッケージ名 . 基底名**」と指定します。

取得したリソースバンドルオブジェクトに格納されているキーや値を取り出すには ResourceBundle クラスの検索用メソッドを使用します（**表 12-6**）。

表 12-6：リソースバンドル内の検索用メソッド

メソッド名	説明
boolean containsKey(String key)	引数で指定されたキーがこのリソースバンドルに含まれる場合は true、それ以外の場合は false を返す
final Object getObject(String key)	引数で指定されたキーに格納されたオブジェクトを返す
final String getString(String key)	引数で指定されたキーに格納された文字列を返す
final String[] getStringArray(String key)	引数で指定されたキーに格納された文字列の配列を返す
Set\<String\> keySet()	このリソースバンドルに含まれるすべてのキーを Set 型で返す

では、MyResources.java、MyResources_en_US.java で定義したリソースバンドルを利用するクラスを確認しましょう（**Sample12_2.java**）。

Sample12_2.java（抜粋）：リソースバンドルを利用するクラス

```
 6.    Locale japan = Locale.getDefault(); // デフォルト（日本）
 7.    Locale us = Locale.US;              // 米国
 8.    Locale[] locArray = {japan, us};
 9.    for(Locale locale : locArray) {
10.      ResourceBundle obj1
11.          = ResourceBundle.getBundle("com.se.MyResources", locale);
12.      System.out.println("send   : " + obj1.getString("send"));
13.      System.out.println("cancel : " + obj1.getString("cancel"));
```

```
14.    }
15.    ResourceBundle obj2
16.        = ResourceBundle.getBundle("com.se.MyResources");
17.    System.out.println("検証用 : " + obj2.getString("send"));
```

【実行結果】

```
send   : 送信
cancel : 取消
send   : send
cancel : cancel
検証用 : 送信
```

6、7行目でデフォルトロケールと米国のロケールオブジェクトを生成しています。8行目ではそのオブジェクトをいったん配列に格納し、9～14行目の拡張for文で順に参照しています。

11行目では、ResourceBundleクラスのgetBundle()メソッドを使用してリソースバンドルオブジェクトを取得しています。その際、第1引数に「パッケージ名.基底名」、第2引数にロケールオブジェクトが指定されていることを確認してください。12、13行目では、getString()メソッドの引数にキーを指定して、リソースバンドルに格納されている値を取り出しています。また、15、16行目では、ロケールを引数にとらないgetBundle()メソッドを使用しています。実行結果からもわかるとおり、getBundle()の第2引数にロケールの指定がない場合、デフォルトのロケールが使用されます。

リソースバンドルとその利用クラスの実装②

もう1つ、ListResourceBundleクラスを使用したサンプルを見てみましょう。次のサンプルコードは、Long型のdata1変数、Integer型のdata2変数、int型配列のdata3変数をリソースとして登録しています（**MyResources2.java**）。

MyResources2.java（抜粋）：リソースバンドルを定義したクラス

```
 4. public class MyResources2 extends ListResourceBundle {
 5.   protected Object[][] getContents() {
 6.     Long data1 = 10000L;
 7.     Integer data2 = 500;
 8.     int[] data3 = {10, 20, 30};
 9.     Object[][] contents =
10.         {{"data1", data1}, {"data2", data2}, {"data3", data3}};
```

```
11.        return contents;
12.    }
13. }
```

Sample12_3.java は、このリソースバンドルを利用するクラスです。実行するには、あらかじめ MyResources2.java もコンパイルしておきます。

Sample12_3.java（抜粋）：リソースバンドルを利用するクラス

```
5.     ResourceBundle obj
6.         = ResourceBundle.getBundle("com.se.MyResources2");
7.     Long data1 = (Long)obj.getObject("data1");
8.     Integer data2 = (Integer)obj.getObject("data2");
9.     int[] data3 = (int[])obj.getObject("data3");
10.    System.out.println("data1 : " + data1);
11.    System.out.println("data2 : " + data2);
12.    System.out.print("data3 : ");
13.    for(int i : data3) { System.out.print(i + " "); }
```

【実行結果】
```
data1 : 10000
data2 : 500
data3 : 10 20 30
```

　Sample12_3.java の 6 行目では、getBundle() メソッドの第 2 引数にロケールの指定はないため、デフォルトのロケールとなります。つまり、ファイル名に言語コードや国コードのつかない MyResources2.class をリソースバンドルとして読み込みます。

　7 ～ 9 行目では、キーを引数に取得したリソースバンドルに登録されているリソースを取り出しています。このとき、文字列（String 型）ではなく、他の型のオブジェクトを取得する必要があるため、**getObject()** メソッドを使用しています。getObject() メソッドは戻り値の型が Object 型であるため、**適切な型にキャストが必要**です。

▪▪ PropertyResourceBundle クラスの利用

　ListResourceBundle クラスがリソースバンドルをクラスファイルで用意するのに対し、PropertyResourceBundle クラスではリソースバンドルを、テキスト形式の**プロパティファイル**で用意します。プロパティファイルの作成ルールは次のとおりです。

- プロパティファイル名は、ListResourceBundle クラスと同様に、基底名、言語コード、国コードの組み合わせとする
- 拡張子は .properties とする
- リソースであるキーと値のペアは、プロパティファイル内に「キー = 値」の形式で列記する

なお、PropertyResourceBundle クラスによるリソースバンドルの使用では、サブクラス化は必要ありません。プロパティファイルを作成するだけです。

次のプロパティファイルは、ListResourceBundle クラスの例で使ったボタン名のリソースバンドルと同じ内容のものです。ただし、キーに対する各値に「P_」を付与しています。デフォルトロケール用のプロパティファイルとして **MyResources.properties**、米国用のプロパティファイルとして **MyResources_en_US.properties** を作成しています。

MyResources.properties：デフォルトのプロパティファイル

```
# This is the default MyResources.properties file
send = P_¥u9001¥u4fe1
cancel = P_¥u53d6¥u6d88
```

MyResources_en_US.properties：米国用のプロパティファイル

```
# This is the default MyResources_en_US.properties file
send = P_send
cancel = P_cancel
```

MyResources.properties ファイルは、ボタン名が Unicode で記述されています。PropertyResourceBundle クラスは、プロパティファイルを ISO-8859-1 エンコードで読み込むため、ISO-8859-1 で表現できない文字（たとえば、日本語）は、Unicode 変換しておく必要があります。

Java 開発環境で提供されている **native2ascii** コマンドを使用すると、Shift-JIS などで記述したプロパティファイルを Unicode に変換することができます。native2ascii コマンドの構文は次のとおりです。その下にある例では、Shift-JIS で作成した MyResources.properties_sjis ファイルを MyResources.properties に Unicode 変換しています。

> **構文**
>
> プロンプト> native2ascii 元のファイル名 変換後のファイル名
>
> （例） プロンプト> native2ascii MyResources.properties_sjis MyResources.properties

　プロパティファイルを利用する場合も、リソースバンドルの取得には、ResourceBundle クラスの getBundle() メソッドを使用します。また、取得したリソースバンドルからリソースを取得するには ResourceBundle クラスの getString() メソッドを使用します。
　では、リソースバンドルを利用するクラスを見てみましょう（**Sample12_4.java**）。

Sample12_4.java（抜粋）：リソースバンドルを利用するクラス

```
5.      Locale japan = Locale.getDefault(); // デフォルト（日本）
6.      Locale us = new Locale("en", "US"); // 米国
7.      Locale[] locArray = {japan, us};
8.      for(Locale locale : locArray) {
9.          ResourceBundle obj1
10.             = ResourceBundle.getBundle("MyResources", locale);
11.         System.out.println("send   : " + obj1.getString("send"));
12.         System.out.println("cancel : " + obj1.getString("cancel"));
13.     }
```

【実行結果】

```
send   : P_送信
cancel : P_取消
send   : P_send
cancel : P_cancel
```

　リソースバンドルを利用する Sample12_4.java のコードは、ListResourceBundle クラスを使用した Sample12_2.java とほとんど違いがないことがわかります。ただし、10 行目の getBundle() メソッドの引数がクラス名（Sample12_2.java の例では、com.se.MyResources と指定）ではなく、プロパティファイル名となっている点に注意してください。また、ファイル名は基底名のみで、言語コード、国コード、拡張子は含みません。
　また、次のサンプルコードは、ResourceBundle の keySet() メソッドで、リソースバンドルに含まれるすべてのキーを Set 型で取得した例です。Set 型で受け取った後はラムダ式を使用してキーに対する値を出力しています。

Sample12_5.java（抜粋）：keySet() メソッドの利用

```
5.      ResourceBundle bundle
6.              = ResourceBundle.getBundle("MyResources", Locale.US);
7.      Set<String> keys = bundle.keySet();
8.      keys.stream()
9.          .map(k -> bundle.getString(k))
10.         .forEach(System.out::println);
```

【実行結果】

```
P_cancel
P_send
```

7 行目で keySet() メソッドによりすべてのキーを格納した Set オブジェクトを取得後、8 行目でストリームを取得し、9 行目で map() メソッドによりキーに対する値を取り出しています。

また、次のサンプルコードはリソースバンドルから取り出したキー、値を、以前から提供されている java.util.Properties クラスに格納する例です（**Sample12_6.java**）。Properties クラスは Hashtable をスーパークラスにもち、キー、値を文字列で管理するオブジェクトです。

Sample12_6.java（抜粋）：Properties クラスの利用

```
4.      public static void main(String[] args) {
5.      ResourceBundle bundle
6.              = ResourceBundle.getBundle("MyResources", Locale.US);
7.      Properties props = new Properties();
8.      bundle.keySet()
9.          .stream()
10.         .forEach(k -> props.put(k, bundle.getString(k)));
11.     method(props);
12.     }
13.     static void method(Properties props) {
14.     System.out.println(props.get("send"));
15.     System.out.println(props.getProperty("send"));
16.     System.out.println(props.get("xxx"));
17.     System.out.println(props.getProperty("xxx"));
18.     System.out.println(props.getProperty("xxx", "default"));
19.     }
```

【実行結果】
```
P_send
P_send
null
null
default
```

8、9 行目でキーの Set オブジェクトからストリームを取得し、7 行目で予め用意しておいた Properties オブジェクトに 10 行目でキーをもとに値を取り出し、put() メソッドで格納しています。また、11 行目でその Properties オブジェクトを引数に method() メソッドを呼び出しています。14 〜 18 行目では、Properties クラスの getXXX() メソッドを使用して取り出していますが、各メソッドの挙動の違いを確認してください。get() メソッドは、Hashtable クラスで定義されており、getProperty() メソッドは Properties クラスで定義されています。14、15 行目にあるとおり、get() と getProperty() は引数にキーを指定すると値の取り出しが可能です。また、16、17 行目にあるとおり Properties オブジェクトが保持していないキーを指定すると、null が返ります。しかし、getProperty() メソッドはオーバーロードされており、18 行目のように、第 2 引数に値を指定すると、第 1 引数で指定したキーに対応する値がない場合、デフォルト値として第 2 引数を返します。

リソースバンドルの検索

リソースバンドルの実装には、クラスファイルを使用する方法（ListResourceBundle クラスの利用）とプロパティファイルを使用する方法がありました。これらは混在させることも可能です。

リソースバンドルは検索する順番が規定されているため、内容が重複していたとしても、先に見つかったリソースバンドルが使用されるしくみになっています。

リソースバンドルの検索の優先度は次のとおりです。

1. 言語コード、国コードが一致するクラスファイル
2. 言語コード、国コードが一致するプロパティファイル
3. 言語コードが一致するクラスファイル
4. 言語コードが一致するプロパティファイル
5. デフォルトロケール用のクラスファイル
6. デフォルトロケール用のプロパティファイル

例をあげて、検索する順序を確認してみましょう。ここでは**表 12-7** にあるとおり、リソース管理用のクラスとプロパティファイルをそれぞれ 3 種類ずつ（デフォルト、言語コードのみ、言語コードと国コードの両方）を作成してあるものとします。

表 12-7：リソースバンドルのクラスとプロパティファイル一覧

クラスファイル名、もしくはプロパティファイル名	キーである「data」に格納されている値
MyResources3.properties	MyResources3.properties
MyResources3.class	MyResources3.class
MyResources3_en.properties	MyResources3_en.properties
MyResources3_en.class	MyResources3_en.class
MyResources3_en_US.properties	MyResources3_en_US.properties
MyResources3_en_US.class	MyResources3_en_US.class

では、リソースバンドルを検索するクラスを見てみましょう。(**Sample12_7.java**)

Sample12_7.java（抜粋）：リソースバンドルを検索するクラス

```
6.      ResourceBundle obj
7.           = ResourceBundle.getBundle("MyResources3",
8.                                  new Locale("en", "US"));
9.      System.out.println("data : " + obj.getString("data"));
```

【実行結果】

```
C:\sample\Chap12>java Sample12_7     ①
data : MyResources3_en_US.class

C:\sample\Chap12>java Sample12_7     ②
data : MyResources3_en_US.properties

C:\sample\Chap12>java Sample12_7     ③
data : MyResources3_en.class

C:\sample\Chap12>java Sample12_7     ④
data : MyResources3_en.properties

C:\sample\Chap12>java Sample12_7     ⑤
data : MyResources3.class
```

```
C:\sample\Chap12>java Sample12_7     ←⑥
data : MyResources3.properties

C:\sample\Chap12>java Sample12_7     ←⑦
Exception in thread "main" java.util.MissingResourceException: Can't →
find bundle for
base name MyResources3, locale en_US
        at java.util.ResourceBundle.throwMissingResourceException →
(ResourceBundle.java:1564)
        at java.util.ResourceBundle.getBundleImpl(ResourceBundle. →
java:1387)
        at java.util.ResourceBundle.getBundle(ResourceBundle.java:845)
        at Sample12_7.main(Sample12_7.java:7)
```

実行確認を行う場合は、MyResources3.java、MyResources3_en.java、MyResources3_en_US.java、Sample12_7.java の各ファイルをコンパイルしてから Sample12_7 クラスを実行します。

実行結果の①を確認すると、MyResources3_en_US クラスで定義したリソースバンドルが採用されています。この実行を確認した後、MyResources3_en_US のクラスファイル（MyResources3_en_US.class）を削除します。そして、②の実行を確認すると、MyResources_en_US.properties が採用されたことがわかります。

さらに、この実行を確認した後、MyResources_en_US.properties ファイルを削除します。そして、③の実行を確認すると、MyResources3_en クラスで定義したリソースバンドルが採用されています。

以降同様に、採用されたファイルを削除しながら実行を続けていき、⑥の実行確認が終わった後、MyResources3.properties ファイルを削除して⑦の実行を確認すると、java.util.MissingResourceException 例外が発生しています。このようにロケールに対応した適切なリソースバンドルが読み込めない場合は、**MissingResourceException 例外**が発生します。

フォーマット

フォーマットとは

扱うデータによっては、格納している形式と表示形式を変えたい場合があります。た

とえば、「1000」という値を格納しているデータを「¥1,000」と表示したいといった場合です。このような処理を**フォーマット（書式化）**と呼びます。

表12-8は数値、通貨、日付、時刻、およびテキストメッセージをフォーマットするために使用される主なクラスです。java.textパッケージで提供されています。

表12-8：主なフォーマット処理用クラス

カテゴリ	クラス名
数値および通貨	NumberFormat
	DecimalFormat
	DecimalFormatSymbols
日付および時刻	DateFormat
	SimpleDateFormat
	DateFormatSymbols
テキストメッセージ	MessageFormat
	ChoiceFormat

数値のフォーマット

数値および通貨をフォーマットするには、java.text.NumberFormatクラスを使用します。NumberFormatクラスは抽象クラスであるため、**new**によるインスタンス化はできません。NumberFormatクラスで提供されているstaticメソッド（表12-9）を使用して、特定のロケールに対応したNumberFormatオブジェクトを取得します。

表12-9：NumberFormatオブジェクト取得用メソッド

メソッド名	説明
static final NumberFormat getInstance()	現在のデフォルトロケールに対応した、数値用フォーマット形式をもつNumberFormatオブジェクトを返す
static NumberFormat getInstance(Locale inLocale)	引数で指定したロケールに対応した、数値用フォーマット形式をもつNumberFormatオブジェクトを返す
static NumberFormat getCurrencyInstance(Locale inLocale)	引数で指定したロケールに対応した通貨用フォーマット形式をもつNumberFormatオブジェクトを返す
static NumberFormat getIntegerInstance(Locale inLocale)	引数で指定したロケールに対応した整数型数値フォーマット形式をもつNumberFormatオブジェクトを返す
Number parse(String source) throws ParseException	引数で指定された文字列を解析して数値を生成する

取得したNumberFormatオブジェクトを使って数値や通貨をフォーマットするにはformat() メソッドを使用します。（**表 12-10**）。

表 12-10：NumberFormat クラスのメソッド

メソッド名	説明
final String format(double number)	引数で指定された数値をフォーマットする
final String format(long number)	引数で指定された数値をフォーマットする

NumberFormatクラスを使用して数値、通貨をフォーマットするサンプルコードを見てみましょう（Sample12_8.java）。

Sample12_8.java（抜粋）：NumberFormat クラスを使用した例

```
6.      NumberFormat jpNum = NumberFormat.getInstance(); // 日本
7.      NumberFormat jpCur = NumberFormat.getCurrencyInstance();
8.      System.out.println("日本の数値 : " + jpNum.format(50000));
9.      System.out.println("日本の通貨 : " + jpCur.format(50000));
10.     NumberFormat usNum = NumberFormat.getInstance(Locale.US); // 米国
11.     NumberFormat usCur = NumberFormat.getCurrencyInstance(Locale.US);
12.     System.out.println("米国の数値 : " + usNum.format(50000));
13.     System.out.println("米国の通貨 : " + usCur.format(50000));
```

【実行結果】

```
日本の数値 : 50,000
日本の通貨 : ￥50,000
米国の数値 : 50,000
米国の通貨 : $50,000.00
```

6、7行目はデフォルトのロケールを使用し、数値フォーマットと通貨フォーマットを取得しています。また、10、11行目はUSロケールを指定し、米国の数値フォーマットと通貨フォーマットを取得しています。8、9行目、および、12、13行目ではそれぞれformat() メソッドを実行していますが、そのロケールに応じた表示になっていることを確認してください。

また、NumberFormatクラスには文字列から読み込みを行うparse() メソッドも提供されています（Sample12_9.java）。

Sample12_9.java（抜粋）：parse() メソッドの利用

```
6.      try {
7.          NumberFormat usNum = NumberFormat.getInstance(Locale.US);
8.          Number value1 = usNum.parse("500.12");
9.          System.out.println("value1 : " + value1);
10.         NumberFormat usCur =
11.                 NumberFormat.getCurrencyInstance(Locale.US);
12.         double value2 = (double)usCur.parse("$20,456.99");
13.         System.out.println("value2 : " + value2);
14.     } catch(ParseException e) { e.printStackTrace(); }
```

【実行結果】

```
value1 : 500.12
value2 : 20456.99
```

8 行目では、500.12 文字列を引数に parse() メソッドを使用しています。なお、parse() メソッドの戻り値は java.text.Number 型です。Number クラスはラッパークラスのスーパークラスです。また、10、11 行目では getCurrencyInstance() メソッドで通貨フォーマットを取得しています。これにより、12 行目のように US の通貨フォーマットに従った「$20,456.99」文字列をパースすることも可能です。ただし、この例は 10 行目で Locale.US を指定しているため問題ありませんが、通貨フォーマットが異なるロケール（たとえば日本など）を指定した場合、実行時に ParseException 例外が発生します。

また、**DecimalFormat** クラスは、指定したパターンで数値を自由にフォーマットすることができます。パターンは、基本的には 0 や # などのパターン文字を組み合わせて作成します。主なパターン文字は**表 12-11** のとおりです。

表 12-11：主なパターン文字

記号	説明
0	数字
#	数字。ゼロだと表示されない
.	数値桁区切り文字、または通貨桁区切り文字
-	マイナス記号
,	カンマ区切り文字
%	100 倍してパーセントを表す
¥u00a5	通貨記号で置換される通貨符号

DecimalFormatクラスは、newによるインスタンス化を行いオブジェクトを取得します。その際、コンストラクタにString型で作成したパターンを渡します。

DecimalFormatクラスを使用して数値、通貨をフォーマットする処理を、サンプルコードで確認しましょう（Sample12_10.java）。

Sample12_10.java（抜粋）：DecimalFormatクラスを使用した例

```
4.     public static void main(String[] args) {
5.         customFormat("###,###.###"        ,123456.789);
6.         customFormat("###.##"             ,123456.789);
7.         customFormat("000000.000"         ,123.78);
8.         customFormat("$###,###.###"       ,12345.67);
9.         customFormat("¥u00a5###,###.###"  ,12345.67);
10.    }
11.    static public void customFormat(String pattern, double value ) {
12.        DecimalFormat myFormatter = new DecimalFormat(pattern);
13.        String fData = myFormatter.format(value);
14.        System.out.println(fData);
15.    }
```

【実行結果】

```
123,456.789
123456.79
000123.780
$12,345.67
¥12,345.67
```

11行目の **customFormat()** メソッドの第1引数で受け取ったパターンをもとに、12行目ではDecimalFormatオブジェクトを生成しています。13行目では **format()** メソッドによりパターンに応じたフォーマットを行っています。

なお、6行目のパターンは、元のデータの小数部分は3桁あるのに対し、2桁までしか表示しないものとなっています。そのため、丸めが行われています。丸めの詳細については、java.math.RoundingModeクラスのAPIドキュメントを参照してください（http://docs.oracle.com/javase/jp/8/docs/api/java/math/RoundingMode.html）。

日付のフォーマット

　SE 7 までは、java.util.Date や java.util.Calendar クラスを使用して日付を扱い、java.text.DateFormat や java.text.SimpleDateFormat クラスを使用して日付のフォーマットを行っていました。しかし、SE 8 から日付 / 時刻 API の導入により、日付やフォーマットも java.time パッケージで提供されている各クラスを利用することが可能です。本書では出題率の高い日付 / 時刻 API によるフォーマットを確認します。なお、第 7 章でも日付 / 時刻 API によるフォーマットについて紹介していますが、ここでは復習と注意点を含めサンプルコードで確認します。

Sample12_11.java（抜粋）：LocalDate クラスの利用

```
5.      LocalDate date = LocalDate.of(2016, Month.FEBRUARY, 1);
6.      System.out.println("getYear        : " + date.getYear());
7.      System.out.println("getMonth       : " + date.getMonth());
8.      System.out.println("getMonthValue  : " + date.getMonthValue());
9.      System.out.println("getDayOfMonth  : " + date.getDayOfMonth());
10.     System.out.println("getDayOfYear   : " + date.getDayOfYear());
11.     System.out.println("getDayOfWeek   : " + date.getDayOfWeek());
```

【実行結果】

```
getYear         : 2016
getMonth        : FEBRUARY
getMonthValue   : 2
getDayOfMonth   : 1
getDayOfYear    : 32
getDayOfWeek    : MONDAY
```

　6 行目の getYear() メソッドは年を取得します。7 行目の getMonth() メソッドは月を取得しますが、戻り値は java.time.Month 列挙型です。8 行目の getMonthValue() メソッドは月を取得しますが、戻り値は int 型です。9 行目の getDayOfMonth() メソッドは月の日（1-31）の間の値を int 型で返します。10 行目の getDayOfYear() メソッドは年の日（1-365 または 1-366（うるう年の場合））の間の値を int 値で返します。上記の例では、date 変数が保持する日は 2016 年 2 月 1 日のため、「1 月分の 31 日＋ 1 日 = 32」が getDayOfYear() メソッドの戻り値です。11 行目の getDayOfWeek() メソッドは曜日を取得します。

ロケール固有の日付フォーマット

第 7 章で、DateTimeFormatter クラスの ofLocalizedDateTime() メソッドを使用しました。このメソッドは、引数に FormatStyle 型をとり、ロケール固有の日付 / 時刻フォーマットを返すメソッドです。本章では、類似メソッドとして、ofLocalizedDate() と ofLocalizedTime() メソッドを使用した例も確認します。

java.time.format.FormatStyle 型は、日付 / 時刻フォーマッタのスタイルの列挙型です。列挙値は FULL、LONG、MEDIUM、SHORT の 4 つです。

本章では、LocalDate、LocalTime、LocalDateTime の各オブジェクトを FormatStyle を使用してフォーマットします。

Sample12_12.java（抜粋）：FormatStyle 列挙型の利用

```
 6.     LocalDate date = LocalDate.of(2016, Month.FEBRUARY, 20);
 7.     LocalTime time = LocalTime.of(10, 30, 45);
 8.     LocalDateTime dateTime = LocalDateTime.of(date, time);
 9.     System.out.println("date     :" + date);
10.     System.out.println("time     :" + time);
11.     System.out.println("dateTime :" + dateTime);
12.
13.     DateTimeFormatter fmt1 =
14.         DateTimeFormatter.ofLocalizedDate(FormatStyle.MEDIUM);
15.     System.out.println("MEDIUM_date     :" + fmt1.format(date));
16.     //System.out.println("MEDIUM_time     :" + fmt1.format(time)); //ex
17.     System.out.println("MEDIUM_dateTime :" + fmt1.format(dateTime));
```

【実行結果】

```
date     :2016-02-20
time     :10:30:45
dateTime :2016-02-20T10:30:45
MEDIUM_date     :2016/02/20
MEDIUM_dateTime :2016/02/20
```

6 〜 11 行目は、LocalDate、LocalTime、LocalDateTime の各オブジェクトを準備し、そのまま保持する日付 / 時刻を表示しています。14 行目では、ofLocalizedDate() メソッドに FormatStyle.MEDIUM を指定してフォーマッタを取得しています。15 行目〜 17 行目では、format() メソッドの引数に各日付 / 時刻オブジェクトを指定しています。この例では、ofLocalizedDate() メソッドを使用しているため、実行結果を見ると、LocalDate

Timeに対してフォーマットしても日付のみの表示になります。また、日付を持たないLocalTimeに対してフォーマットを試みると（16行目）実行時に**UnsupportedTemporalTypeException例外**がスローされます。

表12-12は、ofLocalizedDate()、ofLocalizedTime()、ofLocalizedDateTime()をFormatStyle.MEDIUMもしくはFormatStyle.SHORTでそれぞれ使用した場合の一覧です（今回はLocalXXXオブジェクトを対象としているため、ゾーン情報がありません。したがって、MEDIUMとSHORTのみ掲載します）。

表12-12のformat()メソッドで使用している変数の定義

```
LocalDate date = LocalDate.of(2016, Month.FEBRUARY, 20);
LocalTime time = LocalTime.of(10, 30, 45);
LocalDateTime dateTime = LocalDateTime.of(date, time);
```

表12-12：ofLocalizedXXX()メソッドでの使用例

メソッド名	format()の引数	MEDIUM	SHORT
ofLocalizedDate	format(date)	2016/02/20	2016/02/20
	format(time)	例外	例外
	format(dateTime)	2016/02/20	2016/02/20
ofLocalizedTime	format(date)	例外	例外
	format(time)	10:30:45	10:30
	format(dateTime)	10:30:45	10:30
ofLocalizedDateTime	format(date)	例外	例外
	format(time)	例外	例外
	format(dateTime)	2016/02/20 10:30:45	16/02/20 10:30

※例外：UnsupportedTemporalTypeException例外

表12-12では、MEDIUMとSHORTでほぼ同じ結果となっていますが、時刻に関してはSHORTの場合、時：分のみとなります。また、ofLocalizedDateTime()メソッドでは、日付と時刻の両方の情報が必要であるため、日付のみ、時刻のみでは、実行時に**UnsupportedTemporalTypeException例外**がスローされます。どの組み合わせで例外になるのか、今一度確認してください。

また、Gold試験ではロケールがUSである前提での出題となるため、ローカルフォーマット自体が日本とは異なります。以下に表示例を記載します。

表示例

・LocalDateTime が 2016-02-20T10:30:45 の場合

```
MEDIUM (US):Feb 20, 2016, 10:30:45 AM
MEDIUM (JP):2016/02/20 10:30:45
SHORT  (US) :2/20/16 10:30 AM
SHORT  (JP) :16/02/20 10:30
```

ofPattern() と parse() メソッド

　第 7 章で、DateTimeFormatter クラスの ofPattern() メソッドを使用しました。ofPattern() メソッドは引数に任意パターン文字列を指定しフォーマッタを作成します。

　パターンは、A 〜 Z、a 〜 z および記号で表現されたパターン文字を組み合わせて作成します。主なパターン文字は**表 12-13** のとおりです。

表 12-13：主なパターン文字

文字	説明	文字	説明
G	紀元、西暦	h	午前 / 午後の時 (1 - 12)
y	年	H	一日における時 (0 - 23)
M	月	m	分
d	月における日	s	秒
E	曜日の名前	SS	ミリ秒
a	午前 / 午後	z	タイムゾーン

　また、パターン文字の組み合わせで、日付、時刻パターンがどのように解釈されるかを**表 12-14** に示します。なお、表 12-14 の 3 行目にある「"yy」の「"」は単一引用符を表します。

表 12-14：日付 / 時刻パターン例

日付 / 時刻パターン	日付	
	米国	日本
d.MM.yy	8.08.13	8.08.13
yyyy.MM.dd G 'at' hh:mm:ss z	2013.08.08 AD at 06:04:33 PST	2013.08.08 西暦 at 06:04:33 JST
EEE, MMM d, ''yy	Thu, Aug 8, '13	木 , 8 8, '13
H:mm	18:04	18:04
H:mm:ss:SSS	18:04:33:056	18:04:33:056
K:mm a,z	6:04 PM,PST	6:04 午後 ,JST

次のコードがあったとします。

コード例

```
10. LocalDate date = LocalDate.of(2016, Month.FEBRUARY, 20);
11. LocalTime time = LocalTime.of(10, 30, 45);
12. LocalDateTime dateTime = LocalDateTime.of(date, time);
13.
14. DateTimeFormatter fmt1 =
15.         DateTimeFormatter.ofPattern("hh:mm");
16. //System.out.println(fmt1.format(date));    //UnsupportedTemporalType ➡
    Exception
17. System.out.println(fmt1.format(time));       //10:30
18. System.out.println(fmt1.format(dateTime)); //10:30
```

15 行目では、パターン文字列を hh:mm としているため、17 行目の LocalTime オブジェクトや 18 行目の LocalDateTime オブジェクトを引数に format() メソッドを実行すると、それぞれ 10:30 の出力となります。しかし、16 行目は時刻を持たない LocalDate オブジェクトを引数に指定しているため実行時に UnsupportedTemporalTypeException 例外が発生します。

また、第 7 章で、parse() メソッドを使用しました。注意する点として parse() メソッドの引数には有効な日付 / 時刻（日付はハイフン (-) で区切る、時刻はコロン (:) で区切るなど）を指定しなければいけません。

また、ofPattern() と parse() メソッドを組み合わせて使用することも可能です。サンプルコードで確認します（Sample12_13.java）。

Sample12_13.java（抜粋）：ofPattern() と parse() メソッド利用

```
6.     LocalTime time = LocalTime.parse("06:15"); //6:15 は NG
7.     System.out.println(time);
8.
9.     DateTimeFormatter fmt =
10.            DateTimeFormatter.ofPattern("yyyy MM dd");
11.    String target = "2016 03 31";
12.    LocalDate date = LocalDate.parse(target, fmt);
13.    System.out.println(date);
```

【実行結果】
```
06:15
2016-03-31
```

　6 行目は「06:15」文字列をもとに parse() メソッドで LocalTime オブジェクトを生成しています。なお、6 行目のコメントにもありますが、桁数が足りない場合は 0 で埋める必要があります。もし、6:15 とすると実行時に DateTimeParseException 例外が発生します。また、10 行目では独自のフォーマットをもとに DateTimeFormatter オブジェクトを生成し、12 行目で parse() メソッドの引数に「2016 03 31」文字列と DateTimeFormatter オブジェクトを指定しています。実行結果を見ると問題なく LocalDate オブジェクトを生成しています。

練習問題

■ 問題 12-1 ■

有効なコードは次のどれですか。2つ選択してください。

- ❏ A. Locale lc = Locale.US;
- ❏ B. Locale lc = new Locale.US;
- ❏ C. Locale lc = new Locale(Locale.US);
- ❏ D. Locale lc = new Locale.Builder().setLanguage("sr")
        .setScript("Latn").setRegion("RS").build();
- ❏ E. Locale lc = new Locale().Builder().setLanguage("sr")
        .setScript("Latn").setRegion("RS").build();
- ❏ F. Locale lc = new Locale().Builder().setLanguage("sr")
        .setScript("Latn").setRegion("RS");

■ 問題 12-2 ■

ListResourceBundle クラスを継承したクラスで、getContents() メソッドを正しくオーバーライドしているコードは次のどれですか。1つ選択してください。

- ○ A. protected Object[] getContents() {
        Object[] contents = {"Yes", "No"};
        return contents;
    }
- ○ B. protected Resource[] getContents() {
        Resource[] contents = {"Yes", "No"};
        return contents;
    }
- ○ C. protected List<String> getContents() {
        String[] ary = {"Yes", "No"};
        List<String> contents = Arrays.asList(ary);
        return contents;
    }

- D. protected Object[][] getContents() {
    Object[][] contents = {{"1", "Yes"}, {"2", "No"}};
    return contents;
  }
- E. protected Resource[][] getContents() {
    Resource[][] contents = {{"1", "Yes"}, {"2", "No"}};
    return contents;
  }

■ 問題 12-3 ■

説明として正しいものは次のどれですか。1つ選択してください。

- A. PropertyResourceBundle を使用する場合は、getContents() メソッドを定義し、戻り値は Object[][] 型とする
- B. PropertyResourceBundle を使用する場合は、プロパティファイルを用意し、PropertyResourceBundle を継承したクラスに getContents() メソッドを定義してプロパティファイルを読み込む
- C. ResourceBundle クラスの keySet() メソッドは、このリソースバンドルに含まれるすべてのキーを返す
- D. ListResourceBundle クラスと PropertyResourceBundle クラスを1つのアプリケーション内で併用すると、コンパイル時に警告が表示される

■ 問題 12-4 ■

MyResources_en_US.properties ファイルでは、val1 のキーに start、val2 のキーに end を定義します。ファイル内の記述として正しいものは次のどれですか。1つ選択してください。

- A. val1[start]
     val2[end]
- B. val1,start
     val2,end
- C. val1=start
     val2=end
- D. val1.start
     val2.end

■ 問題 12-5 ■

言語コードが「fr」で国コードが「FR」を用いるリソースバンドルファイルとして正しいものは次のどれですか。2つ選択してください。

- ❏ A. MyResources_fr_FR.class
- ❏ B. MyResources_fr_FR.txt
- ❏ C. MyResources_fr_FR.properties
- ❏ D. MyResources_fr_FR.resources
- ❏ E. MyResources_fr_FR.bundle

■ 問題 12-6 ■

次のファイルが用意されています。

(MyResources_en_US.properties)

```
A=apple
B=orange
```

また、次のコード（抜粋）があります。

```
6.    ResourceBundle obj
7.        = ResourceBundle.getBundle("MyResources", Locale.US);
8.    System.out.println(obj.getObject(1));
```

コンパイル、実行した結果として正しいものは次のどれですか。1つ選択してください。

- ○ A. apple
- ○ B. A
- ○ C. A=apple
- ○ D. コンパイルエラー
- ○ E. 実行時エラー
- ○ F. コンパイル、実行ともに成功するが何も出力されない

■ 問題 12-7 ■

次のファイルが用意されています。

(MyResources_en_US.properties)

```
data = A
```

(MyResources_ja_JP.properties)

```
data = B
```

また、次のコード（抜粋）があります。

```
6.      Locale.setDefault(new Locale("it", "IT"));
7.      Locale locale = Locale.getDefault();
8.      ResourceBundle obj
9.          = ResourceBundle.getBundle("MyResources", locale);
10.     System.out.println("data   : " + obj.getString("data"));
```

実行環境のデフォルトロケールは「ja_JP」です。コンパイル、実行した結果として正しいものは次のどれですか。1つ選択してください。

- ○ A.　data   : A
- ○ B.　data   : B
- ○ C.　data   : data = A
- ○ D.　data   : data = B
- ○ E.　コンパイルエラー
- ○ F.　実行時エラー
- ○ G.　コンパイル、実行ともに成功するが何も出力されない

■ 問題 12-8 ■

次のような3つのプロパティファイルが用意されています。

(MyR.properties)	(MyR_en.properties)	(MyR_en_US.properties)
data=A	data=B	data=

また、次のコード（抜粋）があります。

```
5.      Locale.setDefault(new Locale("en", "US"));
6.      Locale loc = Locale.getDefault();
7.      ResourceBundle mes = ResourceBundle.getBundle("MyR",loc);
8.      System.out.print("|");
9.      System.out.print(mes.getString("data"));
10.     System.out.print("|");
```

コンパイル、実行した結果として正しいものは次のどれですか。1つ選択してください。

- ○ A.　コンパイルエラー
- ○ B.　実行時エラー
- ○ C.　||
- ○ D.　|A|
- ○ E.　|B|

■ 問題 12-9 ■

次のファイルが用意されています。

(SE_en_US.properties)

```
drink = coke
food = cookie
```

また、次のコード (抜粋) があります。

```
4.     public static void main(String[] args) {
5.         ResourceBundle bundle
6.             = ResourceBundle.getBundle("SE", Locale.US);
7.         Properties props = new Properties();
8.         bundle.keySet()
9.             .stream()
10.            .forEach(k -> props.put(k, bundle.getString(k)));
11.        bar(props);
12.    }
13.    static void bar(Properties props) {
14.        System.out.println(props.get("drink", "water") + " " +
15.                    props.get("snack", "fruit"));
16.    }
```

コンパイル、実行した結果として正しいものは次のどれですか。1つ選択してください。

- A. coke cookie
- B. coke fruit
- C. water cookie
- D. water fruit
- E. water
- F. コンパイルエラー

■ 問題 12-10 ■

次のコード (抜粋) があります。

```
6. LocalDate date = LocalDate.of(2020, Month.FEBRUARY, 10);
7. DateTimeFormatter fmt1 =
8.     DateTimeFormatter.ofLocalizedDateTime(FormatStyle.MEDIUM);
9. System.out.println("MEDIUM_date    :" + fmt1.format(date));
```

コンパイル、実行した結果として正しいものは次のどれですか。1つ選択してください。

- ○ A. 2020/02/10　　○ B. 2020-02-10　　○ C. 02/10
- ○ D. 2-10　　　　　○ E. コンパイルエラー　○ F. 実行時エラー

■ 問題 12-11 ■

次のコード（抜粋）があります。

```
6. DateTimeFormatter fmt = DateTimeFormatter.ofPattern("yy,MM,dd");
7. String target = "18,11,14";
8. LocalDate date = LocalDate.parse(target, fmt);
9. System.out.println(date);
```

コンパイル、実行した結果として正しいものは次のどれですか。1つ選択してください。

- ○ A. 18,11,14　　　○ B. 2018,11,14　　○ C. 18-11-14
- ○ D. 2018-11-14　 ○ E. コンパイルエラー　○ F. 実行時エラー

解答・解説

問題12-1　正解：A、D

　LocaleクラスはnewによるインスタンスE化が可能ですが、引数のないコンストラクタは提供されていません。コンストラクタを使用するには、言語コードや国コードの指定が必要になります。また、選択肢AのようにLocaleクラスで提供されている定数を使用してLocaleオブジェクトを取得できます。また、選択肢DのようにLocale.Builderクラスを使用する場合は、言語他をセッターメソッドで設定した後、build()メソッドを呼びます。

問題12-2　正解：D

　java.util.ListResourceBundleクラスを継承したクラスでは、getContents()メソッドをオーバーライドし、各リソース（キーと値のペア）の配列を戻り値として返す必要があります。

問題12-3　正解：C

　選択肢AはListResourceBundleクラスの説明であるため誤りです。PropertyResourceBundleを使用する場合は、サブクラス化しないため選択肢Bも誤りです。ListResourceBundleとPropertyResourceBundleを同一アプリケーション内で混在してもエラーにはならず、警告も表示されません。したがって選択肢Dも誤りです。
　ListResourceBundleとPropertyResourceBundleのスーパークラスであるResourceBundleクラスには、選択肢CのkeySet()メソッドの他、リソースバンドル内の検索用メソッドが提供されています。

問題12-4　正解：C

　リソースのペアは、キーと値のセットとし、「キー = 値」の形式で列記します。したがって、選択肢Cが正しいです。

問題12-5　正解：A、C

　リソースバンドルファイルには、ListResourceBundleクラスを継承したクラスファイル、もしくは拡張子が「.properties」のファイルを使用できます。したがって、選択肢A、Cが正しいです。

問題 12-6　正解：D

　8 行目の getObject() メソッドに渡すキーは文字列でなければならないため、コンパイルエラーとなります。代わりに 8 行目を「obj.getObject("A")」とすると、コンパイル、実行ともに成功し、「apple」と出力されます。

問題 12-7　正解：F

　問題文では、実行環境のデフォルトロケールは「ja_JP」であると記載がありますが、コードの 6、7 行目によりデフォルトロケールに「it_IT」が設定されています。したがって、現在のロケールに対応した適切なリソースバンドルが読み込めないため、実行時にMissingResourceException 例外が発生します。

問題 12-8　正解：C

　5 行目では、言語コードと国コードを指定して Locale オブジェクトを生成し、デフォルトのロケールに設定しています。したがって、7 行目では MyR_en_US.properties ファイルをもとにした ResourceBundle オブジェクトを取得します。しかし、MyR_en_US.properties 内にキーとして data はありますが、値が記述されていないため、実行結果は選択肢 C となります。

問題 12-9　正解：F

　5 〜 11 行目のコードは問題ありません。8、9 行目でキーの Set オブジェクトからストリームを取得し、10 行目でキーをもとに値を取出し、7 行目で予め用意しておいた Properties オブジェクトに put() メソッドで格納しています。11 行目の bar() の呼び出しにより、13 行目以下が実行されます。14、15 行目では Properties オブジェクトから取り出しを試みていますが、get() メソッドは引数にキーしか指定できません。指定したキーに対応する値がない場合、デフォルト値として第 2 引数を指定する場合は、getProperty() メソッドを使用します。もし、14、15 行目の get() を getProperty() に修正した場合は、coke fruit の出力となります。

問題 12-10　正解：F

　LocalDate オブジェクトに対して、ofLocalizedDateTime() メソッドで取得した DateTimeFormatter を使用しています。したがって、実行時に UnsupportedTemporalTypeException 例外が発生します。

問題 12-11　正解：D

　6 行目では、独自のフォーマットである「yy,MM,dd」をもとに DateTimeFormatter を生成しています。また、7 行目ではそのフォーマットに従った文字列を用意しているため、コンパイル、実行ともに成功し、出力結果は 2018-11-14 となります。なお、parse() メソッドにより第 2 引数で指定されたフォーマットに従って読み込むだけであるため、実行結果は通常の日付、時刻のフォーマットに従って表示されます。

模擬試験

- 問題文
- 解答・解説

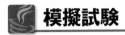

模擬試験

■ 問題 1 ■

次のコードがあります。

```
1.  public class Foo {
2.    private String aName;
3.    private String bName;
4.    private int aNum;
5.    private int bNum;
6.    public int hashCode() { return aNum; }
7.    public boolean equals(Object o) {
8.      if(!(o instanceof Foo)) { return false; }
9.      Foo f = (Foo)o;
10.     return this.aNum == f.aNum;
11.   }
12. }
```

コンパイル、実行した結果として正しいものは次のどれですか。1つ選択してください。

- ○ A. コンパイルは成功する
- ○ B. 6 行目でコンパイルエラー
- ○ C. 7 行目でコンパイルエラー
- ○ D. 8 行目でコンパイルエラー
- ○ E. 9 行目でコンパイルエラー

■ 問題 2 ■

equals() メソッドと hashCode() メソッドの実装ルールとして、正しいものは次のどれですか。2つ選択してください。

- ❏ A. s1.equals(s2) が true の場合、s1.hashCode() == s2.hashCode() は、常に true となる
- ❏ B. s1.equals(s2) が true の場合、s1.hashCode() == s2.hashCode() は、true、false のいずれかとなる
- ❏ C. s1.equals(s2) が false の場合、s1.hashCode() == s2.hashCode() は、常に true となる
- ❏ D. s1.equals(s2) が false の場合、s1.hashCode() == s2.hashCode() は、true、false のいずれかとなる

■ 問題 3 ■

次のコードがあります。

```
1. public class Test {
2.   private int num = 100;
3.   public void show() {
4.     String str = "num : ";
5.     class Foo {
6.       private int num = Test.this.num;
7.       public void show() {
8.         num += 100;
9.         System.out.println(str + num);
10.      }
11.    }
12.    new Foo().show();
13.  }
14.  public static void main(String[] args) {
15.    new Test().show();
16.  }
17. }
```

コンパイル、実行した結果として正しいものは次のどれですか。1つ選択してください。

- ○ A. num : 100
- ○ B. num : 200
- ○ C. 6行目でコンパイルエラー
- ○ D. 7行目でコンパイルエラー
- ○ E. 12行目でコンパイルエラー
- ○ F. 実行時エラー

■ 問題 4 ■

次の2つのコードがあります。

```
1. package com.se.mypg;
2. public class Foo {
3.   public static final int NUM = 100;
4. }
```

```
1. package co.jp.knowd;
2. 【  ①  】
3. public class Bar {
4.   public int getNum() { return NUM; }
5. }
```

Bar クラスは、Foo クラスの NUM 定数を使用したいと考えています。①に挿入するコードとして正しいものは次のどれですか。1つ選択してください。

- ○ A. static import com.se.mypg.*;
- ○ B. static import com.se.mypg.Foo;
- ○ C. static import com.se.mypg.Foo.*;
- ○ D. import static com.se.mypg.*;
- ○ E. import static com.se.mypg.Foo;
- ○ F. import static com.se.mypg.Foo.*;

■ 問題 5 ■

次のコードがあります。

```
1.  public enum Vals {
2.      VAL1(false), VAL2(false),
3.      VAL3(Boolean.FALSE), VAL4(Boolean.FALSE);
4.      private boolean data;
5.      public Vals(boolean data) { this.data = data; }
6.      public boolean getData() { return data; }
7.      public void setData() { this.data = data; }
8.
9.      public static void main(String[] args) {
10.         System.out.print(Vals.VAL3 + " ");
11.         System.out.println(Vals.VAL3.getData());
12.     }
13. }
```

コンパイル、実行した結果として正しいものは次のどれですか。1つ選択してください。

- ○ A. 3行目でコンパイルエラー
- ○ B. 5行目でコンパイルエラー
- ○ C. 6、7行目でコンパイルエラー
- ○ D. 実行時エラー
- ○ E. VAL3 false
- ○ F. VAL3 FALSE

■ 問題 6 ■

次のコードがあります。

```
1. public class Foo {
2.   static class X {
3.     public void method(){ System.out.println("X"); } }
4.   static class Y extends X {
5.     public void method(){ System.out.println("Y"); } }
6.   static class Z extends X {
7.     public void method(){ System.out.println("Z"); } }
8.   public static void main(String[] args) {
9.     X obj1 = new Y();
10.    Z obj2 = (Z)obj1;
11.    obj2.method();
12.  }
13. }
```

コンパイル、実行した結果として正しいものは次のどれですか。1つ選択してください。

- ○ A. X
- ○ B. Y
- ○ C. Z
- ○ D. 9行目でコンパイルエラー
- ○ E. 10行目でコンパイルエラー
- ○ F. 実行時エラー

■ 問題7 ■

次のコードがあります。

```
1. public interface Foo {
2.   default void method() { }
3. }
4. class MyFoo implements Foo {
5. 【  ①  】
6. }
```

①に挿入するコードとして正しいものは次のどれですか。3つ選択してください。

- ❏ A. @Override public boolean equals(Object o) { return false; }
- ❏ B. @Override public boolean equals(MyFoo o) { return false; }
- ❏ C. @Override public int hashCode() { return 55; }
- ❏ D. @Override public long hashCode() { return 55; }
- ❏ E. @Override void method() { }
- ❏ F. @Override public void method() { }

問題 8

シングルトンパターンを適用したクラスの説明として正しいものは次のどれですか。3つ選択してください。

- ❏ A. シングルトンオブジェクトを返す、public、static なメソッドを提供すべきである
- ❏ B. システムを稼働中に、あるクラスのオブジェクトは 1 つしか存在しないことを保証する
- ❏ C. シングルトンオブジェクトを格納する変数には、protected もしくは private 修飾子を付与すべきである
- ❏ D. シングルトンオブジェクトを格納する変数名は、instance である
- ❏ E. シングルトンクラスのコンストラクタは private 修飾子を付与すべきである
- ❏ F. シングルトンオブジェクトを置き換えるための setter メソッドを提供すべきである

問題 9

次のコードがあります。

```
1. import java.util.List;
2. class Foo {
3.   String str;
4.   private final List<String> list;
5.   public Foo(String str, List<String> list) {
6.     this.str = str;
7.     this.list = list;
8.   }
9.   public String getStr() { return str; }
10.  public List<String> getList() { return list; }
11.
12. }
```

Foo クラスをイミュータブルオブジェクトとして定義するには、説明として正しいものは次のどれですか。4 つ選択してください。

- ❏ A. Foo クラスを final クラスとする
- ❏ B. コンストラクタの定義内で、list 変数には、List<String> のコピーを作成し、代入する

- ❏ C. 4行目について、List<String> 型を List<Object> 型に変更する
- ❏ D. 10行目について、参照経由で、List<String> に直接アクセスされない実装方法に変更する
- ❏ E. str 変数は private、final の修飾子を付与する
- ❏ F. Foo クラスを Immutable インタフェースを実装したクラスとする

■ 問題 10 ■

インタフェースの説明として正しいものは次のどれですか。2つ選択してください。

- ❏ A. インタフェースで宣言できるメンバはすべて public メンバである
- ❏ B. final メソッドを宣言できる
- ❏ C. 宣言できるメソッドは抽象メソッドのみである
- ❏ D. 実装クラスは、複数のインタフェースを実装できる
- ❏ E. あるインタフェースを継承したインタフェースの定義はできない
- ❏ F. あるクラスを継承したインタフェースの定義は可能である

■ 問題 11 ■

次のコードがあります。

```
1. interface X {
2.   default void methodA() { System.out.println("X"); }
3. }
4. interface Y {
5.   default void methodA() { System.out.println("Y"); }
6.   public abstract void methodB();
7. }
8. interface Z extends X, Y {
9.   void methodC(int a, int b);
10. }
```

説明として正しいものは次のどれですか。1つ選択してください。

- ◯ A. 5行目でコンパイルエラー
- ◯ B. 6行目でコンパイルエラー
- ◯ C. 8行目でコンパイルエラー
- ◯ D. 9行目でコンパイルエラー
- ◯ E. コンパイルは成功する

■ 問題 12 ■

JavaBeans として設計されたクラスの説明として正しいものは次のどれですか。3つ選択してください。

- ❏ A. インスタンス変数は、private 修飾子を付与する
- ❏ B. インスタンス変数は、final 修飾子を付与する
- ❏ C. JavaBeans インタフェースの実装クラスとする
- ❏ D. インスタンス変数は、Lazy Initialization（遅延初期化）されるよう実装する
- ❏ E. インスタンス変数にアクセスする、setter、getter を定義する
- ❏ F. boolean 型のインスタンス変数に対する getter メソッドは、isXXX もしくは getXXX とする

■ 問題 13 ■

継承とコンポジションの説明として正しいものは次のどれですか。3つ選択してください。

- ❏ A. protected メンバは、サブクラスからの利用を許可する
- ❏ B. コンポジションは、継承よりコードの再利用性が高い傾向にある
- ❏ C. コンポジションは、継承より推奨された設計である
- ❏ D. コンポジションでは、フィールドとしてあるクラスを持ち、そのクラスのメソッドを呼び出すメソッドを持つ
- ❏ E. コンポジションでは、実行時にオーバーライドしたメソッドが呼び出される
- ❏ F. 継承は has-a 関係を表現するオブジェクト指向のコンセプトである

■ 問題 14 ■

次のコードがあります。

```
1. public abstract class Test {
2.   String s1;
3.   public abstract void foo();
4.   public static void main(String[] args) {
5.     Test obj = new ExTest();
6.     obj.s1 = "hello";  obj.foo();
```

```
7.   }
8.   public static class ExTest extends Test {
9.     void foo(){ System.out.println(s1); }
10.  }
11. }
```

コンパイル、実行した結果として正しいものは次のどれですか。1つ選択してください。

- A. 1行目でコンパイルエラー
- B. 3行目でコンパイルエラー
- C. 5行目でコンパイルエラー
- D. 8行目でコンパイルエラー
- E. 9行目でコンパイルエラー
- F. hello

問題 15

ネストクラスではない通常のクラスの宣言として正しいものは次のどれですか。3つ選択してください。ただし、各選択肢のコードはクラス名と同じ名前のソースファイルに保存されているものとします。

- A. public strictfp class A { }
- B. private final class B { }
- C. abstract final class C { }
- D. public final class D { }
- E. strictfp final class E { }

問題 16

AからEの現在の定義内容は以下のとおりです。

```
1. interface A { }
2. class B implements A{ }
3. class C { }
4. class D { }
5. abstract class E extends D { }
```

次の要件があります。

① CはBである
② CはDを保持する

これらの要件を満たす説明として正しいものは次のどれですか。1つ選択してください。

- A. C は B を実装し、D をメンバ変数としてもつ
- B. C は B を継承し、D をメンバ変数としてもつ
- C. C は D を実装し、E をメンバ変数としてもつ
- D. C は D を継承し、E をメンバ変数としてもつ
- E. C は B を実装し、D を継承する
- F. C は B を継承し、D を実装する

■ 問題 17 ■

次のコード（抜粋）があります。

```
4. Deque<String> deque = new ArrayDeque<>();
5. deque.push("A"); deque.push("B"); deque.push("C");
6. deque.pop();
7. deque.peek();
8. while(deque.remove() != null) {
9.     System.out.print(deque.pop());
10. }
```

コンパイル、実行した結果として正しいものは次のどれですか。1つ選択してください。

- A. A
- B. BC
- C. ABC
- D. C
- E. BA
- F. CBA
- G. コンパイルエラー
- H. 実行時エラー

■ 問題 18 ■

コンパイルが成功するコードとして正しいものは次のどれですか。3つ選択してください。

- ☐ A. List<Integer> obj = new Vector<Integer>();
- ☐ B. List<Object> obj = new HashSet<Object>();
- ☐ C. List<Object> obj = new LinkedList<? extends Object>();
- ☐ D. HashSet<Number> obj = new HashSet<Double>();
- ☐ E. HashSet<? super ArithmeticException> obj =
       new HashSet<Exception>();
- ☐ F. Map<String, ? extends Number> obj =
       new HashMap<String, Double>();

■ 問題 19 ■

次のコード (抜粋) があります。

```
4. Map<String, Double> map = new HashMap<>();
5. 【   ①   】
```

コンパイル、実行がともに成功する①に挿入可能なコードとして正しいものは次のどれですか。1つ選択してください。

- ○ A. map.put(10.0);
- ○ B. map.add("val", 10L);
- ○ C. map.put(new Double(0.0));
- ○ D. map.add("val", new Double(0.0));
- ○ E. いずれも正しくない

■ 問題 20 ■

次のコード (抜粋) があります。

```
3. public static void main(String[] args) {
4.   【   ①   】
5. }
6. static <T extends Exception> void foo(T t){
7.   System.out.println(t.getMessage());
8. }
```

コンパイル、実行がともに成功する①に挿入可能なコードとして正しいものは次のどれですか。3つ選択してください。

- ❏ A. Test.<NullPointerException>foo(new NullPointerException("ex"));
- ❏ B. Test.<Throwable>foo(new Exception("ex"));
- ❏ C. Test.foo(new Throwable("ex"));
- ❏ D. Test.foo(new IOException("ex"));
- ❏ E. Test.foo(new Exception("ex"));

■ 問題 21 ■

次のコードがあります。

```java
1.  import java.util.*;
2.  class Foo implements Comparable<Foo>, Comparator<Foo> {
3.      private String val1;
4.      private String val2;
5.      Foo(String val1, String val2) {
6.          this.val1 = val1;
7.          this.val2 = val2;
8.      }
9.      public String toString() {
10.         return val1; }
11.     public int compareTo(Foo obj) {
12.         return val2.compareTo(obj.val2); }
13.     public int compare(Foo obj1, Foo obj2) {
14.         int num = Integer.parseInt(obj1.val1) -
15.                   Integer.parseInt(obj2.val1) ;
16.         return num; }
17. }
18. public class Test {
19.     public static void main(String[] args) {
20.         Foo obj1 = new Foo("60", "x");
21.         Foo obj2 = new Foo("10", "y");
22.         TreeSet<Foo> set1 = new TreeSet<>();
23.         set1.add(obj1); set1.add(obj2);
24.         TreeSet<Foo> set2 = new TreeSet<>(obj1);
25.         set2.add(obj1); set2.add(obj2);
26.         System.out.println(set1 + " " + set2);
27.     }
28. }
```

コンパイル、実行した結果として正しいものは次のどれですか。1つ選択してください。

- ○ A.　[60, 10] [10, 60]
- ○ B.　[10, 60] [60, 10]
- ○ C.　[60, 10] [60, 10]
- ○ D.　[10, 60] [10, 60]
- ○ E.　コンパイルエラー
- ○ F.　実行時エラー

■ 問題 22 ■

次のコード（抜粋）があります。

```
4. Comparator<Integer> obj = (v1, v2) -> v2 - v1;
5. List<Integer> list = Arrays.asList(10, 2, 30, 2);
6. Collections.sort(list, obj);
7. System.out.println(Collections.binarySearch(list, 2));
```

コンパイル、実行した結果として正しいものは次のどれですか。1つ選択してください。

- ○ A. 0
- ○ B. 1
- ○ C. 3
- ○ D. 検索結果の正しさは保証されない
- ○ E. コンパイルエラー
- ○ F. 実行時エラー

問題 23

次のコードがあります。

```
1. class Foo 【  ①  】 { }
2. public class Test {
3.   public static void main(String[] args) {
4.     Foo<Integer> obj1 = new Foo 【  ②  】 ();
5.     Foo<Object> obj2 = new Foo();
6.   }
7. }
```

コンパイル、実行がともに成功する①、②に挿入可能なコードとして正しいものは次のどれですか。2つ選択してください。

- ☐ A. ①に <?>
- ☐ B. ①に <T>
- ☐ C. ①に <>
- ☐ D. ②に <?>
- ☐ E. ②に <T>
- ☐ F. ②に <>

問題 24

次のコード（抜粋）があります。

```
5. public static T method(T t) { return t; }
```

コードを正常にコンパイルするために、説明として正しいものは次のどれですか。1つ選択してください。

- ○ A. public の後に <T> を追加する
- ○ B. static の後に <T> を追加する

- ○ C. T の後に <T> を追加する
- ○ D. public もしくは static の後に <T> を追加する
- ○ E. static もしくは T の後に <T> を追加する
- ○ F. 修正の必要はなく、現状のコードでコンパイルは成功する

■ 問題 25 ■

次のコード (抜粋) があります。

```
4. Stream<String> stream = Stream.iterate("", s -> s + "a");
5. System.out.println(stream.limit(2).map(x -> x + "x"));
```

コンパイル、実行した結果として正しいものは次のどれですか。1つ選択してください。

- ○ A. xax
- ○ B. axax
- ○ C. xaxaax
- ○ D. java.util.stream.ReferencePipeline$3@1218025c
- ○ E. コンパイルエラー
- ○ F. 実行時エラー

■ 問題 26 ■

次のコード (抜粋) があります。

```
5. Predicate<? super String> f = s -> s.length() > 3;
6. Stream<String> stream = Stream.iterate("x", s -> s + s);
7. boolean a = stream.noneMatch(f);
8. boolean b = stream.anyMatch(f);
9. System.out.println(a + " " + b);
```

コンパイル、実行した結果として正しいものは次のどれですか。1つ選択してください。

- ○ A. false true
- ○ B. false false
- ○ C. true true
- ○ D. コンパイルエラー
- ○ E. 実行時エラー
- ○ F. コンパイルは成功するが、実行するとハングする

■ 問題 27 ■

リダクション操作をサポートする終端操作メソッドとして正しいものは次のどれですか。2つ選択してください。

- ☐ A. findAny()
- ☐ B. sorted()
- ☐ C. distinct()
- ☐ D. collect()
- ☐ E. count()
- ☐ F. toArray()

■ 問題 28 ■

次のコード（抜粋）があります。

```
4. Stream<String> stream = Stream.of(" ");
5. boolean x = stream.【   ①   】(String::isEmpty);
6. System.out.println(x);
```

コンパイル、実行がともに成功し、出力結果が true となるために①に入るメソッド名として正しいものは次のどれですか。1つ選択してください。

- ○ A. noneMatch
- ○ B. allMatch
- ○ C. anyMatch
- ○ D. findAny
- ○ E. findFirst

■ 問題 29 ■

次のコード（抜粋）があります。

```
10. static List<String> mySort(List<String> list) {
11.   List<String> copyList = new ArrayList<>(list);
12.   Collections.sort(copyList, (x, y) -> y.compareTo(x));
13.   return copyList;
14. }
```

11〜13行目と同様の結果を得るコードとして正しいものは次のどれですか。1つ選択してください。

- ○ A. return list.stream()
          .compareTo((x, y) -> y.compareTo(x))
          .sort();
- ○ B. return list.stream()
          .sorted((x, y) -> y.compareTo(x))
          .collect();
- ○ C. return list.stream()
          .sorted((x, y) -> y.compareTo(x))
          .collect(Collectors.toList());

- ○ D. return list.stream()
    .compare((x, y) -> y.compareTo(x))
    .collect(Collectors.toList());
- ○ E. return list.stream()
    .compare((x, y) -> y.compareTo(x))
    .sort();
- ○ F. return list.stream()
    .compareTo((x, y) -> y.compareTo(x))
    .collect(Collectors.toList());

■ 問題 30 ■

次のコード（抜粋）があります。

```
4. Stream.generate(() -> "hello")
5.     .limit(2)
6.     .filter(s -> s.length() > 3)
7.     .peek(x -> System.out.println(x + " "))
8.     .forEach(x -> System.out.println(x + " "));
```

コンパイル、実行した結果として正しいものは次のどれですか。1つ選択してください。

- ○ A. hel が 2 回出力する
- ○ B. hello が 2 回出力する
- ○ C. hello が 4 回出力する
- ○ D. コンパイルエラー
- ○ E. 実行時エラー
- ○ F. コンパイルは成功するが、実行するとハングする

■ 問題 31 ■

次のコード（抜粋）があります。

```
4. Stream<Integer> stream1 = Stream.of(10);
5. IntStream stream2 = stream1.mapToInt(a -> a);
6. Stream<Integer> stream3 = Stream.of(10);
7. DoubleStream stream4 = stream3.mapToDouble(a -> a);
8. Stream<Integer> stream5 = stream4.mapToInt(a -> a);
```

コンパイル、実行した結果として正しいものは次のどれですか。1つ選択してください。

- ○ A. 4 行目でコンパイルエラー
- ○ B. 5 行目でコンパイルエラー
- ○ C. 7 行目でコンパイルエラー
- ○ D. 8 行目でコンパイルエラー
- ○ E. コンパイルは成功するが、実行時エラー
- ○ F. コンパイル、実行ともに成功する

問題 32

次のコード（抜粋）があります。

```
5. Stream<String> stream1 = Stream.of("a", "b", "ax");
6. Stream<String> stream2 = Stream.empty();
7. Map<Boolean, List<String>> map1 =
8. stream1.collect(Collectors.partitioningBy(s -> s.startsWith("x")));
9. Map<Boolean, List<String>> map2 =
10. stream2.collect(Collectors.groupingBy(s -> s.startsWith("x")));
11. System.out.println(map1 + " " + map2);
```

コンパイル、実行した結果として正しいものは次のどれですか。1つ選択してください。

- ○ A. {false=[a, b, ax], true=[]} {false=[], true=[]}
- ○ B. {false=[a, b, ax]} {false=[], true=[]}
- ○ C. {false=[a, b, ax], true=[]} {}
- ○ D. {false=[a, b, ax]} {}
- ○ E. {} {}
- ○ F. コンパイルエラー

問題 33

次のコード（抜粋）があります。

```
4. DoubleStream stream = DoubleStream.of(0.3, 0.8);
5. stream.peek(System.out::println).filter(a -> a > 0.5).count();
```

コンパイル、実行した結果として正しいものは次のどれですか。1つ選択してください。

- ○ A. 1が出力される
- ○ B. 2が出力される
- ○ C. 0.3が出力される
- ○ D. 0.8が出力される
- ○ E. 0.3と0.8が出力される
- ○ F. 0.3と0.8と1が出力される
- ○ G. 0.3と0.8と2が出力される

■ 問題 34 ■

次のコード (抜粋) があります。

```
4.  public static void main(String[] args) {
5.     【   ①   】
6.  }
7.  public static void foo(Stream<Integer> stream) {
8.     Optional option = stream.filter(x -> x < 5)
9.        .limit(3)
10.       .max((x, y) -> x-y);
11.    System.out.println(option.get());
12. }
```

説明として正しいものは次のどれですか。2つ選択してください。

- ☐ A. ①に foo(Stream.empty()); を挿入するとコンパイルエラーとなる
- ☐ B. ①に foo(Stream.empty()); を挿入すると実行時エラーとなる
- ☐ C. ①に foo(Stream.iterate(1, x -> ++x)); を挿入するとコンパイルエラーとなる
- ☐ D. ①に foo(Stream.iterate(1, x -> ++x)); を挿入すると実行時エラーとなる
- ☐ E. ①に foo(Stream.of(5, 10)); を挿入するとコンパイルエラーとなる
- ☐ F. ①に foo(Stream.of(5, 10)); を挿入すると実行時エラーとなる

■ 問題 35 ■

次のコード (抜粋) があります。

```
3.  public static void main(String[] args) {
4.     try {
5.        throw new IOException();
6.     } catch( 【   ①   】 ) { }
7.  }
```

コードを正常にコンパイルするために、①に挿入するコードとして正しいものは次のどれですか。1つ選択してください。

- ○ A. IOException e | RuntimeException e

- ○ B. IOException | RuntimeException e
- ○ C. FileNotFoundException e | RuntimeException e
- ○ D. FileNotFoundException | RuntimeException e
- ○ E. FileNotFoundException e | IOException e
- ○ F. FileNotFoundException | IOException e

問題 36

次のコードがあります。

```
1.  import java.io.*;
2.  public class Test {
3.    static class Foo implements AutoCloseable {
4.      public void close() {
5.        System.out.print("A");
6.        throw new RuntimeException(); }}
7.    static class Bar implements Closeable {
8.      public void close() {
9.        System.out.print("B");
10.       throw new RuntimeException(); }}
11.   public static void main(String[] args) {
12.     try{
13.       Foo foo = new Foo();
14.       Bar bar = new Bar();
15.     } catch(Exception e) { System.out.print("C");
16.     } finally { System.out.print("D"); }
17.   }
18. }
```

コンパイル、実行した結果として正しいものは次のどれですか。1つ選択してください。

- ○ A. ABCD
- ○ B. BACD
- ○ C. ABD
- ○ D. ABD
- ○ E. C
- ○ F. D

■ 問題 37 ■

次のコード（抜粋）があります。

```
6. private int method(int x, int y) {
7.    boolean assert = false;
8.    assert ++x > 0;
9.    assert y > 0;
10.   return x + y;
11. }
```

説明として正しいものは次のどれですか。2つ選択してください。

- ❏ A. 7行目でコンパイルエラーとなる
- ❏ B. 8行目はアサーションの適切な使い方である
- ❏ C. 9行目はアサーションの適切な使い方である
- ❏ D. 8、9行目でboolean式の後にメッセージが指定されていないためコンパイルエラーとなる
- ❏ E. 8、9行目でboolean式が()で囲まれていないためコンパイルエラーとなる

■ 問題 38 ■

次のコード（抜粋）があります。

```
3. public static void main(String[] args) throws BException{
4.    try{
5.       throw new BException();
6.    } catch(AException | RuntimeException e) {
7.       【   ①   】
8.       throw e;
9.    }
10. }
11. static class AException extends Exception { }
12. static class BException extends AException { }
```

コードを正常にコンパイルするために、①に挿入するコードとして正しいものは次のどれですか。1つ選択してください。

- ○ A. e = new AException();
- ○ B. e = new BException();
- ○ C. e = new Exception();
- ○ D. e = new RuntimeException();
- ○ E. 何も記述しない

問題 39

次のコード（抜粋）があります。

```
3. public static void main(String[] args) {
4.   try(Foo obj1 = new Foo(); Foo obj2 = new Foo()) {
5.     throw new RuntimeException("main");
6.   }catch(Exception e) {
7.     System.out.print(e.getMessage() + " " +
8.                      e.getSuppressed().length);
9. }}
10. static class Foo implements AutoCloseable {
11.   public void close() {
12.     throw new RuntimeException("close");
13. }}
```

コンパイル、実行した結果として正しいものは次のどれですか。1つ選択してください。

- ○ A. close 0
- ○ B. close 1
- ○ C. close 2
- ○ D. main 0
- ○ E. main 1
- ○ F. main 2
- ○ G. コンパイルエラー

問題 40

説明として正しいものは次のどれですか。2つ選択してください。

- ❏ A. AutoCloseable インタフェースは java.io パッケージで提供されている
- ❏ B. Closeable インタフェースは java.lang パッケージで提供されている
- ❏ C. AutoCloseable および Closeable は java.lang パッケージで提供されている
- ❏ D. AutoCloseable および Closeable は java.io パッケージで提供されている

- ☐ E. AutoCloseable の close() メソッドは throws Exception と宣言されている
- ☐ F. Closeable の close() メソッドは throws IOException と宣言されている
- ☐ G. AutoCloseable および Closeable の close() メソッドは throws Throwable と宣言されている

■ 問題 41 ■

次のコードがあります。

```
1. public class Test {
2.   public static void main(String[] args) {
3.     Integer num = 100;
4.     num++;
5.     assert num != null && num <= 100;
6.     System.out.println(num);
7.   }
8. }
```

コンパイル、実行は以下とします。

```
>javac Test.java
<コンパイル結果は省略>
>java Test
<実行結果は省略>
```

コンパイル、実行した結果として正しいものは次のどれですか。1つ選択してください。

- ○ A. 4行目でコンパイルエラー
- ○ B. 5行目でコンパイルエラー
- ○ C. 5行目で実行時に AssertionError が発生する
- ○ D. 5行目で実行時に他の例外クラスが発生する
- ○ E. 100   ○ F. 101

■ 問題 42 ■

次のコード（抜粋）があります。

```
5. LocalDate date = LocalDate.parse(
6.     "2020-06-01", DateTimeFormatter.ISO_LOCAL_DATE);
7. date.plusMonths(2);
8. date.plusHours(3);
9. System.out.println(date.getYear() + " " +
10.                   date.getMonth());
```

コンパイル、実行した結果として正しいものは次のどれですか。1つ選択してください。

- ○ A. 2020 JUNE
- ○ B. 2020 AUGUST
- ○ C. 2020 6
- ○ D. 2020 8
- ○ E. コンパイルエラー
- ○ F. 実行時エラー

問題 43

次のコード（抜粋）があります。

```
5. LocalDate date = LocalDate.of(2020, Month.AUGUST, 32);
6. System.out.println(date.getYear() + " " +
7.     date.getMonth() + " " + date.getDayOfMonth());
```

コンパイル、実行した結果として正しいものは次のどれですか。1つ選択してください。

- ○ A. 2020 AUGUST 32
- ○ B. 2020 AUGUST 31
- ○ C. 2020 AUGUST 1
- ○ D. 2020 SEPTEMBER 1
- ○ E. コンパイルエラー
- ○ F. 実行時エラー

問題 44

次のコード（抜粋）があります。

```
5.  LocalDateTime date =
6.          LocalDateTime.of(2020, 3, 3, 12, 35, 50);
7.  Period p = Period.ofDays(1).ofYears(2);
8.  date = date.minus(p);
9.  DateTimeFormatter formatter = DateTimeFormatter.
10.         ofLocalizedDateTime(FormatStyle.SHORT);
11. System.out.println(formatter.format(date));
```

コンパイル、実行した結果として正しいものは次のどれですか。1つ選択してください。

- ○ A. 18/03/02 12:35
- ○ B. 18/03/03 12:35
- ○ C. 20/03/03 12:35
- ○ D. 18/03/02
- ○ E. 18/03/03
- ○ F. 20/03/03
- ○ G. コンパイルエラー
- ○ H. 実行時エラー

■ 問題 45 ■

以下に2つの日付/時刻があります。

① 2016-02-20T10:30:45-03:00[America/Araguaina]
② 2016-02-20T14:30:45-08:00[America/Los_Angeles]

説明として正しいものは次のどれですか。2つ選択してください。

- ☐ A. ①のUTC（協定世界時）は、2016-02-20T13:30:45 である
- ☐ B. ①のUTC（協定世界時）は、2016-02-20T07:30:45 である
- ☐ C. ①と②の時差は4時間である
- ☐ D. ①と②の時差は5時間である
- ☐ E. ①と②の時差は8時間である
- ☐ F. ①と②の時差は11時間である

■ 問題 46 ■

America/Los_Angeles ゾーンの夏時間が以下のように決められていたとします。

・夏時間
　2016年度の夏時間開始日時：2016年3月13日(日)2時0分 EST
　2016年度の夏時間終了日時：2016年11月6日(日)2時0分 EDT

次のコード（抜粋）があります。

```
 5. ZoneId zone = ZoneId.of("America/Los_Angeles");
 6. LocalDateTime local = LocalDateTime.of(2016, 3, 13, 1, 00);
 7. ZonedDateTime zTime1 = ZonedDateTime.of(local, zone);
 8. ZonedDateTime zTime2 = zTime1.plus(1, ChronoUnit.HOURS);
 9. long num = ChronoUnit.HOURS.between(zTime1, zTime2);
10. int time1 = zTime1.getHour();
11. int time2 = zTime2.getHour();
12. System.out.println(num + " " + time1 + " " + time2);
```

コンパイル、実行した結果として正しいものは次のどれですか。1つ選択してください。

- ○ A. 1 1 2
- ○ B. 1 1 3
- ○ C. 2 1 2
- ○ D. 2 1 3
- ○ E. コンパイルエラー
- ○ F. 実行時エラー

■ 問題 47 ■

Periodクラスがサポートする期間の単位として正しいものは次のどれですか。3つ選択してください。

- ❏ A. 年
- ❏ B. 月
- ❏ C. 日
- ❏ D. 時
- ❏ E. 分
- ❏ F. 秒

■ 問題 48 ■

次のコード（抜粋）があります。

```
5. String s1 = Duration.of(1, ChronoUnit.MINUTES).toString();
6. String s2 = Duration.of(60, ChronoUnit.SECONDS).toString();
7. String s3 = Duration.ofMinutes(1).toString();
8. String s4 = Duration.ofDays(1).toString();
9. String s5 = Period.ofDays(1).toString();
```

trueを返すコードとして正しいものは次のどれですか。2つ選択してください。

- ❏ A. s1 == s2
- ❏ B. s1 == s3
- ❏ C. s4 == s5
- ❏ D. s1.equals(s2)
- ❏ E. s1.equals(s3)
- ❏ F. s4.equals(s5)

■ 問題 49 ■

米国西海岸標準時を考慮したプログラムを作成する際に使用するクラスとして正しいものは次のどれですか。1つ選択してください。

- ○ A. LocalDateTime
- ○ B. LocalDate
- ○ C. LocalTime
- ○ D. Instant
- ○ E. ZonedDateTime
- ○ F. 選択肢A～Eはすべて使用できる

問題 50

次のコード（抜粋）があります。

```
5. String s1 = Duration.ofDays(1).toString();
6. String s2 = Period.ofDays(1).toString();
7. Boolean b1 = s1 == s2;
8. Boolean b2 = s1.equals(s2);
9. System.out.println(b1 + " " + b2);
```

コンパイル、実行した結果として正しいものは次のどれですか。1つ選択してください。

- ○ A. 7行目でコンパイルエラー
- ○ B. 8行目でコンパイルエラー
- ○ C. false false
- ○ D. false true
- ○ E. true false
- ○ F. true true

問題 51

次のコード（抜粋）があります。

```
6.  Stream<LocalDate> stream = Stream.of(LocalDate.now());
7.  UnaryOperator<LocalDate> uo = l -> l;
8.  stream.filter(l -> l != null)
9.        .map(uo)
10.       .peek(System.out::println);
```

今日の日付は、2016年5月8日だとします。コンパイル、実行した結果として正しいものは次のどれですか。1つ選択してください。

- ○ A. 2016-05-08
- ○ B. 05-08
- ○ C. 7行目でコンパイルエラー
- ○ D. 8行目でコンパイルエラー
- ○ E. 実行時エラー
- ○ F. コンパイル、実行は成功するが何も出力されない

■ 問題 52 ■

Java言語における直列化の説明として正しいものは次のどれですか。2つ選択してください。

- ❏ A. すべてのシングルスレッドクラスは、Serializable インタフェースを実装すべきである
- ❏ B. Serializable インタフェースを実装したクラスは、serialize() と deserialize() メソッドをオーバーライドする
- ❏ C. Serializable インタフェースを実装したクラスは、final クラスとして継承を禁止すべきである
- ❏ D. シリアライズされたデータをメモリに復元することをデシリアライズと呼ぶ
- ❏ E. ObjectInputStream クラスの readObject() は、直列化されたオブジェクトのクラスファイルが見つからなかった場合に ClassNotFoundException 例外をスローする
- ❏ F. オブジェクトのシリアライズは、オブジェクトが保持するすべてのデータがシリアライズ対象となる

■ 問題 53 ■

現在、C:¥doc¥nu.txt ファイルが存在するとします。このファイルを表すオブジェクトの生成コードとして正しいものは次のどれですか。2つ選択してください。

- ❏ A. File f = new File("C:¥doc¥nu.txt");
- ❏ B. File f = new File("C:¥¥doc¥¥nu.txt");
- ❏ C. File f = new File("C:/doc/nu.txt");
- ❏ D. File f = new File("C:.doc.nu.txt");
- ❏ E. File f = new File("C:|doc|nu.txt");

■ 問題 54 ■

次のコード（抜粋）があります。

```
4. Console console = System.console();
5. String str = console.readLine("please input : ");
6. console.【  ①  】(str);
```

コンパイル、実行がともに成功し、コンソールから入力した文字列を表示するために、①に挿入するコードとして正しいものは次のどれですか。3つ選択してください。

- ☐ A. out
- ☐ B. writer().println
- ☐ C. format
- ☐ D. println
- ☐ E. printf
- ☐ F. print

問題 55

次のコードがあります。

```
1. class Foo implements java.io.Serializable{
2.   transient String data = "taro";
3.   public void setData(String data) { this.data = data; }
4.   public String getdData() { return data; }
5.   public Foo() { this.data = "hana"; }
6. }
7. class Bar extends Foo implements java.io.Serializable{
8.   { this.data = "nao"; }
9.   public Bar() { this.data = "kei"; }
10. }
```

Bar オブジェクトをシリアライズ後、デシリアライズした際に、data 変数に格納されている値として正しいものは次のどれですか。1つ選択してください。

- ○ A. taro
- ○ B. hana
- ○ C. nao
- ○ D. kei
- ○ E. null

問題 56

次のコードがあります。

```
1. import java.io.*;
2. public class Test {
3.   public static void main(String[] args) throws IOException{
4.     BufferedInputStream bi =
5.         new BufferedInputStream(new FileInputStream("t.txt"));
6.     FileInputStream in = new FileInputStream("t.txt");
7.     foo(bi);
8.     foo(in);
9.   }
10.  public static void foo(InputStream stream) throws IOException{
```

```
11.     for(int i = 0; i < 3; i++) stream.read();
12.     stream.mark(10);
13.     StringBuilder sb = new StringBuilder();
14.     for(int i = 0; i < 5; i++) sb.append((char)stream.read());
15.     stream.reset();
16.     stream.skip(1);
17.     sb.append((char)stream.read());
18.     System.out.println(sb.toString());
19.   }
20. }
```

t.txt ファイルの中身

JavaWorld

このプログラムを保存しているディレクトリ (カレントディレクトリ) には t.txt ファイルが存在します。コンパイル、実行した結果として正しいものは次のどれですか。1つ選択してください。

- ○ A. 3 行目でコンパイルエラー
- ○ B. 10 行目でコンパイルエラー
- ○ C. 7 行目の呼び出しで実行時エラー
- ○ D. 8 行目の呼び出しで実行時エラー
- ○ E. コンパイル、実行ともに成功し、18 行目は同じ出力結果となる
- ○ F. コンパイル、実行ともに成功し、18 行目は異なる出力結果となる

■ 問題 57 ■

次のコード (抜粋) があります。

```
4. Path path = Paths.get("/memo/doc/sample/t.txt");
5. System.out.println(path.subpath(1, 3).getName(1).toAbsolute
   Path());
```

このプログラムを保存しているディレクトリ (カレントディレクトリ) は、/tmp/miko です。コンパイル、実行した結果として正しいものは次のどれですか。1 つ選択してください。

- ○ A. /doc/sample/t.txt
- ○ B. /memo/doc/sample

- ○ C. /memo/doc/t.txt
- ○ D. /tmp/miko/memo/doc/sample
- ○ E. /tmp/miko/sample/t.txt
- ○ F. /tmp/miko/sample

■ 問題 58 ■

次のコード（抜粋）があります。

```
4. public static void main(String[] args) throws IOException{
5.    Path path = Paths.get("/foo");
6.    if(Files.isDirectory(path) && Files.isSymbolicLink(path))
7.        Files.createDirectory(path.resolve("test"));
8. }
```

/foo は /doc/manual ディレクトリのシンボリックリンクファイルです。コンパイル、実行した結果として正しいものは次のどれですか。3つ選択してください。

- ❏ A. 常に /doc/manual 以下に新規に test ディレクトリが作成される
- ❏ B. /doc/manual 以下に test ディレクトリがない場合、新規に作成される
- ❏ C. test ディレクトリが作成された場合、/doc/manual/test でアクセスできる
- ❏ D. test ディレクトリが作成された場合、/foo/test でアクセスできる
- ❏ E. コンパイルエラーとなる
- ❏ F. コンパイルは成功するが常に実行時エラーが発生する

■ 問題 59 ■

Files クラスの lines()、readAllLines() の各メソッドの説明として正しいものは次のどれですか。1つ選択してください。

- ○ A. lines() メソッドは読み込み時に文字コードを指定できるが、readAllLines() はできない
- ○ B. lines() メソッドの戻り値は、Stream<String> である
- ○ C. readAllLines() メソッドの戻り値は、String[] である
- ○ D. lines() より readAllLines() が高速に処理が行われる
- ○ E. readAllLines() より lines() が高速に処理が行われる

問題 60

次のコード（抜粋）があります。

```
4. Path p1 = Paths.get("./foo.txt").normalize();
5. Path p2 = Paths.get("mydata");
6. Files.copy(p1, p2, StandardCopyOption.COPY_ATTRIBUTES);
7. System.out.println(Files.isSameFile(p1, p2));
```

コンパイル、実行した結果として正しいものは次のどれですか。1つ選択してください。

- A. 4 行目でコンパイルエラー
- B. 6 行目でコンパイルエラー
- C. 7 行目でコンパイルエラー
- D. 実行時エラー
- E. false
- F. true

問題 61

次のコード（抜粋）があります。

```
6. Path path = Paths.get("/bar");
7. Files.find(path, 0, (pt, attr) -> attr.isSymbolicLink())
8.     .map(p -> p.toString())
9.     .collect(Collectors.toList())
10.    .stream()
11.    .filter(x -> x.toString().endsWith(".txt"))
12.    .forEach(System.out::print);
```

/bar ディレクトリ以下には、拡張子が txt である通常のテキストファイルおよびシンボリックファイルが保存されてます。コンパイル、実行した結果として正しいものは次のどれですか。1つ選択してください。

- A. 7 行目でコンパイルエラー
- B. 9 行目でコンパイルエラー
- C. 10 行目でコンパイルエラー
- D. 11 行目でコンパイルエラー
- E. 実行時エラー
- F. 拡張子が txt であるシンボリックファイル名がすべて表示される
- G. 何も表示されない

■ 問題 62 ■

説明として正しいものは次のどれですか。1つ選択してください。

- ○ A. Files クラスの getAttribute() メソッドは、1回のメソッド呼び出しで複数の属性値を取得できる
- ○ B. Files クラスの readAttributes() メソッドは、1回のメソッド呼び出しで1つの属性値を取得できる
- ○ C. Files クラスの getAttribute() メソッドは、ファイルの属性のみ取得できる
- ○ D. Files クラスの readAttributes() メソッドは、ファイルおよびディレクトリの属性を取得できる
- ○ E. getAttribute()、readAttributes() はともにすべてのファイルシステムで共通の属性のみ取得できる

■ 問題 63 ■

次のコード (抜粋) があります。

```
6. Files.walk(Paths.get("..").toRealPath().getParent())
7.     .map(p -> p.toAbsolutePath().toString())
8.     .filter(x -> x.endsWith(".java"))
9.     .collect(Collectors.toList())
10.    .forEach(System.out::println);
```

このプログラムを保存しているディレクトリ (カレントディレクトリ) は、/tmp/miko です。コンパイル、実行した結果として正しいものは次のどれですか。2つ選択してください。

- ❏ A. /tmp/miko 以下にある拡張子が java のファイルパスを出力する
- ❏ B. /tmp 以下にある拡張子が java のファイルパスを出力する
- ❏ C. / 以下にある拡張子が java のファイルパスを出力する
- ❏ D. 6 行目でコンパイルエラーが発生する
- ❏ E. 7 行目でコンパイルエラーが発生する
- ❏ F. 環境によっては実行時にエラーが発生する

■ 問題 64 ■

次のコード (抜粋) があります。

```
6.  Path p1 = Paths.get("foo/./").resolve(Paths.get("x.txt"));
7.  Path p2 = new File("foo/./../bar/../x.txt").toPath();
8.  boolean b1 = Files.isSameFile(p1, p2);
9.  boolean b2 = p1.equals(p2);
10. boolean b3 = p1.normalize().equals(p2.normalize());
11. System.out.println(b1 + " " + b2 + " " + b3);
```

コンパイル、実行した結果として正しいものは次のどれですか。1つ選択してください。

- ○ A. true false true
- ○ B. true false false
- ○ C. false true false
- ○ D. false true true
- ○ E. true true true
- ○ F. false false false

■ 問題 65 ■

次のコード（抜粋）があります。

```
5.  public static void main(String[] args) throws IOException {
6.      Path path = Paths.get("foo/hello.txt");
7.      Files.find(
8.          path.getParent(), 10.0,
9.          (p) -> p.toString().endsWith(".txt") ||
10.                 Files.isDirectory(p))
11.     .collect(Collectors.toList())
12.     .forEach(System.out::println);
13. }
```

このプログラムを保存しているディレクトリ（カレントディレクトリ）には、foo/hello.txt が存在ます。また、foo ディレクトリ以下にはディレクトリや txt 拡張子をもつファイルが保存されています。コンパイル、実行した結果として正しいものは次のどれですか。2つ選択してください。

- ❏ A. 8行目でコンパイルエラー
- ❏ B. 9行目でコンパイルエラー
- ❏ C. 10行目でコンパイルエラー
- ❏ D. foo 以下にあるディレクトリ名が表示される
- ❏ E. foo 以下にある txt 拡張子をもつファイル名が表示される

問題 66

次の説明文があります。

①複数のスレッドが同じオブジェクトにアクセスし、すべてのスレッドが待ち状態となる状況
②複数のスレッドが進捗のない処理を繰り返し続ける状況

①と②を指す適切な用語として正しいものは次のどれですか。1つ選択してください。

- A. ①スレッドスタベーション ②デッドロック
- B. ①デッドロック ②スレッドスタベーション
- C. ①デッドロック ②ライブロック
- D. ①ライブロック ②デッドロック
- E. ①スレッドスタベーション ②ライブロック

問題 67

次のコード（抜粋）があります。

```
 6. List<Integer> listA = Arrays.asList(10, 20, 30);
 7. List<Integer> listB = new CopyOnWriteArrayList<>(listA);
 8. Set<Integer> setA = new ConcurrentSkipListSet<>();
 9. setA.addAll(listA);
10. for(Integer val : listB) listB.add(40);
11. for(Integer val : setA) setA.add(50);
12. System.out.println(listA.size() + " " +
13.                    listB.size() + " " + setA.size());
```

コンパイル、実行した結果として正しいものは次のどれですか。1つ選択してください。

- A. コンパイルエラー
- B. 10 行目で実行時エラー
- C. 11 行目で実行時エラー
- D. 3 6 4
- E. 3 6 6
- F. 3 4 4

■ 問題 68 ■

次のコード（抜粋）があります。

```
 6. Integer a = Arrays.asList(3, 4, 5).stream().findAny().get();
 7. synchronized(a) {
 8.    Integer b = Arrays.asList(6, 7, 8)
 9.      .parallelStream()
10.      .sorted()
11.      .findAny().get();
12.    System.out.println(a + " " + b);
13. }
```

コンパイル、実行した結果として正しいものは次のどれですか。1つ選択してください。

- ○ A. 7行目でコンパイルエラー
- ○ B. 10行目でコンパイルエラー
- ○ C. 3 6
- ○ D. 3 8
- ○ E. 実行結果は実行ごとに異なる可能性がある
- ○ F. 実行時エラー

■ **問題 69** ■

次のコード（抜粋）があります。

```
4.  class MyTask extends 【   ①   】 {
5.    private Integer[] nums;
6.    private int x;
7.    private int y;
8.    public MyTask(Integer[] nums,
9.                  int x, int y) {
10.     this.nums = nums;
11.     this.x = x;
12.     this.y = y;
13.   }
14.   protected Integer compute() {
15.     if(y - x < 2) {
16.       return Math.min(nums[x], nums[y]);
17.     } else {
18.       int m = x + (y -x)/2;
19.       MyTask task1 = new MyTask(nums, x, m);
20.       MyTask task2 = new MyTask(nums, m, y);
21.       Integer r1 = task1.fork().join();
22.       Integer r2 = task2.compute();
23.       return Math.min(r1, r2);
24.     }
25.   }
26. }
27. public class Test {
28.   public static void main(String[] args) {
29.     Integer[] nums = {10, -20, 40, -50};
30.     MyTask task = new MyTask(nums, 0, nums.length-1);
31.     ForkJoinPool pool = new ForkJoinPool();
32.     Integer r = pool.invoke(task);
33.     System.out.println("Min : " + r);
34.   }
35. }
```

コンパイル、実行した結果として正しいものは次のどれですか。1つ選択してください。

○ A. ①には RecursiveTask<Integer> が入り、実行結果として nums 配列の最小値を取得する

- ○ B. ①にはRecursiveActionが入り、実行結果としてnums配列の最小値を取得する
- ○ C. ①にいずれかのクラスが入っても、21行目でコンパイルエラーとなる
- ○ D. ①にいずれかのクラスが入っても、23行目でコンパイルエラーとなる
- ○ E. ①にいずれかのクラスが入っても、実行結果の出力値は不定である

■ 問題 70 ■

次のコードがあります。

```
1. import java.util.concurrent.*;
2. public class Test {
3.   public static void main(String[] args) throws Exception{
4.     Object obj1 = new Object();
5.     Object obj2 = new Object();
6.     ExecutorService service = Executors.newFixedThreadPool(2);
7.     Future<?> result1 =
8.       service.submit(() -> {
9.         synchronized(obj1) {
10.           synchronized(obj2) { System.out.println("hello"); }
11.        }
12.      });
13.    Future<?> result2 =
14.      service.submit(() -> {
15.        synchronized(obj2) {
16.          synchronized(obj1) { System.out.println("bye"); }
17.        }
18.      });
19.    System.out.println(result1.get() + " " + result2.get());
20.  }
21. }
```

コンパイル、実行した結果として正しいものは次のどれですか。2つ選択してください。

- ❏ A. 10行目でコンパイルエラー
- ❏ B. 16行目でコンパイルエラー
- ❏ C. helloの後にbyeが出力され、その後にnullが2回出力される
- ❏ D. byeの後にhelloが出力され、その後にnullが2回出力される
- ❏ E. 実行結果は実行ごとに異なる可能性がある

- ❏ F. 実行時にデッドロックが発生する可能性がある
- ❏ G. 実行時にライブロックが発生する可能性がある

■ 問題 71 ■

次のコード（抜粋）があります。

```
 4. static void exec(CyclicBarrier c){
 5.   try {
 6.     c.await();
 7.     System.out.println("hey");
 8.   } catch(BrokenBarrierException | InterruptedException e) { }
 9. }
10. public static void main(String[] args) {
11.   CyclicBarrier c = new CyclicBarrier(5,
12.                      () -> System.out.print("task "));
13.   IntStream.iterate(0, i -> i+1).limit(3)
14.        .parallel().forEach(i -> exec(c));
15. }
```

コンパイル、実行した結果として正しいものは次のどれですか。1つ選択してください。

- ○ A. 6行目でコンパイルエラー
- ○ B. 12行目でコンパイルエラー
- ○ C. 14行目でコンパイルエラー
- ○ D. 実行時エラー
- ○ E. taskとheyが1回ずつ出力される
- ○ F. コンパイルは成功するが、実行するとハングする

問題 72

並列処理の説明として正しいものは次のどれですか。2つ選択してください。

- ❏ A. 並列処理は、どのタスクが最初に完了するかは保証しない
- ❏ B. 並列処理は常にアプリケーションのパフォーマンスを向上させる
- ❏ C. 各スレッドは、個別のメモリ領域を利用する
- ❏ D. 1つの CPU しか搭載していない PC では、並列処理の便益は得られない
- ❏ E. 多くのリソースを必要とする重い処理を行うアプリケーションでは、並列処理の方が CPU を集中的に使用する処理より便益を得られる傾向にある

問題 73

次のコード（抜粋）があります。

```
4.  public class Test {
5.    private static Integer num = 0;
6.    public static void main(String[] args) throws Exception{
7.      ExecutorService service = Executors.newSingleThreadExecutor();
8.      List<Future<?>> list = new ArrayList<>();
9.      IntStream.iterate(0, i -> i + 1).limit(5)
10.             .forEach(i -> list.add(service.execute(() -> ++num)));
11.     for(Future<?> r : list) {
12.       System.out.print(r.get() + " ");
13.     }
14.     service.shutdown();
15.   }
16. }
```

コンパイル、実行した結果として正しいものは次のどれですか。1つ選択してください。

- ○ A. 0 1 2 3 4
- ○ B. 1 2 3 4 5
- ○ C. 10 行目でコンパイルエラー
- ○ D. 12 行目でコンパイルエラー
- ○ E. コンパイルは成功するが、実行するとハングする
- ○ F. 実行時エラー

■問題 74 ■

次のコード(抜粋)があります。

```
4. static void exec(CyclicBarrier c){
5.   try {
6.     c.await();
7.     System.out.print("hey ");
8.   } catch(BrokenBarrierException | InterruptedException e) { }
9. }
10. public static void main(String[] args) {
11.   ExecutorService service = null;
12.   try {
13.     service = Executors.newFixedThreadPool(2);
14.     CyclicBarrier c = new CyclicBarrier(1);
15.     IntStream.iterate(0, i -> i+1).limit(3)
16.            .parallel().forEach(i -> exec(c));
17.   } finally {
18.     if(service != null) service.shutdown();
19.   }
20. }
```

コンパイル、実行した結果として正しいものは次のどれですか。1つ選択してください。

○ A. 14 行目でコンパイルエラー
○ B. 14 行目で実行時エラー
○ C. hey が 1 回出力される
○ D. hey が 2 回出力される
○ E. hey が 3 回出力される

■ 問題 75 ■

説明として正しいものは次のどれですか。2つ選択してください。

- ❏ A. JDBC4.0以降のドライバを使用している場合、Class.forName()によるドライバのロード処理は必須である
- ❏ B. Class.forName()でドライバクラスが見つからない場合は、ClassNotFoundException例外がスローされる
- ❏ C. Class.forName()でドライバクラスが見つからない場合は、SQLException例外がスローされる
- ❏ D. DriverManager.getConnection()でConnectionが取得できない場合、ClassNotFoundException例外がスローされる
- ❏ E. DriverManager.getConnection()でConnectionが取得できない場合、SQLException例外がスローされる

■ 問題 76 ■

次のコード（抜粋）があります。

```
4. public static void main(String[] args) throws SQLException{
5.   String sql = "update department set dept_address = 'tmp'";
6.   try(Connection con = DbConnector.getConnect();
7.     Statement stmt = con.createStatement()){
8.     int num = stmt.executeUpdate(sql);
9.     System.out.println(num);
10.   }
11. }
```

前提

・DbConnectorクラスのgetConnect()メソッドから接続が確立されたConnectionオブジェクトは取得できているとします
・departmentテーブルには5レコードが格納されているとします

コンパイル、実行した結果として正しいものは次のどれですか。1つ選択してください。

- ○ A. 0
- ○ B. 1
- ○ C. 5
- ○ D. コンパイルエラー
- ○ E. 実行時エラー

■ 問題 77 ■

次のコード (抜粋) があります。

```
4.  public static void main(String[] args) {
5.    String sql = "SELECT dept_code FROM department " +
6.                 "order by dept_code";
7.    try(Connection con = DbConnector.getConnect();
8.        Statement stmt = con.createStatement();
9.        ResultSet rs = stmt.executeQuery(sql)) {
10.     rs.absolute(3); rs.next(); rs.next(); rs.previous();
11.     System.out.println(rs.getString(1));
12.   } catch (SQLException e) { e.printStackTrace(); }
13. }
```

前提

・DbConnector クラスの getConnect() メソッドから接続が確立された Connection オブジェクトは取得できているとします
・department テーブルには dept_code が 1 〜 5 までの 5 レコードが格納されているとします

コンパイル、実行した結果として正しいものは次のどれですか。1 つ選択してください。

○ A. 1 　　　　　○ B. 2 　　　　　○ C. 3
○ D. コンパイルエラー 　○ E. 実行時エラー

■ 問題 78 ■

次のコード (抜粋) があります。

```
4.  public static void main(String[] args) {
5.    String sql = "SELECT dept_code FROM department " +
6.                 "order by dept_code";
7.    try(Connection con = DbConnector.getConnect();
8.        Statement stmt = con.createStatement();
9.        ResultSet rs = stmt.executeQuery(sql)) {
10.     System.out.println(rs.getString(1));
11.   } catch (SQLException e) { e.printStackTrace(); }
12. }
```

前提

- DbConnector クラスの getConnect() メソッドから接続が確立された Connection オブジェクトは取得できているとします
- department テーブルには dept_code が 1 ～ 5 までの 5 レコードが格納されているとします

コンパイル、実行した結果として正しいものは次のどれですか。1 つ選択してください。

- A. 1のみ出力する
- B. 1 ～ 5 を出力する
- C. 1 ～ 5 のいずれかの値を出力する
- D. コンパイルエラー
- E. 実行時エラー

問題 79

次のコード（抜粋）があります。

```
4.  public static void main(String[] args) {
5.    String sql = "SELECT dept_code FROM department " +
6.              "order by dept_code";
7.    try(Connection con = DbConnector.getConnect();
8.        Statement stmt = con.createStatement(
9.              ResultSet.TYPE_SCROLL_INSENSITIVE,
10.             ResultSet.CONCUR_UPDATABLE);
11.       ResultSet rs = stmt.executeQuery(sql)) {
12.     rs.beforeFirst(); rs.absolute(3);
13.     rs.previous();   rs.relative(2);
14.     System.out.println(rs.afterLast());
15.   } catch (SQLException e) { e.printStackTrace(); }
16. }
```

前提

- DbConnector クラスの getConnect() メソッドから接続が確立された Connection オブジェクトは取得できているとします
- department テーブルには dept_code が 1 ～ 5 までの 5 レコードが格納されているとします

コンパイル、実行した結果として正しいものは次のどれですか。1 つ選択してください。

- ○ A. 4
- ○ B. 5
- ○ C. -1
- ○ D. コンパイルエラー
- ○ E. 実行時エラー

■ 問題 80 ■

有効なコードは次のどれですか。2つ選択してください。

- ☐ A. Locale.create("US");
- ☐ B. Locale.create("en", "US");
- ☐ C. new Locale("US");
- ☐ D. new Locale("en", "US");
- ☐ E. Locale."US";
- ☐ F. Locale.getLocale("US");

■ 問題 81 ■

JavaAPI を使用してローカライズ可能なタイプとして正しいものは次のどれですか。3つ選択してください。

- ☐ A. 数値
- ☐ B. クラス名
- ☐ C. 通貨
- ☐ D. 日付 / 時刻
- ☐ E. 変数名およびメソッド名

■ 問題 82 ■

リソースバンドルの説明として正しいものは次のどれですか。1つ選択してください。

- ○ A. プロパティファイルは複数配置することはできない
- ○ B. ListResourceBundle もしくはプロパティファイルを使用したリソースバンドルでは、String 型以外のデータ型でリソースの取得が可能である
- ○ C. プロパティファイルを使用したリソースバンドルは、ListResourceBundle を使用した Java クラスに置き換えることができる
- ○ D. リソースバンドルの実装では、アプリケーション内で ListResourceBundle を使用した Java クラスファイルとプロパティファイルを同梱することはできない
- ○ E. プロパティファイルのファイル名、拡張子は任意である

問題 83

Foo_en.java として保存された、次のコードがあります。

```
1. package com.se;
2. import java.util.ListResourceBundle;
3. public class Foo_en extends ListResourceBundle {
4.   protected Object[][] getContents() {
5.     Object[][] contents = {{"name", "hana"}};
6.     return contents;
7.   }
8. }
```

また、次のコード（抜粋）があります。

```
6. Locale locale = Locale.US;
7. ResourceBundle obj
8.     = ResourceBundle.getBundle(" 【  ①  】 ", locale);
9. System.out.println(obj.getString("name"));
```

実行結果として hana を出力するために、①に挿入するコードとして正しいものは次のどれですか。2 つ選択してください。

- ❏ A. Foo_en.java
- ❏ B. Foo_en.class
- ❏ C. Foo
- ❏ D. Foo_en
- ❏ E. com.se.Foo
- ❏ F. com.se.Foo_en

問題 84

次のファイルが用意されています。

(MyResources.properties)

| val1 = taro |
| val2 = 10 |

(MyResources_en_US.properties)

| val1 = hana |
| val2 = 30 |

(MyResources_fr.properties)

| val1 = anna |

また、次のコード（抜粋）があります。

```
 6. Locale locale = new Locale("fr");
 7. ResourceBundle obj
 8.         = ResourceBundle.getBundle("MyResources", locale);
 9. System.out.println(obj.getString("val1"));
10. System.out.println(obj.getString("val2"));
```

コンパイル、実行した結果として正しいものは次のどれですか。1つ選択してください。

- ○ A. taro 10
- ○ B. hana 30
- ○ C. anna
- ○ D. anna 10
- ○ E. anna 30
- ○ F. コンパイルエラー
- ○ G. 実行時エラー

■ 問題 85 ■

次のファイルが用意されています。

(MyResources_en_US.properties)
```
val1 = hana
val2 = 30
```

また、次のコード（抜粋）があります。

```
5. ResourceBundle bundle
6.         = ResourceBundle.getBundle("MyResources", Locale.US);
```

プロパティファイル内のすべての値のみ（キーは含まない）出力するコードとして正しいものは次のどれですか。1つ選択してください。

- ○ A. bundle.keys()
          .stream()
          .map(k -> bundle.getString(k))
          .forEach(System.out::println);
- ○ B. bundle.keys()
          .stream()
          .map(k -> k)
          .forEach(System.out::println);

- C. bundle.stream()
          .map(k -> bundle.getString(k))
          .forEach(System.out::println);
- D. bundle.stream()
          .map(k -> k)
          .forEach(System.out::println);
- E. bundle.keySet()
          .stream()
          .map(k -> bundle.getString(k))
          .forEach(System.out::println);
- F. bundle.keySet()
          .stream()
          .map(k -> k)
          .forEach(System.out::println);

解答・解説

問題 1　正解：A

　hashCode() メソッドは引数はなく、int 型の戻り値を返します。また equals() メソッドは、オブジェクトを引数にとり、等価比較を行い、boolean 型の戻り値を返します。問題文のコードは文法に誤りはないため、コンパイルは成功します。

問題 2　正解：A、D

　選択肢 A と D が正しいです。なお、s1.hashCode() == s2.hashCode() が false の場合は、equals() メソッドによる比較でも false を返すように実装します。

問題 3　正解：B

　コードはコンパイル、実行ともに成功します。2 行目と 6 行目で外側のクラスとローカルクラスで同じ名前の変数を使用していますが、問題ありません。なお、ローカルクラスから外側クラスの同名のインスタンス変数にアクセスする場合は、6 行目のようにクラス名 .this. 変数名とします。また、3 行目、7 行目も同じメソッド名を使用していますが問題ありません。したがって、15 行目により 3 行目が呼び出され、12 行目により 7 行目が実行されるため、出力結果は num : 200 です。

問題 4　正解：F

　static インポートを使用する場合は、「import static」キーワードを使用し、完全クラス名およびインポートしたい static 変数や static メソッドを指定します。

問題 5　正解：B

　列挙型では明示的なコンストラクタの定義は可能ですが、new によるインスタンス化は許可されていないため、暗黙で private 修飾子が付与されます。したがって、5 行目のようにコンストラクタに public を付与するとコンパイルエラーとなります。なお、5 行目の public を削除すると、コンパイル、実行ともに成功し、VAL3 false と出力します。Vals 列挙型では、boolean 型の data 変数を保持しています。3 行目では Boolean.FALSE を使用していますが、Boolean クラスの FALSE 定数は、false が格納されているため問題ありません。

問題 6　正解：F

　X、Y、Z は static なネストクラスであり、Y と Z は X のサブクラスです。9 行目のコードは問題ありません。10 行目では、obj1 変数を Z 型でキャストしています。obj1（つまり X 型）と obj2（つまり Z 型）には継承関係があるためコンパイルは成功します。しかし、もともと obj1 変数が参照しているオブジェクトは Y 型であるため、実行時に型の違いにより、ClassCastException 例外が発生します。

問題 7　正解：A、C、F

　@Override アノテーションを使用すると、オーバーライド時にスーパークラスと同じメソッド名、引数の型、数、並び、戻り値の型をすべてチェックします。したがって、Object クラスで定義されているメソッドと同じである選択肢 A、C は正しいです。なお、選択肢 B は、@Override を削除すると、継承でのオーバーロードとみなされ定義が可能となります。またインタフェースで定義したデフォルトメソッドのオーバーライドも可能です。ただし、インタフェースで宣言したメソッドは暗黙で public が付与されるため、オーバーライド時には public の付与が必須です。したがって、選択肢 F は正しく、選択肢 E は誤りです。

問題 8　正解：A、B、E

　シングルトンオブジェクトを格納する変数は、private 修飾子を付与し、外部からの直接アクセスは禁止すべきです。また変数名は任意であるため、選択肢 C、D は誤りです。また、インスタンス化の処理は該当するクラス内で行うべきであり、また外部から setter による格納も禁止すべきであるため選択肢 F は誤りです。

問題 9　正解：A、B、D、E

　イミュータブルオブジェクトは、保持している値が不変であることを保証する必要があります。したがって、クラスは final とし、メンバ変数は private かつ、final の修飾子を付与するため、選択肢 A、E は正しいです。なお、メンバ変数が参照型の場合、メソッド（およびコンストラクタ）の引数や戻り値では参照値のコピーがやりとりされるため、引数で外部から受け取った場合は、元の参照場所から更新されないように配慮すべきです。したがって選択肢 B、D は正しいです。List で保持する型を Object 型にすると、7、10 行目でコンパイルエラーとなります。したがって選択肢 C は誤りです。なお、選択肢 F の Immutable インタフェースは API として提供されていません。

問題 10　正解：A、D

インタフェースで宣言するメソッドは暗黙で public となります。また、public static final 定数も宣言可能であるため、選択肢 A は正しいです。final メソッドは、サブクラスでのオーバーライドを禁止するため選択肢 B は誤りです。SE 8 では、インタフェースに抽象メソッドの他、デフォルトメソッドと static メソッドが定義可能であるため選択肢 C は誤りです。実装クラスは複数のインタフェースをカンマ区切りで指定して実装可能であるため選択肢 D は正しいです。インタフェースを継承したインタフェースは定義可能であり、また、インタフェースはクラスを継承できないため、選択肢 E、F は誤りです。

問題 11　正解：C

SE 8 では、インタフェースに処理を記述したメソッド（デフォルトメソッド）が定義可能です。したがって、2 行目、5 行目は問題ありません。インタフェースで抽象メソッドを宣言すると、暗黙的に「public abstract」修飾子が付与されるため、6 行目のように明示しても、9 行目のように省略しても問題ありません。8 行目のように、インタフェースが複数のインタフェースを継承することは許可されていますが、問題文のコードは、X および Y のいずれも methodA() をデフォルトメソッドとして定義しており、Z はそれらを引き継ぐこととなるため、コンパイルエラーとなります。

問題 12　正解：A、E、F

不変オブジェクトでない JavaBeans クラスであれば、インスタンス変数に final は付与しません。JavaBeans インタフェースは存在しません。したがって、選択肢 B、C は誤りです。選択肢 D の Lazy Initialization は、変数が利用されるタイミングで初期化する設計手法ですが、JavaBeans クラスに必須で適用する手法ではないため誤りです。

問題 13　正解：A、B、D

protected は、パッケージが異なっていても継承関係があればアクセスできるため選択肢 A は正しいです。コンポジションはフィールドに他クラスをもつため、他クラスの機能を組み込むことができます。継承とは異なり、全メンバを引き継ぐわけではありません。したがって、選択肢 B、D は正しく、選択肢 C は誤りです。選択肢 E は継承の説明であり、選択肢 F の has-a 関係はコンポジションであるため、ともに誤りです。

問題 14　正解：E

Test クラスは抽象クラスであり、抽象メソッドとして public な foo() を宣言しています。Test クラスを継承した ExTest は static なネストクラスです。9 行目で foo() メソッドのオ

ーバーライドを試みていますが、アクセス修飾子を付与していません。これは public より狭くなるため 9 行目でコンパイルエラーです。もし、public を付与した場合はコンパイル、実行ともに成功し hello が出力されます。

問題 15　正解：A、D、E

　strictfp は、クラス内で定義されたすべての浮動小数点計算において厳密に評価を行うことを指示する修飾子です。public や private のアクセス修飾子を含め、選択肢にある修飾子は組み合わせて使用することが可能ですが、サブクラス化させないことを意味する final とサブクラス化させること意味する abstract の両方を同時に指定することはできません。したがって選択肢 C は誤りです。また、選択肢 B の private 修飾子は、ネストクラスではない通常のクラスにおいて、クラス修飾子として使用できないため誤りです。

問題 16　正解：B

　要件①より、C クラスは B クラスを継承します。また要件②より、C は D を保持するとあるため、C クラスには D 型のメンバ変数を宣言します。したがって、選択肢 B が正しいです。

問題 17　正解：H

　問題文のコードのコンパイルは成功します。5 行目により、deque オブジェクトには CBA が格納されています。6 行目の pop() により、キューの最初（つまり C）が削除されます。7 行目の peek() によりキューの先頭を取得しますが、削除しません。8 行目の remove() により B が削除され、9 行目の pop() により A が削除されます。そして 8 行目の remove() メソッドが再度呼ばれた際、キューが空のため実行時に NoSuchElementException 例外が発生します。

問題 18　正解：A、E、F

　Vector クラスは List インタフェースを実装していますが、HashSet クラスは実装していないため選択肢 A は正しく選択肢 B は誤りです。「<? extends Object>」はインスタンス化の際の型として指定することができません。したがって選択肢 C は誤りです。選択肢 D は Number と Double に継承関係はありますが HashSet<Number> と HashSet<Double> 自体には継承関係がないため誤りです。Exception クラスは ArithmeticException のスーパークラスであるため選択肢 E は正しいです。選択肢 F は、Double 型は「? extends Number」に対応するため正しいです。

問題 19　正解：E

　4 行目では HashMap をインスタンス化しているため、put(キー , 値) で格納する必要があります。選択肢 A、C は引数が 1 つであるため誤りです。また、選択肢 B、D は、メソッド名が add() であるため誤りです。もし選択肢 D のメソッド名が put であればコンパイル、実行ともに成功します。

問題 20　正解：A、D、E

　6 行目により、foo() メソッドの引数は Exception もしくはそのサブクラスであれば受取可能です。メソッド呼び出し時に使用する型名の明示的な宣言は必要ありませんが選択肢 A のようにメソッド名の前に型宣言をすることも可能です。選択肢 B、C の Throwable は、Exception のスーパークラスになるため誤りです。選択肢 D の IOException は Exception のサブクラスであるため正しいです。

問題 21　正解：A

　高度な出題内容ですが、1 行ずつ確認します。TreeSet の内部ではソートが行われます。したがって、22 行目で TreeSet オブジェクトを生成し、23 行目で要素を格納したタイミングで、compareTo() メソッドにより比較が行われます。11、12 行目では、String 型の val2 に対して compareTo() メソッドを呼び出しています。その結果、TreeSet 内は ("60","x")、("10","y") の順番で Foo オブジェクトが管理されます。また、24 行目では Comparator を実装した Foo クラスの obj1 をコンストラクタの引数に指定して、TreeSet オブジェクトを生成しています。すると、25 行目で要素が格納されたタイミングで、Comparator の compare() メソッド（13 行目）によって比較が行われます。14、15 行目では、val1 を int 型に変換し比較を行っています。その結果、TreeSet 内は、("10","y")、("60","x") の順番で Foo オブジェクトが管理されます。なお、TreeSet では重複した要素は保持しないため、obj1 は上書きされます。26 行目により 9 行目が実行されるため出力結果は選択肢 A のとおり [60, 10] [10, 60] となります。

問題 22　正解：D

　binarySearch() メソッドは、コレクションや配列から特定の要素を検索し、見つかった場合は目的の要素のインデックスを返します。しかし、検索を実行する前に自然順序付けに従って昇順にソートする必要があります。これを実行していなかった場合、検索結果の正しさは保証していません。4 行目では、Comparator を降順の実装とし、6 行目の sort() メソッドの第 2 引数で指定しているため、選択肢 D が正しいです。

問題 23　正解：B、F

4、5行目より、Foo クラスでは、実行時に Integer 型と Object 型のオブジェクトを扱う必要があるため、①の型パラメータは <T> とします。また、②は、左辺とあわせて <Integer> とするかダイヤモンド演算子である <> とします。また、5行目の右辺では <> 自体を省略しているため、コンパイル時に警告メッセージが出力されますがコンパイルは成功します。

問題 24　正解：B

メソッドで型パラメータリストを指定する位置は、メソッド宣言の修飾子と戻り値の間です。public の後や戻り値の後に指定するとコンパイルエラーとなります。また、コード内で型パラメータを使用する場合、<> による型パラメータリストが必要であるため、選択肢 F は誤りです。

問題 25　正解：D

4行目では iterate() メソッドで初期値として "" を指定し、a 文字列を結合した要素を無限に用意します。5行目では limit() メソッドで要素数を 2 個に制限し、map() メソッドで各要素に x を結合しています。ただし、map は中間操作であり、そのストリームを System.out.println() で出力しているため実行結果は D となります。5行目を以下のように実装すると、実行結果は選択肢 A の「xax」となります。

（修正後）stream.limit(2).map(x -> x + "x")
　　　　　.forEach(x -> System.out.print(x));

問題 26　正解：E

5行目で、各要素の文字数が 3 文字を超えるかテストする Predicate 式を作成し、6行目では x 文字列を結合した要素を無限に用意します。7行目の noneMatch() はどの要素も指定された条件に一致しなければ true を返し、8行目の anyMatch() はいずれかの要素が指定された条件に一致すれば true を返します。7、8行目を単独で使用していた場合、7行目は false を返し、8行目は true を返します。しかし、各メソッドは終端操作であるため、7行目の実行後に stream は終了します。したがって、実行時に 8行目で IllegalStateException 例外がスローされます。

問題 27　正解：D、E

リダクション操作とは入力要素をもとに結合操作を繰り返し実行して、単一の結果を

得る操作です。選択肢 B、C は中間操作のため誤りです。その他の選択肢は終端操作のメソッドですが、選択肢 A の findAny() はいずれかの要素を返し、選択肢 F の toArray() はストリーム内の要素を配列にして返します。したがっていずれも誤りです。選択肢 D の collect() は、ストリームから要素をまとめて 1 つのオブジェクトを取得し、選択肢 E の count() は要素の個数を返すため正しいです。

問題 28　正解：A

4 行目では空白文字をもとに要素を作成しています。5 行目により①に入るメソッドは引数を持つことがわかります。選択肢 D、E は引数を持たないため誤りです。選択肢 A 〜 C は Predicate 型の引数をとり、実装内容は String::isEmpty であるため、要素の文字列が空文字（length() が 0 となる文字列）の条件にマッチするか否かを確認します。したがって、実行結果として true となるには、選択肢 A のいずれもマッチしない場合 true を返す noneMatch が正しいです。

問題 29　正解：C

問題文のコードでは、mySort() メソッドの引数で受け取ったリストを、Collections.sort() メソッドの第 1 引数に指定しています。また、第 2 引数では降順となる Comparator の実装を指定しています。Stream には compareTo()、compare() メソッドは提供されていないため、選択肢 A、D、E、F は誤りです。また、collect() メソッドは引数をとるため、選択肢 B は誤りです。選択肢 C は Stream の sorted() を使用し、collect() でリストへ変換しているため正しいです。

問題 30　正解：C

4、5 行目によりストリームには hello 文字列を持つ要素が 2 つ格納されます。6 行目では各要素が 3 文字を超える要素のみにフィルタされますが変化はありません。7 行目の peek() は指定された処理を行う中間操作です。問題文のように出力処理の指定も可能です。また 8 行目で forEach() により出力処理が行われるため、hello が 4 回出力します。

問題 31　正解：D

4 行目で Stream<Integer> を生成後、5 行目は mapToInt() による Stream<Integer> → IntStream の変換であるため正しいです。7 行目は mapToDouble() による Stream<Integer> → DoubleStream の変換であるため正しいです。8 行目では mapToInt(a -> a) を使用していますが、stream4 は DoubleStream 型であるため、double 値

を戻り値として返しているためコンパイルエラーです。DoubleStream → Stream<Integer>
の変換例は以下のとおりです。

コード例

```
Stream<Double> stream5 = stream4.mapToObj(a -> a);
Stream<Integer> stream6 = stream5.map(a -> a.intValue());
```

問題 32　正解：C

stream1 の要素は、"a", "b", "ax" であり、stream2 の要素は空です。8 行目では stream1 に対して partitioningBy() によるグルーピングを行っていますが、x から始まる要素はないため、すべて false グループに属します。また、10 行目では stream2 に対して groupingBy() によるグルーピングを行っていますが、stream2 は空であるため実行結果は {} となります。なお、次のコード例のように partitioningBy() メソッドを空のストリームで行った場合の実行結果は「{false=[], true=[]}」となります。

コード例

```
 5.    Stream<String> stream1 = Stream.empty();
 6.    Stream<String> stream2 = Stream.empty();
       <途中省略> // 問題文の 7 ～ 10 行目と同じコード
11.    System.out.println(map1 + " " + map2);// {false=[],true=[]} {}
```

問題 33　正解：E

5 行目の peek() により DoubleStream 内の要素が出力されます。その後、filter() により 0.5 を超える要素である 0.8 のみとなり count() よりその個数である 1 が返ります。しかし、1 を出力するコードは記述していないため出力はされません。

問題 34　正解：B、F

いずれのコードを挿入してもコンパイルは成功します。①に foo(Stream.empty()); を挿入すると 11 行目では empty に対して get() メソッドを実行しているため、実行時に NoSuchElementException 例外が発生します。同様に、①に foo(Stream.of(5, 10)); を挿入すると、8 行目によりストリームは要素を持たないため、11 行目で NoSuchElementException 例外が発生します。なお、foo(Stream.iterate(1, x -> ++x)); を挿入した場合は、実行結果として 3 を出力します。

問題35　正解：B

マルチキャッチでは、例外クラスを縦棒（|）で区切り、列記します。なお、変数名は1つしか記述できません。したがって、選択肢A、C、Eは誤りです。5行目ではIOException例外をスローしているため、選択肢Dでは受け取ることができません。また、選択肢Fは、FileNotFoundExceptionがIOExceptionのサブクラスであるため、列記できません。

問題36　正解：F

FooクラスはAutoCloseableを実装し、BarクラスはCloseableを実装しています。しかし、13、14行目では、通常のtryブロックでインスタンス化しているため、closeメソッドが自動的に呼ばれることはありません。したがって出力結果は選択肢Fの「D」のみです。以下のコード例のようにtry-with-resources文で実装すれば、各closeメソッドが呼び出され、出力結果は「BACD」となります。

コード例
```
12.    try(
13.        Foo foo = new Foo();
14.        Bar bar = new Bar()) {
```

問題37　正解：A、C

assertはJDK1.4から予約語となっているため変数名には使用できないため、選択肢Aは正しいです。また、アサーションはプログラムの動作をチェックする目的で使用するため、8行目のように処理（インクリメント）を含むことは不適切です。また、アサーション実行時のメッセージは省略可能であり、boolean式を囲む()の有無は任意なので、選択肢D、Eは誤りです。

問題38　正解：E

6行目ではマルチキャッチで例外をキャッチしているため、e変数は暗黙的にfinalとなります。したがって、選択肢A～Dのように再代入を行うことはできません。

問題39　正解：F

main()メソッドでは、5行目によりRuntimeException例外が発生します。また、4行目でインスタンス化している2つのFooオブジェクトのclose()メソッドでも

RuntimeException 例外が発生します。6 行目では main() 側の例外がキャッチされるため、close() メソッドで発生した RuntimeException 例外オブジェクトは抑制されます。したがって、7 行目の表示は「main」となり、8 行目の getSuppressed() メソッドの戻り値となる Throwable[] には、2 つの RuntimeException 例外オブジェクトが格納されています。その結果、出力は「2」となります。

問題 40　正解：E、F

AutoCloseable インタフェースは java.lang パッケージ、Closeable インタフェースは java.io パッケージで提供されているため、選択肢 A、B、C、D は誤りです。選択肢 E、F のシグニチャは正しいため選択肢 G は誤りです。

AutoCloseable：void close() throws Exception
Closeable：void close() throws IOException

問題 41　正解：F

3 行目で num 変数は 100 で初期化され、4 行目で 101 となります。5 行目では、num 変数が null ではなく 100 以下であれば AssertionError は発生しません。現在 num 変数は 101 であるためアサーションを有効にして実行していれば AssertionError が発生します。しかし、問題文の実行例を見ると「java Test」としているため実行結果は「101」となり、選択肢 F が正しいです。もし「java -ea Test」とすれば AssertionError が発生します。

問題 42　正解：E

5 行目では LocalDate クラスの parse() メソッドを使用して LocalDate オブジェクトを取得しています。7 行目は date 変数に再代入はしていませんが、加算処理は実行されます。8 行目で時間の加算を試みていますが、LocalDate オブジェクトは時間の加算はできないためコンパイルエラーとなります。

問題 43　正解：F

5 行目では of() メソッドを使用して、年、月、日をもとに LocalDate オブジェクトを取得しています。しかし、8 月は 31 日までであり、問題文では 32 を指定しているため、実行時に DateTimeException 例外が発生します。

問題 44　正解：B

5、6 行目により 2020-03-03T12:35:50 をもつ LocalDateTime オブジェクトが作成され

ます。7 行目は、ofDays() と ofYears() を続けて使用しているため、2 の年数を表す Period オブジェクトが p 変数に格納されます。8 行目の minus() により年は 2020 から 2018 となります。9、10 行目では、ofLocalizedDateTime() メソッドの引数の FormatStyle.SHORT を指定しているため、「年 / 月 / 日 時 : 分」の表示となります。

問題 45　正解：A、D

①は、-03:00 とあるため UTC から 3 時間遅れていることになります。したがって 10:30 は UTC では 13:30 となります。また、①は UTC から -03:00、②は -08:00 であるため、①と②の時差は 08:00-03:00 で 5 時間です。

問題 46　正解：B

zTime1 は、2016-03-13T01:00:00 です。8 行目により zTime1 に 1 時間加算した zTime2 は、2016-03-13T03:00:00 です。02:00:00 ではなく 03:00:00 であるのは、夏時間が適用され 1 時間進んだためです。しかし、9 行目の between() による差（時間量）は 1 時間であるため、実行結果は選択肢 B です。

問題 47　正解：A、B、C

Period クラスは年、月、日の間隔を扱います。時、分、秒は Duration クラスを使用します。

問題 48　正解：D、E

5 ～ 7 行目ではメソッド名や値、単位はそれぞれ異なりますが、1 分間を生成しています。したがって、s1、s2、s3 の各変数には toString() により同じ PT1M 文字列が格納されています。したがって、選択肢 D、E は正しいです。Duration は時間単位で間隔を扱うため、8 行目の s4 には PT24H が格納されます。一方、Period は年、月、日単位で間隔を扱うため、9 行目の s5 には P1D が格納されます。したがって選択肢 F は誤りです。なお、== による比較は、参照先が同じ場合のみ true になります。各オブジェクトは個別に存在しているため、選択肢 A、B、C はすべて false になります。

問題 49　正解：E

選択肢 A ～ C はタイムゾーンを持たない日付 / 時間クラスです。また、選択肢 D の Instant は、単一の時点を扱うクラスです。選択肢 E の ZonedDateTime はタイムゾーンを持つ日付 / 時間クラスです。したがって選択肢 E が正しいです。

問題 50　正解：C

s1 は PT24H、s2 は P1D が格納されます。7 行目ではまず「s1 == s2」が評価され false が b1 に代入されます。8 行目では「s1.equals(s2)」が評価され false が b2 に代入されます。したがって実行結果は選択肢 C です。

問題 51　正解：F

6 行目で 2016-05-08 の要素をもつストリームを取得します。8 行目で null ではないものをフィルタし、9 行目では特に変換する処理はなく、10 行目の peek() が実行されます。しかし、peek は中間操作であるため終端操作がなければ表示はされません。したがって実行結果は選択肢 F です。もし、peek() の代わりに forEach() で出力を実装していれば、2016-05-08 と表示されます。

問題 52　正解：D、E

シリアライズ可能とするクラスは任意のため選択肢 A は誤りです。シリアライズ可能とするクラスは Serializable インタフェースを実装するだけです。また、Serializable インタフェースは、メソッドの宣言はないため実装すべきメソッドはありません。したがって、選択肢 B、C は誤りです。シリアライズは、オブジェクトが保持するインスタンス変数がシリアライズ対象データとなります。static 変数はシリアライズ対象外であり、明示的にシリアライズ対象外にしたいインスタンス変数がある場合には変数に transient 修飾子を指定します。したがって選択肢 F は誤りです。

問題 53　正解：B、C

選択肢 C は抽象パス名を用いています。また、Windows ベースのファイルセパレータをプログラム内で明示的に使用する場合は、エスケープシーケンス (¥) を使用するため、選択肢 B は正しいです。なお、本試験では Unix ベースでの出題となるため、¥ をバックスラッシュ (\) で置き換えて解答してください。

問題 54　正解：B、C、E

Console クラスには、println() と print() メソッド、および out 変数は提供されていません。したがって選択肢 A、D、F は誤りです。また、選択肢 B のように writer() メソッドで PrintWriter オブジェクトを取得することで println() メソッドを使用することも可能です。

問題 55　正解：E

　data 変数は Foo クラス内で初期化しており、かつ、コンストラクタで代入処理を行っていますが、transient であるためデシリアライズ後は null です。また、8 行目では Bar クラスにより初期化ブロックで初期化していますが、コンストラクタ同様、初期化ブロックはデシリアライズ時は呼び出されません。したがってデシリアライズ後の data 変数は null です。

問題 56　正解：D

　問題文のコードのコンパイルは成功します。BufferedInputStream クラスは mark 操作をサポートしているため実行可能であり、18 行目の出力結果は「aWorlW」です。しかし、FileInputStream クラスは mark 操作をサポートしていないため、実行時にエラーとなります。8 行目の foo() の呼び出しに対し、15 行目の reset() メソッドで IOException 例外が発生します。

問題 57　正解：F

　5 行目の path.subpath(1, 3) により「doc/sample」が得られ、getName(1) により「sample」が得られます。toAbsolutePath() は絶対パスを返すため、現在のカレントディレクトリである「/tmp/miko」に「sample」を結合した「/tmp/miko/sample」を返します。

問題 58　正解：B、C、D

　問題文のコードのコンパイルは成功します。/doc/manual 以下にすでに test ディレクトリがある場合、FileAlreadyExistsException 例外が発生するため、選択肢 A、E、F は誤りです。/foo は /doc/manual ディレクトリへのシンボリックリンクファイルであるため、test ディレクトリが作成されると、/doc/manual/test、/foo/test のいずれのパスでもアクセスが可能です。

問題 59　正解：B

　各メソッドとも、読み込み時に文字コードの指定が可能であるため選択肢 A は誤りです。lines() メソッドの戻り値は、Stream<String> であり、readAllLines() メソッドの戻り値は、List<String> であるため選択肢 B は正しく選択肢 C は誤りです。readAllLines() メソッドは全内容を読み込み List<String> に格納するため大きなファイルの読み込み処理を行うとメモリを多く使います。しかし、各メソッドのパフォーマンスの違いはメソッド自体ではなく、このような他の要因が考えられるため選択肢 D、E は誤りです。

問題 60　正解：E

問題文のコードのコンパイルは成功します。6 行目により p1（foo.txt）をもとに p2（mydata）ファイルが作成されます。しかし、物理的に異なるファイルであるため、7 行目の isSameFile() メソッドは false を返します。isSameFile() は、ファイルの中身ではなく、パスが指すファイルが同一のときのみ true を返します。

問題 61　正解：G

問題文のコードのコンパイルは成功します。7 〜 12 行目では、シンボリックファイルのみ検索し、パスを文字列に変換後リスト格納し、リストからストリームを取得し、拡張子が txt のものをフィルタして出力しています。しかし、7 行目の find() メソッドの第 2 引数で探索対象となる階層が 0 となっているため、/bar にアクセスしますが、それ以上の探索は行われないため実行結果は何も表示されません。したがって選択肢 G は正しいです。もし、0 ではなく 1 を指定していた場合、/bar 内（サブディレクトリは含まず）を探索するため、該当するファイルがあれば表示します。

問題 62　正解：D

getAttribute() は、1 回のメソッド呼び出しで 1 つの属性値を取得し、readAttributes() は、1 回のメソッド呼び出しで複数の属性値を取得するため、選択肢 A、B は誤りです。各メソッドともにファイルおよびディレクトリの属性を取得できるため、選択肢 C は誤りですが選択肢 D は正しいです。各メソッドはシステムに依存した属性を取得できるため選択肢 E は誤りです。

問題 63　正解：C、F

問題文のコードのコンパイルは成功します。6 行目の Paths.get("..").toRealPath() により「/tmp」が得られ、getParent() により「/」が得られます。7 〜 10 行目により、/ 以下にある拡張子が java のファイルパスをすべて出力します。しかし、環境によって / 以下に読み取り権限が付与されていないディレクトリがあった場合、実行時にエラーが発生します。

問題 64　正解：A

6 行目の p1 は「foo/./x.txt」、7 行目の p2 は「foo/././bar/../x.txt」です。どちらのパスも指し示すのは「foo/x.txt」であるため、8 行目の isSameFile() は true を返します。しかし、パス文字列は異なるため 9 行目の equals() は false を返しますが、10 行目の normalize() 後の equals() は true を返します。

問題 65　正解：A、B

　7 行目の find() メソッドは、第 1 引数は探索対象のルートとなる Path オブジェクト、第 2 引数は探索対象となる階層の深さです。これは int 型で指定する必要があります。また、第 3 引数は、BiPredicate インタフェース（メソッドは「boolean test(T t, U u)」）です。test() メソッドの第 1 引数には Path オブジェクト、第 2 引数には BasicFileAttributes オブジェクトが必要となります。

問題 66　正解：C

　①のすべてのスレッドが待機状態になってしまい、notify() メソッドを呼ぶスレッドがないという状況はデッドロックです。②の複数のスレッドが進まない処理を繰り返し続ける状況はライブロックです。

問題 67　正解：D

　10、11 行目では拡張 for 文を使用して、要素を格納していますが、CopyOnWriteArrayList と ConcurrentSkipListSet は同期化をサポートしているため問題ありません。10 行目はリストのサイズが 3 なので、3 回、40 が追加されますが、重複したデータでも個別に格納されるためサイズは 6 になります。一方、11 行目はセットであるため、重複したデータは上書きとなるためサイズは 4 となります。したがって、各コレクションのサイズは「3 6 4」となり、選択肢 D が正しいです。

問題 68　正解：E

　6 行目はシーケンシャルストリームから findAny() によりいずれかの要素を取得します。つまり、3、4、5 いずれかの値が a 変数に格納されます。7 行目では synchronized ブロックを使用していますが、8 〜 12 行目の処理に影響はありません。8 行目で新規にリストを作成し、9 行目でパラレルストリームを取得しています。10 行目で sorted() を使用していますが、パラレルストリームに対して行った場合は、順序は不定です。11 行目で findAny() によりいずれかの要素を取得していますが、どの要素が取得されるか不定であるため、選択肢 E が正しいです。

問題 69　正解：A

　14 行目の compute() メソッドでは処理結果として Integer 値を返しているため、MyTask クラスは RecursiveTask のサブクラスとなります。18 〜 22 行目により、1 つのタスクをフォークしパラレルに実行し、16 行目にあるとおり最終的には nums 配列の最小値を 32 行目の invoke() メソッドの戻り値として返します。

問題 70　正解：E、F

　synchronized ブロック内に synchronized ブロックを記述することは可能であるため選択肢 A、B は誤りです。2 つのタスクは同じスレッドプールを使用して実行していますが、実行順序は不定であるため、選択肢 C、D は誤りで選択肢 E は正しいです。6 行目では、newFixedThreadPool(2) としているため、もし 1 つ目のスレッドが obj1 のロックを取得し、2 つ目のスレッドが obj2 のロックを取得するとそのままデッドロックとなります。したがって選択肢 F は正しいです。

問題 71　正解：F

　11 行目では CyclicBarrier コンストラクタの第 1 引数に 5 と指定しています。これにより、スレッドの数は 5 本になるまで待機します。13、14 行目では IntStream を parallel() メソッドによりパラレル処理としていますが、要素が 3 つしかないためスレッドが 5 本になることはありません。したがって、6 行目の await() により待ち状態となります。

問題 72　正解：A、E

　並列処理での実行順序は OS のスケジューラに委ねられているため、選択肢 A は正しいです。パフォーマンスは、CPU の数、搭載メモリ量、タスクの量などによって大きく左右され、並列処理によって向上すると一概には言えないため選択肢 B は誤りです。スレッドは共有のメモリ領域を利用するため、synchronized 等によるロックの制御が必要になります。したがって選択肢 C は誤りです。多くのリソースを必要とするアプリケーションでは、並列処理を使用することでパフォーマンスが向上する傾向にありますが、CPU が 1 つしか搭載されていない PC においても、処理内容によっては効率よい処理が見込めるため選択肢 D は誤りで選択肢 E は正しいです。

問題 73　正解：C

　10 行目の execute() メソッドは戻り値が void であるため、Future は返しません。したがって 10 行目でコンパイルエラーです。もし、execute() の代わりに submit() メソッドを使用した場合は、コンパイル、実行ともに成功します。9 行目で 0 から始まる要素を 5 つ用意し、10 行目で list に追加する際に、++num しています。インクリメントが前置であるため、1 加算してからリストに追加されるので、実行結果は選択肢 B の「1 2 3 4 5」の出力となります。

問題 74　正解：E

13 行目によりスレッドの数は 2 本に固定されます。また、14 行目では CyclicBarrier コンストラクタの第 1 引数に 1 と指定しているため、1 本のスレッドが通過すれば await() による待機は解除されます。15、16 行目により 3 つの要素をもつパラレルストリームが exec() メソッドを呼ぶため、exec() は 3 回実行されます。したがって、選択肢 E が正しいです。

問題 75　正解：B、E

JDBC4.0 以降では、Class.forName() によるドライバのロード処理は不要であるため選択肢 A は誤りです。Class.forName() でドライバクラスが見つからない場合は、ClassNotFoundException 例外がスローされます。また、DriverManager.getConnection() で Connection が取得できない場合、SQLException 例外がスローされるため、選択肢 B、E が正しく、選択肢 C、D は誤りです。

問題 76　正解：C

5 行目の sql 文では、department テーブルの dept_address 列の値を tmp に更新します。ただし、where によるレコードの絞り込みはしていないため、更新対象は全レコードとなります。問題文の前提では「department テーブルには 5 レコードが格納されている」とあるため、8 行目の executeUpdate() の戻り値は 5 となります。

問題 77　正解：E

10 行目では、absolute() や previous() を使用した行へ移動を試みていますが、8 行目の createStatement() メソッドに引数を指定していないため、ResultSet は TYPE_FORWARD_ONLY となります。したがって、実行時に SQLException 例外が発生します。なお、ドライバによっては、暗黙でスクロール可能な ResultSet オブジェクトが返りますが、試験ではドライバ依存の出題はありません。

問題 78　正解：E

5、6 行目の sql 文では、department テーブルから dept_code 列のみ全レコードから取得します。9 行目で ResultSet を取得していますが、1 度も next() の呼び出しを行わずに、10 行目で getString() による取り出しを行っているため、実行時に SQLException 例外が発生します。

問題 79　正解：D

beforeFirst() メソッドは、先頭行の直前に移動し、afterLast() メソッドは最終行の直後に移動します。ともに戻り値はなく void です。したがって、14 行目でコンパイルエラーとなります。

問題 80　正解：C、D

Locale クラスに create()、getLocale() の各メソッドは提供されていないため選択肢A、B、F は誤りです。なお、選択肢 E は誤りですが、「Locale obj = Locale.US;」のように定数を使用した Locale オブジェクトの取得は可能です。

また、次のコード例で Locale.Builder クラスを使用した Locale オブジェクトの取得も確認してください。

コード例

```
Locale lc = new Locale.Builder().setLanguage("sr")
             .setScript("Latn").setRegion("RS").build();
```

問題 81　正解：A、C、D

数値、通貨は NumberFormat クラスを、日付 / 時刻は日付 / 時刻 API の他、java.text.DateFormat や java.text.SimpleDateFormat などのクラスを使用して国際化対応のプログラムを作成することができます。

問題 82　正解：C

プロパティファイルで用意していたリソースを、ListResourceBundle では各リソース（キーと値のペア）を Object 型の配列で用意することで同等の処理が可能です。したがって選択肢 C は正しいです。プロパティファイルは複数配置することが可能です。ファイル名は基底名、言語コード、国コードの組み合わせとし、拡張子は .properties とします。したがって選択肢 A、E は誤りです。なお、Java クラスファイルとプロパティファイルは同梱しても問題ありません。したがって選択肢 D は誤りです。ListResourceBundle では、リソースとして String 以外のデータ型も扱えますが、プロパティファイルではすべて String 型として読み込まれます。したがって、選択肢 B は誤りです。

問題 83　正解：E、F

Foo_en クラスは com.se にパッケージ化されているため、①にはパッケージ名 . 基底

名を指定します。したがって選択肢 E は正しいです。なお、本来は言語コード、国コードは含みませんが、選択肢 F のように指定しても、実行は可能です。

問題 84　正解：D

　6 行目では fr を引数に Locale オブジェクトを作成し、8 行目の getBundle() メソッドの第 2 引数で指定しています。これにより、使用されるプロパティファイルは MyResources_fr.properties です。したがって、9 行目では anna が取り出されます。しかし、MyResources_fr.properties では val2 の定義がされていないため、デフォルトロケール用のプロパティファイルである MyResources.properties が使用されます。

問題 85　正解：E

　ResourceBundle クラスには keys() メソッドは提供されていないため選択肢 A、B は誤りです。stream() も提供されていないため、選択肢 C、D は誤りです。選択肢 F は map(k -> k) としているため、キーのみを取得して出力するため誤りです。

索引

記号・数字

()の省略	140
_（アンダースコア）	4
¥（エスケープシーケンス）	330
-daオプション	235
-eaオプション	234
0b	3
16進数	3
2進リテラル	3
8進数	3

A

abstractクラス	45
abstractメソッド	45
add()メソッド	91
afterLast()メソッド	463
allMatch()メソッド	168
anyMatch()メソッド	168
apply()メソッド	141
applyAsInt()メソッド	153
ArrayListクラス	91, 389
Arraysクラス	124
asList()メソッド	125
AssertionErrorクラス	233
assertキーワード	233
AtomicIntegerクラス	406
〜の主なメソッド	408
atomic操作	406
Autoboxing	44
AutoCloseableインタフェース	228
averagingInt()メソッド	192

B

BasicFileAttributesオブジェクト	346
BiFunctionインタフェース	150
BlockingDequeインタフェース	387
BlockingQueueインタフェース	385
BooleanSupplierインタフェース	153
boxed()メソッド	188
BufferedReaderクラス	303
BufferedWriterクラス	303
build()メソッド	479

C

Callableインタフェース	398
case	2
catchブロック	215
〜の複数定義	217
checked例外	212
ChronoUnit列挙型	272
ClassCastException例外	61, 124
ClassNotFoundException例外	310
close()メソッド	297, 452
Closeableインタフェース	228
collect()メソッド	190, 414
Collectionsクラス	123
Collectionインタフェース	88
Collectorsクラス	191
Comparableインタフェース	119
Comparatorインタフェース	121, 147
compare()メソッド	121
compareTo()メソッド	119
compute()メソッド	420
Concurrency Utilities	383
ConcurrentLinkedQueueインタフェース	385
ConcurrentMapインタフェース	388
ConcurrentModificationException例外	390
ConcurrentSkipListMapクラス	391
ConcurrentSkipListSetクラス	392
console()メソッド	313
Consoleクラス	313
containsValue()メソッド	103
copy()メソッド	338
CopyOnWriteArrayListクラス	391
count()メソッド	169
createStatement()メソッド	453

D

DataInputStreamクラス	298
DataOutputStreamクラス	298
DataTimeParseException例外	250
DateTimeException例外	250, 262

DateTimeFormatterクラス	254
DecimalFormatクラス	495
DELETE処理	457
Dequeインタフェース	98
distinct()メソッド	179
DosFileAttributesインタフェース	346
DoubleStreamインタフェース	165
DriverManagerクラス	447
Durationクラス	271
〜の注意点	274

E

empty()メソッド	173
Enumクラス	16
equals()メソッド	22, 95, 121
〜のオーバーライド	24
ExamRecursiveActionクラス	422
Exceptionクラス	213
execute()メソッド	392, 458
executeQuery()メソッド	454
executeUpdate()メソッド	455
ExecutorServiceインタフェース	392
〜の主なメソッド	394
Executorsクラス	393
Executorフレームワーク	392
extendsキーワード	38, 52, 114, 116

F

FIFO	98
FileAlreadyExistsException例外	341
FileInputStreamクラス	295
FileNotFoundException例外	297
FileOutputStreamクラス	295
FileReaderクラス	300
Filesクラス	336
FileWriterクラス	300
Fileクラス	290
filter()メソッド	179
final	
〜修飾子	8
暗黙的〜	143
finallyブック	215
find()メソッド	352
findAny()メソッド	176, 414
findFirst()メソッド	176, 414
flatMap()メソッド	182
ForEach()メソッド	148, 169
Fork/Joinフレームワーク	419
format()メソッド	316
Formatterクラス	316
Futureインタフェース	396

G

get()メソッド	91, 102, 174, 329
getAsBoolean()メソッド	153
getAsInt()メソッド	153
getAttribute()メソッド	345
getBundle()メソッド	483
getContents()メソッド	481
getObject()メソッド	450, 486
getPriority()メソッド	370
getRootDirectories()メソッド	348
getRow()メソッド	463
getString()メソッド	485
getSuppressed()メソッド	232
getterメソッド	6, 450
groupingBy()メソッド	196
groupingByConcurrent()メソッド	417

H

has-a関係	38
hashCode()メソッド	23, 95
〜のオーバーライド	24
HashSetクラス	93
hasNext()メソッド	97
higherKey()メソッド	104

I

IllegalArgumentException例外	333
IllegalMonitorStateException例外	379
illegalStateException	195
IllegalThreadStateException例外	370
implementsキーワード	52
import staticキーワード	26
InputStream	294
insertRow()メソッド	468
INSERT処理	455
instanceof演算子	26

Instantクラス	275
〜の加算用メソッド	278
InterruptedException例外	373
IntStreamインタフェース	165
IntToDoubleFunctionインタフェース	155
IntToLongFunctionインタフェース	155
is-a関係	38
ISO 8601	247
isPresent()メソッド	174
isShutdown()メソッド	396
isTerminated()メソッド	396
iterator()メソッド	96
iteratorインタフェース	96

J

java.io.Closeableインタフェース	228
java.io.Consoleクラス	313
java.io.Fileクラス	290
java.io.Serializableインタフェース	308
java.ioパッケージ	290
java.lang.AutoCloseableインタフェース	228
java.lang.Comparableインタフェース	119
java.lang.Comparatorインタフェース	119
java.lang.Enumクラス	16
java.lang.Iterableオブジェクト	348
java.lang.Objectクラス	20
java.nio.file.attributeパッケージ	328, 344
java.nio.file.Pathインタフェース	328
java.nio.fileパッケージ	328
java.sql.Driver	448
java.sqlパッケージ	440
java.timeパッケージ	247
java.util.Calendarクラス	246
java.util.Collectionインタフェース	86
java.util.concurrent.atomicパッケージ	406
java.util.concurrentパッケージ	383
java.util.DateFormatクラス	246
java.util.Dateクラス	246
java.util.functionパッケージ	73
java.util.Localeクラス	478
java.util.Optional型	171
java.util.TimeZoneクラス	246
JavaBeans	6
javax.sql	440

JDBC	440
〜アプリケーションの作成	443
〜ドライバ	441
joining()メソッド	192

L

last()メソッド	463
limit()メソッド	180
lines()メソッド	353
lineSeparator()メソッド	293
list()メソッド	349
ListResourceBundleクラス	481
Listインタフェース	87
〜の実装	90
LocalDateクラス	257
Locale.Builderクラス	479
Localeクラス	478
LongStreamインタフェース	165
lowerKey()メソッド	104

M

map()メソッド	181
mapping()メソッド	200
Mapインタフェース	87, 388
〜の主なメソッド	88
〜の実装	101
mark()メソッド	305
max()メソッド	175
maxBy()メソッド	201
minBy()メソッド	201
move()メソッド	338
moveToInsertRow()メソッド	467
MySingletonクラス	14

N

native2asciiコマンド	487
NavigableMapインタフェース	103
newCachedThreadPool()メソッド	402
newDirectoryStream()メソッド	348
newFixedThreadPool()メソッド	402
newLine()メソッド	304
newSingleThreadExecutor()メソッド	394
newインタフェース	70
newスーパークラス	70

next()メソッド	97
NIO.2	328
NOFOLLOW_LINKSオプション	342
noneMatch()メソッド	168
notify()メソッド	378
notifyAll()メソッド	378
NumberFormatクラス	493

O

ObjectInputStreamクラス	309
ObjectOutputStreamクラス	309
Objectクラス	20, 378
ObjIntConsumerインタフェース	155
of()メソッド	173, 251
OffsetDateTimeクラス	262
ofPattern()メソッド	255, 500
Optionalクラス	173
〜の主なメソッド	174
orElse()メソッド	177
orElseGet()メソッド	177
orElseThrow()メソッド	177
OutputStream	294

P

parallelStream()メソッド	409
parse()メソッド	495, 500
partitioningBy()メソッド	199
part-of関係	38
Pathsクラス	329
Pathインタフェース	328
〜の主なメソッド	331
peek()メソッド	184
Periodクラス	267
〜の主なメソッド	268
〜の加算用メソッド	269
〜の注意点	274
Predicate	73
previous()メソッド	463
PrintWriterクラス	317
private修飾子	5
PropertyResourceBundleクラス	481, 486
protected修飾子	5
public修飾子	5
put()メソッド	102

| putIfAbsent()メソッド | 389 |

Q

Queueインタフェース	87, 384
〜の主なメソッド	98
〜の実装	97

R

read()メソッド	297
readAllLines()メソッド	343
readAttributes()メソッド	345
readInt()メソッド	300
readLine()メソッド	304, 314
readObject()メソッド	310
readPassword()メソッド	315
readUTF()メソッド	300
reaLine()メソッド	304
RecursiveActionクラス	420
RecursiveTaskクラス	420
reduce()メソッド	169, 414
relativize()メソッド	335
REPLACE_EXISTINGオプション	341
replaceAll()メソッド	138
reset()メソッド	305
ResultSetインタフェース	460
〜の更新処理用メソッド	466
ResultSetオブジェクト	449, 460
rethrow	223
run()メソッド	367
Runnableインタフェース	367
RuntimeExceptionクラス	213

S

ScheduledExecutorServiceインタフェース	399
SELECT	454
setPriority()メソッド	370
setterメソッド	6
Setインタフェース	87, 389
〜の実装	92
skip()メソッド	180
sort()メソッド	124
sorted()メソッド	184
SQLExceptionオブジェクト	452
SQLステートメント	453

start()メソッド	365
Statementインタフェース	453
staticイニシャライザ	12
staticインポート	26
static修飾子	10
staticな具象メソッド	50
staticメソッド参照	146
staticメンバの呼び出し	10
Streamインタフェース	165
summingInt()メソッド	192
superキーワード	116
switch文	2
synchronizedキーワード	376
Systemクラス	306

T

Threadクラス	365
Throwableクラス	213, 230
〜の主なメソッド	214
throwsキーワード	220
〜が使われているメソッドのオーバーライド	226
throwキーワード	222
TimeUnit列挙型	398
toArray()メソッド	172
toConcurrentMap()メソッド	417
toFile()メソッド	339
ToIntBiFunctionインタフェース	154
ToIntFunctionインタフェース	155
toList()メソッド	192
toMap()メソッド	193
toPath()メソッド	339
toSet()メソッド	193
toString()メソッド	21
toUpperCase()メソッド	149
TreeSetクラス	93
try	228
try-catch-finallyブロック	215
try-with-resources文	228
tryブロック	215

U

UnaryOperatorインタフェース	149
unchecked例外	212
UnsupportedOperationException例外	126
UnsupportedTemporalTypeException例外	271, 274, 279, 499
updateRow()メソッド	467
updateString()メソッド	467
UPDATE処理	456
UTC Offset	259

V・W・Z

values()メソッド	16
valuesOf()メソッド	16
wait()メソッド	378
walk()メソッド	349
write()メソッド	297
writeInt()メソッド	300
writer()メソッド	314
writeUTF()メソッド	300
ZonedDateTimeクラス	260
ZonedIdクラス	260

ア行

アクセス修飾子	5
アサーション	232
〜の使用例	234
アトミック操作	406
暗黙的final	143
暗黙の型変換	58, 60, 189
イテレータ	96
イニシャライザブロック	12
イミュータブルオブジェクト	6
インスタンス変数	309
インスタンスメソッド参照	148
インスタンスメンバ	11
インタフェース	49
〜の継承	52
〜の実装クラス	52
インタフェース宣言	113
インナークラス	63
隠蔽	39
エスケープシーケンス	330
オーバーライド	39
throwsキーワードが使われているメソッドの〜	226
オーバーロード	43
オペランド	59

カ行

- 型パラメータ ... 110
- 型パラメータリスト ... 107, 112
- 型変換
  - 基本データ型の〜 ... 58
  - キャストによる〜 ... 58, 60
  - 参照型の〜 ... 60
  - ストリームインタフェースの〜 ... 185
- カプセル化 ... 6
- 可変長引数 ... 40
- 関数型インタフェース ... 72
  - 基本データ型を扱う〜 ... 152
- 基本データ型の型変換 ... 58
- キャストによる型変換 ... 58, 60
- キャラクタストリーム ... 294
- クラス定義 ... 110
- クラスメソッド ... 10
- 継承 ... 38
  - 〜を使用したジェネリックス ... 114
  - インタフェースの〜 ... 52
- 更新処理 ... 456
- コレクション ... 86
- コンストラクタ参照 ... 151
- コンソール ... 313
- コンポジション ... 38

サ行

- 削除処理 ... 457
- サブクラス ... 38
- 参照型の型変換 ... 60
- ジェネリックス ... 105
  - 〜対応のコレクション ... 107
  - 〜を用いたインタフェース宣言 ... 113
  - 〜を用いたクラス定義 ... 110
  - 〜を用いた独自クラス定義 ... 109
  - 〜を用いたメソッド定義 ... 112
  - 継承を使用した〜 ... 114
  - ワイルドカードを使用した〜 ... 116
- 事後条件 ... 236
- 時差 ... 259
- システムUTCクロック ... 276
- 事前条件 ... 235
- 実装クラス
  - インタフェースの〜 ... 52
- 様々な〜 ... 54
- 終端操作 ... 166
- 集約 ... 38
- 従来型のコレクション ... 106
- 出力ストリーム ... 294
- 順序づけ ... 89, 118
- 書式化 ... 493
- シリアライズ ... 307
  - 〜の継承 ... 310
- シングルトンパターン ... 13
- シンボリックリンク ... 341
- 数値のフォーマット ... 493
- 数値リテラル ... 4
- スーパークラス ... 38
- スケジューリング ... 399
- ストリーム ... 294
  - 〜生成用の主なメソッド ... 164
  - 〜の書式化 ... 316
- ストリームAPI ... 162
- ストリームインタフェースの型変換 ... 185
- スレッド ... 364
  - 〜の実行可能状態と実行状態 ... 370
  - 〜の優先度 ... 370
  - 〜を制御するメソッド ... 371
- スレッドスタベーション ... 381
- スレッドプール ... 402
- 絶対パス ... 335
- 相対パス ... 335
- 挿入処理 ... 455
- ソート ... 89, 118, 123

タ行

- タイムゾーン ... 259
- ダイヤモンド演算子 ... 108
- 中間操作 ... 178
  - 〜の主なメソッド ... 179
- 抽象クラス ... 45
  - 〜でのstaticメンバ定義 ... 48
  - 〜の継承クラス ... 46
- 抽象パス名 ... 291
- 抽象メソッド ... 45
- 直列化 ... 307
- 直列化復元 ... 307

ディレクトリ
　〜の作成と削除 339
　〜へのアクセス 348
　ファイルと〜のコピーと移動 340
データソース 163
デザインパターン 13
デシリアライズ 307
デッドロック 380
デフォルトメソッド 51
問い合わせ 454
同期性 90
同期制御 374
同値性のチェック 120
匿名クラス 70

ナ行

夏時間 263
入力ストリーム 294
ネストクラス 63
　〜の定義 64
　〜へのアクセス 64

ハ行

排他制御 374
バイトストリーム 294
パイプライン
　ストリームの〜処理 163
　パラレル処理の〜 412
配列の操作 124
パフォーマンス 89
パラレルストリーム 408
比較ルール 120
日付/時刻
　〜API 246
　〜オブジェクトの生成 249
　〜の加減算 256
　〜の表記 248
　〜のフォーマット 253
日付のフォーマット 497
ファイルとディレクトリのコピーと移動 340
ファイルツリーの探索 349
フォーマット 492
　数値の〜 493
　日付の〜 497

フォーマット指示子 317
不変条件 236
並列コレクション 383
並列処理 382

マ行・ヤ行

マルチキャッチ 217
マルチスレッド 364
メソッド参照 144
　static〜 146
　インスタンス〜 148
メソッド定義 112
メタデータ 344
優先度 370
ユニーク性 90

ラ行・ワ行

ライブロック 381
ラムダ式 138
　〜の省略記法 140
リソースバンドル 481
　〜の検索 490
リテラル 3
例外 212
例外クラス 212
　主な〜 214
例外処理 212
　throwsキーワードによる〜 220
　try-catch-finallyブロックによる〜 215
列挙型 15
　〜の主なメソッド 17
ローカルクラス 68
ロケール 478
　〜固有の日付フォーマット 498
ワイルドカードを使用したジェネリックス 116

著者紹介

山本道子

2004年Sun Microsystems社退職後、有限会社Rayを設立し、システム開発、インストラクタ、執筆業などを手がける。
著書に『オラクル認定資格教科書Javaプログラマ Bronze SE 7/8』『同Silver SE 8』のほか、『SUN教科書 Webコンポーネントディベロッパ（SJC-WC）』、『携帯OS教科書 Androidアプリケーション技術者ベーシック』、『Linux教科書 LPICレベル1 スピードマスター問題集』（共著）、監訳書に『SUN教科書 Javaプログラマ（SJC-P）5.0・6.0 両対応』（いずれも翔泳社刊）などがある。Webマガジン『資格Zine』（翔泳社）でOCJP対策記事を執筆中。

装丁　　清水佳子
DTP　　株式会社シンクス

オラクル認定資格教科書
Javaプログラマ Gold SE 8

2016年 7月20日　初版　第1刷発行
2018年 7月 5日　初版　第3刷発行

著　者	山本道子
発行人	佐々木幹夫
発行所	株式会社翔泳社（https://www.shoeisha.co.jp）
印　刷	昭和情報プロセス株式会社
製　本	株式会社国宝社

© 2016 Michiko Yamamoto

本書は著作権法上の保護を受けています。本書の一部または全部について（ソフトウェアおよびプログラムを含む）、株式会社翔泳社から文書による許諾を得ずに、いかなる方法においても無断で複写、複製することは禁じられています。

本書へのお問い合わせについては、iiページに記述の内容をお読みください。

落丁・乱丁はお取替えします。03-5362-3705までご連絡ください。

ISBN978-4-7981-4682-9　　　　　　Printed in Japan